データサイエンス入門 | Introduction to Data Science

林 賢一 著
Kenichi Hayashi

下平英寿 編
Hidetoshi Shimodaira

Rで学ぶ
統計的データ解析

Statistical Data Analysis with R

講談社

JN041862

「データサイエンス入門シリーズ」編集委員会

シリーズ刊行によせて

人類発展の歴史は一様ではない．長い人類の営みの中で，あるとき急激な変化が始まり，やがてそれまでは想像できなかったような新しい世界が拓ける．我々は今まさにそのような歴史の転換期に直面している．言うまでもなく，この転換の原動力は情報通信技術および計測技術の飛躍的発展と高機能センサーのコモディティ化によって出現したビッグデータである．自動運転，画像認識，医療診断，コンピュータゲームなどデータの活用が社会常識を大きく変えつつある例は枚挙に暇がない．

データから知識を獲得する方法としての統計学，データサイエンスや AI は，生命が長い進化の過程で獲得した情報処理の方式をサイバー世界において実現しつつあるとも考えられる．AI がすぐに人間の知能を超えるとはいえないにしても，生命や人類が個々に学習した知識を他者に移転する方法が極めて限定されているのに対して，サイバー世界の知識や情報処理方式は容易く移転・共有できる点に大きな可能性が見いだされる．

これからの新しい世界において経済発展を支えるのは，土地，資本，労働に替わってビッグデータからの知識創出と考えられている．そのため，理論科学，実験科学，計算科学に加えデータサイエンスが第 4 の科学的方法論として重要になっている．今後は文系の社会人にとってもデータサイエンスの素養は不可欠となる．また，今後すべての研究者はデータサイエンティストにならなければならないと言われるように，学術研究に携わるすべての研究者にとってもデータサイエンスは必要なツールになると思われる．

このような変化を逸早く認識した欧米では 2005 年ごろから統計教育の強化が始まり，さらに 2013 年ごろからはデータサイエンスの教育プログラムが急速に立ち上がり，その動きは近年では近隣アジア諸国にまで及んでいる．このような世界的潮流の中で，遅ればせながら我が国においても，データ駆動型の社会実現の鍵として数理・データサイエンス教育強化の取り組みが急速に進められている．その一環として 2017 年度には国立大学 6 校が数理・データサイエンス教育強化拠点として採択され，各大学における全学データサイエンス教育の実施に向けた取組みを開始するとともに，コンソーシアムを形成して全国普及に向けた活動を行ってきた．コンソーシアムでは標準カリキュラム，教材，教育用データベースに関する 3 分科会を設置し全国普及に向けた活動を行ってきたが，2019 年度にはさらに 20 大学が協力校として採択され，全国全大学への普及の加速が図られている．

本シリーズはこのコンソーシアム活動の成果の一つといえるもので，データサイエンスの基本的スキルを考慮しながら 6 拠点校の協力の下で企画・編集されたものである．第 1 期として出版される 3 冊は，データサイエンスの基盤ともいえる数学，統計，最適化に関するものであるが，データサイエンスの基礎としての教科書は従来の各分野における教科書と同じでよいわけではない．このため，今回出版される 3 冊はデータサイエンスの教育の場や実践の場で利用されることを強く意識して，動機付け，題材選び，説明の仕方，例題選びが工夫されており，従来の教科書とは異なりデータサイエンス向けの入門書となっている．

今後，来年春までに全 10 冊のシリーズが刊行される予定であるが，これらがよき入門書となって，我が国のデータサイエンス力が飛躍的に向上することを願っている．

2019 年 7 月

北川源四郎

（東京大学特任教授，元統計数理研究所所長）

　昨今，人工知能 (AI) の技術がビジネスや科学研究など，社会のさまざまな場面で用いられるようになってきました．インターネット，センサーなどを通して収集されるデータ量は増加の一途をたどっており，データから有用な知見を引き出すデータサイエンスに関する知見は，今後，ますます重要になっていくと考えられます．本シリーズは，そのようなデータサイエンスの基礎を学べる教科書シリーズです．

　2019 年 3 月に発表された経済産業省の IT 人材需給に関する調査では，AI やビッグデータ，IoT 等，第 4 次産業革命に対応した新しいビジネスの担い手として，付加価値の創出や革新的な効率化等などにより生産性向上等に寄与できる先端 IT 人材が，2030 年には 55 万人不足すると報告されています．この不足を埋めるためには，国を挙げて先端 IT 人材の育成を迅速に進める必要があり，本シリーズはまさにこの目的に合致しています．

　本シリーズが，初学者にとって信頼できる案内人となることを期待します．

2019 年 7 月

杉山　将
（理化学研究所革新知能統合研究センターセンター長，東京大学教授）

巻 頭 言

　情報通信技術や計測技術の急激な発展により，データが溢れるように遍在するビッグデータの時代となりました．人々はスマートフォンにより常時ネットワークに接続し，地図情報や交通機関の情報などの必要な情報を瞬時に受け取ることができるようになりました．同時に人々の行動の履歴がネットワーク上に記録されています．このように人々の行動のデータが直接得られるようになったことから，さまざまな新しいサービスが生まれています．携帯電話の通信方式も現状の 4G からその 100 倍以上高速とされる 5G へと数年内に進化することが確実視されており，データの時代は更に進んでいきます．このような中で，データを処理・分析し，データから有益な情報をとりだす方法論であるデータサイエンスの重要性が広く認識されるようになりました．

　しかしながら，アメリカや中国と比較して，日本ではデータサイエンスを担う人材であるデータサイエンティストの育成が非常に遅れています．アマゾンやグーグルなどのアメリカのインターネット企業の存在感は非常に大きく，またアリババやテンセントなどの中国の企業も急速に成長をとげています．これらの企業はデータ分析を事業の核としており，多くのデータサイエンティストを採用しています．これらの巨大企業に限らず，社会のあらゆる場面でデータが得られるようになったことから，データサイエンスの知識はほとんどの分野で必要とされています．データサイエンス分野の遅れを取り戻すべく，日本でも文系・理系を問わず多くの学生がデータサイエンスを学ぶことが望まれます．文部科学省も「数理及びデータサイエンスに係る教育強化拠点」6 大学（北海道大学，東京大学，滋賀大学，京都大学，大阪大学，九州大学）を選定し，拠点校は「数理・データサイエンス教育強化拠点コンソーシアム」を設立して，全国の大学に向けたデータサイエンス教育の指針や教育コンテンツの作成をおこなっています．本シリーズは，コンソーシアムのカリキュラム分科会が作成したデータサイエンスに関するスキルセットに準拠した標準的な教科書シリーズを目指して編集されました．またコンソーシアムの教材分科会委員の先生方には各巻の原稿を読んでいただき，貴重なコメントをいただきました．

　データサイエンスは，従来からの統計学とデータサイエンスに必要な情報学の二つの分野を基礎としますが，データサイエンスの教育のためには，データという共通点からこれらの二つの分野を融合的に扱うことが必要です．この点で本シリーズは，これまでの統計学やコンピュータ科学の個々の教科書とは性格を異にしており，ビッグデータの時代にふさわしい内容を提供します．本シリーズが全国の大学で活用されることを期待いたします．

2019 年 4 月

編集委員長　竹村彰通

（滋賀大学データサイエンス学部学部長，教授）

まえがき

　本書の目標は，統計解析ソフトウェア「R」を使って統計解析のさまざまな手法を身につけ，結果を適切に理解できるようになることです．データ解析は多くの分野で需要が拡大しており，統計学の考え方は現代の「読み書きそろばん」のような基礎教養になりつつあります．この潮流に呼応するように，データ解析に関する書籍やインターネット上の記事は増加の一途を辿っています．内容のレベルもさまざまで，どの本を手にとって始めてよいか迷う方も多いのではないかと思います．

　本書は，R にほとんどふれたことのない統計学の初学者を想定して書かれています．各章の関連についての概念図は以下に示しています．1章では，R でできることやその操作法を学び，2章からの大部分（9章まで）は，おおむねつぎのような構成になっています．

(1) 具体的な動機と，問題意識の提示．
(2) R による統計解析手法の実行例と結果の解説．
(3) 統計解析手法の数理的な概説（数理編）．

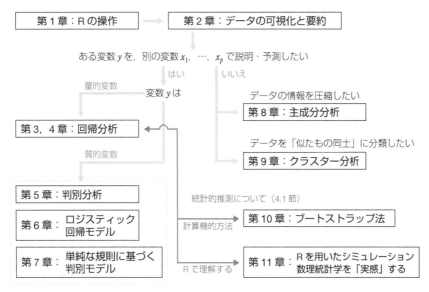

図 0.1　各章の関係．

　このような構成をとった意図は2つあります．第一に，とにかく R でデータ解析を実践し，その面白さを体感していただきたいと思ったからです．そのため，各統計解析手法で解こうとする問題を直観的に把握するための導入 (1) から出発します．つぎに，R 上で手を動かす (2) で，各手法の入力と

出力の対応が実感できると思います．R によるプログラミングをサポートするため，扱った R のコードは本書のサポートページからダウンロードできるようにしています．

https://sites.google.com/view/ihsayah/sdar

第二の意図は，抽象的な数式から始めると無味乾燥になりがちで，特に数学に不慣れな初学者にとってはいたずらに学習の敷居を上げることになってしまうのを避けることです．統計解析において，R の操作に習熟することと数理的側面を学ぶことは両方とも大切で，車の両輪のように切り離すことができないものです．しかし，学習の初期段階で「R がわからないのか，数理がわからないのかがわからない」という混乱が生じやすいことも事実です．そのため，数理的な概説 (3) を最後に据え，順序よく読み進められるように配慮しました．これを理解するための予備知識としては，微積分とベクトル・行列の基礎が挙げられます．もしこれらを学習する前であれば，ひとまず「数理編」や 4 章は読み飛ばしても構いません．

ただし，数理的な内容を飛ばしてよいということは，それを理解しなくてよいということを意味しません．課題解決をするための手法を適切に選びとり，R で出力された結果を正しく解釈するには，理論的な背景や根拠を知っておくことは重要です．また，統計解析手法 A と B が異なる結論を導くとき，どちらが妥当な結果なのかは，手法が前提としている数学的制約に依存することがあります．著者は，本書を「R を実行するためのマニュアル」に留めず，数学的な定式化と問題を解く方針やその意味を把握したうえでデータ解析ができるようになっていただきたいという願いを込めて書きました．理論的な理解を後回しにするとしても，いずれは取り組んでいただきたいと思っています．幸い，本書のシリーズには数学（椎名ら，2019），統計学に必要な確率の基礎知識（濱田，2019；松井・小泉，2019），最適化（寒野，2019）に関する書籍が揃っているので，これらを参考に学びを深めていきやすくなっています．

特に，11 章は R によるシミュレーションを通じて確率や数理統計学の基本的な内容を，数式による証明を経ずに感じとっていただくために設けました．標本（有限）から母集団（無限）を帰納する統計学の論理の土台が，演繹的な数学の論理によって作られていることを知り，統計学の奥深さの端緒を味わうことができたら，筆者にとって無上の喜びです．

最後に，本書を執筆する機会を与えてくださった下平英寿教授（京都大学）にあつくお礼申し上げます．同教授には 11 章の構想を受け入れてくださり，多くの資料のご提供，的確なご助言もいただきました．また，査読者の宿久洋教授（同志社大学）と同研究室の学生諸氏には，大局的なコンセプトから R のコードにわたる丁寧なコメントをいただきました．同じく査読者の寺田吉壱講師（大阪大学）には，質の向上のためのご提案を多数いただきました．筆者の研究室の学生である会田晴郎，塚原悠，山田一輝，廣瀬翔，本吉秀輝，吉牟田迪弥，名取京太朗，林田理香の諸君（慶應義塾大学理工学部・理工学研究科）には原稿について修正すべき点を洗い出していただきました．この場を借りて感謝を申し上げます．妻の智子には，著者が執筆に専心しているときに，本来ならば共有するべき時間を奪っ

てしまったにもかかわらず研究室に送り出してくれたこと，原稿と格闘している最中にそのストレスを癒やしてくれたことに「ありがとう」と伝えます．さらに，講談社サイエンティフィクの横山真吾氏には何度も著者の研究室にまで足を運び，遅筆の著者を叱咤激励していただきました．深く感謝いたします．多くの方に支えられて本書はできあがりましたが，至らない点はすべて著者の責任です．

2020 年 10 月

林　賢一

目　次

第 3 章　回帰分析（1）　71

第 4 章 回帰分析（2）　　104

第 5 章 判別分析　　142

第6章　ロジスティック回帰モデル　171

第7章　単純な規則に基づく判別モデル　197

第8章　主成分分析　228

第 9 章　クラスター分析　251

第 10 章　ブートストラップ法　281

{ 第 **1** 章 }

準備：Rの操作

本書のねらいは，「R（アール）」を使って基本的な「統計解析」ができるようになることである．「R」は，R言語を基盤とした統計解析のためのソフトウェアである．統計解析は，データ解析と読み替えても（少なくとも本書では）差し支えない．データ解析の目的は，大きく分けてつぎの2つである．

- データの縮約や可視化を行い，その全体像を把握すること．
- データの背後に潜む構造を推し量り，新たな知識の確立や意思決定に役立てること．

これらの方法を提供し，その数理的性質を探求する学問を**統計学**（statistics）という[*1]．

本章の目標は，「R」の基本的な操作を身につけることである．これは，データ解析（2章以降）を円滑に実行するための準備である．データを食材とすれば，Rは調理器具である．本章を，「調理器具の取扱説明書」だと思って，まずはRの操作になれてほしい．

➤ 1.1 はじめに

◎ 1.1.1 なぜ「R」なのか

本書がRを採用する理由は，「誰でも／いつでも／どこでも」統計解析ができることを重視するからである．Rの長所として，主につぎの4点が挙げられる．

(R1) フリーソフトウェアであること．
(R2) オープンソースソフトウェアであること．
(R3) 対話型言語であること．

[*1] statistics の語源は staatskunde（ドイツ語で，国家学または国勢学）であるとされ，「くに」の状態を把握することから始まった学問と理解されている．日本に statistics が輸入された明治初期は，この訳語が定まらず「政表」や「形勢」などともよばれていた．

(R4) 統計解析のための関数群が豊富であること.

(R1) のフリーソフトウェアとは,無償で提供されるソフトウェアのことである.つまり,計算機（パソコン）さえあれば,誰でも自由にインストールして利用することができる.(R2) のオープンソースソフトウェアとは,開発者以外でも改良できるソフトウェアのことである.R は,世界中の研究者が自ら開発した解析手法のプログラムを作成し,それらを「パッケージ」という形で頒布することができる.もちろん,読者のみなさんが機能を追加することもできる.(R3) の対話型言語とは,キーボードで命令を入力し,その結果をソフトウェアが出力するようなプログラミング言語である.つまり,みなさんと R が「会話」をするかのように作業を進めることになる.この「会話をしなければならない」ことが,初学者にはとっつきにくい原因になることは否めない.しかし,「会話の仕方」になれるとさまざまな操作や解析が柔軟にできるようになり,データ解析が楽しくなってくるだろう.あらかじめ用意されたデータ解析法を,マウスのクリックで選んで実行できるようなソフトウェアもある.このような方法は操作が簡単な反面,できることに制限も多く柔軟性や拡張性に欠ける.

統計解析のためのソフトウェアとして,SAS, Stata, SPSS などがあるが,これらは商用ソフトウェアであるため (R1) をみたさない.すなわち,お金を払って手に入れる必要がある.また,近年は Python（パイソン）もデータ解析のための言語として広く用いられるようになってきている[*2] が,(R4) の観点から見ると R のほうが利用しやすい.2 章以降で解説する統計的データ解析のための関数の多くは,あらかじめ R に用意されている.

もちろん,R にも短所はある（計算が遅い,誰かが提供した「機能（関数など）」が正しい保証がないなど）.それでも R を採用するのは,まずデータ解析の敷居を低くし,データに親しみやすい環境を得ることを優先するためである.

▶ 1.1.2 R の起動

まずは,R を起動させよう[*3].インストールがまだ済んでいない読者は,サポートページ (https://sites.google.com/view/ihsayah/sdar) を参照してほしい.図 1.1 のように「R Console」と表示されたウィンドウをコンソールという.赤く表示された>は,入力の開始行を意味する.R を終了させるには,ウィンドウ左上の「ファイル」から「終了」を選択すればよい.また,コンソールに q() と入力し,Enter キーを押しても終了させることができる.終了の際「作業ディレクトリを保存しますか」というダイアログボックスが表示される.このとき「はい」を選択すると,それまでに生成したオブジェクト（後述）やデータを保存しておくことができる.

[*2] Python については,本書のシリーズの辻（2019）が詳しい.
[*3] 本書は,R のバージョン 3.6.0 の仕様に基づいて書かれている.

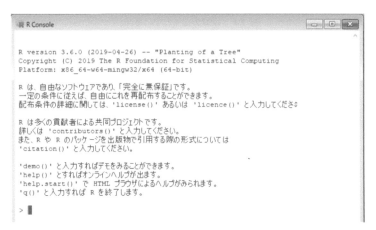

図 1.1　R（バージョン 3.6.0）のコンソール画面．左下の > が入力行である．

🕐 1.2.1　数値の演算

　最も簡単な入力（命令）は，電卓のような使い方である．コンソール上に記述された入力は，Enter
キーを押すことで実行される．試しに，コンソールに 1 + 2 と入力してみよう．

```
> 1 + 2
```

最初の > は，自分で入力する必要はない．つぎに，Enter キーを 1 回押すと，コンソールにはつぎのよ
うに表示されるだろう．

```
> 1 + 2
[1] 3
```

つまり，みなさんの命令 1 + 2 に対し，R が 3 と答えてくれたのである．これが，R が「対話型言語」
であるという意味である．2 行目の [1] は，後述するのでいまは気にしなくてよい．コンソール上で
は，入力は赤色，出力は青色で表示される．
　以上のように，数式を入力して計算結果を出力することが，R の基本的な機能である．表 1.1 は，
主な演算の記号をまとめたものである．括弧を使って，演算の順序を指定することもできる．コード
1.1 を入力し，結果を比べてみよう．

表 1.1　演算の記号とその意味.

記号	+	−	*	/	^	%%
意味	和	差	積	商	累乗	剰余

◢ **コード 1.1　演算の順序** ◣

```
1 + (2 * 3) # 2×3を先に計算
(1 + 2) * 3 # 1+2を先に計算
1 + 2 * 3   # 1行目と同じ
```

　出力の結果が非常に大きい（または小さい）数値の場合，例えば 3.14e+15 という形で表される．これは，3.14×10^{15} を意味する．同様に，2.718e-09 は 2.718×10^{-9} を意味する．また，#を入力すると，それ以降の入力は無視される．このことを利用して，各入力の意味や機能などを簡潔に記しておくと，後で見直すときに便利である．コード 1.2 は，出力が特殊な場合の例である．

◢ **コード 1.2　演算結果の表示** ◣

```
12^12    # 大きい値
3 / 40^5 # 小さい値
6 / 0
(-2)^0.5
```

3行目は，6/0 という定義されない（許されない）演算であるが，R では便宜的に Inf と出力される．これは，無限大（infinity）を意味する．同様に，4行目は $\sqrt{-2}$ を計算しようとしているので値が存在せず（実数の範囲では），NaN と出力される．これは，数値として取り扱えないもの（not a number）を意味する．Inf や NaN が計算過程に現れると，不自然な結果を生む場合があるので注意が必要である．

　1行で命令が完結していない場合，つぎの行頭に+と表示される．これは足し算ではなく，入力が完結していないことを意味する．そのため，入力を続ける必要がある．つぎの例は，$1 + (2 \times 3)$ の計算である．

```
> 1 + ( 2 *
+ 3)
[1] 7
```

このような状況は，入力が長く括弧の対応を誤った場合に起きやすい．また，1行目から入力をやり直したい場合は，Esc キーを押すことで最初からの入力を取り消すことができる．

　ちなみに，コンソール上で「↑」キーを押すと，直前の入力を表示できる．また，「↑」キーを 2 回押すと 2 回前の入力，3 回押すと 3 回前の……というふうに履歴をさかのぼることができる．逆に，「↓」キーで最近の履歴に戻ることもできる．これらは，命令の修正や誤入力の訂正に便利である．カーソルの左右への移動は「←」と「→」キーで行うことができる．マウスでカーソルを移動させることはできないので注意してほしい．

1.2.2　関数の利用

　R には，多くの関数が用意されている．表 1.2 は，その一部を示したものである．これらを利用するには，「関数名（数値）」と入力すればよい．

```
> sqrt(2)
[1] 1.414214
```

関数の中で指定する値のことを，引数という．関数の出力を引数に指定することもできる．関数の出力が適切であれば，つぎのように入力することができる．

```
> ceiling(sqrt(2))
[1] 2
```

表 1.2　関数名とその意味（1）．

関数	sqrt	exp	abs	sign	sin	cos	tan	trunc	ceiling	floor	atan
意味	平方根	指数関数	絶対値	符号	正弦	余弦	正接	小数切り捨て	小数切り上げ	整数部分	tan の逆関数

　引数を複数個もつ関数もある（表 1.3）．例えば，log 関数は引数 base によって対数の底を指定することができる．また，何も指定しなければ自然対数 e（exp(1) とも書く）が底となる．このように，指定しない引数の値をデフォルト値（省略時規定値）という．

```
> log(2, base=exp(1))
[1] 0.6931472
> log(2) # base を省略しても，上と同じ（デフォルト値）
[1] 0.6931472
```

また，引数の順序を守ればそれらの名前の指定を省略できる．コード 1.3 は，4 行目以外はすべて同じ意味の命令である．

表 1.3　関数名とその意味（2）.

関数	log(x, base=a)	round(x, digits=a)	signif(x, digits=a)
意味	$\log_a(x)$	x を小数点第 a 位で四捨五入	x を有効桁第 a 位で丸める

◀ コード 1.3　引数の順序 ▶

```
1  round(x=3.14, digits=1) # 3.14を小数点第1位で四捨五入
2  round(3.14, 1)
3  round(digits=1, x=3.14)
4  round(1, 3.14)                 # 引数の順序が異なるため，上の3行とは意味が異なる
```

▶ 1.2.3　変数（オブジェクト）と代入

　R では，数値などをオブジェクトとして格納（保存）しておくことができる．この格納する操作を代入という．オブジェクトは，名前の書かれた箱のようなものである．その箱に，数値や文字列などを保管するイメージをもっておくとよい．代入には，記号「<-」を用いる[*4]．全角文字の「←」ではない．例えば，3 という値をオブジェクト x に代入するときは x <- 3 と入力する．このとき，もう一度 x と入力して Enter キーを押せば，3 が出力される．

```
> x <- 3
> x
[1] 3
```

オブジェクトの名前には半角英数字のみを用い，日本語（全角文字）や全角英数字を使わないことが推奨される．さらに，つぎの 4 点に注意してほしい．

(1) 大文字と小文字は区別される．
(2) 空白（スペース）を用いない（区切りにはピリオド「.」やアンダースコア「_」を用いる）.
(3) オブジェクト名の先頭に数字を用いることはできない.
(4) すでに使われている名前がある（break, if, pi, repeat など）.

これらの具体例はつぎの通りである．特に，(2)〜(4) はエラーを引き起こすため重要である．

[*4]　「=」を用いることも可能であるが，本書では一貫して「<-」を用いる.

```
> x <- 3
> X <- 100
> X + x          # (1) の例．x は 3 が格納されているオブジェクト
[1] 103
> Hei Sei <- 31  # (2) の例
 エラー： 想定外のシンボルです  in "Hei Sei"
> Rei.Wa <- 31    # 問題のないオブジェクト名
> 47AKO  <- 1702 # (3) の例
 エラー： 想定外のシンボルです  in "47AKO"
> AKO47  <- 1702 # 問題のないオブジェクト名
> break  <- 3    # (4) の例
 break  <- 3 でエラー： 代入の左辺が不正 (NULL) です
```

➤ 1.3 オブジェクトの種類と操作・演算

R はスカラー（数値）だけでなく，ベクトルや行列などの生成・操作・演算もできる．データの基本的な形式は，データフレームという行列に似た形式で表されることが多い（1.5 節で説明する）．

1.3.1 文字列

文字列は，変数の名前や図のキャプションを与えるときに便利である．文字列は，引用符"または'で文字を囲うことによって生成できる．コード 1.4 を入力してみよう．

◀ コード 1.4 文字列の代入 ▶

```
1 | x <- statistics
2 | x <- "statistics"
3 | y <- "たのしいデータ解析"
```

1 行目の入力は，つぎのようなエラーを出力する．

```
> x <- statistics
 エラー： オブジェクト 'statistics' がありません
```

これは，R が statistics を文字列ではなくオブジェクトと認識しているためである．この誤解を防ぐために，2 行目のように引用符を用いて「文字列であること」を R に教えてやるのである．3 行目のように，日本語の文字列を生成することもできる．また，文字列には数字を用いることも可能であるが，それはもはや「数値」ではないことに注意しよう．

```
> z <- "100"
> z + 1
 z + 1 でエラー:  二項演算子の引数が数値ではありません
```

1.3.2　ベクトル

ベクトルは，c関数を用いて生成できる．例えば，縦ベクトル $(7,5,3)^\top$ または横ベクトル $(7,5,3)$ を作るには c(7,5,3) と入力する[*5]．生成されたベクトルに縦横の区別はなく，状況に応じて演算されることが多い．この方法で，好きな長さのベクトルを生成できる．同様に，文字列のベクトルも作ることができる．c関数の他に，規則的なベクトルを作るための関数がある（表1.4）．

表1.4　ベクトルを生成する関数とその出力．a，b，d は数値，vec1，vec2 は同じ長さのベクトルを表す．

関数	出力
a:b	a から b までの，公差 1 の等差数列となるベクトル
seq(a, b, by=d)	a から b までの，公差 d の等差数列となるベクトル
seq(a, b, length=d)	a から b までを d 等分割し，長さ d のベクトル
rep(vec1, each=a)	ベクトル vec1 の各成分を a 回ずつ反復したベクトル
rep(vec1, times=a)	ベクトル vec1 を a 個つなげたベクトル
rep(vec1, times=vec2)	ベクトル vec1 の各成分を，vec2 の各成分の個数だけ反復しつなげたベクトル

rep関数の引数の違いは，コード1.5を入力して直観的に把握するとよい．

コード1.5　ベクトルの生成

```
rep(c(2,4,6), each=3)
rep(c(2,4,6), times=3)
rep(c("A","B","C"), times=c(3,1,5))
```

長い（次元の高い）ベクトルは，1行で出力できず，つぎのように折り返して表示される．

```
> rep(rep(c(1,0,-1), times=4), each=5)
 [1]  1  1  1  1  1  0  0  0  0  0 -1 -1 -1 -1 -1  1  1  1  1  1  1  0  0
[23]  0  0  0 -1 -1 -1 -1 -1  1  1  1  1  1  1  0  0  0  0  0 -1 -1 -1 -1
[45] -1  1  1  1  1  1  1  0  0  0  0  0 -1 -1 -1 -1 -1
```

[*5] 本書では，ベクトルや行列の転置を「⊤」で表す．

出力 2 行目の [23] は，2 行目の先頭の数値がベクトルの 23 番目の成分であることを意味する．出力 3 行目の [45] も同様である．ベクトルも，数値と同様にオブジェクトとして保存することができる．

　ベクトルの一部を抽出したいときは，ベクトルのオブジェクトに [成分の番号] を付け加えればよい．また [-成分の番号] とすれば，特定の成分を取り除いたベクトルを抽出できる．コード 1.6 で使い方と意味を確認しよう．

◀ コード 1.6　ベクトルの操作 ▶

```
a <- c(-2, 9, 11, 0)
a[2]
a[-2]        # 第 2成分のみ取り除いたベクトルを抽出
a[c(1, 4)] # 複数の成分も抽出可能（ベクトルで指定）
a[-c(1, 4)]
```

ベクトルのスカラー倍は，数値同士の積と同様に行うことができる．

```
> 3 * a # aはコード 1.6 で生成したオブジェクトとする
[1] -6 27 33  0
```

同様に，「数値 + ベクトル」のような形で，表 1.1 の演算が可能である．これらは「ベクトルの各成分に対して，数値との演算を行う」という操作である（出力はベクトル）．言葉で説明するとややこしいので，実行して直観的に理解するとよい．ただし，コード 1.7 の 1 行目以外は，通常の数学では定義されない演算であることに注意してほしい．

◀ コード 1.7　ベクトルの演算（1） ▶

```
(-3) * a # ベクトルのスカラー倍．aはコード 1.6で生成したオブジェクトとする
2 + a      # 各成分に 2を足す（スカラー+ベクトルは通常定義されない演算）
a^3        # 各成分の累乗
a %% 4     # 各成分の剰余
```

　同じ長さのベクトル同士は，値と同様に四則演算（+, -, *, /）ができる．ベクトルの積と商については，それぞれベクトルの成分同士の積[6]・商を出力する．コード 1.8 は，これらの例である．

---

[6] **アダマール積**（Hadamard product）などとよばれる演算である．

◀ コード 1.8　ベクトルの演算（2）▶

```
1  b <- c(4, 6, 4, 9)
2  a + b # ベクトル同士の和（a はコード 1.6で生成したオブジェクト）
3  a * b # ベクトル同士の積
4  b + c(1, 9, 3)
```

異なる長さのベクトル同士の演算を行うと，多くの場合警告メッセージが出力される．出力されない場合も，意図していない結果を生みかねない．ベクトルの演算は，同じ長さのベクトルか，スカラーとベクトルの間で行うのが無難である．

```
> c(5, 9, 6, 3) - c(1, 9, 3) # 警告が表示される場合
[1] 4 0 3 2
 警告メッセージ:
 c(5, 9, 6, 3) - c(1, 9, 3) で:
   長いオブジェクトの長さが短いオブジェクトの長さの倍数になっていません
> c(3, 4, 7, 0) - c(2, 3)     # 警告が表示されない場合
[1]   1   1   5 -3
```

表 1.2 と表 1.3 に挙げた関数は，ベクトルを引数とすることができる．この場合，各成分を引数とした場合の結果がベクトルとして出力される（各自試してほしい）．ただし，関数の引数として不適切な値がベクトルに含まれる場合は，出力に NaN や Inf などが含まれることがある．このような場合，以降の処理で不都合やエラーなどが生じる原因となる可能性があるので，注意が必要である．

```
> sign(a) # a はコード 1.6 で生成したオノジェクト
[1] -1  1  1  0
> log(a)
[1]      NaN 2.197225 2.397895      -Inf
 警告メッセージ:
 log(a) で:   計算結果が NaN になりました
```

入力がベクトルで，出力が数値の関数もある（表 1.5）．詳細は 2 章で説明するが，統計学で頻繁に使われる量を求める関数がほとんどである．多くの場合，データ中の変数（体重，血圧，年収など）はベクトルで表せるからである．sort, rank, order が似たような機能で紛らわしいが，コード 1.9 で意味を確認してほしい．

◀ コード 1.9　`sort` 関数，`rank` 関数，`order` 関数 ▶

```
1  sort(a)      # a はコード 1.6で生成したオブジェクト
2  rank(a)
3  order(a)
4  a[order(a)] # 1行目と同じ出力
```

表 1.5　ベクトルに対する関数とその意味.

関数	sum	mean	median	length	var	sd
意味	成分の和	平均値	中央値	ベクトルの長さ	不偏分散	標準偏差

関数	prod	range	IQR	max	min	quantile
意味	成分の積	範囲	四分位範囲	最大値	最小値	四分位数

関数	sort	rank	order	which.max	which.min
意味	並べ替え（昇順）	順位	昇順に並べ替える ときの成分番号	最大値の成分番号	最小値の成分番号

文字列のベクトルも，数値ベクトルと同様に生成できる．ただし，数値と文字列が混在したベクトルを作ることはできない．文字列が成分に 1 つでも存在する場合，すべての成分が強制的に文字列に変換されてしまう．

```
> u <- c("Happy", "birthday", "to", "you")
> u
[1] "Happy"    "birthday" "to"       "you"
> v <- c("Happy", "birthday", 2, "you") # 数値「2」が文字「"2"」に強制変換される
> v
[1] "Happy"    "birthday" "2"        "you"
```

▶ 1.3.3　行列

行列は，統計解析には不可欠の存在である．行列は，`matrix` 関数を用いて生成できる．

```
matrix(vec, nrow, ncol, byrow)
```

引数 `vec` にはベクトルを，引数 `nrow` と引数 `ncol` にはそれぞれ行列の行数と列数を指定する．引数 `byrow` には，`vec` の成分を並べる方向を TRUE/FALSE で指定する．デフォルト値（FALSE）では，ベクトルの成分は上から下へと並べられ，`byrow=TRUE` とすると左から右へと並べられる．これにより，ベクトルを折り返して，指定したサイズの行列を作ることができる．

```
> A <- matrix(1:9, nrow=3, ncol=3)    # 3 行 3 列の行列（引数 byrow はデフォルト値）
> A
     [,1] [,2] [,3]
[1,]    1    4    7
[2,]    2    5    8
[3,]    3    6    9
```

コード 1.10 のように，いろいろな行列を生成してみよう．

コード 1.10　行列の生成

```
1   A  <- matrix(1:9, nrow=3, ncol=3)                    # 3行 3列の行列
2   B1 <- matrix(11:22, nrow=3, ncol=4, byrow=TRUE)  # 3行 4列の行列（成分は左から右へと並ぶ）
3   B2 <- matrix(11:22, nrow=3, ncol=4, byrow=FALSE) # 3行 4列の行列（成分は上から下へと並ぶ）
```

ベクトルと同様に，列数の多い行列は列が折り返されて表示される．

```
> matrix(seq(1,400,by=2), nrow=2, ncol=100)
     [,1] [,2] [,3] [,4] [,5] [,6] [,7] [,8] [,9] [,10] [,11] [,12]
[1,]    1    5    9   13   17   21   25   29   33    37    41    45
[2,]    3    7   11   15   19   23   27   31   35    39    43    47
 (中略)
     [,93] [,94] [,95] [,96] [,97] [,98] [,99] [,100]
[1,]   369   373   377   381   385   389   393    397
[2,]   371   375   379   383   387   391   395    399
```

　複数の行列（またはベクトル）を並べ，より大きな行列を作ることもできる．rbind 関数は，列数の同じ行列を合併して大きな行列を作ることができる．cbind 関数は，行数の同じ行列を合併して大きな行列を作ることができる．

```
> rbind(A, B1) # rbind 関数は列数が一致していないと機能しない
 rbind(A, B1) でエラー:
    行列の列数は一致していなければなりません（2 番目の引数を参照）
> cbind(A, B1) # cbind 関数は行数が一致していないと機能しない
     [,1] [,2] [,3] [,4] [,5] [,6] [,7]
[1,]    1    4    7   11   12   13   14
[2,]    2    5    8   15   16   17   18
[3,]    3    6    9   19   20   21   22
```

行列の一部を抽出したいときは，行列のオブジェクトに [行の番号, 列の番号] を付け加えればよい．行番号か列番号の一方を入力しなければ，行全体か列全体をベクトル（または行列）として抽出できる．コード 1.11 を参考に，いろいろ試してみよう．

◀ コード 1.11　行列の操作 ▶

```
A <- matrix(1:9, nrow=3, ncol=3)
A[1, 2]      # 1行 2列目の成分を抽出
A[2,]        # 2行目の成分をベクトルとして抽出
A[,3]        # 3列目の成分をベクトルとして抽出
A[c(1,3), 2] # 1行 2列目と 3行 2列目の成分をベクトルとして抽出
A[,-3]       # 3列目のみを取り除いた行列を抽出
```

同じサイズの行列同士は，ベクトルの場合と同様に四則演算（+, -, *, /）ができる．特に乗除については（ベクトルの場合と同じ理由で）注意が必要である．また，行列の積[*7]には%*%を用いる．コード 1.12 で，それぞれの演算の違いを確認しよう．

◀ コード 1.12　行列の演算 ▶

```
B <- matrix(c(1,2,3,2,4,2,3,6,5), nrow=3, ncol=3)
A + B  # A はコード 1.10で生成した行列
A + 2  # すべての成分に 2が足される
A * B  # 「A の成分と B の成分の積」が成分であるような行列
A %*% B # 行列の積（脚注 7を参照）
```

表 1.2 と表 1.3 に挙げた関数は，行列を引数とすることもできる．この場合，各成分を引数とした場合の結果が行列として出力される．ただし，関数の引数として不適切な値が行列に含まれる場合は，出力に NaN や Inf などが含まれることがある．このような場合，以降の処理で不都合やエラーなどが生じる原因となるおそれがあるので，注意が必要である．

表 1.6 は，行列を入力とする関数の例である．出力形式の「リスト」については，1.3.4 節で解説する．solve 関数でエラーが出力されるとき，計算機の問題ではなく数学的な問題が理由であることがほとんどである．例えば，コード 1.12 で生成した行列 B は正則[*8]でないため，つぎのようなエラー

[*7] $p \times q$ 行列 $\boldsymbol{A}$ と $q \times r$ 行列 $\boldsymbol{B}$ について，積 $\boldsymbol{AB}$ は $p \times r$ 行列であり，その (i, j) 成分は $\sum_{k=1}^{q} a_{ik} b_{kj}$ と定義される．ここで，a_{ik} と b_{kj} はそれぞれ $\boldsymbol{A}$ の (i, k) 成分，$\boldsymbol{B}$ の (k, j) 成分である（ただし，$i = 1, \ldots, p;\ j = 1, \ldots, r$）．

[*8] p 次正方行列 $\boldsymbol{B}$ に対し，

$$\boldsymbol{BX} = \boldsymbol{I}_p \ \text{かつ} \ \boldsymbol{XB} = \boldsymbol{I}_p \ (\boldsymbol{I}_p \text{ は } p \text{ 次単位行列})$$

となる p 次正方行列 $\boldsymbol{X}$ が存在するとき，$\boldsymbol{B}$ は正則であるという．また，この行列 $\boldsymbol{X}$ を $\boldsymbol{B}$ の逆行列といい，$\boldsymbol{B}^{-1}$ と表す．

が出力される.

```
> solve(B) # B はコード 1.12 で生成した行列
 solve.default(B) でエラー:
  Lapack routine dgesv: システムは正確に特異です: U[2,2] = 0
```

表 1.6　行列に対する関数とその意味・出力形式.

関数	det	rowSums	colSums	rowMeans	colMeans
意味	行列式	各行の和	各列の和	各行の平均値	各列の平均値
出力形式	スカラー	ベクトル	ベクトル	ベクトル	ベクトル

関数	dim	t	solve	eigen	qr
意味	行数と列数の出力	転置行列	逆行列	固有値と固有ベクトル	QR 分解
出力形式	ベクトル	行列	行列	リスト	リスト

1.3.4　リスト

　リストは，異なる形式やサイズのオブジェクトをまとめて保存できる便利なオブジェクトである．そのため，統計解析の関数はリスト形式の出力であることがほとんどである．ここでは，リスト形式のオブジェクトの出力について主に解説する（リストの生成の解説は省略する）．例えば，つぎのようなコードを生成する．

コード 1.13　リストの生成

```
1   a.list <- list(3:7, "data_analysis", A)        # A はコード 1.10で生成した行列
2   b.list <- list(a=3:7, b="data_analysis", c=A) # 成分名のあるリスト
```

1 行目のオブジェクト a.list には (1) ベクトル，(2) スカラー，(3) 行列 の 3 つが含まれている．リストは「更衣室のロッカー」のようなものをイメージするとよいかもしれない．各「ロッカー」には好きなオブジェクトを入れることができる，というような具合である．

　リストの成分を抽出したいときは，オブジェクトに [[成分番号]] を付け加えればよい．成分番号に名前がある場合は，オブジェクトに「$成分名」と付け加えればよい．

```
> a.list[[1]]
[1] 3 4 5 6 7
> b.list[[2]]
[1] "data_analysis"
> b.list$b # 成分名で抽出する場合
[1] "data_analysis"
```

リストに成分名があるかどうかは，names 関数で調べることができる．成分名がない場合は NULL と出力される．

```
> names(a.list)
NULL
> names(b.list)
[1] "a" "b" "c"
```

➤ 1.4　真偽の判定（比較演算子・論理演算子）

　データ解析の目的によっては，ある値について条件の判定が必要になる．例えば，高齢者について調べる場合は「年齢が 65 歳以上」という条件を判定する必要がある．前期高齢者の場合には，「年齢が 65 歳以上かつ 75 歳未満」という条件になる．比較演算子と論理演算子は，そのような場合に使うことになる．

　比較演算子は，2 つのオブジェクトの関係を判定するために用いる（表 1.7）．入力した内容が正しい（真である）ときは TRUE，誤っている（偽である）ときは FALSE が出力される[*9]．コード 1.14 の入力を試してみよう．

表 1.7　比較演算子とその意味．

演算子	==	!=	<=	>=	<	>
意味	等しい	等しくない	以下	以上	より小さい	より大きい

[*9] TRUE と FALSE もオブジェクト名に用いるのは避けるべきである．

◀ コード 1.14 　比較演算 ▶

```
2 > 4          # 「2は 4より大きいか」を判定．結果は偽（FALSE）
(5%%2) == 1 # 「5を 2で割ったときの余りは 1か」を判定．結果は真（TRUE）
```

なれないうちは「等しい」の演算子を==ではなく=としてしまう場合があるので注意してほしい．比較演算子は，コード 1.15 のようにベクトルや行列に対しても用いることができる．

◀ コード 1.15 　ベクトルに対する比較演算 ▶

```
age <- c(18, 65, 81, 35, 70, 43) # ベクトルage を生成
age >= 65                        # 各成分を 65と比較（出力はベクトル）
age >= c(65, 65, 65, 40, 40, 40) # 同じ成分番号の数値同士を比較
age >= c(65, 65, 40, 40)         # ベクトルの長さが違うので，エラーが起こる
c("a", "b", "c", "a") == "a"     # 文字列も比較可能
```

論理演算子は，条件の組み合わせを作るために用いる（表 1.8）．コード 1.15 のオブジェクト age を 6 人の年齢が格納されたベクトルと考え，コード 1.16 の入力を試してみよう．

表 1.8　論理演算子とその意味．

演算子	!	｜（または｜｜）	＆（または＆＆）	xor
意味	否定	論理和（または）	論理積（かつ）	排他的論理和

◀ コード 1.16 　論理演算 ▶

```
age < 65                    # 65歳未満
!(age < 65)                 # 上の否定．TRUE と FALSE がひっくり返る
(age >= 65) & (age < 75)    # 65歳以上 75歳未満
((age%%2)==0) | (age>=65)   # 偶数または 65歳以上
```

排他的論理和[*10] xor のみ，引数が 2 つある関数のように取り扱うことに注意してほしい．

```
> xor((age%%2)==0, age>=65) # どちらか一方だけ真の場合にのみ TRUE
[1]  TRUE  TRUE  TRUE FALSE FALSE FALSE
```

[*10] 2 つの入力のうち，一方が真で他方が偽のとき真となり，両方とも真（または偽）のとき偽となる演算．xor は exclusive or の意味．

また，論理和と論理積の演算子||と&&はベクトルの第 1 成分のみを評価する（コード 1.16 の 3, 4 行目を用いて確認してほしい）．これらは効率的な論理判定を行うのに便利であり，if 文（11.1.2 節）を用いる場合などにも有用である．

> ## 1.5　データの読み込み

　本節では，外部のファイルに保存されているデータを R へ読み込む方法について解説する．本書では，一貫して行列のような形式で表されるデータを取り扱う．また，データの行方向と列方向について，それぞれつぎのように定める．

- 行方向：**個体**（individual. case, example, instance などということもある）．
- 列方向：**変数**または**変量**（variable）．

図 1.2 はデータの具体例である．本書では，一貫して図 1.2 のような形で表されるデータを取り扱う．この 1 行目に書かれている age や height などは，各変数の名前（変数名）を表す．例えばこのデータの 3 行 4 列目の値 62.8 は，第 2 個体における変数 weight の観測値であることを意味する．図 1.2 の形式は一般的であるが，行と列の役割が入れ替わっているデータもあるので注意してほしい．

　また，本書ではデータが csv 形式[11] で保存されていることを前提とする．csv 形式のファイルは，Microsoft Excel のような表計算ソフトやテキストエディタで表示できる．また，これらを利用して別

age	male	height	weight	commute
19	1	167.9	64.5	foot
18	1	176.6	62.8	foot
18	1	169.0	66.7	others
18	0	159.6	56.2	foot
18	0	160.1	45.8	train
18	1	174.7	81.2	bike
18	1	164.0	59.4	bus
18	0	160.3	55.3	others
19	1	169.5	67.0	bike
18	1	169.4	65.8	foot
18	1	181.5	65.2	foot
20	1	172.4	72.7	bike
19	1	170.1	60.4	bus
18	0	156.6	46.8	train

図 1.2　データの例．1 行目（水色）は変数名である．

---

[11] comma-separated values の略.

の形式（例えば xlsx 形式や txt 形式）から csv 形式に変換することも容易である.

1.5.1 read.csv 関数による読み込みとデータフレーム

csv 形式のデータファイルは，read.csv 関数で読み込むことができる.

```
read.csv(file, header)
```

引数 file には，読み込むファイルのパス（ファイルのある場所）を指定する. 引数 header には，ファイルの 1 行目が変数名（ヘッダ）かどうかを TRUE/FALSE で指定する. データファイルの 1 行目が変数名の場合は，header=TRUE と指定すればよい（TRUE がデフォルト値なので，省略してもよい）.

ここでは，例としてサンプルデータ ExampleData.csv を読み込んでみよう[*12]. サンプルデータを C ドライブのディレクトリ C:\Users\Hayashi\Desktop\DataScience に保存したとしよう[*13]. このとき，つぎのようにしてこれをオブジェクトに保存できる.

```
> data.ex <- read.csv("C:/Users/Hayashi/Desktop/DataScience/ExampleData.csv", header=TRUE)
```

より効率的な読み込みの方法は，1.5.2 節で紹介する. データが正しくオブジェクトに格納されているかを確認するには，単にオブジェクト名を入力し，出力を確認すればよい. しかし，データが大きい場合はコンソール上にすべて表示することはできない. このような場合，データの一部を表示させる head 関数を用いて，一部を確認するのがよいだろう（コード 1.17）.

◀ コード 1.17　データの一部を確認する方法 ▶

```
1   head(data.ex)        # デフォルトでは 6行目まで出力（列はすべて出力）
2   head(data.ex, n=9) # 9行目まで出力
3   data.ex[1:9,]        # 上と同じ出力
```

このデータは，架空の大学生の調査データである. 各変数は，それぞれつぎのような意味である.

- age：年齢. 単位は歳.
- male：性別. 女性を 0，男性を 1 で表す.
- height：身長. 単位は cm.
- weight：体重. 単位は kg.
- commute：主な通学手段. カテゴリは bike（自転車）・bus（バス）・foot（徒歩）・train（電車）・others（その他）の 5 個.

[*12] これは https://sites.google.com/view/ihsayah/sdar からダウンロード可能である.
[*13] ファイルのパスは，Windows ではつぎのようにして調べることができる. まず，ファイルのアイコンを右クリックし「プロパティ (R)」を選択し，「ファイルのプロパティ」を表示させる. パスは，この中の「場所」に表示されている.

図 1.2 で見たように，データは行列のような形をしているが，R ではデータフレームというオブジェクト形式である．行列オブジェクトとの違いは，つぎの 2 点である．

- (A) データの列に，数値ベクトルと文字列ベクトルの混在を許す．
- (B) データの列ベクトルを，リストのように「$変数名」で抽出できる．

(B) は特に重要である．data.ex[,3] など，行列のように変数ベクトルを抽出できるが，どの変数が何列目にあるかをいちいち覚えるのは難しい．それよりも，変数名さえ知っておけば

```
> data.ex$height
 [1] 164.1 168.6 165.6 161.7 166.2 158.1 150.2 160.5 159.2 169.7 154.2 155.8
```

と抽出できる．また，変数名は names 関数で確認できる．

```
> names(data.ex)
[1] "age"      "male"     "height"   "weight"   "commmute"
```

● 1.5.2　パスの指定を省略する方法：作業ディレクトリの確認

　read.csv 関数の引数 file は，場合によっては長くなり入力が煩雑になってしまう．そのため，パスを省略してファイル名だけで読み込める方法を紹介する．まず，つぎの (1) と (2) を一致させる必要がある．

- (1) R の作業ディレクトリ（フォルダ）．
- (2) データファイルが保存されているディレクトリ．

作業ディレクトリは，R がデータやプログラムなどを入出力するために指定された場所（ディレクトリ）のことである．作業ディレクトリの確認には，R のコンソール上で getwd() と入力すればよい[14]．

```
> getwd() # 出力は人それぞれ異なる
[1] "C:/Users/Hayashi/Documents"
```

(1) と (2) を一致させるには，つぎの 2 通りが考えられる．

- (A) データファイルを R の作業ディレクトリに移動させる（(2) を (1) に合わせる）．
- (B) 作業ファイルを変更する（(1) を (2) に合わせる）．

方法 (A) は簡単であるが，いろいろなデータファイルが混在する，一貫性のないディレクトリになっ

---

[14] get working directory の意味.

てしまう可能性があるという欠点がある．方法 (B) は，`setwd` 関数を利用して実現できる[*15]．先ほど
と同様，データファイルがディレクトリ C:\Users\Hayashi\Desktop\DataScience にあるとしよ
う．この場合，つぎのように作業ディレクトリを変更できる．

```
> setwd("C:/Users/Hayashi/Desktop/DataScience")
```

このようにすると，つぎの入力で済む．今回の場合，引数 `header` の指定を省略してもよい．

```
> data.ex <- read.csv("ExampleData.csv", header=TRUE)
```

やや邪道であるが，第 3 の方法も紹介する．おそらくこの方法が最も簡単である．まず，適当な場所
（デスクトップなど）にデータ解析用のディレクトリを作成し，そこにデータファイルを保存する．つ
ぎに，R のメニュー「ファイル」から「作業ディレクトリの保存...」を選択し，先ほど作ったディレク
トリに ***.RData を保存する（図 1.3）．RData ファイルの名前は，好きにすればよい．これで，
***.RData から R を起動させれば (1) と (2) が常に一致するようになる．今後も，RData ファイル
と同じディレクトリにデータファイルを保存していけばよい．

図 1.3　.RData ファイルのアイコン．

▶ 1.5.3　結果の保存

a オブジェクトの保存

　それまでに生成したオブジェクトをすべて保存したい場合，R のメニュー「ファイル」から「作業
スペースの保存...」を選択し，RData 形式のファイルを作成すればよい．この Rdata ファイルをク
リックして R を起動させれば，生成したオブジェクトが使えるため（`ls` 関数で確認できる），解析の
中断・再開に便利である．

b 行列・データフレームの外部への出力

　データフレームや行列は，`write.csv` 関数によって R の外部に保存することができる．

[*15] set working directory の意味．

```
write.csv(x, file)
```

引数 x には保存したいオブジェクト（データフレームか行列），引数 file はファイル名を指定する．例えば，サンプルデータの変数 commute 以外の最大値・最小値をまとめた行列の保存は，コード 1.18 のように入力すればよい．

コード 1.18　行列・データフレームオブジェクトの外部への保存

```
a <- apply(data.ex[,-5], 2, max)   # 各変数の最大値を計算（変数commute 以外）
b <- apply(data.ex[,-5], 2, min)   # 各変数の最小値を計算（変数commute 以外）
A <- rbind(max=a, min=b)           # rbind でベクトルを結合し，行列にする（行名付き）
write.csv(x=A, file="maxmin.csv")
```

1, 2 行目の apply 関数は，2 章で紹介する．4 行目のファイルの保存先は，作業ディレクトリである（1.5.2 節参照）．引数 file にパスから指定すれば，作業ディレクトリ以外の場所への保存もできる．（例：file="C:/Users/Hayashi/Desktop/maxmin.csv"）．図 1.4 のように参照しやすい形で解析結果を保存しておくと，結果の吟味や比較に便利である．また，数値のコピー＆ペーストが簡単になるので，論文やレポートで報告する際の転記ミス（別の値との取り違い，値や桁の入力ミスなど）を減らすことができる．同様にして，作成したグラフや図なども保存できる．この方法については，2.4.7 節で解説する．

	A	B	C	D	E
1		age	male	height	woight
2	max	21	1	189.5	86.7
3	min	18	0	143.7	40.1

図 1.4　csv 形式で保存したファイル（表計算ソフトで表示した場合）.

1.5.4　R の終了

　R を終了させるには，ウィンドウ左上の「ファイル」から「終了」を選択すればよい．また，コンソールに q() と入力しても終了させることができる．終了の際「作業スペースを保存しますか？」というダイアログボックスが表示される．このとき「はい」を選択すると，それまでに生成したオブジェクトやデータを保存しておくことができる．これは，作業ディレクトリに「.RData」というファイルとして保存される．「.RData」には入力の履歴も保存されている（「↑」キーを押して確認できる）．しかし，入力の再利用には向いていないので，入力は別のテキストエディタなどに保存しておくことをお勧めする．

➤ 1.6　パッケージのインストール・読み込み

　1.1 節の冒頭で述べたように，R には膨大な数の「パッケージ」が存在する．パッケージには，さまざまな解析手法を実行するための関数やデータなどが含まれる．本書では，パッケージに含まれるデータを利用して 3 章以降の解説を行う．

　パッケージを利用するためには，つぎの 2 つの手順が必要になる．

(1) パッケージのインストール．
(2) パッケージの呼び出し．

試しに，e1071 というパッケージのインストール (1) を行ってみよう．これには，install.packages 関数を用いる．

```
> install.packages("e1071") # 引用符「"」を用いる
```

以上のように入力すると，Secure CRAN mirrors というダイアログボックスが表示される（図 1.5）．ここから，適当なミラーサイトを 1 つ選んで「OK」をクリックする．無事にインストールが終わったら，つぎのような表示が得られる．

```
パッケージ ‘e1071’ は無事に展開され，MD5 サムもチェックされました
```

図 1.5　ミラーサイトの選択画面．

つぎに，パッケージの呼び出し (2) を行う．これには，library 関数を用いる．

```
> library(e1071) # 引用符は不要
```

`library` 関数では，引数に引用符「"」は不要なので注意してほしい．これで，e1071 パッケージの関数群が使えるようになった．コード 1.19 は，e1071 に含まれる関数の実行例である．これらを入力し，何を意味する関数か推測してみよう．

◀ コード 1.19　e1071 パッケージの関数（一部）▶

```
1  library(e1071)
2  permutations(4)
3  bincombinations(3)
```

パッケージのインストールは，R のバージョンを更新するまでは一度でよい．しかし，`library` 関数による呼び出しは，R を起動させるたびに毎回必要であることに注意してほしい．「関数"permutations"を見つけることができませんでした」というようなエラーが起こったら，パッケージの呼び出し (2) を忘れている可能性を考えよう．

➤ 1.7　R を使いこなすためのヒント

本節では，R を使ううえで助けとなるであろう事柄を紹介する．

◯ 1.7.1　プログラミング言語と自然言語の違い

プログラミング言語に初めてふれる読者は，ここまでで R の学習に苦痛を感じているかもしれない．ここでは，その要因として考えられる障壁について述べたい．

R は，R 言語で開発されたソフトウェアである．言語というくらいだから，日本語と同じ「コミュニケーションのための道具」である．とはいえ，日本語と R 言語では見た目の違いが大きいので，このいいぐさに違和感をもつこともあるだろう．その違和感は，表 1.9 の対比で解消できるかもしれない．

表 1.9　プログラミング言語と自然言語の違い．

	プログラミング言語	自然言語
「対話」の相手	機械（計算機）	人間
文法	厳密	あいまいでも許容

日本語や英語は「自然言語」で，R は「プログラミング言語」である．プログラミング言語は，「話し

方」を厳密にしなければならない．自然言語で話す人間が相手ならば「ちょっとアレとって」という
だけで「空気を読んで」ほしいものをわたしてくれる（ことが多い）．「ジャガイモで包丁を切って」と
いっても，たいてい（ああ，包丁でジャガイモを切りたいのだな）と空気を読むこともできる．機械
は，人間のように空気を読まない．文脈を推察することができないのである．だから「エラー．ジャ
ガイモで包丁は切れません」とか，命令通りにジャガイモで包丁を切ってしまうことになる（そして，
散々な結果に終わる）．

　したがって，機械と対話するうえでは，プログラミング言語の文法を厳密に守らなければならない．
このような厳密性と仲良くやっていくのが，R になれるコツだと筆者は考える（それでも，R はかな
り「ゆるく」書けるプログラミング言語である）．R を「融通の利かないカタブツ」と思わずに，「正
しい文法でものを頼めば，ものすごい速度で仕事をこなすヤツ」として付き合っていってほしい．

　参考のため，よくある見落としやすい入力ミスを挙げておく．

- `meam(data.ex$height)`：綴りの誤り（本当は `mean`）．
- `colsums(data.ex[,-2])`：大文字・小文字の誤り（本当は `colSums`）．
- `data,ex`：ピリオド「.」であるべき部分がカンマ「,」になっている．
- `mea n (data.ex$height)`：「n」が全角文字になっている．

R が言語であるという観点に立つと，習熟にはそれなりの反復訓練が必要になる．教科書を読むだけで
英語を流暢に使いこなせるようになるかというと，なかなか難しいだろう．これと同じで，いろいろと
試行錯誤して「表現力」を身につけていただきたい．幸いなことに，厳密性と表現の多様性は別問題なの
で，同じことをさまざまな方法で実現できる．例えば，`sqrt(1/4)` も `sqrt(0.25)` も `(0.25)^(1/2)`
も，同じ $\sqrt{2}$ を表すことができる[*16]．

1.7.2　1 行は短く，代入を活用する

　プログラミングになれてくると，いかに効率よく命令を工夫するかにこだわるのが面白くなってく
ることがある．その結果，行数は短いが一見して何をしているかわからない「謎入力」が生まれてし
まうことがある．そのような書き方には訓練や頭の体操としての価値がある一方，コードを後で見返
したり共同作業者と共有したりする場合には大変な支障となるため避けたほうがよい．わかりやすい
入力のためには，各行を簡潔にするよう心がけるとよい．例えば，つぎのような式の計算を考える．

$$\frac{\sqrt{125}\left(\dfrac{43}{125} - 0.40\right)}{\sqrt{\dfrac{43}{125}\left(1 - \dfrac{43}{125}\right)}} \tag{1.1}$$

これを 1 行で入力しようとすると，つぎのようになる．

[*16] ただし，計算の速さには違いが生じうる．

```
> sqrt(125) * (43 / 125 - 0.40) / sqrt(43 / 125 * (1 - 43 / 125))
```

この入力は，構造が複雑で何を計算しているか理解しにくい．さらに，括弧の対応を誤ったりして数式への「逆翻訳」を行ううえでのミスも誘発しやすい．このような問題を避けるためには，つぎの方針に従うことをお勧めする．

- 1 行で複雑な計算を行わず，「部品」に分けて考える．
- 「部品」を先に計算し，オブジェクトに格納しておく．

この方針に従って式 (1.1) を計算すると，例えばコード 1.20 のようになる．

◀ コード 1.20　式 (1.1) の計算例 ▶

```
n <- 125
p <- 43 / n
bunsi <- sqrt(n) * (p-0.40)  # 分子
bunbo <- sqrt(p * (1-p))     # 分母
bunsi / bunbo                # 式 (1.1)の値
```

入力の行数は増えてしまうが，各行の役割が明確になる．#を用いて，よりわかりやすくすることもできる．1 行 1 行を簡潔にしすぎると今度は行数が増えてしまうが，なれてくるとバランスがとれるようになるだろう．

⊙ 1.7.3　ヘルプの利用

　初めて使う関数は，使い方がわからないことが多い．どんな引数があるのか，指定するオブジェクトの形式は何か，出力は何かなどである．このようなときは，ヘルプを利用するとよい．ヘルプは，関数名の前に「?」をつけるか，help(関数名) と入力することで確認できる．例えば，var 関数について調べるときにはつぎのようにすればよい．

```
> ?var
> help(var) # 上と同じ意味
```

ヘルプは，ウェブブラウザによって閲覧できる（図 1.6）．「Description」には，関数の概要が述べられている．「Usage」には，主な引数とデフォルト値（あれば）が示されている．「Arguments」には各引数に入力するオブジェクトの種類や意味が，「Details」には詳細が述べられている．ページの下部には，「Examples」に実行例が挙げられているので，これをもとに感覚的に理解することもできる[17]．

---

[17] example(var) と入力すれば，「Examples」のスクリプトをすべて実行できる．

---

cor {stats}   R Documentation

Correlation, Variance and Covariance (Matrices)

Description

var, cov and cor compute the variance of x and the covariance or correlation of x and y if these are vectors. If x and y are matrices then the covariances (or correlations) between the columns of x and the columns of y are computed.

cov2cor scales a covariance matrix into the corresponding correlation matrix *efficiently*.

Usage

var(x, y = NULL, na.rm = FALSE, use)

図 1.6　var 関数のヘルプ画面. 一部のみを示しているため見えていないが, 以下に「Arguments」,「Details」,「Examples」と続く.

1.7.4　オブジェクトの一覧参照と削除

いままでに生成したオブジェクトの一覧は, ls() と入力することによって出力される.

```
> ls() # R 起動後に, コード 1.20 のみ入力した場合
[1] "bunbo" "bunsi" "n"       "p"
```

また, オブジェクトを削除したい場合には rm 関数を用いる. 例えば, bunsi と p を削除したいときは rm(bunsi, p) と入力すればよい. すべてのオブジェクトを削除したいときは, rm(list=ls()) と入力する.

```
> rm(list=ls())
> ls() # 確認. character(0) が出力されたら, すべてのオブジェクトが削除されている
character(0)
```


1.7.5　入力の保存について

　データ解析を行う際, 複数行にわたる入力が必要になる. そのため, R のコンソールに直接 1 行ずつ入力するのは, 誤りの修正ややり直しがしにくい.

　そのため, 入力群（スクリプトやソースコード, コードなどとよぶことがある）は, まとめて保管しておくのがよい. 例えば, Windows なら付属のメモ帳でもよいし, プログラミング用の便利なエディタも多く開発されている. インターネットで検索すれば, 無料のものから有料のものまでさまざま見つけられる. 専用エディタは, 括弧の対応が漏れないよう強調されたり, 関数に自動で色をつける機能があったりするので便利である.

　また，R にもエディタが用意されている．R のウィンドウ左上の「ファイル」から「新しいスクリプト」を選択すれば，エディタを開くことができる．このエディタは，入力を選択し「Ctrl+R」と押すだけですぐ実行させられる点が便利である（図 1.7）．ウィンドウ左上の「ファイル」から「保存」を選択すれば「***.R」という形式で保存でき，保存したエディタは同じように「ファイル」から「スクリプトを開く」を選択して開くことができる．

図 1.7　R のエディタ.

➤ 第1章 練習問題

1.1 `pi` と入力し，これが何を意味するオブジェクトか推測せよ．

1.2 `LETTERS` と `letters` を入力し，これらが何を意味するオブジェクトか推測せよ．

1.3 つぎのベクトルを生成せよ（ベクトルの縦横は気にしなくてよい）．

(1) 50 次元ベクトル $(2, 4, 6, 8, 10, \ldots, 98, 100)$．

(2) 100 次元ベクトル $(1, -2, 3, -4, 5, \ldots, 99, -100)$．

1.4 つぎの行列（2 行 4 列）を生成せよ．

$$\begin{pmatrix} 1 & 2 & 3 & 4 \\ 5 & 6 & 7 & 8 \end{pmatrix}$$

1.5 `diag(3)` と `diag(c(1,2,4))` を入力し，`diag` 関数の機能を推測せよ．

1.6 `unique(c(1,3,4,4,5,6,10,1,2,3,4))` と入力し，`unique` 関数の機能を推測せよ．

1.7 つぎの数式を工夫して計算せよ．

$$\log \left(\frac{1}{\sqrt{2\pi \cdot 1.5^2}} \exp \left(-\frac{(2.9 - 1)^2}{2 \cdot 1.5^2} \right) \cdot \frac{1}{\sqrt{2\pi \cdot 1.5^2}} \exp \left(-\frac{(-3.8 - 1)^2}{2 \cdot 1.5^2} \right) \right)$$

1.8 指数関数は，$e^x \approx 1 + x + \frac{x^2}{2!} + \frac{x^3}{3!}$ と近似できる（マクローリン展開）．$x = 0.3$ として，近似式の左辺と右辺をそれぞれ計算し，値の違いを比較せよ．また，$x = 1$ の場合も同様に比較せよ．

1.9 サンプルデータ `ExampleData.csv` を，`read.csv` ファイルを用いて読み込みたい．このとき，引数 `header` を「`header=FALSE`」として実行し，「`header=TRUE`」とした場合と比べてどのように結果が変わるかを説明せよ．

1.10 e1071 パッケージの `permutations` 関数（コード 1.19）と，あらかじめ用意されている `combn` 関数の違いを説明せよ（`combn(5, 3)` と入力してみよ）．

1.11 e1071 パッケージの `sigmoid` 関数のヘルプを確認し，R 上で実行せずに `sigmoid(log(3))` がどのような出力になるか答えよ．

{ 第 **2** 章 }

データの可視化と要約

　本章では，データ解析の最も基本的なツールである**可視化**（visualization）と**要約**（summarization）について解説する．可視化はデータを適切に図で表すことであり，変数のおおまかなふるまいの把握や，直観に訴えた説明に役立つ．しかし，図のみに基づく議論は客観性に欠けるし，図の過度な利用は論文や報告書のページをいたずらに浪費することになる．そこで，データの特徴を少数の値に要約する（まとめる）ことが求められる．

　データを R 上に読み込めば，データ解析を始めることができる．読者のみなさんは，華麗かつ強力な解析方法を心待ちにしているかもしれない．しかし，本章で解説する内容はとても地味に映るだろう．ただし，どんなデータに対しても使える，最も基本的な内容である．どんな高度なデータ解析手法を使ったとしても，基本をおろそかにすると足をすくわれることがある．データは食材，解析手法は調理法だと思うとちょうどよい．例えば，煮物に向いているジャガイモなのか，炒め物に向いているジャガイモなのか．ひとくちに「ジャガイモ」といっても，まったく性格の違うものがある．これと同じように，ひとくちに「身長」といっても，そのふるまいやデータ解析の目的によって報告の仕方や注意する点は異なる．適切な調理法を選択するための「下ごしらえ」を，本章で学んでほしい．

➤ 2.1 変数の種類

　本章では，主に 1.5.1 節で読み込んだサンプルデータ data.ex を用いて説明する．まず，データがどのくらいの規模のものであるかを把握しておこう．これは，dim 関数で簡単に確認できる．

```
> dim(data.ex)
[1] 960    5
```

　dim 関数は，データフレーム（または行列）の行数・列数を 2 次元のベクトルとして出力する．統計学では，個体数（サンプルデータの場合，行の数）を**標本の大きさ**（sample size）または**サンプル**

サイズといい，n や N で表すことが多い[*1]．サンプルデータの場合，$n = 960$ という具合である．変数の総数に特別な名前はなく，素直に「変数の数」といえばよい．こちらは p や d で表すことが多い．

データに含まれる変数は，つぎの 2 種類に大別される[*2]．

(1) **量的変数**（quantitative variable）．

(2) **質的変数**（qualitative variable）．

(1) の量的変数は，本質的に数値として表されるような変数のことである．量的変数は，身長や血圧のように実数値として考えられる変数（連続型量的変数または連続データ）と，感染症に罹った回数や犯罪発生件数のように整数値として考えられる変数（離散型量的変数または離散データ）に区別される．ただし，連続型量的変数といっても現実的には無数に小さい桁まで観測されるわけではない．例えば，身長はせいぜい（センチメートル単位で）小数点第 1 位までが一般的であろうし，研究目的などによって測定精度は異なる．

(2) の質的変数は，複数個の属性（カテゴリ）として表される変数のことである．質的変数を，**カテゴリカル変数**（categorical variable）とよんだりもする．質的変数には，カテゴリ間になんらかの順序関係がある場合（**順序尺度**）と，ない場合（**名義尺度**）がある．例えば，data.ex の変数 commute は「自転車（bike）」や「バス（bus）」などの 5 カテゴリからなる変数である．また，これらの間に客観的な順序関係は存在しないので，変数 commute は名義尺度に該当する．量的変数でも，適当な値で区切って質的変数として扱う場合がある．例えば，身長を「170cm 以上」と「170cm 未満」の 2 カテゴリをもつ質的変数として扱う場合がある．年齢なども，質的変数として扱われる場合も少なくない．カテゴリの分け方も，データのとられ方や研究分野によって異なる場合がある．変数を名前だけで判断するのではなく，その意味や定義の確認を忘れないようにしてほしい．順序尺度の例としては，疾患の重症度（軽症/中等症/重症）や成績の評定値（A/B/C/D）がある．順序尺度は，大小関係はあるが，各カテゴリ間の差の大きさについての情報をもっていない．成績の例でいうと，A 評価と B 評価の差と B 評価と C 評価の差が等しいとは必ずしもいえない，というようなことである．その意味で，質的変数の順序尺度は，量的変数より情報の小さい変数であるといえる．量的変数を順序尺度に変換することは可能だが（年齢を若年者/高齢者とカテゴリ化するなど），その逆はできない．

質的変数が，数字で表される場合もある．例えば，data.ex の変数 male がそれにあたる．変数 male は「女性」を 0，「男性」を 1 として記録しているが，「女性」を 1，「男性」を 0 と逆にしても本質的に問題はない．同様に，他の数字（例えば 2 と 9）を用いてもカテゴリの区別は可能である．ただし，どの数字を用いても「数字の値そのもの」に意味がないことに注意してほしい．特に便利なのは，0 と 1 を用いる場合である．このような変数を**ダミー変数**（dummy variable）とよぶ．ダミー変数を用いると，変数の算術平均で「1」に割り当てたカテゴリの割合を求めることができる．

カテゴリの個数が 3 つ以上の場合は，数字を複数用意するのではなく「ダミー変数を複数個用意す

[*1] 「標本サイズ」ということも多い．標本数・サンプル数という言葉を聞くこともあるが，これは sample size の訳語としては不適切である．この文脈においては，標本数は想定している集団の数を表すことになる．

[*2] より細かい分類については濱田（2019）の 1.1.4 節を参照してほしい．

	dummy1	dummy2	dummy3
A ⟶	0	0	0
B ⟶	1	0	0
O ⟶	0	1	0
AB ⟶	0	0	1

図 2.1　ダミー変数の例（4 カテゴリの場合）．

る」必要がある．例えば人間の血液型は 4 種類なので，図 2.1 のように 3 つのダミー変数で表すことができる．変数 dummy1，dummy2，dummy3 の値がすべて 0 のときが A 型となる．もう 1 つ「A 型のとき 1，そうでないとき 0 をとる」ダミー変数を追加する必要はない．むしろ，このようなダミー変数を追加すると問題が生じることが多い[*3]．

各変数の種類は，str 関数で確認することができる．

```
> str(data.ex)
'data.frame':   960 obs. of  5 variables:
 $ age     : int  19 18 18 18 18 18 18 18 19 18 ...
 $ male    : int  1 1 1 0 0 1 1 0 1 1 ...
 $ height  : num  168 177 169 160 160 ...
 $ weight  : num  64.5 62.8 66.7 56.2 45.8 81.2 59.4 55.3 67 65.8 ...
 $ commute: Factor w/ 5 levels "bike","bus","foot",..: 3 3 4 3 5 1 2 4 1 3 ...
```

量的変数は，変数名に続いて int と num と表示されているものである．num は実数，int は整数を意味する．質的変数は，Factor と表示される．ただし，上で述べたようにカテゴリを 0 か 1 のダミー変数として表している質的変数もある．このような変数は int と表示されるので，量的変数と混同しないように気をつけてほしい．また，Factor と表される質的変数のカテゴリ名は，levels 関数で調べることができる．

```
> levels(data.ex$commute)
[1] "bike"   "bus"    "foot"   "others" "train"
```

➤ 2.2　1 変数の可視化・要約

◉ 2.2.1　量的変数の可視化

a ヒストグラム

1 つの量的変数を可視化するための，最も代表的な方法は**ヒストグラム**（histogram）である．ヒス

[*3] 線形代数における，ベクトルの 1 次独立（線形独立）の概念と関連する．

トグラムは，変数を「適当な」*4 区間に分割し（階級またはビンとよぶ），その区間に含まれる個体数を柱状グラフで図示する方法である．ヒストグラムを描くには，hist 関数を用いればよい．

```
hist(x, breaks)
```

引数 x には，変数のベクトルを指定する．引数 breaks は，階級の分割をベクトルで指定するためのオプションであるが，指定しなくても「適当に」分割される．例えば，身長 height のヒストグラムは，つぎのように入力すれば描画できる．

```
> hist(x=data.ex$height)
```

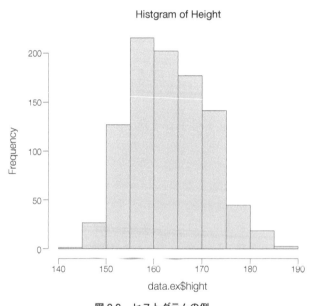

図2.2　ヒストグラムの例．

　自分で階級の幅と数を指定したい場合は，引数 breaks にベクトルで指定する．このとき，変数の最大値と最小値が階級に含まれないとエラーが出力される．そのため，コード2.1 の1行目のように，あらかじめ最大値・最小値を調べておくとよい（後述の summary 関数を用いてもよい）．

コード2.1　ヒストグラムの描画

```
1  range(data.ex$height)                          # 最小値と最大値
```

*4 数学などでいう「適当」は，「適切」という意味である．けっして「でたらめ」ということではない．

```
2   hist(x=data.ex$height, breaks=c(140,150,160,170,180,190))
3   hist(x=data.ex$height, breaks=seq(140,190,by=10)) # 上と同じ（seq 関数でベクトルを生成）
4   hist(x=data.ex$height, breaks=seq(150,190,by=10)) # エラーが起こる
```

hist 関数の階級は，下限の値を含まないが上限の値を含む半開区間[*5]である．ただし，一番小さい階級と一番大きい階級は，その限りではない．タイトルや軸，ヒストグラムの色などを変えたいときは，つぎのようにする（図 2.2）．

```
> hist(x=data.ex$height, main="Histogram of Height", col="gold", border=4)
```

各引数の意味は，つぎの通りである．

- x：ヒストグラムを描く変数を指定（ベクトル）．
- xlab：横軸の名称を指定（文字列）．
- main：ヒストグラム上のキャプション（タイトル）を指定（文字列）．
- col：ヒストグラムの棒の色を指定（文字列または数値）．
- border：棒の枠の色を指定（文字列または数値）．

色を指定する方法は，2.3.1 節で詳しく述べる．

b 箱ひげ図

　量的変数に対するもう 1 つの可視化の方法は，**箱ひげ図**（box-whisker plot）である．箱ひげ図は，boxplot 関数を用いて描くことができる．

```
boxplot(x, horizontal, names)
```

引数 x には，hist 関数と同様に変数のベクトルを指定する．引数 horizontal には，図を横倒しにするかを TRUE/FALSE で指定する（デフォルト値は FALSE）．引数 names には，一度に複数の箱ひげ図を描くときに与えるラベルを文字列ベクトルで指定する．

　例えば，身長 height の箱ひげ図は，つぎのように描画できる．

```
> boxplot(x=data.ex$height, xlab="Height", main="Box-whisker plot of height")
```

箱ひげ図は，その名の通り「箱」と「ひげ」を使って，データの分布を簡素に可視化したものである（図 2.3）．箱は第 1，第 3 四分位数に基づいて描かれ，箱内の太線は中央値を表す（四分位数と中央値は 2.2.3 節で説明する）．箱から飛び出た点線の先に，箱より短い線分が描かれる．これらは，つぎの

[*5] x を変数の値として，$a < x \leq b$ の形で表される区間 $(a, b]$ のこと．$[a, b)$ の形で階級を定義する書籍もあり，hist 関数の引数 right によって変更できる．

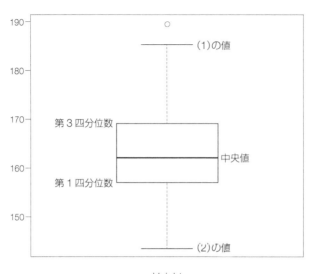

図 2.3　箱ひげ図の例と意味.

ような規則で描かれる（IQR は 2.2.3 節で説明する）.

(1)　（第 3 四分位数 ＋ 1.5 × IQR）以下である値の中での最大値.
(2)　（第 1 四分位数 − 1.5 × IQR）以上である値の中での最小値.

(1) より大きい値と，(2) より小さい値については，点がプロットされる.
　箱ひげ図の長所は，ヒストグラムよりも要点を掴みやすいことである. 情報が整理され，解釈が見る人の主観に左右されにくい. 短所は，必要な情報を落としてしまう場合があることである. 図 2.4 のヒストグラムを見ると，山が 2 つある[*6]. しかし，箱ひげ図ではその情報は失われてしまう. ヒストグラムではひと目でわかる違いが，箱ひげ図では識別が難しいことに注意してほしい.
　量的変数に対しては，まずはヒストグラムを描くのがよいだろう.

2.2.2　質的変数の可視化

　質的変数の可視化には，各カテゴリに属する割合を図示するのがよい. そのためにはいくつかの方法が考えられるが，ここでは棒グラフと円グラフを紹介しよう.

a 棒グラフ

　棒グラフ（bar graph）は，`barplot` 関数を用いて描くことができる.

[*6] このような分布を**双峰**（bimodal）な分布，あるいは双峰分布という. 対して，山が 1 つの分布を**単峰**（unimodal）な分布あるいは単峰分布という.

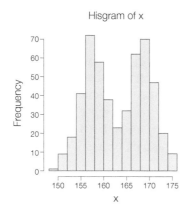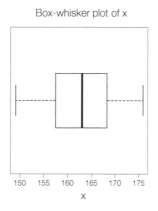

図 2.4　ヒストグラムと箱ひげ図の違い．箱ひげ図のほうがデータの情報を失っていることがわかる．

```
barplot(height, horiz, names.arg)
```

引数 height には，各カテゴリの個体数を成分とするベクトルを指定する．このベクトルの生成には，table 関数が便利である（2.2.4 節で詳しく述べる）．引数 horiz には，図を縦に描くか横倒しにするかを TRUE/FALSE で指定する（デフォルト値は FALSE）．boxplot 関数の引数 horizontal と混同しないように注意しよう（迷ったらヘルプで調べればよい）．引数 names.arg には，カテゴリの名前を与えるための文字列ベクトルを指定する．

　例えば，通学手段 commute の棒グラフは，つぎのように描画できる（図 2.5（左））．

```
> x <- table(data.ex$commute)
> barplot(x)
```

性別 male のように，文字列でなく数値でカテゴリを表す場合は引数 name を指定したほうがよい．コード 2.2 を入力して，いろいろな指定方法を試してみよう．

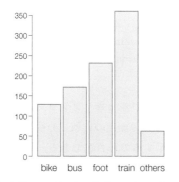

図 2.5　棒グラフと円グラフの例．左の棒グラフはコード 2.2 の 2 行目，右の円グラフはコード 2.3 の 2 行目による出力である．

◀ コード2.2　棒グラフの描画 ▶

```
1  x <- table(data.ex$commute)
2  barplot(x[c(1,2,3,5,4)]) # カテゴリ名「others」の位置を右端に変える
3  barplot(x[c(1,2,3,5,4)], col="beige", border="blue2") # 棒の色を変える
4  y <- table(data.ex$male)                    # 性別ごとの個体数のベクトル
5  barplot(y, main="Bar graph of sex")          # カテゴリが数字でわかりづらい
6  barplot(y, main="Bar graph of sex", names=c("Female", "Male")) # カテゴリ名を与える
```

b 円グラフ

円グラフ（pie chart）は，`pie` 関数を用いて描くことができる．

```
pie(x, clockwise, labels)
```

引数 x には，各カテゴリの個体数をベクトルで指定する．引数 clockwise には，カテゴリの順序を反時計回りに配置するかを TRUE/FALSE で指定する（デフォルト値は FALSE）．引数 labels には，カテゴリの名前を与えるための文字列ベクトルを指定する．

例えば，通学手段 commute の円グラフは，つぎのように描画できる（図 2.5（右））．

```
> x <- table(data.ex$commute)
> pie(x)
```

棒グラフと同様，コード 2.3 を入力して出力を確認しよう．

◀ コード2.3　円グラフの描画 ▶

```
1  x <- table(data.ex$commute)[c(1,2,3,5,4)] # カテゴリ名「others」の位置を右端に変える
2  pie(x, clockwise=TRUE, main="通学手段")     # カテゴリの順序を時計回りに配置
3  pie(x, clockwise=TRUE, main="通学手段", cex=2, cex.main=2)           # カテゴリ名を与える
4  pie(x, col=c("violet", "wheat", "seashell", "paleturquoise", "gray")) # 色を変える
```

3 行目では，引数 cex と cex.main によって，それぞれラベルとキャプションの文字の大きさを指定している（デフォルトのサイズは，両方とも 1）．また，円の面積の比較は直観的に難しいので，つぎのように引数 labels を用いて各カテゴリの割合を表示するのも有益である．

```
> lbl <- sprintf("%s%s%3.2f%s", names(x), ":", 100*prop.table(x), "%") # カテゴリ名に割合を加える
> pie(x, clockwise=TRUE, labels=lbl, main="通学手段")
```

2.2.3　量的変数の要約

あなたが学校の先生だとしよう．試験を実施し，（個別にでなく）生徒全体に向けて結果の傾向を伝えるとき，何を伝えるだろうか．多くの場合，まず平均点を伝えるだろう．さらに付け加えるとしたら，最高点や最低点などではないだろうか．試験の点数だけでなく，年収や視聴率などのメディアに飛び交う数字も，平均値が圧倒的に多い．本節では，データを要約するための量である**要約統計量**（summary statistic）を紹介する[7]．

a　代表値：平均値，中央値

データの特徴を最も反映する量のことを，**代表値**（representative value）という．量的変数の代表値には，つぎのようなものが挙げられる．

- **平均値**（mean）：変数の算術平均．
- **中央値**（median）：変数の値を小さい順に並べて，ちょうど真ん中の値（下位 50%点）．
- **最頻値**（mode）：最も多く観測された値．

中央値の定義は標本サイズが偶数か奇数かで定義が変わる．代表値の数学的な定義は，2.2.5 節で述べる．平均値と中央値は，それぞれ表 1.5 の mean 関数，median 関数により求められる．例えば，年齢 age については，つぎのような結果が得られる．

```
> mean(data.ex$age)
[1] 18.25417
> median(data.ex$age)
[1] 18
```

平均値と中央値は，どのように使い分けるべきだろうか．その答えは，データの分布（ヒストグラム）が握っている．つまり，つぎのような判断基準をもつとよい．

- 分布が対称な形状　⟹　平均値を報告する．
- 分布が非対称な形状 ⟹ 中央値を報告する．

ヒストグラムが左右対称に近く，かつ単峰の場合を考えよう（図 2.6（左））．このとき，平均値は分布が描く山の「頂点」に近い．一番観測値が多く集中しているあたりの値を「代表」として選ぶのは自然であろう．一方で，分布が非対称に歪んでいる場合は，平均値は「頂点」と離れた値になってしまう

---

[7] **記述統計量**（descriptive statistic），**基本統計量**（basic statistic）ということもある．

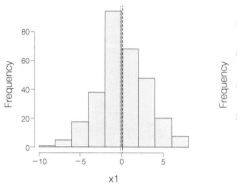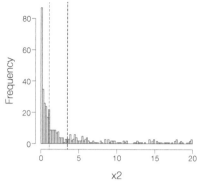

図 2.6 平均値（黒破線）と中央値（赤破線）．対称な分布（左）は両者の値が近くなるが，非対称な分布（右）の場合は大きく異なる場合がある．

（図 2.6（右））．データに外れ値と思われる観測値が含まれている場合にも，平均値は観測値が集中している値（つまり，本来の平均値）から離れることが多い．外れ値は 2.4.3 節で詳しく説明する．中央値も分布の「頂点」にならない場合が多いが，平均値よりも頂点に近い値をとり，なにより「ちょうど真ん中の順位に位置する値」という意味付けができる．ヒストグラムも描かず，やみくもに平均値にばかり頼ると，いろいろな情報を見落としかねないことに注意してほしい．

　実際のデータやヒストグラムを見たとき，どの程度の歪みを「対称」として許すのかという疑問が浮かぶかもしれない．数理的な方法で分布の非対称性を調べることも可能であるが，目で見て判断するか，平均値と中央値の値に十分な差があるかを検討すれば十分である．

　最頻値はあまり用いられず，R では特に関数も用意されていない．しかし，離散型量的変数の最頻値は，table 関数によって簡単に調べることができる．

```
> table(data.ex$age)

  18  19  20  21
 741 196  21   2
```

上の出力より，年齢 age の最頻値は 18（歳）である．最頻値があまり利用されない主な理由は，つぎの 2 点である．

(1) 最頻値が複数個存在する場合がある．
(2) 連続型量的変数については，最頻値の定義があいまいになる．

理由 (2) は，連続型量的変数をヒストグラムのように階級に分ければ，問題を回避できる（ように見える）．最頻値を，個体数が最大の階級の階級値[*8] と定義すればよい．しかし，最頻値は階級の数や幅によって変わるため，定義のあいまいさが残ってしまう．

[*8] 階級 $(a, b]$ の階級値は，$\dfrac{a+b}{2}$ と定義することが一般的である．

b ばらつきの指標：分散，標準偏差，四分位数

　平均値や中央値だけでは，データのもつ情報を単純化しすぎである．図 2.7 は，2 つの標本の収縮期血圧のヒストグラムである（架空のデータ）．標本 A，B は異なるデータであるが，平均値が完全に等しい．しかし，一見してわかるように，データのふるまいは異なる．標本 A ではすべての値が 100 ～ 140mmHG に収まっている一方で，標本 B には高血圧または低血圧と診断されうる個体が存在する．

　このような変数の「ばらつき」に関しても，1 つの値に要約することは重要である．変数の「ばらつき」を表す指標として，つぎのようなものが挙げられる．これらは，平均値などと同様に表 1.5 の関数で求められる．

- **分散**（variance）：「平均値からの差の 2 乗」の平均値．
- **標準偏差**（standard deviation; SD）：分散の平方根（$\sqrt{分散}$）．
- **四分位範囲**（interquartile range; IQR）：下位 75% の順位に位置する値と，25% の値の差．
- **範囲**（range）：最大値と最小値の差．

分散は，平均値を中心としたばらつきの指標である．分散の理解がデータ解析・統計学の最初の壁になるので，イメージを図 2.8 で述べよう．目標は，平均値を中心としたデータの「ばらつき具合」を 1 つの数値に集約することである．そのために，各個体の値と平均値の差を考える（図 2.8(A)）．すなわち，標本サイズが n であれば n 個の「差」を求められる．この「差」を合計すれば，ばらつきの指標になりそうだが，実はそうはいかない．差は「距離」ではないので，正にも負にもなる（図 2.8(B)）．そのため，差を合計すると正負が相殺して 0 になる．この「正負相殺」問題を避けるために，差を 2 乗してすべて 0 以上の値に変換する（図 2.8(C)）．以上をまとめると，分散は (i) 各個体の値と平均値の

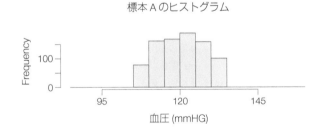

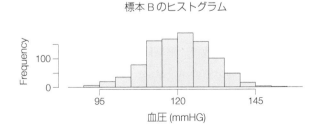

図 2.7　平均値が等しい 2 つの標本．同じ分布といえるだろうか．

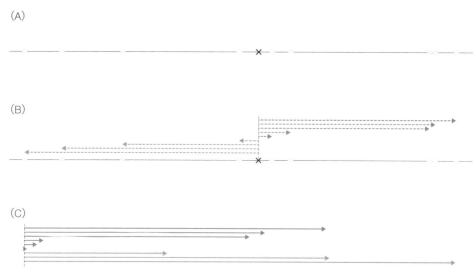

図2.8　分散の考え方．図 (A) は観測値（四角）と平均値（×印）の関係を表し，図 (B) の矢印は平均値との差を表す．図 (C) の矢印は，手順 (ii) の「差の2乗」を並べたものであり，これらの平均値が分散である．

差を求め，(ii) 差を2乗し，(iii) その和をとり，(iv) 平均値を求める，という段階を経て計算できる．(iii) で求めた値を，偏差平方和という．var 関数は，偏差平方和を n で割る平均値ではなく $(n-1)$ で割った値を出力することに注意してほしい（2.2.5 節で説明する）．分散は必ず 0 以上の値をとり，多くの場合正の値になる．コード 2.4 を参考に，体重 weight の分散を求めてみよう．

◀ コード2.4　分散と標準偏差の計算 ▶

```
1  n <- dim(data.ex)[1]              # 標本サイズ
2  w.mean <- mean(data.ex$weight)    # 体重の平均値
3  var(data.ex$weight)              # var 関数（不偏分散）
4  hensa <- data.ex$weight - w.mean # 平均値との差
5  mean(hensa^2)                    # 偏差平方和をn で割る
6  sum(hensa^2) / (n - 1)           # var 関数と同じ値
7  sd(data.ex$weight)              # 標準偏差
8  sqrt(var(data.ex$weight))        # 上と同じ
```

　標準偏差は，分散の平方根である．分散は，平均値からの差の2乗を計算するため，単位が元の変数とは異なる．例えば，体重（kg）の分散の単位は kg^2 である．そのため，分散の大小は比較できても，値そのものを解釈することは難しい．このような理由から，$\sqrt{\text{kg}^2} = \text{kg}$ というように同じ単位に戻した標準偏差を報告することが多い．

　中央値を中心としたばらつきは，第1四分位数と第3四分位数によってつぎのように示すとよい．

$$[第 1 四分位数, 第 3 四分位数] \tag{2.1}$$

第 1 四分位数は，観測値を大きさの順に並べ，小さいほうから 25% の順位に位置する値のことである．同様に，第 2, 3 四分位数はそれぞれ下位 50%，75% の順位に位置する値のことである．範囲 (2.1) は，第 1 四分位数から第 3 四分位数までの区間を表し，中央値を中心にデータの半分（50%）が含まれる．四分位範囲（IQR）は IQR = 第 3 四分位数 − 第 1 四分位数 として定義される量であるが，これよりも範囲 (2.1) を用いたほうがよい．IQR のように差として表すと，中央値より大きい値のほうにデータがばらついているのか，小さいほうにばらついているのかという情報が失われるからである．

　下位 100α% の値のことを，100α パーセント点（パーセンタイル；percentile）や α 分位点（分位数，クォンタイル；quantile）という．例えば $\alpha = 0.25$ のとき，25 パーセント点や 0.25 分位点などとよび，この点より小さい観測値は，全体の 25% であることを意味する．四分位数は，分位点の特別な場合（0.25, 0.50, 0.75 分位数）であり[9]，中央値は 50 パーセント点（0.5 分位点）である．これらの値は，quantile 関数（表 1.5）を用いて計算できる．引数 probs を指定して，任意の分位点を求めることもできる．

```
> quantile(data.ex$weight)
   0%  25%  50%  75% 100%
40.1 50.4 55.8 62.4 86.7
> quantile(data.ex$weight, probs=c(0,1,2,3)/3) # 引数 probs には 0 から 1 までの値を指定
       0% 33.33333% 66.66667%      100%
     40.1      52.2      59.8      86.7
```

　また，より便利な関数として summary 関数がある．これは，最小値，第 1 四分位数，中央値（第 2 四分位数），平均値，第 3 四分位数，最大値を一度に出力する．入力する引数は，ベクトルでもデータフレームでも構わない．ただし，分散と標準偏差は出力されない．

```
> summary(data.ex$weight)
   Min. 1st Qu.  Median    Mean 3rd Qu.    Max.
  40.10   50.40   55.80   57.09   62.40   86.70
```

コード 2.5 を参考に，体重 weight の四分位数・四分位範囲を計算してみよう．

---

[9] quantile（分位点）と quartile（四分位数）は，綴りが似ているので混同しないように注意してほしい．四分位数は，ラテン語の倍数接頭辞 quart に由来する．

◀ コード 2.5　四分位範囲，分位点の計算 ▶

```
1  median(data.ex$weight)         # 中央値
2  w.quart <- quantile(data.ex$weight) # 四分位数
3  w.quart[c(2,4)]                # [第1四分位数，第3四分位数]
4  IQR(data.ex$weight)            # IQR
5  w.quart[4] - w.quart[2]        # 上と同じ
```

1, 3行目の出力からわかるように，「中央値と25パーセント点との距離」と「75パーセント点と中央値との距離」には差がある．これは，体重の分布が対称でないことに起因する（hist(data.ex$weight)で確認してみよう）．中央値より大きい側にデータが広がっているかどうかは，IQRではわからないが第1，第3四分位数（と中央値）を参照すれば見当がつく．また，分布が対称に近いとき（すなわち，平均値を報告すべき場合）には，「中央値と25%点の差」と「75%点と中央値の差」はほぼ等しくなる．そのため，第1，第3四分位数を報告しても情報は特に増えない．

apply関数を用いて，複数の量的変数の平均値や分散などを一度に計算することもできる．

```
apply(X, MARGIN, FUN)
```

引数Xには行列またはデータフレームを指定し，引数FUNには計算したい値の関数名（mean, var など）を指定する．MARGIN=1で行方向に，MARGIN=2で列方向にFUNで指定した関数の値を計算する．

```
> apply(X=data.ex[,c(3,4)], MARGIN=2, FUN=mean) # 身長と体重の平均値
   height     weight
163.16621   57.08563
```

引数Xに文字列の含まれるデータフレームを指定すると，エラーが出力されるので注意してほしい．

本節を整理すると，ばらつきの報告は代表値に基づいて決めるべきである．すなわち，つぎのような目安を参考にするとよい．

- 分布が対称　 $\Longrightarrow$ 平均値と標準偏差[10].
- 分布が非対称 $\Longrightarrow$ 中央値と [第1四分位数, 第3四分位数].

◉　2.2.4　質的変数の要約

質的変数は，**度数分布表**（frequency distribution table）で要約できる．度数分布表は，カテゴリの個体数を表にしたものである．例えば，変数 X が K 個のカテゴリ $X_1, \ldots, X_K$ をもつとき，度数分

---

[10] 各変数の要約統計量を表にまとめるとき，平均値（標準偏差）という形式を用いることがある．ただし，その場合は説明文中や表の題（キャプション）に「括弧内の数値は標準偏差である」というただし書きを入れるべきである．四分位数やIQRの場合も同様である．

布表は表 2.1 のように与えられる．$n_1, \ldots, n_K$ のことを，それぞれカテゴリ $X_1, \ldots, X_K$ の**度数**（頻度；frequency）という．標本サイズが n のとき，すべての個体がどれか 1 つのカテゴリにあてはまるので，$n_1 + n_2 + \cdots + n_K = n$ となる．

表 2.1　度数分布表の例.

カテゴリ	X_1	X_2	$\cdots$	X_K
度数	n_1	n_2	$\cdots$	n_K

　度数分布表は，table 関数によって出力できる．

```
table(質的変数を表すベクトル)
```

例えば，通学手段 commute については，つぎのようになる．

```
> table(data.ex$commute)
  bike    bus   foot others  train
   130    172    233     64    361
```

また，標本サイズ n で割った割合 $p_i = \dfrac{n_i}{n}$ $(i = 1, \ldots, K)$ を表にすることも多い．割合の出力には，prop.table 関数が便利である．

```
prop.table(x)
```

引数 x には，変数ベクトルではなく table 関数の出力を指定することに注意しよう（コード 2.6）．

◀ コード 2.6　表による質的変数の要約 ▶

```
1  prop.table(x=data.ex$commute)            # エラー（引数が誤り）
2  tab.commute <- table(data.ex$commute)    # 度数分布表
3  prop.table(x=tab.commute)                # 正しい入力
4  tab.commute / sum(tab.commute)           # 上と同じ
```

　2 つのカテゴリをもつ質的変数の場合，一方のカテゴリの割合を示せば十分であり，表にする必要はあまりない．一方のカテゴリの割合が p なら，他方の割合は $1 - p$ ということがわかるからである．性別 male を例にすると，つぎのようになる．

```
> prop.table(table(data.ex$male))  # 引数名 x を省略


        0         1
0.5739583 0.4260417
> p.male <- mean(data.ex$male)      # 男性の割合（1 の割合）
> p.male
[1] 0.4260417
> p.female <- 1 - p.male
> c(p.female, p.male)               # prop.table 関数と同じ結果
[1] 0.5739583 0.4260417
```

男性の割合を計算するのに mean 関数を用いたのは，変数 male が文字列でなく 0 と 1 の数値で与えられているためである．これは 2.2.5 節で詳しく述べる．

　質的変数の「ばらつき」の代表的な指標に，**エントロピー**（entropy）と**ジニ不純度**（Gini impurity）がある[*11]．これらは決定木（7.1 節で説明する）において重要な量であるが，変数の要約として報告することは滅多にない．エントロピーとジニ不純度は「不純度の指標」であり，カテゴリ割合がどれくらい均衡しているかを定量化したものである．$K = 2$ の場合，これらは両方のカテゴリ割合が 0.5（均等な割合）のときに最大になる（図 2.9）．すなわち，最も不純度が高い（均衡である）場合に最大値をとる．カテゴリ数が 2 以上の場合も，エントロピー，ジニ不純度ともにカテゴリ割合がすべて $1/K$ のときに最大になる．ただし，カテゴリ数 K の値によって最大値が異なるため，これらが異なる変数間（例えば male と commute）の値を比較することに意味はない．

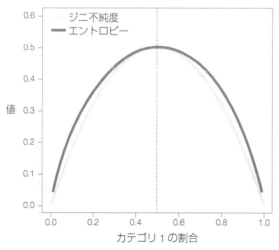

図 2.9　エントロピーとジニ不純度（$K = 2$ の場合）．エントロピーの値は，最大値がジニ不純度と等しくなるよう定数倍して表示している．

[*11] ジニ不純度の名は，イタリアの統計学者コラッド・ジニ（Gini, C., 1884–1965）に由来する．

多くの場合報告する必要はないが，エントロピーもジニ不純度も簡単に求めることができる．

```
> prop.fm <- prop.table(table(data.ex$male)) # 割合のベクトル
> -sum(prop.fm * log(prop.fm,base=2))         # エントロピー
[1] 0.9841593
> sum(prop.fm * (1 - prop.fm))                # ジニ不純度
[1] 0.4890603
```

2.2.5　1変数の要約：数理編

サイズ n の標本において，ある量的変数の値を $x_1, x_2, \ldots, x_n$ とする．このとき，平均値（標本平均）$\bar{x}$ はつぎのように書くことができる．

$$\bar{x} = \frac{1}{n}(x_1 + x_2 + \cdots + x_n) = \frac{1}{n}\sum_{i=1}^{n} x_i.$$

また，$x_1, x_2, \ldots, x_n$ を昇順に並べ替えたものを $x_{(1)} \leq x_{(2)} \leq \cdots \leq x_{(n)}$ とする．この記号を用いると，中央値 x_{med} はつぎのように定義される．

$$x_{\mathrm{med}} = \begin{cases} x_{\left(\frac{n+1}{2}\right)} & (n \text{ が奇数のとき}) \\ \dfrac{x_{\left(\frac{n}{2}\right)} + x_{\left(\frac{n}{2}+1\right)}}{2} & (n \text{ が偶数のとき}) \end{cases}.$$

また，分散はつぎの 2 通りがある．

$$s^2 = \frac{1}{n}\sum_{i=1}^{n}(x_i - \bar{x})^2, \tag{2.2}$$

$$u^2 = \frac{1}{n-1}\sum_{i=1}^{n}(x_i - \bar{x})^2. \tag{2.3}$$

s^2 を**標本分散**（sample variance），u^2 を**不偏分散**（unbiased variance）という．

var 関数は，不偏分散 u^2 を出力する．標本分散 s^2 は，偏差平方の算術平均である．不偏分散は $u^2 = \dfrac{n}{n-1}s^2$ と表されるように，標本分散を少し大きく膨らませた量である．なぜ分散に異なる定義があるのかはここでは詳しく述べないが，不偏分散はその名の通り「偏りのない」分散であり，不偏性という数理的に望ましい性質をもつ（11 章で説明する）．

四分位数や IQR の計算には，分位点を求める必要がある．中央値の場合と同様に，$x_1, x_2, \ldots, x_n$ を昇順に並べ替えたものを $x_{(1)} \leq x_{(2)} \leq \cdots \leq x_{(n)}$ とする．quantile 関数のデフォルトでは，つぎの定義によって任意の q 分位点を求めている．$p_k = \dfrac{k-1}{n-1}$ $(k = 1, \ldots, n)$ として，$p_k \leq q \leq p_{k+1}$ が成り立つような k に対して

$$q \text{ 分位点} = \frac{p_{k+1} - q}{p_{k+1} - p_k}x_{(k)} + \frac{q - p_k}{p_{k+1} - p_k}x_{(k+1)}.$$

ただし，分位点の定義はいくつかある[*12]．詳細は述べないが，特に気にせずデフォルト値を用いて構わない．標本サイズが十分に大きいときは，どの定義を用いてもたいした差は生じないからである．

カテゴリが 2 つの質的変数については，観測値 y_i をつぎのように定義して考える．

$$y_i = \begin{cases} 1 & (\text{個体 } i \text{ がカテゴリ } X_1\text{に属する場合}) \\ 0 & (\text{個体 } i \text{ がカテゴリ } X_2\text{に属する場合}) \end{cases} , \quad i = 1, \ldots, n.$$

このとき，各カテゴリの度数はつぎのように表すことができる．

$$\text{カテゴリ } X_1\text{の度数}: n_1 = \sum_{i=1}^{n} y_i,$$

$$\text{カテゴリ } X_2\text{の度数}: n_2 = \sum_{i=1}^{n} (1 - y_i) = n - n_1.$$

それぞれのカテゴリの割合は，$p_1 = n_1/n$, $p_2 = n_2/n$ と表すことができる．

カテゴリ数 K が 2 以上の場合には，$(K-1)$ 個のダミー変数をつぎのように用意すればよい．

$$y_{ik} = \begin{cases} 1 & (\text{個体 } i \text{ がカテゴリ } X_k\text{に属する場合}) \\ 0 & (\text{個体 } i \text{ がカテゴリ } X_k\text{に属さない場合}) \end{cases} , \quad i = 1, \ldots, n; \quad k = 1, \ldots, K-1.$$

各カテゴリの度数は，$K = 2$ の場合と同様につぎのように表すことができる．

$$\text{カテゴリ } X_k\text{の度数}: n_k = \sum_{i=1}^{n} y_{ik} \quad (k = 1, \ldots, K-1),$$

$$\text{カテゴリ } X_K\text{の度数}: n_K = n - \sum_{k=1}^{K-1} n_k.$$

エントロピーとジニ不純度は，割合 $p_k = n_k/n$ を用いて，それぞれつぎのように定義される．

$$\text{エントロピー} = -\sum_{k=1}^{K} p_k \log_2(p_k),$$

$$\text{ジニ不純度} = \sum_{k=1}^{K} p_k(1 - p_k).$$

➤ 2.3 2変数の可視化・要約

データ解析の目的は，多くの場合，複数の変数間の関係を調べることである．2 つの変数の関係を探ることは，その基本である．2 変数が量的変数なのか質的変数なのかで，3 通りの組み合わせができる．本節では，それぞれの組み合わせについて可視化と要約の方法を紹介しよう．

[*12] quantile 関数では，type を指定することで異なる定義の分位点を求めることができる（デフォルトは「type=7」）．

2.3.1　2 変数の可視化

a 量的変数 × 量的変数の場合

2 変数がともに量的変数のときは，**散布図**（scatter plot）を描くと変数間の関連が視覚的に掴みやすい（図 2.10）．散布図は，plot 関数により描くことができる．

```
plot(x, y)
```

引数 x, y にはそれぞれ横軸と縦軸に配する変数を指定する．これらは，同じ長さのベクトルでなければならない．もしくは，y を使わず x に n 行 2 列の行列またはデータフレームを指定してもよい．また，plot 関数ではつぎのような指定が可能である．

- xlim, ylim：横軸・縦軸の描画範囲を指定（2 次元ベクトル）．
- col：データ点の色を指定（スカラー，文字列またはベクトル）．
- pch：データ点の種類を指定（スカラーまたはベクトル）．
- xlab, ylab：横軸・縦軸ラベルを指定（文字列）．
- cex.lab：横軸・縦軸ラベルの文字サイズを指定（数値）．
- main：散布図のタイトルを指定（文字列）．
- cex：タイトルの文字サイズを指定（数値）．
- ann：散布図の軸ラベル，タイトルの有無を指定（TRUE/FALSE）．

引数 col または pch をベクトルで指定する場合，長さを x に揃えるように注意しよう（コード 2.22 を参照）．色を指定する引数 col には，数値か文字列（"red" など）によっていろいろと指定できる[13]．引数はたくさんあるので，?plot.default と入力してヘルプを活用するとよい．コード 2.7 を入力し，どのような散布図が出力されるかを確認しよう[14]．

◀ コード 2.7　散布図の描画 ▶

```
1  plot(x=data.ex$height, y=data.ex$weight)
2  plot(x=data.ex$height, y=data.ex$weight, xlab="Height", ylab="Weight")
3  plot(x=data.ex[,3:4], xlab="Height", ylab="Weight", main="Example")
4  a <- data.ex$height; b <- data.ex$weight
5  plot(x=a, y=b, xlim=c(140,190), ylim=c(40,90))
6  plot(x=a, y=b, xlim=c(170,220), ylim=c(40,90))
7  plot(a, b, pch=0)         # pch=0:  データ点を白抜きの四角形にする
8  plot(a, b, pch=15)        # pch=15: データ点を四角形にする
```

---

[13] 色の名前は colors() と入力すると一覧が出力される．それぞれの名前の色を確認するには，RjpWiki（http://www.okadajp.org/RWiki/）の「色見本」が便利である．
[14] コード 2.7 の 4 行目のように，複数の入力をセミコロン「;」で区切ることにより，1 行に書くことができる．

```
 9   plot(a, b, pch=15, col=2) # col=2:  データ点の色を赤にする（3は黄緑，4は青）
10   plot(a, b, pch=15, col="springgreen2") # 引数col を文字列で指定する
```

散布図に点を描き加えたい場合には，points 関数を用いる（コード 2.8）．これは，平均値などの代表値を描き加えるのに便利である．

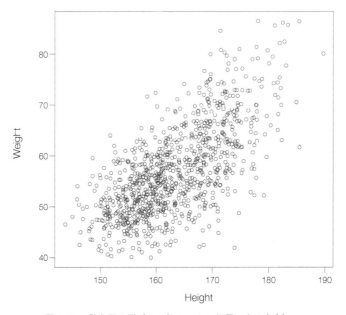

図 2.10　散布図の例（コード 2.7 の 2 行目による出力）．

◀ コード 2.8　散布図と points 関数 ▶

```
1   a <- data.ex$height; b <- data.ex$weight
2   plot(x=a, y=b, xlab="Height", ylab="Weight")
3   points(x=mean(a), y=mean(b), col=2, pch=15)          # 平均値を赤色の四角のプロット
4   points(x=median(a), y=median(b), col=3, pch=15)      # 中央値を黄緑色の四角でプロット
5   points(x=c(min(a),max(a)), y=c(min(b),max(b)), col=4) # ベクトルによる指定も可能（色は青）
6   points(x=c(min(a),max(a)), y=c(min(b),max(b)), col=c(2,3)) # 成分ごとに色を指定（赤，黄緑）
```

散布図に直線を描き入れたい場合は，abline 関数が便利である（コード 2.9）．引数 h と v はそれぞれ横軸と縦軸に対して平行な直線を描くときに用いる．傾きのある直線は，引数 a と b を指定することで $y = a + bx$ の直線を描くことができる．

◀ **コード 2.9　散布図と** abline **関数** ▶

```
a <- data.ex$height; b <- data.ex$weight
plot(x=a, y=b, xlab="Height", ylab="Weight")
abline(v=mean(a))
abline(h=mean(b), col=2, lty=2, lwd=2)       # 線の色（col）・種類（lty）・太さを（lwd）変更
abline(v=median(a), h=median(b), col=3)
abline(a=-60, b=0.75, lwd=2, col="orange") # 引数col を文字列で指定する
```

散布図に線分を描き入れたい場合は，segments 関数が便利である（コード 2.10）．この関数では，線分の始点 (x0, y0) と終点 (x1, y1) の両方を指定する必要がある．

◀ **コード 2.10　散布図と** segments **関数** ▶

```
a <- data.ex$height; b <- data.ex$weight
plot(x=a, y=b, xlab="Height", ylab="Weight")
segments(x0=a[2], y0=b[2], x1=mean(a), y1=mean(b), col=2, lwd=2, lty=2)
segments(x0=a[3:5], y0=b[3:5], x1=mean(a), y1=mean(b), col=3, lwd=2)
```

3 行目は 1 本の線分を，4 行目は 3 本の線分を同時に描く入力である．

b 質的変数 × 質的変数の場合

　2 変数がともに質的変数のとき，可視化は 2.3.2 節で述べる分割表で事足りる場合が多い．あえて挙げるとすれば，**棒グラフ**と**モザイクプロット**だろう．

　棒グラフは，2.2.2 節と同じ barplot 関数で描くことができる．

```
barplot(height=table(変数 1, 変数 2), legend.text, names.arg, beside)
```

引数 height は，table(変数 1, 変数 2) という形式で分割表を指定する．引数 legend.text と引数 names.arg には，それぞれ変数 1 と変数 2 のカテゴリ名を指定する．引数 beside には，棒を積み上げて表示するかを TRUE/FALSE で指定する（デフォルト値は FALSE）．コード 2.11 を参考に，工夫して棒グラフを描いてみよう．

◀ **コード 2.11　棒グラフの描画（2 変数の場合）** ▶

```
a <- data.ex$male; b <- data.ex$commute
```

```
2  barplot(table(a,b)[,c(1,2,3,5,4)]) # カテゴリ名「others」の位置を右端に変える
3  barplot(table(a,b)[,c(1,2,3,5,4)], legend.text=c("Female","Male"), args.legend=list(x="
       topleft"))
4  barplot(table(b,a))                            # 変数の順序を逆にする
5  barplot(table(b,a), names.arg=c("Female","Male")) # 性別（変数2）のカテゴリ名を指定
6  barplot(table(b,a), names.arg=c("Female","Male"), beside=TRUE)
7  barplot(table(b,a), names.arg=c("F","M"), col=cm.colors(5)) # カラーパレットで色を指定
8  barplot(table(b,a), names.arg=c("F","M"), legend.text=levels(b), args.legend=list(x="
       topright"))
9  barplot(table(b,a), names.arg=c("Female","Male"), legend.text=levels(b), args.legend=list(
       x="bottomright"), beside=TRUE, horiz=TRUE)
```

3行目の引数 args.legend は，変数1のカテゴリ名の表示場所を指定する．x="topleft"で右上に指定する（他の方法は 8, 9 行目を参照）．また，7行目ではカラーパレットから色を選ぶ cm.colors 関数を利用している．「col=cm.colors(5)」とすることで，シアンからマゼンタまでの5色の選択をする．その他のカラーパレットは，この関数のヘルプから確認できる．

　モザイクプロットは，全体に占めるカテゴリの割合を面積で示すグラフである．これは，mosaicplot 関数で描くことができる．

```
mosaicplot(x, color)
```

引数 x は，table(変数1，変数2) という形式で指定する．引数 color は，TRUE/FALSE で横軸のカテゴリごとに四角形の色のコントラストをつけるか，色の種類をベクトルで指定する．コード 2.12 を参考に，工夫して棒グラフを描いてみよう．

◀ コード 2.12　モザイクプロットの描画（2変数の場合）▶

```
1  a <- data.ex$male; b <- data.ex$commute
2  tab <- table(a, b)
3  mosaicplot(tab, xlab="Sex", ylab="Commute", main="") # 引数mainでタイトルを指定（無題）
4  mosaicplot(tab, xlab="Sex", ylab="Commute", main="", color=TRUE)
5  mosaicplot(tab, xlab="Sex", ylab="Commute", main="", col=cm.colors(5))
```

コード 2.12 の例は，変数 male が文字列ベクトルでないためカテゴリ名が不適切である．そのような場合は，factor 関数を用いて数値を文字列に変換するとよい．

```
> sex <- factor(a, levels=c(0,1), labels=c("Female","Male"))
> mosaicplot(table(sex,b), xlab="Commute", ylab="Sex", main="", color=TRUE)
```

上の 1 行目では，0 を Female，1 を Male にそれぞれ変換している．図 2.11 は，この入力の結果である．

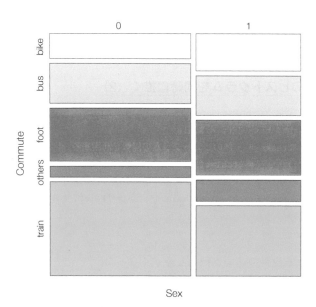

図 2.11　モザイクプロットの例.

c 量的変数 × 質的変数の場合

　一方が量的変数，他方が質的変数のときには，質的変数のカテゴリごとにヒストグラムや箱ひげ図を描くのがよいだろう．図はカテゴリごとに 1 つずつ描いてもよいが，同時に描くと対比がしやすく効果的な場合がある．このような場合は，あらかじめ par 関数で描画領域を分割する．mfcol または mfrow には，c(行方向の分割数，列方向の分割数) を指定すればよい．コード 2.13 を入力し，ヒストグラムを性別ごとに描いてみよう．

コード 2.13　複数のヒストグラムを同時に描く（1）

```
1  a <- data.ex$height; b <- data.ex$male
2  par(mfcol=c(2, 1)) # mfcol=c(1, 2)の場合も試してみよう
3  hist(a[b == 0], xlab="Height", main="Female", col="azure")
4  hist(a[b == 1], xlab="Height", main="Male", col="mistyrose")
```

```
5   par(mfcol=c(1, 1))
```

3行目は，身長のベクトルaの中で性別bが女性（条件 b == 0 が TRUE）である成分を抽出している．
4行目は，同様に男性のみを抽出している．また，これらの入力の後も par 関数による分割指定の影
響は続くので，分割を止めたい場合は par(mfcol=c(1, 1)) と入力するか，描画領域を閉じるなどの
対処が必要であることに注意してほしい．

　コード 2.13 では，性別ごとにヒストグラムの横軸（身長）が揃っておらず，直観的な比較が難しい．
この問題を解消するには，コード 2.14 のように同じ階級幅を引数 breaks に指定するとよい．

◀ コード 2.14　複数のヒストグラムを同時に描く（2）▶

```
1   a <- data.ex$height; b <- data.ex$male
2   bin.h <- hist(a)$breaks # 全体のヒストグフムの階級を利用する
3   par(mfcol=c(2, 1))        # mfcol=c(1,2)の場合も試してみよう
4   hist(a[b == 0], breaks=bin.h, xlab="Height", main="Female", col="azure")    # 女性
5   hist(a[b == 1], breaks=bin.h, xlab="Height", main="Male", col="mistyrose") # 男性
6   par(mfcol=c(1, 1))
```

これによって，男女による身長の違いが把握しやすくなった．

　箱ひげ図は，描画領域の分割が必要ない分だけヒストグラムより簡単である．量的変数と質的変数
のベクトルをそれぞれx, yとするとき，x ~ y と指定すればよい．コード 2.15 を入力し，各行の出
力を確認してみよう．

◀ コード 2.15　複数の箱ひげ図を同時に描く ▶

```
1   a <- data.ex$height; b <- data.ex$male
2   boxplot(a ~ b, names=c("Female","Male"), ylab="Height")
3   boxplot(a ~ b, names=c("Female","Male"), horizontal=TRUE, xlab="Height")
4   boxplot(a ~ data.ex$commute, ylab="Height", at=c(1,2,3,5,4))
```

4行目では，引数 at により箱ひげ図の順序を変更している（指定しなければ，カテゴリ名のアルファ
ベット順に並ぶ）．

▶ 2.3.2　2変数の要約

a 量的変数 × 量的変数の場合

　2変数がともに量的変数のとき，それらの関連の程度を示す指標として**共分散**（covariance）と**相関**

係数（correlation）がある．共分散は，各変数の「平均値からの差」の積を平均したものであり，分散に似た量である．共分散は，cov 関数で求めることができる．

```
cov(x, y)
```

引数 x, y にはそれぞれ同じ長さのベクトルを指定する．共分散は，変数の単位が変わると値が変わる．例えば，cm 単位で得られている身長と，それを m 単位に変換したものの，体重との共分散を比べてみよう．

```
> a <- data.ex$height; b <- data.ex$weight
> cov(x=a, y=b)
[1] 47.23558
> cov(x=a/100, y=b) # 身長の単位を変換して共分散を計算
[1] 0.4723558
```

このことから，共分散の大小を議論するときは各変数の単位に注意しなければならない．

相関係数[15] は，共分散とは違い「単位依存」でない，より便利な指標である．相関係数は，共分散を各変数の標準偏差の積で割った値であり，つぎの性質をもつ．

(COR1) 変数の単位によって絶対値は変化しない．
(COR2) 値が必ず -1 から $+1$ の範囲に収まる．

相関係数は cor 関数で求めることができ，使い方は cov 関数と同様である．コード 2.16 を入力し，相関係数を理解しよう．

コード 2.16　共分散と相関係数

```
cov(a, b)                  # a と b の共分散．a には height，b には weight を代入している
cor(a, b)                  # a と b の相関係数
cor(a/100, 2.204*b)        # 身長をメートルに，体重をポンドに単位変換
cov(a, b) / (sd(a) * sd(b)) # 相関係数の定義に基づく計算
```

相関係数の値が $+1$ に近いとき，強い正の相関があるという．反対に，相関係数の値が -1 に近いとき，強い負の相関があるという．相関係数が 0 のとき，無相関であるという（図 2.12）．相関係数は，直線の上にデータが集まる傾向があるかどうかを測る「線形関係（1 次の関係）」の指標であることに注意してほしい．図 2.12 のように，右上がりの直線にデータが集まっていれば正の相関，右下がりの直線にデータが集まっていれば負の相関がある，という具合である．逆にいうと，相関係数の値だけ

---

[15] 正確には，標本相関係数またはピアソンの積率相関係数というが，本書では誤解を招くおそれがない限り単に相関係数とよぶことにする．ピアソン（Pearson, K., 1857–1936）はイギリスの著名な統計学者である．

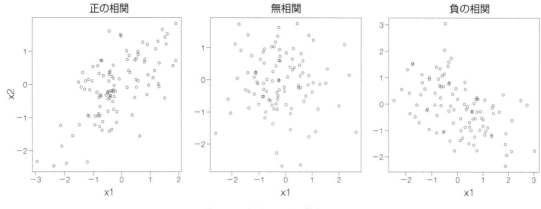

図 2.12　相関の正負と散布図.

を見ていると，線形関係以外の関係性を見逃しかねない.

　それでは，図 2.13 のような，線形ではないが右肩上がり（下がり）のような関係はどのように要約すればよいだろうか．その答えの 1 つとして，スピアマンの順位相関係数がある．スピアマンの順位相関係数は，各変数の値を「順位」に変換して求める相関係数で，つぎのようにして計算できる.

```
cor(x, y, method="spearman")
```

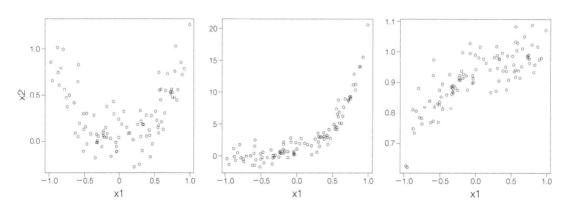

図 2.13　線形関係でない「単調な関係」の例.

なお，通常の相関係数は「method="pearson"」と入力しても得ることができる．スピアマンの順位相関係数は，線形関係よりも広い関係を意味する「単調な関係」を測る指標である．そのため，変数の単調変換（$\sqrt{x}$, $\exp(x)$, $\log(x)$ など）をしてもスピアマンの順位相関係数の値は変化しない．このことを，コード 2.17 を入力して確認してみよう.

◀ コード 2.17　相関係数とスピアマンの順位相関係数 ▶

```
1   z <- seq(1, 20, length=20)          # 架空データの生成
2   par(mfcol=c(1, 2))                   # 描画領域の分割
3   plot(z, z)                           # 線形関係が見られる
4   cor(z, z)                            # 相関係数は 1
5   plot(z, exp(z))                      # 線形関係はなく，単調な関係が見られる
6   cor(z, exp(z))                       # 相関係数は小さくなる
7   cor(z, exp(z), method="spearman")    # スピアマンの順位相関係数
```

　線形関係でもなく，単調な関係でもない「関係」もある．図 2.14 は，そのような例である．これら
の散布図からは，変数間になんらかの関係が見いだせるが，相関係数とスピアマンの順位相関係数は
0 に近い．相関係数だけに注目すると，変数間の「関係」を見落としてしまう場合があることに注意
してほしい．図 2.12〜2.14 からわかるように，散布図を眺めて 2 変数の関連を調べることは，データ
解析の重要なステップである．

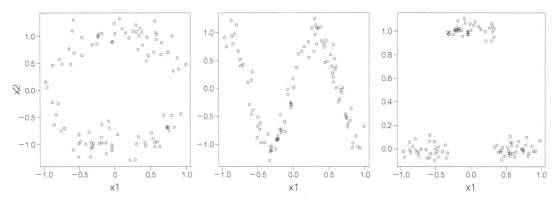

図 2.14　線形関係でない「関係」の例．これらの相関係数は，すべて 0 に近い．

b 質的変数 × 質的変数の場合

　2 変数がともに質的変数のときは，**分割表**（contingency table）が要約の手段である．分割表はク
ロス集計表とよぶこともあり，カテゴリの組み合わせの個体数を表すために用いられる．R 個のカテ
ゴリ $X_1, X_2, \ldots, X_R$ をもつ変数 X と C 個のカテゴリ $Y_1, Y_2, \ldots, Y_C$ をもつ変数 Y について，分割
表は表 2.2 のような形で与えられる．n_{ij} $(i = 1, \ldots, R;\ j = 1, \ldots, C)$ のことを同時度数（またはセ
ル度数）といい，「X_i かつ Y_j である個体の数」を表す．一方，最右列の n_{i+} と最下行 n_{+j} を周辺度
数といい，それぞれカテゴリ X_i のみ，Y_j のみで見た場合の度数に対応する．

表 2.2 　r 行 c 列の分割表.

	Y_1	$\cdots$	Y_C	計
X_1	n_{11}	$\cdots$	n_{1C}	n_{1+}
$\vdots$	$\vdots$	$\ddots$	$\vdots$	$\vdots$
X_R	n_{R1}	$\cdots$	n_{RC}	n_{R+}
計	n_{+1}	$\cdots$	n_{+C}	n

　分割表は，table 関数によって出力できる.

```
table(変数 1, 変数 2)
```

変数 1 と変数 2 には，それぞれ同じ長さの質的変数のベクトルを指定する. もしくは，n 行 2 列のデータフレームを 1 つ指定してもよい. また，割合を求めるには prop.table 関数を用いればよい.

```
prop.table(x, margin)
```

前節と同じように，引数 x には table 関数の出力を指定する. 引数 margin は，margin=1 とすると行方向の割合 n_{i+}/n が，margin=2 とすると列方向の割合 n_{+j}/n がそれぞれ計算できる. margin に何も指定しない場合は，n_{ij}/n が出力される.

```
> table(data.ex$male, data.ex$commute)

    bike bus foot others train
  0   62 100  131     26   232
  1   68  72  102     38   129
> table(f0m1=data.ex$male, commute=data.ex$commute)    # ラベルを与える場合
    commute
f0m1 bike bus foot others train
   0   62 100  131     26   232
   1   68  72  102     38   129
> tab <- table(f0m1=data.ex$male, commute=data.ex$commute)
> prop.table(x=tab, margin=1)                          # 行方向に足すと 1
    commute
f0m1       bike        bus       foot     others       train
   0 0.11252269 0.18148820 0.23774955 0.04718693 0.42105263
   1 0.16625917 0.17603912 0.24938875 0.09290954 0.31540342
```

　2 変数がともに質的変数のときは，分割表が最も一般的な要約方法である. ただし，両変数ともに 2 カテゴリの場合には，分割表の値を 1 つの値に要約できる. 例えば，聞き取り調査により表 2.3 のようなデータが得られたとしよう. 「お雑煮には丸餅」派の割合は，東日本出身，西日本出身の人の

表 2.3　2 行 2 列の分割表：出身地とお雑煮の餅の形.

	Y_1：丸餅	Y_2：角餅	計
X_1：東日本出身	n_{11}	n_{12}	n_{1+}
X_2：西日本出身	n_{21}	n_{22}	n_{2+}
計	n_{+1}	n_{+2}	n

場合それぞれ $p_1 = n_{11}/n_{1+}$, $p_2 = n_{21}/n_{2+}$ と表すことができる．このような「お雑煮の餅の形と地域の関係」を調べる場合，つぎのような指標が用いられる．

$$\textbf{リスク差}: \mathrm{RD} = p_1 - p_2 = \frac{n_{11}}{n_{1+}} - \frac{n_{21}}{n_{2+}}$$

$$\textbf{リスク比}: \mathrm{RR} = \frac{p_1}{p_2} = \frac{n_{11}/n_{1+}}{n_{21}/n_{2+}}$$

$$\textbf{オッズ比}: \mathrm{OR} = \frac{p_1/(1-p_1)}{p_2/(1-p_2)} = \frac{n_{11}n_{22}}{n_{12}n_{21}}$$

リスク差，リスク比はそれぞれ絶対リスク，相対リスクとよぶこともある．リスクという言葉はこの例にはそぐわないが，医学では「死亡／生存」のようなカテゴリを考えることが多く，このような名称が一般に用いられる[*16]．また，オッズ比は対数をとった「対数オッズ比」を用いることも多い．対数オッズ比は，ロジスティック回帰モデル（6 章）と密接な関係にある．図 2.15 のように，指標によって特性が異なるので，報告には適切なものを選ぶ必要がある．ただし，リスク差とリスク比はデータによって用いてはいけない場合があるので，注意が必要である[*17]．

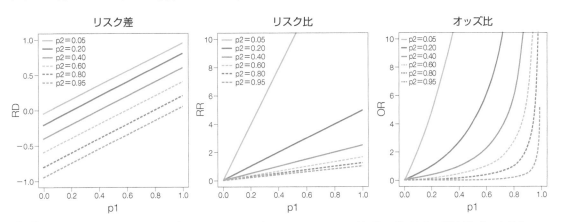

図 2.15　リスク差，リスク比，オッズ比のふるまい．横軸を p_1 として，p_2 の値ごとに描画した．縦軸がそれぞれ異なることに注意してほしい．

[*16] リスクという言葉がふさわしくないと思う場合は「割合の差」や「○○率の差」などといっても差し支えない．

[*17] 疫学における症例対照研究（ケース・コントロール研究）の場合．疫学は，人に関する疾病の原因などを探索する医学の一分野である．症例対照研究では，疾病の発生した例（ケース）と発生していない例（コントロール）のデータを，それぞれ別に過去へさかのぼって収集する．すなわち，割合 n_{11}/n_{1+} と n_{21}/n_{2+} がデータのとり方（各例の採取比率）によって変わってしまうため，リスク差とリスク比を用いることができない．オッズ比は，n_{1+} と n_{2+} が分子と分母で相殺されるため，こうした問題が生じない．症例対照研究の詳細は阿部ら（2013）を参照してほしい．

c 量的変数 × 質的変数の場合

一方の変数が量的変数，他方が質的変数のときは，質的変数のカテゴリごとに量的変数の要約を行う．例えば，性別ごとの身長の平均値はつぎのように求めることができる．

```
> mean(data.ex$height[data.ex$male == 0]) # 女性の身長の平均値
[1] 157.8953
> mean(data.ex$height[data.ex$male == 1]) # 男性の身長の平均値
[1] 170.2648
```

tapply 関数を用いると，すべてのカテゴリについて一度に計算できる．

```
tapply(X, INDEX, FUN)
```

引数 X には量的変数を，引数 INDEX には質的変数を，引数 FUN には求めたい量の関数（mean, median, sd など）をそれぞれ指定する．コード 2.18 を参考に，tapply 関数の使い方を理解しよう．

◀ **コード 2.18　tapply 関数の利用** ▶

```
1   tapply(X=data.ex$height, INDEX=data.ex$male, FUN=mean)
2   tapply(data.ex$weight, data.ex$commute, median) # 引数名を省略
```

また，subset 関数でデータフレームの一部を取り出すのも便利である．

```
subset(x, subset, select)
```

引数 x にはデータフレームを指定する．引数 subset には取り出す変数の条件を論理式で指定し，引数 select には取り出したい変数名を指定する（引用符「"」は基本的に不要）．コード 2.19 は，性別ごとに身長と体重を取り出す例である．

◀ **コード 2.19　subset 関数の利用** ▶

```
1   hw.f <- subset(x=data.ex, subset=(male == 0), select=c(height, weight))
2   hw.m <- subset(x=data.ex, subset=(male == 1), select=c(height, weight))
3   apply(X=hw.f, MARGIN=2, FUN=mean)
4   apply(X=hw.m, MARGIN=2, FUN=mean)
```

2.3.3　2 変数の要約：数理編

サイズ n の標本の，ある 2 つの量的変数の組を $(x_1, y_1), (x_2, y_2), \ldots, (x_n, y_n)$ とする．変数 x と y の（標本）共分散は，つぎのように定義される．

$$s_{xy} = \frac{1}{n} \{(x_1 - \bar{x})(y_1 - \bar{y}) + \cdots + (x_n - \bar{x})(y_n - \bar{y})\} = \frac{1}{n} \sum_{i=1}^{n} (x_i - \bar{x})(y_i - \bar{y}).$$

$\bar{x}$ と $\bar{y}$ は，それぞれ x_i と y_i の平均値である．$x_i = y_i$ が常に成り立っている場合，つまり 2 変数が同じ変数である場合，共分散は標本分散 (2.2) になる．これは，つぎのように確認できる．

$$s_{xx} = \frac{1}{n} \sum_{i=1}^{n} (x_i - \bar{x})(x_i - \bar{x}) = \frac{1}{n} \sum_{i=1}^{n} (x_i - \bar{x})^2 = s^2.$$

ただし cov 関数では，標本共分散ではなく不偏共分散 $u_{xy} = \dfrac{n}{n-1} s_{xy}$ が出力されることに注意してほしい．

つぎに，共分散が単位の影響を受けることを示す．定数 a, b, c, d を用いて，x_i と y_i をつぎのように変換する（ただし $a \neq 0, c \neq 0$）．

$$x_i' = a x_i + b, \quad y_i' = c y_i + d. \tag{2.4}$$

このとき，変換した変数 x' と y' の共分散はつぎのようになる．

$$
\begin{aligned}
s_{x'y'} &= \frac{1}{n} \sum_{i=1}^{n} (x_i' - \bar{x}')(y_i - \bar{y}') \\
&= \frac{1}{n} \sum_{i=1}^{n} \{(a x_i + b) - (a\bar{x} + b)\}\{(c y_i + d) - (c\bar{y} + d)\} \\
&= \frac{1}{n} \sum_{i=1}^{n} \{a(x_i - \bar{x})\}\{c(y_i - \bar{y})\} \\
&= ac \cdot s_{xy}.
\end{aligned}
$$

ここで，$\bar{x}'$ と $\bar{y}'$ はそれぞれ x_i' と y_i' の平均値である．すなわち，x' と y' の共分散は，元の共分散 s_{xy} の ac 倍となる．

また，x と y の相関係数（ピアソンの積率相関係数）r_{xy} はつぎのように定義される．

$$r_{xy} = \frac{s_{xy}}{\sqrt{s_{xx}}\sqrt{s_{yy}}} = \frac{\sum_{i=1}^{n} (x_i - \bar{x})(y_i - \bar{y})}{\sqrt{\sum_{i=1}^{n} (x_i - \bar{x})^2} \sqrt{\sum_{i=1}^{n} (y_i - \bar{y})^2}}.$$

2.3.2 節で述べた相関係数の性質は，つぎのように示すことができる．

(COR1) 変数の単位によって，相関係数の絶対値は変化しない．

証明 式 (2.4) で表される，変換した 2 変数の相関係数を考える．このとき，$s_{x'y'} = acs_{xy}$ である．同様に，$s_{x'x'}$ が x' の分散，$s_{y'y'}$ が y' の分散であることを利用すると

$$r_{x'y'} = \frac{s_{x'y'}}{\sqrt{s_{x'x'}}\sqrt{s_{y'y'}}} = \frac{acs_{xy}}{\sqrt{a^2 s_{xx}}\sqrt{c^2 s_{yy}}} = \frac{ac}{|ac|}r_{xy}$$

となる．$\frac{ac}{|ac|}$ は a と c の符号が同じとき $+1$ となり，異なるとき -1 となる．すなわち，$|r_{x'y'}| = |r_{xy}|$ が成り立つ． ∎

(COR2) $-1 \leq r_{xy} \leq +1$ **が成り立つ**

証明 これは，コーシー・シュワルツの不等式 $\left(\sum_{i=1}^{n} a_i b_i\right)^2 \leq \left(\sum_{i=1}^{n} a_i^2\right)\left(\sum_{i=1}^{n} b_i^2\right)$ を用いて簡単に示すことができる．すなわち，$a_i = x_i - \bar{x}$，$b_i = y_i - \bar{y}$ として

$$r_{xy}^2 = \frac{\left(\sum_{i=1}^{n}(x_i - \bar{x})(y_i - \bar{y})\right)^2}{\left(\sum_{i=1}^{n}(x_i - \bar{x})^2\right)\left(\sum_{i=1}^{n}(y_i - \bar{y})^2\right)} \leq \frac{\left(\sum_{i=1}^{n}(x_i - \bar{x})^2\right)\left(\sum_{i=1}^{n}(y_i - \bar{y})^2\right)}{\left(\sum_{i=1}^{n}(x_i - \bar{x})^2\right)\left(\sum_{i=1}^{n}(y_i - \bar{y})^2\right)} = 1$$

が成り立つ．以上より $r_{xy}^2 \leq 1$ であるから，$-1 \leq r_{xy} \leq +1$ が成り立つ． ∎

スピアマンの順位相関係数についてに考える．$x_1, \ldots, x_n$ の小さいほうからの順位をそれぞれ $u_1, \ldots, u_n$ とする．同様に，$y_1, \ldots, y_n$ の小さいほうからの順位をそれぞれ $v_1, \ldots, v_n$ とする．このとき，変数 x と y に対するスピアマンの順位相関係数 r_S はつぎのように書くことができる．

$$r_S = r_{uv}.$$

すなわち，スピアマンの順位相関係数 r_S は u_i と v_i に対する相関係数 r_{uv} に等しい．また，同順位の観測値が存在しない場合は，つぎのようにより直接的に書くことができる[*18].

$$r_S = 1 - \frac{6\sum_{i=1}^{n}(u_i - v_i)^2}{n(n^2 - 1)}. \tag{2.5}$$

2 変数がともに 2 カテゴリの質的変数である場合，リスク比とオッズ比の間に近似的な関係が成立する場合がある．すなわち，2 つの割合 p_1 と p_2 が両方とも 0 に近い場合に

$$\frac{p_1/(1 - p_1)}{p_2/(1 - p_2)} \approx \frac{p_1}{p_2}$$

という関係が成り立つ（$1 - p_1 \approx 1$，$1 - p_2 \approx 1$ として近似）．この関係は，発生率が低い疾病に関する研究などに利用される．

➤ 2.4 補足

ここでは，可視化や要約を行ううえで注意する点を補足する．

[*18] $\displaystyle\sum_{i=1}^{n} u_i = \frac{n(n+1)}{2}$ や $\displaystyle\sum_{i=1}^{n} u_i^2 = \frac{n(n+1)(2n+1)}{6}$ を用いて示すことができる．

2.4.1　ヒストグラムと棒グラフの違い

ヒストグラムと棒グラフは，似て非なるものである．これらの違いは，つぎの 2 点にある．

(1) ヒストグラムの横軸は量的変数，棒グラフの横軸は質的変数である．
(2) ヒストグラムでは，棒がない箇所にも意味がある．

(2) は特に重要である（図 2.16）．棒グラフでは，隣り合うカテゴリの度数は離して描かれるため，その隙間に意味はない．しかし，ヒストグラムでは，棒のない箇所は「その階級に含まれる個体の数が 0 個である」という情報をもつ．

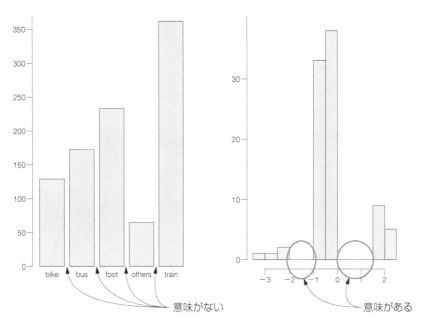

図 2.16　棒グラフとヒストグラムの違い．ヒストグラムは棒のないところにも意味がある．

2.4.2　歪度と尖度

平均値と分散は，変数のモーメント（積率）という概念で統一的に理解することができる．平均値 $\bar{x}$ は（原点まわりの）1 次モーメントであり，標本分散 s^2 は（平均値まわりの）2 次モーメントである．これらの延長線上にある概念として，つぎで定義される**歪度**（skewness）と**尖度**（kurtosis）がある．

$$歪度 = \frac{\frac{1}{n}\sum_{i=1}^{n}(x_i - \bar{x})^3}{s^3}, \quad 尖度 = \frac{\frac{1}{n}\sum_{i=1}^{n}(x_i - \bar{x})^4}{s^4} - 3. \tag{2.6}$$

ここで，s は標準偏差である．歪度は標準化得点 z_i $(z_i = (x_i - \bar{x})/s)$ の平均値まわりの 3 次モーメントに基づいた，分布の非対称性（歪み）の指標である．分布が対称であれば 0 になり，裾が右（左）

に広がっている分布については正（負）の値になる（図 2.17（左））．尖度は z_i の平均値まわりの 4 次モーメントに基づいた，平均値への集中度（尖り）の指標である．平均値にデータが集中する傾向が高いほど，尖度の値は大きくなる（図 2.17（右））．3 を引いている理由は，正規分布の尖度の理論値が 3 だからである．正規分布は，連続型量的変数の最も基本的な確率分布であり，これを基準として集中度の高低を考えるための工夫である[*19]．歪度と尖度は，それぞれ e1071 パッケージの skewness 関数と kurtosis 関数で簡単に計算できる（コード 2.20）．

◖ コード 2.20　歪度と尖度 ◗

```
library(e1071)
a       <- data.ex$height
a.mean <- mean(a)                    # 身長の平均値
a.sd   <- sd(a)                      # 身長の標準偏差
skewness(a)                          # 歪度
mean((a - a.mean)^3) / a.sd^3        # 歪度
kurtosis(a)                          # 尖度
mean((a - a.mean)^4) / a.sd^4 - 3    # 尖度（3を引くことに注意）
```

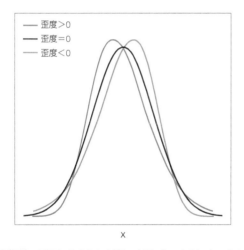 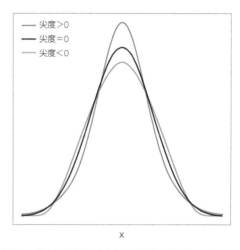

図 2.17　歪度による分布の違い（左）と，尖度による分布の違い（右）．描かれた曲線は確率密度関数とよばれるもので，縦軸は値の出現しやすさを表す．

[*19] 3 を引かない尖度の定義もあるので，ソフトウェアごとに確認したほうがよい．

2.4.3　外れ値

　平均値は，**外れ値**（outlier）の影響を受けやすい．桁数の誤記入や，本来想定する集団に含まれないような飛びぬけて大きい（または小さい）値をもつ異質な個体が標本に混入すると，平均値は本来あるべき値から大きく変化してしまう．一方，中央値は外れ値の影響を受けにくい「頑健な」指標である[20]．

```
> a1 <- a2 <- data.ex$height  # a1 と a2 に身長を代入
> a2[1] <- a2[1] * 100        # a2 は，第 1 個の身長のみを 100 倍したベクトル
> c(mean(a1), mean(a2))       # 平均値は大きく変わる
[1] 163.1652 180.4799
> c(median(a1), median(a2))   # 中央値は変化しにくい
[1] 162.2 162.2
```

　相関係数も，平均値に基づく指標なので同様のことが起こる．一方で，スピアマンの順位相関係数は，順序に基づく指標なのでピアソンの積率相関係数より頑健である．これは，データを順序に変換することにより隣り合う値の差が常に等間隔になるためである．

```
> b <- data.ex$weight
> c(cor(a1,b,method="pearson"),  cor(a2,b,method="pearson"))
[1] 0.67135650 0.03734114
> c(cor(a1,b,method="spearman"), cor(a2,b,method="spearman"))
[1] 0.6523830 0.6526292
```

　このように，外れ値は解析の結果を大きく歪めうるものである．しかし，これらをデータから除外して解析するかどうかは慎重に検討すべきである．一見大きく外れた観測値をもつ個体があったとしても，異質なものが誤って混入したのか，それともそのような大きな値の出現が想定される集団なのかは，データからは判断できないからである．また，何をもって外れ値とみなすかについて，明確な基準がない．それゆえ，恣意的な観測値の除外は「都合のよいデータ解析」とみなされても仕方ないことに十分注意してほしい．外れ値と思われる観測値をデータから除外する場合，除外する手続き（どのような基準で除外したのかなど）を再現可能な形で明示する必要がある．さらに，可能であればデータ外の情報にさかのぼり，不自然な値になった理由や想定する集団から抽出された個体ではないことを確認し，除外する理由の正当化に努めることも重要である．

2.4.4　見かけ上の相関（擬似相関）

　「指の長さと算数の学力に関連がある」といったら信じるだろうか．ここまで本書を読んでいるみ

---

[20] このような性質を**頑健性**（ロバストネス；robustness）という．

なさんは「数値で示してくれないとわからん」というだろう．では，「指の長さと算数の試験の得点の相関係数は 0.8 でした」といわれたら信じるだろうか．解析にウソがないことは前提である．相関係数 0.8 は，線形関係としては強いものである．図 2.18（左）を見てみよう．相関係数は大きいが，2 つの集団にまとまっていることがわかるだろう．実は，これは小学校低学年と高学年のデータを分けていない散布図である（架空のデータ）．低学年と高学年でそれぞれ相関係数を求めると，それぞれの相関係数はほぼ 0 になることがわかる（図 2.18（右））．

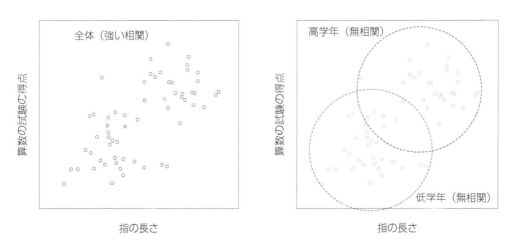

図 2.18 擬似相関の例（架空のデータ）．左右の散布図は同じである．全体は相関があるように見えるが（左），第 3 の変数（学年）で層別すると無相関に近い（右）．

これは，本当は指の長さと学力の両方に関与している第 3 の変数「学年」を考慮していないことにトリックがある．このような「見かけ上の相関」のことを**擬似相関**（spurious correlation）という．擬似相関をデータから見破る方法については，本書の範囲を超えるため述べないが，第 3 の変数も含めた解析が重要である．また，本当は関連があるのに第 3 の変数のせいで「見かけ上」相関係数が 0 になってしまうこともありうる．

📎 2.4.5 関連 ≠ 因果関係

タバコが心筋梗塞のリスク因子であることは，よく知られている．しかし，実際に心筋梗塞の患者を調査してみると，非喫煙者より喫煙者のほうが予後[*21]がよいという報告がある（喫煙者パラドックス）．このことから「寿命を延ばすためにタバコを吸おう！」と考えるだろうか．

これは，「関連があること」と「原因と結果の関係にあること（因果関係）」を混同してしまっている．前に述べた擬似相関の可能性や「タバコを吸えるくらい丈夫な患者だけが生存した」というデータの「偏り」[*22]があるかもしれない．それ以外にも，理由はいろいろと考えられる．

[*21] 「疾病に対する今後の見通し」という意味の医学用語．ここでは，大雑把に「余命」と読み替えても差し支えない．
[*22] 標本の偏り（サンプリングバイアス）という．

　関連と因果関係は異なる．タバコの例は論理の飛躍が直観的にわかりやすいが，「食品の中の（ヨクワカラナイ）成分 X」と「死亡／生存」の関連を因果関係と混同している例はよく見られる．なんらかの関係を発見した際に，安易に因果関係であると結論づけないように注意してほしい．

2.4.6　3 変数以上の場合の可視化

　ここでは，3 変数以上を同時に可視化する方法をいくつか紹介する．

　3 つ以上の質的変数については，table 関数を用いて多次元分割表を出力できる．サンプルデータの質的変数は male と commute の 2 つのみであるが，離散型量的変数 age も含めた 3 変数の多次元分割表はつぎのようになる．

```
> table(subset(x=data.ex, select=c(age,commute,male)))
, , male = 0

    commute
age  bike bus foot others train
  18   52  84  102     21   181
  19    9  16   28      5    49
  20    1   0    1      0     2
  21    0   0    0      0     0


, , male = 1

    commute
age  bike bus foot others train
  18   49  53   79     26    94
  19   14  17   20     10    28
  20    4   1    3      2     7
  21    1   1    0      0     0
```

上の出力は，4 × 5 × 2 の多次元分割表を性別（male）ごとに分けたものである．

　3 つ以上の量的変数を可視化する方法としては，散布図やヒートマップが挙げられる．散布図行列は，複数の散布図を行列状に並べたもので，pairs 関数により描くことができる．

```
pairs(x)
```

引数 x には，数値ベクトルからなるデータフレームを指定する．コード 2.21 を入力し，サンプルデータの量的変数 age, height, weight に対する散布図行列を描いてみよう（図 2.19）．

◀ コード 2.21　散布図行列 ▶

```
pairs(x=subset(x=data.ex, select=c(age,height,weight)))  # 散布図行列
pairs(x=data.ex[,c(1,3,4)])                              # 1行目と同じ散布図行列
```

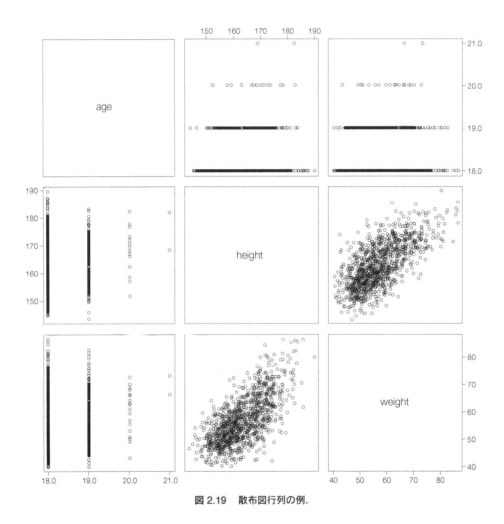

図 2.19　散布図行列の例.

色などで，散布図に質的変数の情報を加えることも可能である．その際に，ifelse 関数は便利である．

```
ifelse(test, yes, no)
```

引数 test には，変数の各成分について比較・論理判定する命令を入力する．変数ベクトルの各成分に

ついて，判定の結果が TRUE の場合には yes，FALSE の場合には no をベクトルとして出力する．コード 2.22 を入力してみよう．

◀ コード 2.22　ifelse 関数の利用 ▶

```
1  a <- data.ex$height; b <- data.ex$weight
2  male.rg <- ifelse(test=data.ex$male==0, yes="red", no="green")
3  plot(a, b, xlab="Height", ylab="Weight", col=male.rg, pch=15)
4  comm.bus <- ifelse(data.ex$commute=="bus", 15, 0) # 引数名を省略
5  plot(a, b, xlab="Height", ylab="Weight", col=male.rg, pch=comm.bus)
6  pairs(data.ex[,c(1,3,4)], col=male.rg) # 散布図行列にも応用できる
```

2 行目は，体重と身長の散布図に，性別の情報を色（女性を赤，男性を緑）で加えている．4 行目はさらに，通学手段についてもプロット点の種類を変えて描いている（バス通学を pch=15，それ以外の手段を pch=0）．

　ヒートマップ（heat map）は，行列形式で表された量的変数の値の大きさを色の違いや濃淡で表した図であり，遺伝子の発現データの解析によく利用される．ヒートマップは，heatmap 関数により描くことができる[*23]．

```
heatmap(x, scale)
```

引数 x には，数値ベクトルからなる行列を指定する．引数 scale には，引数 x に指定した行列の成分を色分けする基準を指定する[*24]．デフォルトは scale="row" であり，各成分は行ベクトルにおける値の相対的な大きさに応じて色分けされる．scale="column" と指定すると，各成分は列ベクトルにおける値の相対的な大きさに応じて色分けされる．scale="none" と指定すると，各成分は行列全体における値の相対的な大きさに応じて色分けされる．サンプルデータ data.ex の量的変数に対するヒートマップを描くには，オブジェクトを行列に変換する必要がある．この変換は，as.matrix 関数により容易に実行できる（コード 2.23）．

◀ コード 2.23　ヒートマップ ▶

```
1  heatmap(x=as.matrix(data.ex[,c(1,3,4)]))                  # ヒートマップの描画（デフォルト）
2  heatmap(x=as.matrix(data.ex[,c(1,3,4)]), scale="column") # 色分けの基準を列方向に変更
```

[*23] heatmap 関数で描かれる図以外に，地図上に色で気温，犯罪の発生率，人の流れの多さなどを表現した図も含めてヒートマップとよぶことがある．

[*24] scale="row" と指定すると，行ベクトルについて標準化された値が基準となり，色分けが行われる．scale="column" は，列ベクトルについて標準化された値が基準となる．標準化については 3.2.4 節を参照してほしい．

図 2.20 の上側と左側に示された樹形図は，階層的クラスター分析（9 章）の出力であり，それぞれ引数 x に指定した行列の列方向と行方向に対して「似たもの」が近くなるようにまとめた結果を示す．また，この結果に応じて，行と列が並べ替えられていることに注意してほしい（図の右側に個体の番号，下側に変数名が表示されている）．

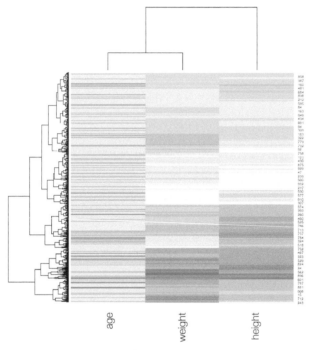

図 2.20　ヒートマップの例（コード 2.23 の 2 行目の出力）.

　以上のように，3 変数以上の情報を表すことは工夫次第で可能である．ただしコード 2.22 の 5 行目のように，多くの情報を盛り込んだ散布図はかえって見づらくなる．そのため，表示する情報量は適当な塩梅で留めることが重要である．

2.4.7　図の保存

　R で描画した図は，jpeg, pdf, png 形式などで保存することができる．そのための関数は，それぞれ jpeg, pdf, png 関数である．これらは，dev.off 関数とともにつぎのように利用する．

```
> jpeg(filename="height.jpeg", height=1000, width=1000)
> hist(data.ex$height)
> dev.off()
```

jpeg 関数の引数 `filename` には，保存したいファイル名を拡張子付きで指定する．引数 `height` と引数 `width` にはそれぞれ図の高さ，幅を指定する（デフォルト値は 480 ピクセル）．出力されたファイルは，作業ディレクトリに保存される．

また，R 上の画像を右クリックし「メタファイルにコピー」などを選択し，直接何か別のアプリケーションに貼り付けることも可能である．

➤ 第 2 章　練習問題

2.1 正の数 $x_1, x_2, \ldots, x_n$ について，幾何平均は $(x_1 x_2 \cdots x_n)^{\frac{1}{n}}$，調和平均は $\left(n^{-1} \sum_{i=1}^{n} x_i^{-1}\right)^{-1}$ と定義される．これらの「平均」について，調和平均 $\leq$ 幾何平均 $\leq$ 算術平均という関係が成り立つことが知られている．$(x_1, x_2, x_3, x_4) = (78, 49, 11, 44)$ について 3 つの「平均」を計算し，不等式が成り立つことを確認せよ．また，$x_1, \ldots, x_n$ がすべて同じ値のとき，等式が成立することも確認せよ．

2.2 4 つの観測値 $(x_1, x_2, x_3, x_4) = (78, 49, 11, 44)$ の不偏分散を計算し，その値をオブジェクト v とせよ．また，観測値をすべて 10 倍してから不偏分散を計算し，その値が v の何倍か確認せよ．

2.3 観測値 $(x_1, x_2, x_3, x_4) = (78, 49, 11, 44000)$ は，4 個目の観測値が誤って 1000 倍されてしまっている．これらの平均値と中央値を計算し，練習問題 2.2 の観測値の平均値と中央値と比較・考察せよ．

2.4 `ifelse` 関数を用いて，20 次元ベクトル $(1, 2, \ldots, 20)$ をつぎの法則に従う 20 次元ベクトルに変換したい．

(1) 2 の倍数である成分を 10 倍に，それ以外の成分は元の値とするベクトル $(1, 20, 3, 40, \ldots, 19, 200)$ を生成する R のコードを考えよ．

(2) 2 の倍数でありかつ 3 の倍数でない成分を 10 倍に，3 の倍数でありかつ 2 の倍数でない成分を -1 倍に，それ以外の成分は元の値とするベクトル $(1, 20, -3, 40, 5, 6, \ldots, 18, 19, 200)$ を生成する R のコードを考えよ．

2.5 コード 2.7 の 2 行目を参考に，身長が 160cm 以上である個体が赤色の点，そうでない個体は黒色の点で表示される散布図を描け．

2.6 つぎのコードを参考に，`lines` 関数がどのような関数なのか推測せよ．

```
> plot(x=0, y=0, xlim=c(-3,3), ylim=c(-3,3))
> lines(x=c(-3,-2), y=c(3,-2))
> lines(x=c(-2,0,1,2,2.5,3), y=c(-2,0,2,-1.5,3,-2), col=3)
```

また，`lines` 関数の代わりに `segments` 関数を用いて同じ図を描く場合は，どのようにすればよいか考えよ．

2.7 サンプルデータ data.ex の身長と体重に対して，つぎの問いに答えよ．

(1) 第 1 個体から第 10 個体までの身長と体重を抽出し，オブジェクト data.ex2 とせよ．

(2) data.ex2 の身長と体重に対するスピアマンの順位相関係数を，cor 関数により計算せよ．

(3) data.ex2 の身長と体重に対するスピアマンの順位相関係数を，式 (2.5) に基づいて計算せよ．また，これが (2) で求めた値と一致することを確認せよ．

(4) サンプルデータ data.ex の身長と体重に対しては，(2) と (3) の方法で求めるスピアマンの順位相関係数の値は一致しない．その理由について調べる R のコマンドを考えよ．

{ 第 **3** 章 }

回帰分析 (1)

　本章では，回帰モデルについて，単回帰モデルと重回帰モデルに分けて解説する．前章では 2 つの変数の関連について学んだ．相関係数は，2 つの量的変数の関連の度合いを調べる指標であった．ここではもう一歩踏み込んで，一方の変数で他方の変数を説明・予測することを考えよう．単回帰モデルは，変数 x により量的変数 y を説明・予測する方法である．x は量的変数でも質的変数でも構わない．重回帰モデルは，複数の変数 $x_1, x_2, \ldots, x_p$ と y の関連を調べる方法である．単回帰・重回帰モデルを総称して**回帰モデル**（regression models）といい，これらを用いた分析を**回帰分析**（regression analysis）という．

➤ 3.1 単回帰モデル

◐ 3.1.1 単回帰モデルとは

　本節では，量的変数 y を変数 x で説明・予測するモデルを学ぶ．回帰モデルで最も簡単なものは，$i = 1, \ldots, n$ に対して

$$y_i = \beta_0 + \beta_1 x_i + \varepsilon_i \tag{3.1}$$

である[*1]．このモデルを**線形単回帰モデル**（simple linear regression model）または単回帰モデルという（図 3.1）．x_i を**説明変数**（explanatory variable），y_i を**被説明変数**（explained variable）という[*2]．式 (3.1) は，「y_i が x_i によって説明される」という「統計モデル」である．統計モデルは，データの確率的なふるまいを表現する数式であり，主にデータとパラメータにより構成されている[*3]．単回帰モデルの場合，データは $(x_1, y_1), \ldots, (x_n, y_n)$ であり，パラメータは β_0 と β_1 である．

　パラメータの β_0 と β_1 を，**回帰係数**（regression coefficients）という．β_0 は直線の**切片**（intercept）であり，β_1 は**傾き**（slope）である．ε_i を**誤差項**（error term）といい，y_i を x_i で説明しきれない部

[*1] β はベータと読み，ε はイプシロンと読む．
[*2] 説明変数と被説明変数には，他のよび方もある．詳細は 3.3.1 節を参照してほしい．
[*3] これは，やや簡略化した説明である．より正確には，確率変数という概念を用いて ε_i を定義する．詳細は 4 章で述べる．

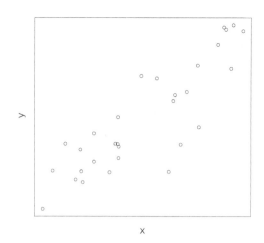

図 3.1　線形単回帰モデルに従うデータと，直線 $y = \beta_0 + \beta_1 x$ の例.

分（測定にともなう誤差など）を表現する．もし式 (3.1) が ε_i を含まなければ，説明変数と被説明変数は常に直線上にあることになり，現実からかけ離れたモデルとなってしまう．

単回帰モデルによる分析の目的は，つぎの通りである．

> データ $(x_1, y_1), (x_2, y_2), \ldots, (x_n, y_n)$ から，β_0 と β_1 の値を求めること．

パラメータ β_0 と β_1 の値をデータから求めることを，統計学ではパラメータの**推定**（estimation）という．また，（単）回帰モデルの**あてはめ**（fitting）ということもある．本章では，alr4 パッケージのオブジェクト BGSgirls を例に解説を行う．コード 3.1 を参考にパッケージを読み込み，データを眺めてみよう．

◀ コード 3.1　alr4 パッケージのインストール・読み込みと BGSgirls の読み込み ▶

```
install.packages("alr4")  # パッケージのインストール（1章を参照）
library(alr4)             # パッケージの読み込み
data(BGSgirls)            # データの読み込み
str(BGSgirls)             # 変数名と種類
pairs(BGSgirls)           # 散布図行列
```

BGSgirls は，バークレー（アメリカ，カリフォルニア州の都市）で行われた，女性の成育に関するデータである．変数は，それぞれつぎのような意味をもつ（一部のみ抜粋）．

- HT9：9 歳時の身長（単位：cm）.
- WT9：9 歳時の体重（単位：kg）.

- ● HT18：18 歳時の身長（単位：cm）.
- ● WT18：18 歳時の体重（単位：kg）.

以降は上の 4 変数のみを用いる. subset 関数でこれらを抽出したオブジェクトを BGSg としよう.

```
> BGSg <- subset(x=BGSgirls, select=c(HT9,WT9,HT18,WT18))
```

まずは, コード 3.2 を入力して, これらのヒストグラムを眺めておこう.

◀ コード 3.2　身長・体重のヒストグラム ▶

```
par(mfcol=c(2, 2))
hist(BGSg$HT9,  main="HT9",  xlab="Height")
hist(BGSg$WT9,  main="WT9",  xlab="Weight")
hist(BGSg$HT18, main="HT18", xlab="Height")
hist(BGSg$WT18, main="WT18", xlab="Weight")
par(mfcol=c(1, 1))
```

各変数の分布はおおむね単峰で, 特に身長は対称に近いことがわかる. 変数間の関連を知るために, 散布図行列と相関係数を出力してみよう. cor 関数は, データフレームを入力すると各変数同士の相関係数を行列形式で出力するので便利である.

```
> pairs(BGSg) # 散布図行列
> cor(BGSg)    # 相関係数行列
            HT9        WT9       HT18       WT18
HT9  1.0000000 0.7276123 0.8078083 0.6093318
WT9  0.7276123 1.0000000 0.4260497 0.6920895
HT18 0.8078083 0.4260497 1.0000000 0.4979347
WT18 0.6093318 0.6920895 0.4979347 1.0000000
```

行列 cor(BGSg) の (i, j) 成分は, データの第 i 列目の変数と第 j 列目の変数の相関係数である. 相関係数が最も高い変数の組は, 9 歳時の身長と 18 歳時の身長（約 0.808）であることがわかる. 対角成分は, 同じ変数同士の相関係数なので, 値は 1 になる. このような行列を, **相関係数行列**（correlation matrix）や相関行列という[4].「method="spearman"」と指定すれば, スピアマンの順位相関係数について同様の出力が得られる.

---

[4] 同様に, cov 関数でも**分散共分散行列**（variance-covariance matrix）を出力できる.

3.1.2 単回帰モデルのあてはめ：基本的な考え方

ここでは，18歳時の身長で18歳時の体重を説明する単回帰モデルを考えよう．すなわち，HT18を説明変数 x，WT18を被説明変数 y とする線形単回帰モデルである．さて，どのような直線があてはまりが「よい」直線だろうか．散布図を見ると，右肩上がりの直線がよさそうな雰囲気を感じないだろうか．

まず，試しにつぎの2つの直線を考えてみよう（図3.2）．

$$\begin{aligned}
直線 A：y &= -125 + 1.1x \quad (\beta_0 = -125,\ \beta_1 = 1.1), \\
直線 B：y &= 180 - 0.7x \quad (\beta_0 = 180,\ \beta_1 = -0.7).
\end{aligned} \tag{3.2}$$

これらの直線を比べると，直線 A のほうがデータによくあてはまっているように見える．では，この「あてはまり」の違いをどう表現すればよいだろうか．

同帰分析では，各データ点 (x_i, y_i) と，そこから x 軸に対して垂直に下ろした線分と直線が交わる点 $(x_i, -125 + 1.1x_i)$ の差を考える（図3.3）．直線 A の場合，差は $y_i - (-125 + 1.1x_i)$ である．そして，その差の2乗和

$$(y_1 - (-125 + 1.1x_1))^2 + (y_2 - (-125 + 1.1x_2))^2 + \cdots + (y_n - (-125 + 1.1x_n))^2$$

$$= \sum_{i=1}^{n} (y_i - (-125 + 1.1x_i))^2 \tag{3.3}$$

をあてはまりの「よさ」の基準とする．この量は，負の値にならないことに注意しよう．点 $(x_1, y_1), \ldots, (x_n, y_n)$ がすべて同じ直線上に乗っている（つまり，$y_i = -125 + 1.1x_i$ と表せる）場合，式 (3.3) の値は 0 になる．つまり，この基準の値が小さいほど直線へのあてはまりが「よい」と考えられる．同様に，直線 B についても $\sum_{i=1}^{n} (y_i - (180 - 0.7x_i))^2$ を計算できる．

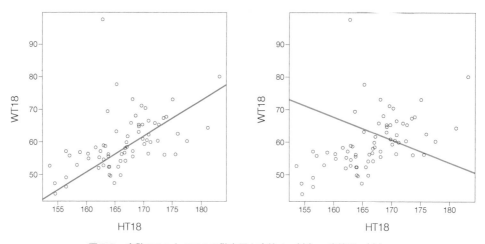

図 3.2　変数 HT18 と WT18 の散布図と直線 A（左），直線 B（右）．

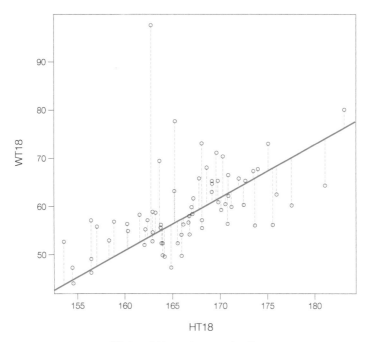

図 3.3　直線 A と各データ点の差.

```
> x <- BGSg$HT18; y <- BGSg$WT18
> sum((y - (-125 + 1.1 * x))^2)  # 直線 A のあてはまりの「よさ」
[1] 4458.115
> sum((y - (180 - 0.7 * x))^2)   # 直線 B のあてはまりの「よさ」
[1] 9883.35
```

この結果より, 式 (3.3) の基準によれば直線 A のほうが直線 B より「よく」あてはまっていると判断できる.

ここまでで, 図 3.2 を見たときの直観を, 客観的な数値として比較できるようになった. それでは, この直線 A よりももっと「よい」直線はあるだろうか. この問題を数学的に言い換えると,

$$L(\beta_0, \beta_1) = \sum_{i=1}^{n} (y_i - (\beta_0 + \beta_1 x_i))^2 \tag{3.4}$$

を最小にする (β_0, β_1) の組は何かということに相当する. これを解くのが, 回帰分析である. $L(\beta_0, \beta_1)$ を**残差平方和**（residual sum of squares）という[5].

---

[5] なぜ「長さ」をわざわざ 2 乗（平方）するのか. その理由（の 1 つ）は,「長さ」を求めるには絶対値 $|y_i - (\beta_0 + \beta_1 x_i)|$ を考える必要があり, 微分ができなくなるからである（関数 $f(x) = |x|$ は, $x = 0$ で微分できない）. 一方で $g(x) = x^2$ は微分可能であるため, 最小化問題を解くときに $L(\beta_0, \beta_1)$ の（偏）微分が計算できて便利である. 実は, あてはまりの基準に $\sum_{i=1}^{n} |y_i - (\beta_0 + \beta_1 x_i)|$ を考える中央値回帰という方法もあるが, 本書の範囲を大きく超えるため説明を省略する.

3.1.3　単回帰モデルの実行

単回帰モデルのあてはめは，lm 関数によって実行できる．

```
lm(formula, data)
```

引数 formula には，回帰モデルを指定する．モデルの指定は「~」を用いて y~x と表記する．この左側に被説明変数 y の名前を，右側に説明変数 x の名前をそれぞれ指定する．引数 data には，解析の対象となるデータフレームを指定する．今回の場合は，つぎのような入力になる．

```
> sreg <- lm(formula=WT18 ~ HT18, data=BGSg)
```

lm 関数で生成されたオブジェクト sreg には，いろいろな結果が含まれている．目的であるパラメータ β_0 と β_1 の値は，coef 関数を用いて出力できる．

```
> coef(sreg)
(Intercept)        HT18
-58.4850412    0.7101374
```

これは，切片 β_0 と HT18 の回帰係数 β_1 の値がそれぞれ（約）-58.5, 0.71 であることを意味する．データから計算されるパラメータの値のことを，**推定値**（estimate）という．この場合，β_1 の推定値は 0.71 である．また，データから求めた量であることを強調するために，$\hat{\beta}_1 = 0.71$ と書くことも多い．同様に，$\hat{\beta}_0 = -58.4$ とも書く．回帰直線から予測される y_i の値を**予測値**（predicted value）といい，$\hat{y}_i$ と書く．つまり，$\hat{y}_i = \hat{\beta}_0 + \hat{\beta}_1 x_i$ である．

　単回帰モデルのあてはめの結果は，散布図にこの直線（回帰直線という）を描き加えるとわかりやすくなる（図 3.4）．コード 3.3 を入力して確認してみよう．

コード 3.3　回帰直線の描画

```
1  plot(BGSg$HT18, BGSg$WT18, xlab="HT18", ylab="WT18")
2  beta <- coef(sreg)            # 回帰係数の推定値をbeta に代入
3  abline(a=beta[1], b=beta[2]) # 切片beta[1]，傾きbeta[2]の直線
```

説明変数 HT18 の回帰係数 $\hat{\beta}_1$ は「HT18 が 1cm 増加したときの，予測値 $\hat{y}_i$ の増分」と解釈することができる．すなわち，「18 歳時の体重は，身長が 1cm 増えるごとに 0.71kg 増える」と予測しているのである．

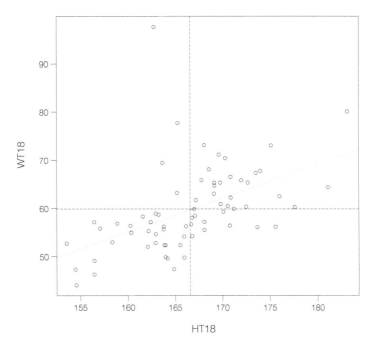

図 3.4　BGSgirls の身長（横軸）と体重（縦軸）の散布図と，推定された回帰直線．縦軸と横軸の点線は，それぞれ身長と体重の平均値を表す．

3.1.4　回帰モデルの詳細を調べる

　パラメータ (β_0, β_1) の値を求める（推定する）ことにより，最もあてはまりの「よい」直線を求めることができた．しかし，これで満足するのは不十分である．説明変数 x には，どのくらい被説明変数 y を説明する力があるのか．線形単回帰モデルが，本当にデータを記述するモデルとして十分なのか．このような問いを検討してようやく，回帰分析を意味ある分析結果として提示できる．

a lm 関数の出力

　先ほど述べたように，lm 関数の出力には多くの情報が含まれている．これを入力とする主な関数は，つぎの通りである．

(1) coef：回帰係数の推定値 $\hat{\beta}_0$，$\hat{\beta}_1$ を出力（ベクトル）．

(2) fitted：予測値 $\hat{y}_i$ を出力（ベクトル）．

(3) predict ：予測値 $\hat{y}_i$ を出力（ベクトル）．3.3.2 節で説明する．

(4) resid：残差 $r_i = y_i - \hat{y}_i$ を出力（ベクトル）．

(5) confint：回帰係数の信頼区間を出力（行列）．4.1.2 節で説明する．

(6) summary：回帰分析の結果の詳細を出力（リスト）．

当然，観測値 y_i と予測値 $\hat{y}_i$ がぴったり一致することはほとんどない．これらの差のことを**残差**（resid-ual）といい，$r_i = y_i - \hat{y}_i$ によって表される．残差は，回帰モデルのあてはまり具合を調べるのに役立つ量である．信頼区間については，4 章で説明する．詳細の出力には，summary 関数が便利である．

```
> summary(sreg)

Call:
lm(formula = WT18 ~ HT18, data = BGSg)

Residuals:
    Min      1Q  Median      3Q     Max
-11.217  -4.488  -1.248   2.785  40.575

Coefficients:
            Estimate Std. Error t value Pr(>|t|)
(Intercept) -58.4850    24.9952  -2.340   0.0222 *
HT18          0.7101     0.1500   4.735 1.15e-05 ***
---
Signif. codes:  0 '***' 0.001 '**' 0.01 '*' 0.05 '.' 0.1 ' ' 1

Residual standard error: 7.568 on 68 degrees of freedom
Multiple R-squared:  0.2479,    Adjusted R-squared:  0.2369
F-statistic: 22.42 on 1 and 68 DF,  p-value: 1.154e-05
```

この出力は，つぎのように分けることができる．

(6.a) Call：モデル式とデータの入力情報．

(6.b) Residuals：残差の四分位数などに関する情報．残差の平均値は，必ず 0 になることが理論的に導かれるため省略されている．

(6.c) Coefficients：回帰係数の推定値に関する出力．各項目の意味はつぎの通りである．

- Estimate：回帰係数の推定値．
- Std. Error：回帰係数の標準誤差．
- t value：回帰係数の t 値．推定値と標準誤差の比．
- Pr(>|t|)：回帰係数の p 値（4.1.3 節で説明する）．

推定値 Estimate 以外は，4.1.3 節で説明する．また，summary 関数の出力はリスト形式なので，つぎのように一部を抽出することも可能である．

```
> summary(sreg)$coefficients
               Estimate Std. Error   t value     Pr(>|t|)
(Intercept) -58.4850412  24.995191 -2.339852 2.223453e-02
HT18          0.7101374   0.149983  4.734785 1.154414e-05
> summary(sreg)$coefficients[1,4]
[1] 0.02223453
```

他のリストの成分名は，`names(summary(sreg))` と入力して確認してみよう．

　回帰係数の値が 0（$\beta_1 = 0$）であれば，回帰モデルは $y_i = \beta_0 + \varepsilon_i$ となる．これは，説明変数は被説明変数を説明する力がないということを意味する．そのため，回帰係数の値が十分大きいかどうかは，確認すべき重要なことである．しかし，回帰係数は変数の単位に依存するため（3.1.5 節），$\hat{\beta}_1$ の値が「0 から十分離れている」かを確認することは難しい．そこで役立つのが，p 値である．p 値は確率として計算される値のため，0 から 1 の間の値をとる．ここでは詳細を述べないが，p 値が小さいときに「回帰係数の値は，0 から十分離れている」と判断する．p 値は，0.05 以下を「小さい」と判断することが多い．今回の例では，HT18 の回帰係数の p 値は約 1.15×10^{-5} と小さい．したがって，18 歳時の身長は 18 歳時の体重を説明する力が十分あると結論できる．

(6.d) `Residual standard error`：残差の標準誤差といい，誤差項 ε_i の標準偏差の推定値である．$\varepsilon_1, \ldots, \varepsilon_n$ は直接データとして観測されていないため，標準偏差は直接求められず「推定」した結果である（詳細は 4.1.4 節）．

(6.e) `Multiple/Adjusted R-squared`：決定係数（または寄与率）といい，モデルがどの程度 y の変動を説明できているかを示す指標である．決定係数は 0 から 1 の間の値をとり，値が大きいほど y を説明する力が強いモデルと見ることができる．今回の例では，決定係数の値は約 0.248 であり，これは大きい値とはいえない．summary 関数では，通常の決定係数（`Multiple R-squared`）と自由度調整済み決定係数（`Adjusted R-squared`）の 2 種類が出力される（詳細は 3.1.5 節）．

(6.f) `F-statistic/p-value`：回帰モデルが妥当かどうかを検定する際に用いられる量と，これに基づく p 値である．ここでいう「妥当性」は，説明変数を何も必要としないモデル

$$y_i = \beta_0 + \varepsilon_i \tag{3.5}$$

と比べて，`Call` のモデルの説明力が十分高いかどうかを意味する．モデル (3.5) よりも単回帰モデル (3.1) の説明力が高いことは，β_1 に対する `p-value` が十分小さい（例えば，0.05 以下）という基準で判断する．

summary 関数の出力についての説明には，確率変数などの準備が必要になる．そのため，詳細は 4.1 節で説明する．

b 残差分析

つぎに，残差を視覚的に確認し，モデルのあてはまり具合を調べる方法を紹介する．これらは，**残差分析**（residual analysis）とよばれるものの一部である．残差を確認する際は，主につぎの2点に注目する．

- 全体的な傾向から逸脱している個体．
- 残差の均一性．

残差に関するグラフは，`plot` 関数を用いて出力することができる．

```
plot(lm 関数の出力, which)
```

引数 `which` には，1 から 6 までを指定できるが，ここでは最初の2つのみ説明する．つぎのように入力すると，図 3.5 が出力として得られる．

```
> par(mfrow=c(1,2))
> plot(sreg, which=1:2)
```

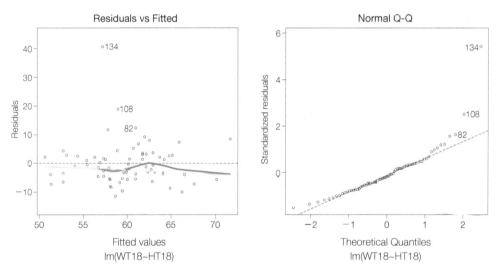

図 3.5 残差プロット（左）と Q-Q プロット（右）．

(A) `which=1`：**残差プロット**（residual plot）

横軸に予測値 $\hat{y}_i$，縦軸に残差 r_i を配した散布図である（図 3.5（左））．この図を残差プロットという．赤線は残差を説明する「回帰曲線」である．この赤線が，縦軸 = 0 の線（横点線）とよく重なっていると，あてはまりの「よい」回帰モデルと判断できる．また，残差の絶対値が大きい個体には，データフレームの行名（または行番号）が表示される．例に用いた **BGSg** には行名があらかじめ与えられており，行名が **134** の個体（データフレームの 68 行目）が，残

差の絶対値が最も大きい[*6]．このような個体は外れ値の候補である（2.4.3 節で述べたように，外れ値を取り除いてよいかどうかは慎重に検討する必要がある）．

　回帰モデルでは，誤差は説明変数 x の値によらず均等にばらつくことを仮定している（この仮定は 4.1 節で説明する）．そのため，残差になんらかの傾向が観察される場合（図 3.6）には，より適切なモデルが他にある可能性を考える．

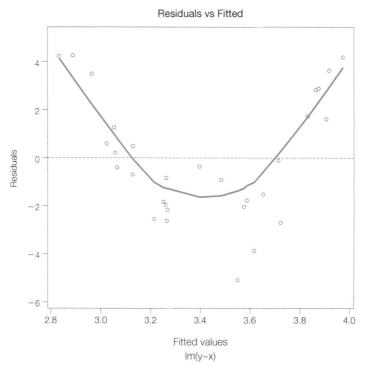

図 3.6　系統的な残差の例．この例は両端で正の値の残差が多く，下に凸な非線形関係を示唆する．

(B) which=2：Q–Q プロット（quantile-quantile plot）

　横軸に標準正規分布の分位点，縦軸に残差 r_i の分位点を配したグラフである（図 3.5（右））．この図を Q–Q プロットという．Q–Q プロットは，回帰分析によって得られた残差（誤差の推定値）が，モデルに仮定する確率分布に基づくふるまいと一致するかどうかを調べるためのグラフである．回帰モデルでは，誤差の確率分布が正規分布に従うと仮定することが一般的である．プロット点が直線（点線）から大きく外れた個体がある場合，モデルの仮定が疑わしいと考えられる．BGSg の行名が 134, 108, 82 の個体（それぞれデータフレームの 68, 42, 16 行目の）は残差の絶対値が大きく（図 3.5（左）），Q–Q プロット（図 3.5（右））においてもモデルの仮定（正規分布）から逸脱していることが示唆される．

[*6] 行名は，`rownames(BGSg)` と入力して調べることができる．また，その行名をもつデータフレームの行番号を調べるには `which(rownames(BGSg) == "134")` と入力すればよい．which 関数は，引数（ベクトル）の命題が真である成分の番号を出力する．

逸脱が顕著に認められる個体が存在する場合の対処については，4.2 節で説明する．

● 3.1.5 単回帰モデルの推定：数理編

回帰モデル (3.1) のパラメータを推定する方法は，**最小二乗法** (least squares method) が代表的である．最小二乗法は，

$$\min_{\beta_0,\beta_1} L(\beta_0,\beta_1) = \min_{\beta_0,\beta_1} \sum_{i=1}^{n} \left\{ y_i - (\beta_0 + \beta_1 x_i) \right\}^2 \tag{3.6}$$

の解をパラメータ β_0 と β_1 の推定値とする方法である．式 (3.6) は，β_0 と β_1 に関して 2 次関数の形である．したがって，$L(\beta_0,\beta_1)$ の最小化はそれぞれのパラメータで偏微分して得られる方程式

$$\begin{cases} \dfrac{\partial}{\partial \beta_0} L(\beta_0,\beta_1) = 0 \\[2mm] \dfrac{\partial}{\partial \beta_1} L(\beta_0,\beta_1) = 0 \end{cases} \Leftrightarrow \begin{cases} \sum_{i=1}^{n} \left\{ y_i - (\beta_0 + \beta_1 x_i) \right\} = 0 \\[2mm] \sum_{i=1}^{n} \left\{ y_i - (\beta_0 + \beta_1 x_i) \right\} x_i = 0 \end{cases} \tag{3.7}$$

を解けばよい[*7]．平均値，分散，共分散を用いて，連立方程式 (3.7) はつぎのように計算できる．

$$\begin{cases} n(\bar{y} - \beta_0 - \beta_1 \bar{x}) = 0 \\[2mm] n \left\{ s_{xy} + \bar{x}\bar{y} - \beta_0 \bar{x} - \beta_1 (s_{xx} + \bar{x}^2) \right\} = 0 \end{cases}. \tag{3.8}$$

ここで，連立方程式 (3.8) の 2 個目の方程式については $\sum_{i=1}^{n} x_i y_i = n(s_{xy} + \bar{x}\bar{y})$，$\sum_{i=1}^{n} x_i^2 = n(s_{xx} + \bar{x}^2)$ などを用いた．

以上より，方程式 (3.8) の (β_0, β_1) に対する解を $(\hat{\beta}_0, \hat{\beta}_1)$ と書くことにすると

$$\hat{\beta}_0 = \bar{y} - \frac{s_{xy}}{s_{xx}} \bar{x}, \quad \hat{\beta}_1 = \frac{s_{xy}}{s_{xx}} \tag{3.9}$$

となる．この $\hat{\beta}_0$ と $\hat{\beta}_1$ を，それぞれパラメータ β_0 と β_1 の**最小二乗推定値** (least squares estimate) という．最小二乗推定値の値が，変数の単位に依存することを示そう．$a \neq 0$ に対して $x_i' = a x_i$ と変換すると，分散と共分散の性質から $s_{x'x'} = a^2 s_{xx}$，$s_{x'y} = a s_{xy}$ が成り立つ．したがって，x_i の代わりに x_i' を説明変数とした場合（被説明変数は y_i のまま）の傾きの推定値 $\hat{\beta}_1'$ は式 (3.9) から

$$\hat{\beta}_1' = \frac{s_{x'y}}{s_{x'x'}} = \frac{a s_{xy}}{a^2 s_{xx}} = \frac{1}{a} \hat{\beta}_1$$

となり，$\hat{\beta}_1$ の定数倍になる．ただし，切片 β_0 の推定値は変わらない（被説明変数を $y_i' = b y_i$ と変換すれば変わる）．さらに，$\hat{\beta}_1' x_i' = \hat{\beta}_1 x_i$ が成り立つことから，説明変数の単位変換で予測値は変わらないことに注意してほしい．また，最小二乗推定値により描かれる回帰直線は

$$y = \hat{\beta}_0 + \hat{\beta}_1 x = \bar{y} + \frac{s_{xy}}{s_{xx}} (x - \bar{x})$$

[*7] なぜ偏微分 $= 0$ の方程式を解けば最小値が求まるかは，寒野（2019）の 3.1.1〜3.1.2 節を参照してほしい．

と書けることより，必ず平均値の点 $(\bar{x}, \bar{y})$ を通ることがわかる．

残差 $r_i = y_i - \hat{y}_i$ は，つぎの性質をもつ．

(RES1) 残差 r_i の平均値は 0 になる．
(RES2) 残差 r_i と予測値 $\hat{y}_i$ の共分散と相関係数は 0 になる．

これは，つぎのように証明ができる．

(RES1) の証明

証明 残差を，式 (3.9) を用いて書けばよい．

$$\frac{1}{n}\sum_{i=1}^{n} r_i = \frac{1}{n}\sum_{i=1}^{n} y_i - \frac{1}{n}\sum_{i=1}^{n} \hat{y}_i$$
$$= \frac{1}{n}\sum_{i=1}^{n} y_i - \frac{1}{n}\sum_{i=1}^{n} \left(\bar{y} + \frac{s_{xy}}{s_{xx}}(x_i - \bar{x}) \right)$$
$$= \bar{y} - \left(\bar{y} + \frac{s_{xy}}{s_{xx}}(\bar{x} - \bar{x}) \right) = 0 \,. \qquad \blacksquare$$

(RES2) の証明

証明 性質 (RES1) より，残差 r_i の平均値は 0 である．$\hat{y}_i$ の平均値も，性質 (RES1) の計算過程から $\bar{y}$ とわかる．したがって，共分散は定義からつぎのように計算できる．

$$\frac{1}{n}\sum_{i=1}^{n} r_i(\hat{y}_i - \bar{y}) = \frac{1}{n}\sum_{i=1}^{n} r_i\hat{y}_i - \bar{y} \cdot \frac{1}{n}\sum_{i=1}^{n} r_i$$
$$= \frac{1}{n}\sum_{i=1}^{n} r_i \left(\bar{y} + \frac{s_{xy}}{s_{xx}}(x_i - \bar{x}) \right) - \bar{y} \cdot 0$$
$$= \frac{1}{n}\frac{s_{xy}}{s_{xx}}\sum_{i=1}^{n} r_i(x_i - \bar{x})$$
$$= \frac{1}{n}\frac{s_{xy}}{s_{xx}}\sum_{i=1}^{n} \left(y_i - \bar{y} - \frac{s_{xy}}{s_{xx}}(x_i - \bar{x}) \right)(x_i - \bar{x})$$
$$= \frac{s_{xy}}{s_{xx}} \left(s_{xy} - \frac{s_{xy}}{s_{xx}}s_{xx} \right) = 0 \,. \qquad \blacksquare$$

3.1.4 節 (6.e) の決定係数 (Multiple R-squared) は R^2 と表すことが多く，つぎのように定義される．

$$R^2 = \frac{\sum_{i=1}^{n}(\hat{y}_i - \bar{y})^2}{\sum_{i=1}^{n}(y_i - \bar{y})^2}. \tag{3.10}$$

決定係数は，観測値 y_i と予測値 $\hat{y}_i$ の平均値まわりの変動比である．また，

$$R^2 = 1 - \frac{\sum_{i=1}^{n}(y_i - \hat{y}_i)^2}{\sum_{i=1}^{n}(y_i - \bar{y})^2} \tag{3.11}$$

と表すこともでき，観測値と予測値が近い値であるほど R^2 の値が 1 に近くなることが理解できる．式 (3.11) を示すには，つぎの偏差平方和の分解を利用すればよい．

$$\begin{aligned}
\sum_{i=1}^{n}(y_i - \bar{y})^2 &= \sum_{i=1}^{n}\{(y_i - \hat{y}_i) + (\hat{y}_i - \bar{y})\}^2 \\
&= \sum_{i=1}^{n}(y_i - \hat{y}_i)^2 + 2\sum_{i=1}^{n}(y_i - \hat{y}_i)(\hat{y}_i - \bar{y}) + \sum_{i=1}^{n}(\hat{y}_i - \bar{y})^2 \tag{3.12} \\
&= \sum_{i=1}^{n}(y_i - \hat{y}_i)^2 + \sum_{i=1}^{n}(\hat{y}_i - \bar{y})^2
\end{aligned}$$

$$\Leftrightarrow \sum_{i=1}^{n}(\hat{y}_i - \bar{y})^2 = \sum_{i=1}^{n}(y_i - \bar{y})^2 - \sum_{i=1}^{n}(y_i - \hat{y}_i)^2. \tag{3.13}$$

式 (3.12) の第 2 項が 0 になることは，性質 (RES2) から明らかである．式 (3.13) を式 (3.10) の分子に代入すれば，式 (3.11) が得られる．自由度調整済み決定係数については，3.2.6 節で説明する．

➤ 3.2 重回帰モデル

◉ 3.2.1 重回帰モデルとは

3.1 節では，BGSgirls に単回帰モデルをあてはめることによって，18 歳時の体重を 18 歳時の身長で説明することを考えた．しかし，決定係数の値は約 0.248 と小さく適切なモデルであるとはいえない．では，9 歳時の体重（WT9）や身長（HT9）も考慮して，より説明力を高めることは可能だろうか．

回帰分析は，説明変数が複数あっても構わない．例えば，説明変数が p 個あるとき，モデルは

$$y_i = \beta_0 + \beta_1 x_{i1} + \beta_2 x_{i2} + \cdots + \beta_p x_{ip} + \varepsilon_i \tag{3.14}$$

となる．このモデルを，線形単回帰モデルと対比して**線形重回帰モデル**（multiple linear regression model）または重回帰モデルという．単回帰，重回帰の区別が必要ないときは，単純に線形回帰モデルとよべばよい．また，$\beta_1, \beta_2, \ldots, \beta_p$ を**偏回帰係数**（partial regression coefficient）という．これらを，切片 β_0 と偏回帰係数をまとめて単純に回帰係数とよぶこともある．単回帰モデルの場合に比べて，重回帰モデルでは「線形」という言葉はより大きな意味をもつ．なぜなら，重回帰モデルは，被説明変数 y_i に対しすべての説明変数が線形（和の形）に影響するということを表現しているからである．したがって，モデル (3.14) は $(p+1)$ 次元空間にある p 次元の「平面」となる[*8]．

[*8] 単回帰モデルは $p = 1$ なので，2 次元空間（平面）上の直線である．

重回帰モデルの場合，モデル式は $(p+1)$ 次元の回帰係数ベクトル $\boldsymbol{\beta} = (\beta_0, \beta_1, \beta_2, \ldots, \beta_p)^\top$ と $\boldsymbol{x}_i = (1, x_{i1}, x_{i2}, \ldots, x_{ip})^\top$ を用いて表すほうが簡単になる．

$$y_i = \boldsymbol{x}_i^\top \boldsymbol{\beta} + \varepsilon_i. \tag{3.15}$$

$\boldsymbol{x}_i$ の第 1 成分の「1」は，切片 β_0 が $\boldsymbol{\beta}$ に含まれることに対応する項である．

重回帰モデルによる分析の目的は，単回帰モデルと同様である．

> データ $(\boldsymbol{x}_1, y_1), (\boldsymbol{x}_2, y_2), \ldots, (\boldsymbol{x}_n, y_n)$ から，$\boldsymbol{\beta} = (\beta_0, \beta_1, \beta_2, \ldots, \beta_p)^\top$ の値を求めること．

重回帰モデルの場合にも，パラメータ $\boldsymbol{\beta}$ の値を求めることを推定，または（重）回帰モデルのあてはめという．重回帰モデルのあてはめも，残差平方和

$$
\begin{aligned}
L(\boldsymbol{\beta}) &= \sum_{i=1}^{n} (y_i - \boldsymbol{x}_i^\top \boldsymbol{\beta})^2 \\
&= \sum_{i=1}^{n} \left\{ y_i - (\beta_0 + \beta_1 x_{i1} + \cdots + \beta_p x_{ip}) \right\}^2
\end{aligned} \tag{3.16}
$$

を最小にすることによって $\boldsymbol{\beta}$ の値を求める．

3.2.2　重回帰モデルのあてはめ

重回帰モデルのあてはめも，lm 関数によって実行できる．例えば，HT18 と WT9 の 2 変数を説明変数，WT18 を被説明変数とする重回帰モデルの場合

```
> mreg1 <- lm(WT18 ~ HT18 + WT9, data=BGSg) # 以降，引数名 formula を省略する
```

と入力すればよい．つまり，複数の説明変数の名前を「+」でつなぐだけである．これは，説明変数が 3 つ以上の場合でも同様である．

```
> mreg2 <- lm(WT18 ~ HT18 + WT9 + HT9, data=BGSg) # 説明変数が 3 個の重回帰モデル
```

データフレーム中の，被説明変数以外の変数すべてを説明変数にしたいときは，「.」を用いて簡単に指定できる．

```
> mreg3 <- lm(WT18 ~ ., data=BGSg) # mreg2 と同じモデル
```

逆に，特定の変数を説明変数から取り除きたいときは「-」で引き算のように指定すればよい．

```
> mreg4 <- lm(WT18 ~ . - HT9,       data=BGSg)  # mreg1 と同じモデル
> mreg5 <- lm(WT18 ~ . - HT9 - WT9, data=BGSg)  # sreg と同じモデル
```

ちなみに，説明変数を 1 個も含まない（切片のみからなる）モデルのあてはめを行う場合は，つぎのように入力する．

```
> mreg0 <- lm(WT18 ~ 1, data=BGSg)
> mreg0$coefficients # パラメータは切片のみ
(Intercept)
   59.78429
```

分析結果は，単回帰モデルの場合と同様に coef 関数や summary 関数などを利用できる．説明変数が HT18 と WT9 の回帰モデルの結果を見てみよう．

```
> coef(mreg1)
(Intercept)        HT18         WT9
-26.7285895    0.3538402    0.8722822
> summary(mreg1)$coefficients
                Estimate Std. Error   t value      Pr(>|t|)
(Intercept) -26.7285895 20.5419498 -1.301171 1.976568e-01
HT18          0.3538402  0.1321197  2.678179 9.302253e-03
WT9           0.8722822  0.1378074  6.329721 2.349721e-08
```

パラメータ $\boldsymbol{\beta}$ のデータから求めた値（推定値）を $\hat{\boldsymbol{\beta}}$ と書くことにすると

$$\hat{\boldsymbol{\beta}} = (-26.73, 0.35, 0.87)^{\top}$$

であることがわかる．

　説明変数が 2 個以上になると，モデル (3.14) が表す平面を描くのは難しい．一方で，残差分析は，予測値 $\hat{y}_i = \boldsymbol{x}_i^{\top}\hat{\boldsymbol{\beta}}$ と残差 $r_i = y_i - \hat{y}_i$ に基づくため，モデルのあてはまりを視覚的に確認できる．コード 3.4 は，単回帰モデルの残差分析とほぼ同様である．

コード 3.4　重回帰モデルの残差分析

```
1  mreg2 <- lm(WT18 ~ HT18 + WT9, data=BGSg)
2  par(mfrow=c(2, 2))
3  plot(mreg2)
4  par(mfrow=c(1, 1))
```

3.2.3　偏回帰係数の意味

　mreg1 の出力の通り，HT18 の偏回帰係数は約 0.35 と推定された．この偏回帰係数は，単回帰モデルの回帰係数と同じように解釈できる．まず，ある個体 A と，個体 B の予測値 $\hat{y}_{\mathrm{A}}$ と $\hat{y}_{\mathrm{B}}$ を考えよう．個体 A の 18 歳時の身長は個体 B より 1cm 高いが，9 歳時の体重と身長は個体 B とまったく同じであるとする．このとき，2 個体の予測値の差をとるとつぎのようになる．

$$
\begin{aligned}
\hat{y}_{\mathrm{A}} &= \hat{\beta}_0 + \hat{\beta}_1(\mathtt{HT18}+1) + \hat{\beta}_2\mathtt{WT9} + \hat{\beta}_3\mathtt{HT9} \\
-)\quad \hat{y}_{\mathrm{B}} &= \hat{\beta}_0 + \hat{\beta}_1\ \mathtt{HT18} \qquad + \hat{\beta}_2\mathtt{WT9} + \hat{\beta}_3\mathtt{HT9} \\
\hline
\hat{y}_{\mathrm{A}} - \hat{y}_{\mathrm{B}} &= \hat{\beta}_1
\end{aligned}
$$

すなわち，$\hat{\beta}_j$ は j 番目以外のすべての説明変数が同じ値で，かつ j 番目の説明変数が 1 単位分増加したときの予測値の変化量である．

　上記の偏回帰係数の解釈は，説明変数が量的変数の場合である．説明変数が質的変数も同じような見方になるが，混乱を招く場合があるので詳しく説明する．今回のデータには質的変数が含まれないので，HT18 をつぎの 3 カテゴリに分ける質的変数を作成しよう．

- カテゴリ Low　　…HT18 $\leq$ 164cm の個体
- カテゴリ Middle…HT18 $>$ 164cm，かつ HT18 $\leq$ 170cm の個体
- カテゴリ High　…HT18 $>$ 170cm の個体

コード 3.5 は，このようにカテゴリ化した変数を data.frame 関数によってデータフレームに追加するための入力である．

◀ コード 3.5　量的変数から質的変数を作る ▶

```
1  HT18cat <- BGSg$HT18
2  HT18cat[BGSg$HT18<164]                  <- "Low"
3  HT18cat[BGSg$HT18>=164 & BGSg$HT18<170] <- "Middle"
4  HT18cat[BGSg$HT18>=170]                 <- "High"
5  BGSg2 <- data.frame(BGSg, HT18cat)
```

1〜4 行目で生成した質的変数 HT18cat と量的変数 WT9 を説明変数とした（重）回帰モデルをあてはめてみると，つぎのようになる．

```
> mreg6 <- lm(WT18 ~ HT18cat + WT9, data=BGSg2) # HT18cat と WT9 が説明変数のモデル
> summary(mreg6)$coefficients                    # 回帰係数の情報を確認
                 Estimate Std. Error   t value      Pr(>|t|)
(Intercept)    31.2261994  4.8497206  6.438762  1.591506e-08
HT18catLow     -3.1782711  2.0240172 -1.570279  1.211325e-01
HT18catMiddle  -2.3217488  1.8976354 -1.223496  2.254928e-01
WT9             0.9659055  0.1363862  7.082134  1.157008e-09
```

質的変数に対しては，（カテゴリ数 −1）個の回帰係数が得られる．上の例の場合，質的変数 HT18cat は 3 カテゴリのため，対応する回帰係数は 2 個（HT18catLow と HT18catMiddle）である．これらの意味は，つぎの通りである．

- HT18catLow：HT18cat が，それ以外のすべての説明変数（この場合，WT9）が同じ値のもとで High から Low に変わったときの予測値の変化量．
- HT18catMiddle：HT18cat が，それ以外のすべての説明変数が同じ値のもとで High から Middle に変わったときの予測値の変化量．

すなわち，基準のカテゴリ High から，他のカテゴリに変化したときの増分が偏回帰係数の値である．
　基準のカテゴリは「アルファベット順に並べ替えて一番先頭にくるカテゴリ名」がデフォルトとなっている．今回は，カテゴリ名をアルファベット順に並べると High, Low, Middle である．基準とするカテゴリ名を定めたい場合は，factor 関数を用いる．引数に levels に，基準にしたいカテゴリ名が先頭にくるように順序を指定すればよい．コード 3.6 は，Low を基準にする場合の例である．

◀ コード 3.6　質的変数のカテゴリの順序を変える ▶

```
BGSg2$HT18cat2 <-  factor(BGSg2$HT18cat, levels=c("Low","Middle","High"))
mreg7 <- lm(WT18 ~ HT18cat2 + WT9, data=BGSg2) # HT18cat2 と WT9 が説明変数
summary(mreg7)$coefficients                    # 回帰係数の情報を確認
```

この結果を表示させると，つぎのようになる．

```
> summary(mreg7)$coefficients
                 Estimate Std. Error   t value      Pr(>|t|)
(Intercept)    28.0479283  4.2080628  6.6652827  6.350448e-09
HT18cat2Middle  0.8565223  1.7939035  0.4774629  6.346100e-01
HT18cat2High    3.1782711  2.0240172  1.5702787  1.211325e-01
WT9             0.9659055  0.1363862  7.0821343  1.157008e-09
```

推定値の値が変わったように見えるかもしれないが，身長が最も低いグループを基準に変更しただけ

であり，本質的には `mreg6` と同じ解析である．つまり，

$$\text{HT18catMiddle の推定値} - \text{HT18catLow の推定値} = (\text{Middle} - \text{High}) - (\text{Low} - \text{High})$$
$$= \text{Middle} - \text{Low}$$
$$= \text{HT18cat2Middle の推定値}$$

であるから，結果は一致する．実際，左辺と最後の右辺を比較すると

$$-2.3217488 - (-3.1782711) = 0.8565223$$

となり，`mreg6` と `mreg7` は情報として等しいことがわかる．

◉ 3.2.4　標準化偏回帰係数

　`mreg1` の結果によると，WT9 の偏回帰係数（の推定値）のほうが HT18 のものより大きい．この結果から「9 歳時の体重のほうが，18 歳時の身長よりも 18 歳時の体重を説明する力が強い変数である」と考えてよいだろうか．重回帰モデルの偏回帰係数 $\hat{\beta}_1, \ldots, \hat{\beta}_p$ の大きさは，説明変数の単位によって変化する．これは，単回帰モデルの回帰係数と同様である．実際に確認してみよう．

```
> lm(WT18 ~ HT18 + WT9, data=BGSg)$coefficients
(Intercept)          HT18           WT9
-26.7285895     0.3538402     0.8722822
> HT18.m <- BGSg$HT18 / 100 # 18 歳時の身長の単位を cm から m に変換
> lm(WT18 ~ HT18.m + WT9, data=BGSg)$coefficients
(Intercept)        HT18.m           WT9
-26.7285895    35.3840211     0.8722822
```

このようにすると偏回帰係数の大小関係が逆転してしまい，同じ結論を導くことが難しい．
　このような「偏回帰係数間の大きさの比較」をしたい場合，変数の**標準化**（standardization）が有効である．標準化とは，観測値（変数）に対して

$$\text{標準化された観測値} = \frac{\text{観測値} - \text{平均値}}{\text{標準偏差}}$$

という変換を行い，各変数の平均値が 0，分散が 1 となるようにすることである．標準化された観測値は無次元量（単位のない量）となる．標準化されたデータに対する偏回帰係数を標準化偏回帰係数といい，この解釈は一貫して「1 標準偏差あたりの予測値の変化量」となる．
　標準化は，`scale` 関数により行うことができる．

```
> apply(BGSg, MARGIN=2, FUN=mean)    # 平均値の確認
      HT9      WT9     HT18     WT18
135.12000  31.62143 166.54429 59.78429
> apply(BGSg, MARGIN=2, FUN=sd)      # 標準偏差の確認
      HT9      WT9     HT18     WT18
5.612760 5.824160 6.074886 8.663795
> BGSg.std <- scale(BGSg)            # 全変数の標準化
> apply(BGSg.std, MARGIN=2, FUN=mean) # 標準化後の平均値（ほぼ 0）
         HT9          WT9         HT18         WT18
-6.566424e-16  2.283423e-16  1.133955e-15 -1.356333e-16
> apply(BGSg.std, MARGIN=2, FUN=sd)  # 標準化後の標準偏差
 HT9  WT9 HT18 WT18
   1    1    1    1
```

scale 関数の出力はデータフレームではないので，data.frame 関数を用いてオブジェクトの種類を
変換する．コード 3.7 を入力し，結果を確認してみよう．

◀ コード 3.7 標準化偏回帰係数を求める ▶

```
1  BGSg.std <- scale(BGSg)
2  BGSg.std <- data.frame(BGSg.std)          # データフレームに変換
3  mreg8 <- lm(WT18 ~ HT18 + WT9, data=BGSg.std)
4  summary(mreg8)                            # 結果の確認
```

説明変数に質的変数を含む場合は，量的変数のみを標準化すればよい．コード 3.5 で作ったデータ
フレーム BGSg2 を例にすると，コード 3.8 のようになる．

◀ コード 3.8 標準化偏回帰係数を求める（質的変数を含む場合）▶

```
1  qtv       <- subset(BGSg2, select=-HT18cat)    # HT18cat のみを除く
2  qtv.std   <- scale(qtv)                        # 量的変数のみを標準化
3  BGSg2.std <- data.frame(qtv.std, BGSg2$HT18cat) # 量的変数と質的変数を結合
4  mreg9     <- lm(WT18 ~ HT18cat + WT9, data=BGSg2.std)
```

● 3.2.5 変数選択

ここまでで，つぎのことがわかった．

- 重回帰モデルによって，複数の説明変数を考慮することができる．
- 説明変数の影響の大きさは，標準化偏回帰係数によって比較することができる．

さらに知りたいことは，つぎのことである．

> 最も適切な回帰モデルは何か．

この問いを，もう少し詳しく説明しよう．3.2.2 節で，つぎの 2 つの回帰モデルをあてはめた．

```
> mreg1 <- lm(WT18 ~ HT18 + WT9,        data=BGSg) # 説明変数が 2 個の重回帰モデル
> mreg2 <- lm(WT18 ~ HT18 + WT9 + HT9, data=BGSg) # 説明変数が 3 個の重回帰モデル
```

これらの違いは，9 歳時の身長 HT9 が説明変数に含まれるか否かである．標準化偏回帰係数から，HT9
は相対的に影響力が小さいことがわかる．実際，HT9 の p 値も 0.6088 と大きく（各自確認してほし
い），偏回帰係数が「0 から十分離れている」と判断するのは難しい．ここで問題となるのは

> 偏回帰係数が小さい説明変数を含めた回帰モデルは，含めないモデルより「よい」のだろうか．

ということである．

　少し極端な例を考えよう．データに，「6 歳時に，もっていたおもちゃの数」という変数があったと
しよう．これは，18 歳時の体重に影響があるだろうか．断言するのは難しいが，「ない」と考えるほ
うが自然だろう．それでも，「おもちゃの数」を説明変数としてモデルに含めたほうがよいだろうか．
どんな無駄な情報でも，ないよりはあるほうが「まし」なのだろうか．

　結論からいうと，影響力が小さい変数をモデルに含めることは被説明変数に対する予測を悪化させ
る．そのため，適切な変数を選び，モデルに含めなければならない．このようなモデルの「よさ」を
比較する指標として，**AIC**（**赤池情報量規準**；Akaike's infomation criterion）がある[*9]．ある回帰モ
デル M に対する AIC は，標本サイズを n としてつぎのように書くことができる．

$$\text{AIC} = n \log \left(\frac{\text{モデル M の残差平方和}}{n} \right) + n + 2 \times (\text{モデル M のパラメータ数}). \quad (3.17)$$

同じデータで異なる回帰モデルを比較するので，式 (3.17) 右辺の第 2 項はモデルが変わっても常に等
しい．また，モデル M のパラメータ数は，回帰係数ベクトルの次元 +1 である[*10]．これらのような
モデルに依存しない量を省略し，回帰モデルの AIC をつぎのように定義し直しても差し支えない．

$$\text{AIC} = n \log (\text{モデル M の残差平方和}) + 2 \times (\text{モデル M の説明変数の数}). \quad (3.18)$$

AIC の値が小さいモデルを，より「よい」モデルだと判断する．式 (3.18) の右辺の第 1 項はモデルの

[*9] 赤池弘次（1927–2009）の提案にちなむ名称．赤池は，日本を代表する統計学者である．
[*10] 1 個余計に多いのは，誤差項の分散パラメータである（4.1 節参照）．

あてはまりに関する量であり，第 2 項はモデルの複雑さに関する量である．モデルの残差平方和は，説明変数の数が多いほど小さくなるという事実がある（3.2.6 節で述べる）．一方で，説明変数の数が多いことは，モデルが複雑になることを意味する．すなわち，AIC は

- 単純なモデルは，残差平方和が大きい，
- 複雑なモデルは，残差平方和が小さい

というバランスの中で，あてはまりと複雑さがちょうど「よい」モデルを選ぶことができる[*11]．

　AIC は，AIC 関数を用いて求めることができる．

```
> AIC(mreg1)
[1] 455.1677
> AIC(mreg2)
[1] 456.8878
```

AIC の値は小さいほうが「よい」モデルであることを意味する．すなわち，今回は HT9 を含めない回帰モデル mreg1 のほうが「よい」という結論になる．

　実際は，検討可能な回帰モデルは 2 個だけではない．説明変数が 3 つの場合は，$2^3 = 8$ 通りの候補モデルについて AIC を検討することにより，最も「よい」モデルにたどり着くことができる．複数の候補モデルから「よい」モデルを選ぶことを，**変数選択**（variable selection）という[*12]．コード 3.9 を入力して，最もよいモデルはどれか確認してみよう．

◀ コード 3.9　AIC に基づく変数選択 ▶

```
1  AIC(lm(WT18 ~ 1,             data=BGSg))
2  AIC(lm(WT18 ~ HT18,          data=BGSg))
3  AIC(lm(WT18 ~        WT9,    data=BGSg))
4  AIC(lm(WT18 ~            HT9, data=BGSg))
5  AIC(lm(WT18 ~ HT18       + HT9, data=BGSg))
6  AIC(lm(WT18 ~ HT18 + WT9,     data=BGSg))
7  AIC(lm(WT18 ~        WT9 + HT9, data=BGSg))
8  AIC(lm(WT18 ~ HT18 + WT9 + HT9, data=BGSg))
```

説明変数の数が多くなると，可能な候補モデルの個数は指数的に増加し，計算が困難となる．例えば，説明変数が 10 個であれば候補モデルは $2^{10} = 1024$ 個，20 個では 100 万個を超える．現代的なデータでは，説明変数が 100 個程度あることも珍しくない．このような場合の次善策として，段階的に説

[*11] このような「あちらを立てればこちらが立たず」というような関係をトレードオフの関係という．回帰モデルのあてはまりのよさと複雑さは，トレードオフの関係にある．
[*12] **モデル選択**（model selection）という，より広い意味の言葉もある．

明変数を追加・削除する**ステップワイズ法** (stepwise method) がある．ステップワイズ法は，大きく分けるとつぎの 3 通りある．

- (A) 変数増加法：切片（定数項）のみのモデルから始めて，AIC が小さくなる説明変数を順にモデルに追加していく方法．
- (B) 変数減少法：説明変数の数が最大のモデルから始めて，AIC が小さくなる説明変数を順にモデルから削除していく方法．
- (C) 変数増減法：(A) と (B) の組み合わせ．

(A) の変数増加法は，一度追加した変数を削除しない方法である．同様に，(B) の変数減少法は，一度削除した変数を追加しない方法である．ここでは，より柔軟な方法である (C) の変数増減法のみを紹介する．変数増減法は，step 関数によって実行できる．

```
step(object=lm 関数の出力, scope=list(lower=最小モデル, upper=最大モデル))
```

引数 object には，出発点となるモデル（初期モデル）を指定する．引数 scope に指定する最小モデル，最大モデルには，それぞれ探索したい範囲の中で説明変数の数が最も少ないモデル，最も多いモデルを指定する．

今回の解析では，最小モデル（切片のみ）は mreg0，最大モデル（説明変数が 3 つ）は mreg2 であるから，最大モデルから出発する変数増減法はつぎのように実行される．

```
> step(object=mreg2, scope=list(lower=mreg0, upper=mreg2)) # 最大モデルから出発
```

この出力は長いので，段階に分けて説明する．まず，つぎのような出力が得られる．

```
Start:  AIC=256.24
WT18 ~ HT18 + WT9 + HT9

       Df Sum of Sq    RSS    AIC
- HT9   1      9.72 2437.5 254.52
<none>              2427.8 256.24
- HT18  1    147.57 2575.3 258.37
- WT9   1    828.00 3255.8 274.78
```

最初の 2 行には，初期モデルの AIC とモデル式が表示されている．AIC 関数の出力する値と異なるが，変数選択には影響しない．そのつぎは，初期モデル中の各変数を削除した場合のモデルに関する情報が示されている．「- HT9」の行は，変数 HT9 を削除したモデルの情報である．「<none>」の行は，変数を何も削除しなかった場合の情報である．「AIC」の列に注目すると，HT9 を削除すると AIC が最も小さくなることがわかる．したがって，最初のステップではこの HT9 がモデルから取り除かれる．

つぎのステップの出力も，同様に見ることができる．

```
Step:  AIC=254.52
WT18 ~ HT18 + WT9

        Df Sum of Sq    RSS    AIC
<none>                2437.5 254.52
+ HT9    1     9.72 2427.8 256.24
- HT18   1   260.94 2698.4 259.63
- WT9    1  1457.60 3895.1 285.33
```

「+ HT9」の行は，変数 HT9 を追加したモデルの情報である．「<none>」の行の AIC が最も小さいことがわかるので，これ以上変数の追加も削除も行わない．このステップで変数選択は終了し，最終モデルとその偏回帰係数の推定値が示される．

```
Call:
lm(formula = WT18 ~ WT9 + HT18, data = BGSg)

Coefficients:
(Intercept)       WT9       HT18
  -26.7286    0.8723     0.3538
```

最小モデルから出発する変数増減法では，つぎのように 3 ステップを要することがわかる．

```
> step(object=mreg0, scope=list(lower=mreg0, upper=mreg2))  # 最小モデルから出発
Start:  AIC=303.27
WT18 ~ 1

       Df Sum of Sq    RSS    AIC
+ WT9   1    2480.8 2698.4 259.63
+ HT9   1    1923.0 3256.3 272.79
+ HT18  1    1284.1 3895.1 285.33
<none>              5179.2 303.27

Step:  AIC=259.64
WT18 ~ WT9

       Df Sum of Sq    RSS    AIC
+ HT18  1     260.94 2437.5 254.52
+ HT9   1     123.10 2575.3 258.37
<none>               2698.4 259.63
- WT9   1    2480.79 5179.2 303.27

Step:  AIC=254.52
WT18 ~ WT9 + HT18

       Df Sum of Sq    RSS    AIC
<none>               2437.5 254.52
+ HT9   1       9.72 2427.8 256.24
- HT18  1     260.94 2698.4 259.63
- WT9   1    1457.60 3895.1 285.33

Call:
lm(formula = WT18 ~ WT9 + HT18, data = BGSg)

Coefficients:
(Intercept)          WT9         HT18
   -26.7286       0.8723       0.3538
```

　変数増減法で変数選択を行う場合は，初期モデルを最大モデルとする場合と最小モデルとする場合の両方で行ったほうがよい．変数増減法を「次善策」といったのは，この方法がすべてのモデルを探索していないために，AIC が最小になるモデルを見落とす可能性があるためである．最大モデルから出発した場合の結果と，最小モデルから出発した場合の結果が異なる場合は，AIC が小さいほうのモデルを選べばよい（練習問題 3.2）．

3.2.6　重回帰モデルの推定：数理編

式 (3.15) のパラメータベクトル $\boldsymbol{\beta} = (\beta_0, \beta_1, \ldots, \beta_p)^\top$ の推定も，単回帰モデルと同様に最小二乗法を用いることができる．つまり，推定値はつぎの問題を解くことにより得られる．

$$\min_{\boldsymbol{\beta}} L(\boldsymbol{\beta}) = \min_{\boldsymbol{\beta}} \sum_{i=1}^{n} \left(y_i - \boldsymbol{x}_i^\top \boldsymbol{\beta} \right)^2 \tag{3.19}$$

これを $(p+1)$ 個のパラメータについて解くには，変数の行列表現が適している．つまり，n 次元ベクトル $\boldsymbol{y}$ と $\boldsymbol{\varepsilon}$，式 (3.15) の説明変数ベクトルからなる $n \times (p+1)$ 行列 $\boldsymbol{X}$ を用いて，全個体を

$$\boldsymbol{y} = \boldsymbol{X}\boldsymbol{\beta} + \boldsymbol{\varepsilon} \Leftrightarrow \begin{pmatrix} y_1 \\ y_2 \\ \vdots \\ y_n \end{pmatrix} = \begin{pmatrix} \boldsymbol{x}_1^\top \\ \boldsymbol{x}_2^\top \\ \vdots \\ \boldsymbol{x}_n^\top \end{pmatrix} \boldsymbol{\beta} + \begin{pmatrix} \varepsilon_1 \\ \varepsilon_2 \\ \vdots \\ \varepsilon_n \end{pmatrix} \tag{3.20}$$

とまとめて表現する．これを用いると，式 (3.19) はベクトルの差の内積で表すことができる．

$$\min_{\boldsymbol{\beta}} (\boldsymbol{y} - \boldsymbol{X}\boldsymbol{\beta})^\top (\boldsymbol{y} - \boldsymbol{X}\boldsymbol{\beta}) \tag{3.21}$$

したがって，式 (3.21) をベクトル $\boldsymbol{\beta}$ に関して偏微分[13] して式 (3.7) と同様に方程式

$$\frac{\partial}{\partial \boldsymbol{\beta}} L(\boldsymbol{\beta}) = \boldsymbol{0} \quad \Leftrightarrow \quad -2\boldsymbol{X}^\top (\boldsymbol{y} - \boldsymbol{X}\boldsymbol{\beta}) = \boldsymbol{0} \tag{3.22}$$

を解けばよい[14][15]．$\boldsymbol{X}$ の列ベクトルが 1 次独立（すなわち，$\mathrm{rank}(\boldsymbol{X}) = p+1$）ならば，逆行列 $(\boldsymbol{X}^\top \boldsymbol{X})^{-1}$ が存在する．これを式 (3.22) の両辺に左からかけ，$\boldsymbol{\beta}$ について整理すれば

$$\hat{\boldsymbol{\beta}} = (\boldsymbol{X}^\top \boldsymbol{X})^{-1} \boldsymbol{X}^\top \boldsymbol{y} \tag{3.23}$$

を得る．線形単回帰モデルの場合と同様，この $\hat{\boldsymbol{\beta}}$ を $\boldsymbol{\beta}$ の最小二乗推定値という．

3.1.5 節の性質 (RES1) を重回帰モデルの場合にも示そう．まず，予測値のベクトルを $\hat{\boldsymbol{y}} = (\hat{y}_1, \ldots, \hat{y}_n)^\top$，残差のベクトルを $\boldsymbol{r} = (r_1, \ldots, r_n)^\top$ とする．このとき，r_i の和はすべての成分が 1 の n 次元ベクトル $\boldsymbol{1}_n = (1, \ldots, 1)^\top$ を用いて $\sum_{i=1}^{n} r_i = \boldsymbol{1}_n^\top \boldsymbol{r}$ と表すことができる．$\boldsymbol{1}_n^\top$ は $\boldsymbol{X}^\top$ の

---

[13] $\boldsymbol{z} = (z_1, \ldots, z_q)^\top$ に対する実数値関数 $f(\boldsymbol{z})$ の 1 階偏導関数ベクトルは，つぎのように定義される．

$$\frac{\partial f}{\partial \boldsymbol{z}} = \begin{pmatrix} \frac{\partial f}{\partial z_1} \\ \vdots \\ \frac{\partial f}{\partial z_q} \end{pmatrix}.$$

[14] $\frac{\partial}{\partial \boldsymbol{\beta}} \boldsymbol{y}^\top \boldsymbol{X}\boldsymbol{\beta} = \boldsymbol{X}^\top \boldsymbol{y}$, $\frac{\partial}{\partial \boldsymbol{\beta}} \boldsymbol{\beta}^\top \boldsymbol{X}^\top \boldsymbol{X}\boldsymbol{\beta} = 2\boldsymbol{X}^\top \boldsymbol{X}\boldsymbol{\beta}$ を用いた（椎名ら（2019）の定理 10.7 を参照）．

[15] なぜ偏微分 $= \boldsymbol{0}$ の方程式を解けば最小値が求まるかは，寒野（2019）の 3.1.1～3.1.2 節を参照してほしい．

1 行目のベクトルであることと, $\boldsymbol{X}^\top \boldsymbol{X}(\boldsymbol{X}^\top \boldsymbol{X})^{-1} = \boldsymbol{I}_{p+1}$（単位行列）であることに注意すると

$$\boldsymbol{1}_n^\top \boldsymbol{X}(\boldsymbol{X}^\top \boldsymbol{X})^{-1} = (1, 0, \ldots, 0)$$

が成り立つことがわかる．ゆえに,

$$\begin{aligned}
\boldsymbol{1}_n^\top \boldsymbol{r} &= \boldsymbol{1}_n^\top (\boldsymbol{y} - \hat{\boldsymbol{y}}) \\
&= \boldsymbol{1}_n^\top (\boldsymbol{I}_n - \boldsymbol{X}(\boldsymbol{X}^\top \boldsymbol{X})^{-1}\boldsymbol{X}^\top)\boldsymbol{y} \\
&= (\boldsymbol{1}_n^\top - (1, 0, \ldots, 0)\boldsymbol{X}^\top)\boldsymbol{y} \\
&= (\boldsymbol{1}_n^\top - \boldsymbol{1}_n^\top)\boldsymbol{y} = 0
\end{aligned}$$

を得る．3.1.5 節の性質 (RES2) についても，同様の方針で示すことができる．

つぎに，説明変数をモデルに追加すると必ず残差平方和が小さくなることを示そう．説明変数が p 個のときの回帰係数の推定値を

$$\hat{\beta}_0, \hat{\beta}_1, \ldots, \hat{\beta}_p$$

とし，これに基づく残差平方和を RSS_p とする．同様に，説明変数を q 個追加したモデルの回帰係数の推定値を

$$\tilde{\beta}_0, \tilde{\beta}_1, \ldots, \tilde{\beta}_p, \tilde{\beta}_{p+1}, \ldots, \tilde{\beta}_{p+q}$$

とし，これに基づく残差平方和を RSS_{p+q} とする．一般に，$\hat{\beta}_j \neq \tilde{\beta}_j$ であることに注意してほしい（$j = 0, 1, 2, \ldots, p$）．このとき，最小二乗推定値の定義から，任意の $\beta_0, \beta_1, \ldots, \beta_p$ についてつぎの不等式が成り立つ．

$$\begin{aligned}
\mathrm{RSS}_{p+q} &= \sum_{i=1}^n \left\{ y_i - (\tilde{\beta}_0 + \tilde{\beta}_1 x_{i1} + \cdots + \tilde{\beta}_p x_{ip} + \tilde{\beta}_{p+1} x_{i(p+1)} + \cdots + \tilde{\beta}_{p+q} x_{i(p+q)}) \right\}^2 \\
&\leq \sum_{i=1}^n \left\{ y_i - (\beta_0 + \beta_1 x_{i1} + \cdots + \beta_p x_{ip} + 0 \cdot x_{i(p+1)} + \cdots + 0 \cdot x_{i(p+q)}) \right\}^2.
\end{aligned}$$

$j = 0, 1, \ldots, p$ について β_j の値は任意なので，$\beta_j = \hat{\beta}_j$ とすればつぎの不等式が成立する．

$$\begin{aligned}
\mathrm{RSS}_{p+q} &\leq \sum_{i=1}^n \left\{ y_i - (\hat{\beta}_0 + \hat{\beta}_1 x_{i1} + \cdots + \hat{\beta}_p x_{ip} + 0 \cdot x_{i(p+1)} + \cdots + 0 \cdot x_{i(p+q)}) \right\}^2 \\
&= \sum_{i=1}^n \left\{ y_i - (\hat{\beta}_0 + \hat{\beta}_1 x_{i1} + \cdots + \hat{\beta}_p x_{ip}) \right\}^2 = \mathrm{RSS}_p.
\end{aligned}$$

上式と式 (3.11) より，説明変数をモデルに追加すると必ず決定係数 R^2 が大きくなることがわかる．したがって，R^2 に基づく変数選択は常に最大のモデルを選ぶため不適切である．この問題を考慮する

のが，3.1.4 節 (6.e) の自由度調整済み決定係数（Adjusted R-squared）である．自由度調整済み決定係数 R_{adj}^2 は，つぎのように定義される．

$$R_{\mathrm{adj}}^2 = 1 - \frac{\sum_{i=1}^n (y_i - \hat{y}_i)^2/(n-p-1)}{\sum_{i=1}^n (y_i - \bar{y})^2/(n-1)}$$

これは，決定係数 (3.11) の表現に基づき，予測値のあてはまり具合を変数の数で調整した指標である．

➤ 3.3 補足

ここでは，知っておくとよい事項について補足する．

◉ 3.3.1 （被）説明変数の別称

説明変数 x_i を独立変数または入力変数などとよんだり，y_i を従属変数または出力変数などとよんだりする分野もある．これらの呼称は統計学の書籍でも統一されていないので，他の書籍を読むときは注意してほしい．表 3.1 は主なよび方の例である．多くの場合，同じ行の語が対として使われる．機械学習の分野では，入力／出力変数が使われることがしばしばある．外生／内生変数は，主に計量経済学の分野で用いられる．アウトカム，エンドポイントは医学統計（後者は特に医薬品評価）の分野で用いられる．その他にも，説明変数を特徴または**特徴量**（feature），被説明変数を**反応（応答）変数**（response variable）や**ターゲット**（target）などとよんだり，さまざまな呼称がある．

表 3.1　説明変数と被説明変数の呼称．

説明変数 x_i（または $\boldsymbol{x}_i$）		被説明変数 y_i	
日本語	English	日本語	English
入力変数	input variable	出力変数	output variable
独立変数	independent variable	従属変数	dependent variable
説明変数	explanatory variable	目的変数	objective variable
外生変数	exogeneous variable	内生変数	endogeneous variable
共変量	covariate	アウトカム	outcome
共変量	covariate	エンドポイント	endpoint

◉ 3.3.2　別のデータに対する予測値

データにない説明変数 x（または説明変数ベクトル $\boldsymbol{x}$）に対する予測値 $\hat{y}$ を知りたい場合がある．例えば，18 歳時の身長が 170cm の個体はデータ BGSg には存在しない．このような予測値を計算したいときは，predict 関数を用いるのが便利である．

```
predict(lm 関数の出力, newdata)
```

引数 newdata には，回帰モデルの説明変数がすべて含まれたデータフレームを指定する．オブジェクト BGSboys を例に，予測値を求めてみよう（コード 3.10）．BGSboys は，BGSgirls と同様にして得られた，男性の成育に関するデータである．両者のデータは，変数の数と変数名がまったく同じである．

◀ コード 3.10　別のデータに対する予測値 ▶

```
1 | data(BGSboys)
2 | predict(sreg, newdata=BGSboys)
3 | plot(BGSboys$HT18, BGSboys$WT18, xlab="HT18", ylab="WT18")
4 | abline(coef(sreg))
5 | sreg.boys <- lm(WT18 ~ HT18, data=BGSboys) # 男性データに対する単回帰モデル
6 | abline(coef(sreg.boys), col=2)
```

2 行目は，女性のデータであてはめた回帰直線を用いて男性の 18 歳時体重を予測している．3〜6 行目は，BGSgirls と BGSboys に対し，同じ単回帰モデルをあてはめたときの回帰直線を図示している．

▶ 3.3.3　情報量規準：AIC と BIC

AIC の他に代表的な情報量規準として，**BIC（ベイズ情報量規準**；Bayesian infomation criterion）がある．回帰モデル M に対する BIC は，つぎのように書くことができる．

$$\text{BIC} = n \log \left(\frac{\text{モデル M の残差平方和}}{n} \right) + (\text{モデル M の説明変数の数}) \times \log(n). \quad (3.24)$$

BIC を式 (3.18) の AIC と比べると，第 2 項目のみが異なることがわかる．BIC の値は，BIC 関数により求めることができる．使い方は，AIC 関数と同じである．

```
> c(AIC(sreg), AIC(mreg1))
[1] 485.9799 455.1677
> c(BIC(sreg), BIC(mreg1))
[1] 492.7254 464.1616
```

BIC の値も，AIC と同様に値が低いほど「よい」モデルであることを意味する．したがって，上記のように BIC で 2 モデルを検討すると「18 歳時の体重を説明する回帰モデルとしては，18 歳時の身長 HT18 のみを説明変数とする単回帰モデルよりも 9 歳時の体重 WT9 も説明変数に含めた重回帰モデルのほうが「よい」ということになる．これは（たまたま）AIC と同様の結論である．また，AIC の

値と BIC の値の比較にはまったく意味がないことに注意しよう.

AIC と BIC はどのように違うのだろうか. 詳しい説明は本書の範囲を超える*16 ので, 結論だけ述べておくとつぎのようになる.

- AIC：予測のよいモデルを選ぶのに用いる.
- BIC：真のモデルに近いモデルを選ぶのに用いる.

また, AIC に基づいた変数選択のほうが, BIC に基づくよりも説明変数の多いモデルが選ばれる傾向にある.

3.3.4 統計「モデル」の意味とは何か

統計モデルは, 現象を記述するための模型であり, 現象の真の構造を規定するものではない. これを理解することは回帰分析の実行や lm 関数の操作になんら影響を与えないが, データ解析の心構えを身につけるためには有益である. 例として, 単回帰モデルの式 (3.1) を再掲しよう.

$$y_i = \beta_0 + \beta_1 x_i + \varepsilon_i.$$

これは, y_i の大部分は $\beta_0 + \beta_1 x_i$ で表されるが, 誤差 ε_i をともなって観測されたという「模型」である. 実際に linear regression model という語は, 以前は「線形回帰模型」と訳されていた. すなわち, 統計モデルは現象を簡潔に把握するための人工物なのである.

みなさんの手元にあるデータが, 単回帰モデルの構造から生まれてきたものかどうかは（ほとんどの場合）誰にもわからない. 4.1 節では ε_i に正規分布を仮定するが, これもあくまで仮定であり, 真実かどうかはわからない. つまり, 回帰モデルをデータにあてはめることは「全知全能ではないわたしたちができること」の 1 つにすぎず, 回帰係数を推定し回帰直線を描くだけで満足するのは早合点である. 統計モデルは, あくまで現象を模すための補助線のような存在なのである. したがって, 模型（モデル）とそれにあてはめる材料（データ）が合っているかどうかは常に確認する必要がある. また, 重回帰モデルや変数選択, 変数の変換などによるモデルの工夫も考えられる（4.2 節で述べる）. このことは, 回帰モデル以外の統計モデルについても同様である. 2 章の冒頭で「データは食材」と喩えたが, 幸いなことにデータの調理（データ解析）は何度でもやり直すことができる.

また, 場合によっては必ずしも真実に肉薄したモデルよりも「便利な」モデルを採用することもある. データのふるまいを反映させるために, 多数の説明変数や非線形項を含めた複雑なモデルを作ろうとするかもしれない. しかし, そのようなモデルは予測を改善させる可能性がある反面「なぜそのように予測できるか」という理解に結びつかないことがある. どの説明変数の影響が大きいかの検討や, モデルによって何かの出力を制御することなどがデータ解析の目的である場合には, 単純かつ解釈のしやすいモデルを採用したほうがよいこともある（図 3.7）. このような場合, 線形回帰モデルは単純であるため役立つことが多い.（偏）回帰係数の値が, 予測量の増分を反映するからである.

---

*16 詳細は, 小西・北川 (2004) を参照してほしい.

本節で述べたことは，ボックスのつぎの言葉に凝縮されている[*17]．

All models are wrong but some are useful[*18]
「すべてのモデルは間違っているが，役立つものもある」

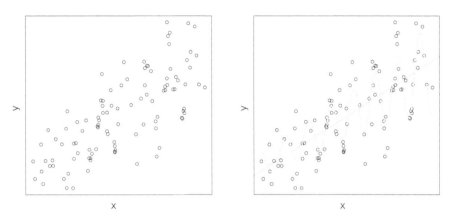

図 3.7　真の構造よりも便利なモデルがあるかもしれない．右図は，左の散布図に真の構造（点線）と回帰直線（実線）を描き入れたもの．

➤ 第3章　練習問題

3.1　3.1.3 節であてはめたモデルの結果 sreg を用いて，線形回帰モデルの性質を確認したい．

(1) 残差の和が 0 になることを確認せよ．ただし，計算機上では正確に 0 にならず，非常に小さい値（1e-15，すなわち 10^{-15} など）となる．

(2) 予測値と残差の共分散と相関係数が 0 になることを確認せよ．

(3) 決定係数の 2 つの式 (3.10) と (3.11) が等しいことを確認せよ．

(4) 決定係数は，観測値と予測値の相関係数の 2 乗と等しいことを確認せよ．

3.2　BGSgirls から変数 Soma を取り除いたデータについて，重回帰モデルをあてはめたい．

(1) BGSgirls から，つぎのように変数 Soma を取り除いたオブジェクト BGSg2 を生成せよ．

```
> BGSg2 <- subset(BGSgirls, select=-Soma)
```

また，BGSg2 を用いて，変数 WT18 を被説明変数，残りのすべての変数を説明変数とした重回帰モデルをあてはめよ．

(2) (1) の結果で，回帰係数の p 値が 0.05 未満である説明変数を列挙せよ．

(3) BGSg2 の変数 WT18 を被説明変数とし，残りのすべての変数を説明変数の候補とする．すべての説明変数を含めた回帰モデル（最大モデル）を初期モデルとした，変数増減法による変数選択を実行し，得られた回帰モデルの結果をまとめよ．

(4) BGSg2 の変数 WT18 を被説明変数とし，残りのすべての変数を説明変数の候補とする．切片のみからなる線形回帰モデル（最小モデル）を初期モデルとした，変数増減法による変数選択を実行し，得られた回帰モデルの結果をまとめよ．

(5) (3) と (4) の結果が一致するかどうかを確認せよ．一致しない場合，どちらがより「よい」モデルか比較せよ．

3.3 図 3.5 の残差プロットと Q–Q プロットで番号が表示された 3 個体を取り除き，単回帰モデルのあてはめを考えたい．

(1) BGSg から該当する 3 個体を取り除き，オブジェクト BGSg3 とせよ．

(2) BGSg3 をデータとして，3.1.3 節の sreg と同じ単回帰モデルをあてはめよ．

(3) (2) の結果から，sreg の結果と比べて回帰係数の推定値がどのように変化したかを確認せよ．また，改めて (2) の結果について残差プロットと Q–Q プロットを確認せよ．

3.4 BGSg の変数 WT18 を被説明変数とし，残りのすべての変数を説明変数の候補とする．このとき，AIC と BIC に基づく変数選択を行い，それぞれの規準で最も「よい」モデルを調べよ．また，2 番目に「よい」モデルについても調べよ．

3.5 alr4 パッケージには，BGSgirls と BGSboys（コード 3.10 参照）の両者を併せ，性別を表す変数 Sex を加えたオブジェクト BGSall がある．

(1) BGSboys に対し，HT18 を説明変数，WT18 を被説明変数とした単回帰モデルをあてはめよ．

(2) BGSall の変数 HT18 を横軸に，WT18 を縦軸に配した散布図を描け．ただし，各観測値の性別がわかるように色分けすること．

(3) (2) で描いた散布図に，また，(1) の結果と 3.1.3 節であてはめた単回帰モデルの結果 sreg の回帰直線を描き入れよ．ただし，前者の回帰直線を黒線，後者を赤線にすること．

(4) BGSall に対し，つぎの重回帰モデル

$$\text{WT18} = \beta_0 + \beta_1 \text{HT18} + \beta_2 \text{Sex} + \varepsilon$$

をあてはめ，回帰係数の推定値 $\hat{\beta}_0$，$\hat{\beta}_1$，$\hat{\beta}_2$ を求めよ．

(5) (4) であてはめたモデルは，切片が性別により異なるが傾きは共通である回帰モデルと解釈することができる．すなわち，

$$男性 : \widehat{\mathtt{WT18}} = \hat{\beta}_0 + \hat{\beta}_1 \mathtt{HT18}$$

$$女性 : \widehat{\mathtt{WT18}} = \hat{\beta}_0 + \hat{\beta}_1 \mathtt{HT18} + \hat{\beta}_1 = (\hat{\beta}_0 + \hat{\beta}_2) + \hat{\beta}_1 \mathtt{HT18}$$

である．(2) で描いた散布図に，これらの回帰直線を色分けして描き入れよ．

(6) 傾きが性別により異なるが切片は共通である回帰モデルはどのようにすれば実現可能かを考えよ（4 章の練習問題 4.4 で詳しく取り扱う）．

3.6 3.1.3 節の sreg と同じデータ・モデルの回帰係数の最小二乗推定値（式 (3.9)）を，lm 関数を用いずに求めよ．

3.7 3.2.2 節の mreg1 と同じデータ・モデルの偏回帰係数の最小二乗推定値（式 (3.23)）を，lm 関数を用いずに求めよ．

回帰分析（2）

本章では，回帰分析についてより踏み込んだ内容を取り扱う．具体的には，つぎの話題である．

- 4.1 節：回帰モデルの統計的推測
- 4.2 節：回帰分析の工夫
- 4.3 節：正則化に基づく回帰分析

数理統計に関する知識が必要になるため，これを未学習の読者は数理編を飛ばしてもよい．4.2 節は，回帰モデルのあてはまりを改善するための工夫に関する内容である．4.3 節の正則化法は，解の不安定性や説明変数の数が多いときに生じる問題を回避するための方法である．また，4.3 節では非線形な単回帰モデルのあてはめ方法であるノンパラメトリック回帰も紹介する．

➤ 4.1 回帰モデルの統計的推測

本節では，被説明変数 y_i $(i=1,\ldots,n)$ に対してつぎのような回帰モデルを考える．

$$y_i = \boldsymbol{x}_i^\top \boldsymbol{\beta} + \varepsilon_i, \quad \varepsilon_i \overset{\text{i.i.d.}}{\sim} N(0, \sigma^2) \tag{4.1}$$

これを正規線形回帰モデルという．線形重回帰モデル (3.14) と違う点は，ε_i に関する条件である．$\varepsilon_i \overset{\text{i.i.d.}}{\sim} N(0, \sigma^2)$ は「$\varepsilon_1,\ldots,\varepsilon_n$ は，平均が 0，分散が σ^2 の正規分布に従う互いに独立な確率変数である」と読む[*1][*2]．これによって，誤差項 ε_i についてつぎの仮定が加わった．

- ε_i が平均（期待値）0，分散 σ^2 の正規分布 $N(0, \sigma^2)$ に従う確率変数であること．
- $\varepsilon_1,\ldots,\varepsilon_n$ が互いに独立な確率変数であること．

また，説明変数ベクトル $\boldsymbol{x}_1,\ldots,\boldsymbol{x}_n$ は定数として取り扱う．正規線形回帰モデル (4.1) には「ε_i の分

[*1] i.i.d. は independent and identically distributed の略であり「独立に，かつ同一の分布に従う」ことを意味する．
[*2] σ はシグマと読む．

散は，個体に関係なく常に同じ値（σ^2）である」という仮定が暗黙のうちになされている．言い換えると，x_i の値が変わっても被説明変数 y_i のばらつきは一定であるという仮定である．これを確認するのが残差分析（3.4.1 節）の役割である．

通常，条件を加えるということは「より狭い範囲でしか適用できなくなる」ということである．しかし，上記の条件がデータに対し妥当であれば，これらを課すことによりデータから多くの有益な情報を引き出すことができるようになる．具体的には，本節の目標はつぎのようになる．

データから推定された $\hat{\beta}_j$ ($j = 0, 1, \ldots, p$) について

- $\hat{\beta}_j$ の確率的なふるまいを把握すること．
- 回帰係数の真の値 β_j に対する仮説の妥当性を定量的に検討すること．

4.1.1 統計的推測とは何か

本筋に入る前に，本節の前提について述べておこう．1 章の冒頭で述べたように，統計解析の目的の 1 つは「データの背後に潜む構造を推し量る」ことである．これは，データという手掛かりから，同じような素性をもつ集団に対してあてはまる現象を理解する行為である．統計学の言葉を使うと，これはつぎのように要約することができる．

標本（sample）から**母集団**（population）の構造を推測すること．

標本と母集団の関係は，図 4.1 の通りである．母集団は，解析の対象となる個体全体のことである．一般に，全個体を調べるための時間的，経済的コストは非常に高い．大学生全員に，おやつを食べる頻度を聞くことは原理的には可能だが，かなり大変である．そのため，大学生の一部に限定をして調

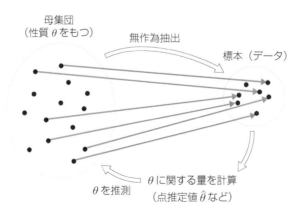

図 4.1 母集団と標本の関係．θ はシータと読む．

査する．これを**標本調査**（sample survey）といい，得られた標本がデータとよばれるものである[*3]．もちろん，母集団の性質を偏りなく反映するように，まんべんなく個体を選んで標本を作らなければならない（無作為抽出）[*4]．

母集団を規定する確率分布のパラメータについて，その値に関する情報を「データに基づいて」調べることが**統計的推測**（statistical inference）である[*5]．統計的推測は，大きく分けて

(1) **点推定**（point estimation）
(2) **区間推定**（interval estimation）
(3) **仮説検定**（hypothesis testing）

の3種類に分かれる．モデル (4.1) は，以上の (1)〜(3) を理論的に展開するための条件である．

最も素朴な統計的推測は，(1) の点推定である．これは，前章で行った偏回帰係数 β_j の推定値を求めることに相当する．すなわち，パラメータの値を「1点の値として」求めることである．

(2) の区間推定は，パラメータの値を1点ではなく区間として推測することである．点推定の値は，標本から求めるものなので，母集団の「真の値」とぴったり一致することはまずない．部分（標本）は，全体（母集団）を完全に表せないからである．そのため，推測の誤差がどの程度かを評価し，パラメータの値に「幅をもたせて」推測することが有効である．

(3) の仮説検定は，解析者がパラメータについて事前にもっている仮説を検討するための手段である．仮説検定の考え方は少々まわりくどいため，統計学の学習における壁として語られることが少なくない．また，このことが仮説検定の誤用を多く招いているという問題も指摘されている[*6]．このような問題を解決する一助として，11章で仮説検定のシミュレーションの例を用意している．これを通じて，仮説検定の論理と結果のふるまいを感じてもらいたい．

4.1.2　パラメータの推定

ここでは，点推定と区間推定の出力について説明しよう．例として，3章で扱ったつぎの回帰モデルを利用する．

```
> mreg1 <- lm(formula=WT18 ~ HT18 + WT9, data=BGSg) # 3 章の再掲
```

点推定は最小二乗推定値を求めることであり，これは coef 関数で出力可能である．

[*3] 母集団全体を調べる調査を**全数調査**（census）または悉皆調査という．日本政府が行う国勢調査は，全数調査である．
[*4] ある数学者は，母集団を味噌汁の入った鍋に喩え「味を確かめるには小皿一杯の味見で十分」といった．小皿一杯が，標本である．これには，味噌汁がきちんとかき混ぜられているという前提がある．
[*5] 本書で取り扱う統計的推測は，**頻度論的統計学**（frequentist statistics）という考え方に基づくものである．別の考え方に**ベイズ統計学**（Bayesian statistics）があるが，本書では説明を省略する．詳細は間瀬（2006）を参照してほしい．
[*6] 興味のある読者は，つぎの URL の声明を参考にしてほしい：http://www.biometrics.gr.jp/news/all/ASA.pdf

```
> coef(mreg1) # 再掲
 (Intercept)         HT18          WT9
 -26.7285895    0.3538402    0.8722822
```

つまり，パラメータ（偏回帰係数）の値を 1 つの（3 次元空間上の）点として求めている．

　区間推定の 1 つの方法として，**信頼区間**（confidence interval）というものがある．信頼区間は，confint 関数を用いて出力できる．

```
confint(lm 関数の出力, level)
```

　引数 level は省略することができる．この説明は後にして，まずはデフォルトの出力を見てみよう．

```
> confint(mreg1)
                     2.5 %       97.5 %
 (Intercept) -67.73049299 14.2733139
 HT18          0.09012819  0.6175522
 WT9           0.59721757  1.1473469
```

　1 行目の 2 つの数値を合わせて，切片の 95%信頼区間という．2 行目以降は，行名に対応する変数の偏回帰係数に対する 95%信頼区間という．この区間の下限を信頼下限，上限を信頼上限という．信頼区間を報告する際は，点推定の値とともに-26.73 [-67.73, 14.27] というような形で表されることが多い（括弧弧内の数値が「95%」信頼区間であることは，別途述べる必要があることに注意しよう）．95%信頼区間は「信頼度が 95%であるような推定値の幅」のようなものである[7]．信頼下限と上限の列の名前がそれぞれ 2.5%，97.5% とあるのは，$97.5 - 2.5 = 95.0$ という点に由来する．

　引数 level は，任意の $0 < a < 1$ に対して $100a\%$ 信頼区間を求めるときに指定する．例えば，90%信頼区間を求めたい場合は $a = 0.9$ であるから，level=0.9 と指定することによって出力は

```
> confint(mreg1, level=0.9)
                      5 %        95 %
 (Intercept) -60.9908387 7.5336596
 HT18          0.1334756 0.5742048
 WT9           0.6424311 1.1021334
```

となる（デフォルトは level=0.95）．a の値が大きいほど，信頼区間の幅も広くなることに注意してほしい．これは，区間の信頼度をより高めるためには「保守的に」量を見積もる必要があるためである．降水確率が 40〜60%と見積もるより，20〜80%と見積もるほうが「読み間違えるリスク」が減ることと同様である．当然，幅が広すぎればあいまいな結論しか得られない．

---

[7] 直観的な把握を優先し，あえて不正確な表現に留めている．より正確な記述は 11.2.3 節で与える．

4.1.3 仮説検定

仮説検定に関する出力は，3.1.4 節で述べた「p 値」である．summary 関数による出力を，再度確認しよう．

```
> summary(mreg1)$coef # 成分名 coefficient を省略した入力
            Estimate Std. Error   t value      Pr(>|t|)
(Intercept) -26.7285895 20.5419498 -1.301171 1.976568e-01
HT18          0.3538402  0.1321197  2.678179 9.302253e-03
WT9           0.8722822  0.1378074  6.329721 2.349721e-08
```

この出力の 4 列目 Pr(>|t|) が，p 値である．各回帰係数 β_j の推定値に対する p 値は「第 j 説明変数が被説明変数に影響しないと判断できる確信度」のようなものである[*8]．

偏回帰係数に対する仮説検定では，つぎの 2 つの「仮説」を考える．

H_0：偏回帰係数 β_j の真の値は 0 である（**帰無仮説**；null hypothesis）．
H_1：偏回帰係数 β_j の真の値は 0 でない（**対立仮説**；alternative hypothesis）．

仮説検定は，帰無仮説 H_0 が真である（正しい）と仮定して推論を進める．p 値は「帰無仮説 H_0 が正しいと判断できる度合い」を，推定値とのギャップに基づいて推論した量である．

p 値が十分小さいときは「帰無仮説 H_0 が正しい度合い」が低いと考える．このとき，背理法のように「前提（仮定）が誤っている」と考え，対立仮説 H_1 を支持する．対立仮説を支持することを，「帰無仮説を**棄却**する（reject）」という．p 値が十分小さいと判断する基準を**有意水準**（significance level）といい，p 値が有意水準より小さい場合「β_j に対する仮説検定は（有意水準 α で）有意である」という．3 章で述べたように，p 値は確率として計算される量なので，0 から 1 までの値をとる．有意水準も同様に，0 から 1 の間の値で設定する．誰もが納得できるよう客観的に有意水準を決める方法は存在しないが，0.05（5%）を有意水準として採用することが多い．しかし，結論を誤る危険性をより低く設定したい分野や問題（医薬品の臨床試験や物理学の実験）では，より低い有意水準に設定することもある．p 値が有意水準より大きい場合は「帰無仮説を <u>棄却できない</u>」ことを意味し「β_j に対する仮説検定は（有意水準 α で）有意でない」という．下線部の言い方は重要で，「帰無仮説を支持する」という言い方は積極的にできないことに注意してほしい．これは，仮説検定が「帰無仮説 H_0 が真であるときに，誤って対立仮説 H_1 が真であると判断する確率」を制御する方法であり，「対立仮説 H_1 が真であるときに，誤って帰無仮説 H_0 を真であると判断する確率」を制御しないからである（そして，両者を同時に制御することはできない）．この意味において，帰無仮説と対立仮説は対等に扱うことができない．p 値が大きい（すなわち，帰無仮説を棄却できない）ことは，影響がないこと（$\beta_j = 0$）を示すのではなく「影響を示す証拠が足らない」ことを示唆するのみである．

[*8] あえて不正確な表現に留めている．より正確な記述は 11.2.4 節で与える．

　有意水準を 5% としたとき，mreg1 の結果は切片に対する仮説検定のみが有意でなく，それ以外の偏回帰係数に対してはすべて有意であることを示している．この事実は，$100 \times (1 - 有意水準/2)$% 信頼区間が 0 を含んでいるかどうかで判断することもできる．実際，切片のみ 95% 信頼区間の信頼下限が負かつ信頼上限が正であり，0 を含んでいる．

◉ 4.1.4　回帰モデルの統計的推測：数理編

　本節は確率ベクトルと多変量正規分布の知識を要する．そのため，これらを未学習の読者は読み飛ばしてもよい．

　モデル (4.1) を，式 (3.20) のように行列を用いて表すと，つぎのようになる．

$$y = X\beta + \varepsilon, \ \ \varepsilon \sim N_n(\mathbf{0}, \sigma^2 I_n). \tag{4.2}$$

ここで $N_n(\mathbf{0}, \sigma^2 I_n)$ は，平均ベクトル（期待値ベクトル）$\mathbf{0}$，分散共分散行列 $\sigma^2 I_n$ の n 変量正規分布を意味する．多変量正規分布においては，成分同士が無相関であることと独立であることは同値である[*9]．すなわち，モデル (4.2) では分散共分散行列の非対角成分が 0 であるから，$\varepsilon_1, \dots, \varepsilon_n$ は互いに独立であることを仮定している．推定の対象であるパラメータは，$(p+1)$ 次元ベクトル β と σ^2 である．確率ベクトルに対する期待値ベクトル・分散共分散行列の性質[*10] より，$\mathrm{E}[y] = \mathrm{E}[X\beta] + \mathrm{E}[\varepsilon] = X\beta$ と $\mathrm{V}[y] = \mathrm{V}[\varepsilon] = \sigma^2 I_n$ が示せる．これらの結果から，モデル (4.2) をつぎのような y に対する確率モデルとして表すこともできる．

$$y \sim N_n(X\beta, \sigma^2 I_n).$$

a 点推定

　まず，点推定について議論しよう．β の最小二乗推定量は $\hat{\beta} = (X^\top X)^{-1} X^\top y$ であった．ここでも，正規分布の再生性[*11] を用いてつぎの事実が得られる．

$$\hat{\beta} \sim N_{p+1}(\beta, \sigma^2(X^\top X)^{-1}). \tag{4.3}$$

$\hat{\beta}$ の期待値ベクトルは，$\hat{\beta} = (X^\top X)^{-1} X^\top y$ であることからつぎのように導かれる．

$$\mathrm{E}\left[\hat{\beta}\right] = \mathrm{E}\left[(X^\top X)^{-1} X^\top y\right]$$
$$= \mathrm{E}\left[(X^\top X)^{-1} X^\top (X\beta + \varepsilon)\right]$$

[*9] 詳細は宿久ら（2009）を参照してほしい．また「無相関であるならば独立である」は一般に成り立たず，この同値関係は正規分布の重要な性質であることに注意してほしい．

[*10] n 次元確率ベクトル Z の期待値ベクトル・分散共分散行列をそれぞれ $\mathrm{E}[Z]$，$\mathrm{V}[Z]$ と表す．このとき，$n \times m$ の定数行列 A と n 次元定数ベクトル b に対してつぎが成り立つ．

$$\mathrm{E}[AZ + b] = A\mathrm{E}[Z] + b, \ \ \mathrm{V}[AZ + b] = A\mathrm{V}[Z]A^\top.$$

[*11] 正規分布に従う確率ベクトルを線形変換（$AZ + b$ の形）したものも，また正規分布に従うという性質．

$$= \mathrm{E}\left[(\boldsymbol{X}^\top \boldsymbol{X})^{-1}\boldsymbol{X}^\top \boldsymbol{X}\boldsymbol{\beta}\right] + \mathrm{E}\left[(\boldsymbol{X}^\top \boldsymbol{X})^{-1}\boldsymbol{X}^\top \boldsymbol{\varepsilon}\right]$$

$$= \boldsymbol{I}_{p+1}\boldsymbol{\beta} + (\boldsymbol{X}^\top \boldsymbol{X})^{-1}\boldsymbol{X}^\top \mathrm{E}\left[\boldsymbol{\varepsilon}\right]$$

$$= \boldsymbol{\beta} + (\boldsymbol{X}^\top \boldsymbol{X})^{-1}\boldsymbol{X}^\top \boldsymbol{0} = \boldsymbol{\beta}.$$

これは，最小二乗推定量 $\hat{\boldsymbol{\beta}}$ が $\boldsymbol{\beta}$ の**不偏推定量**（unbiased estimator）であることを意味する[*12]．同様に，$\hat{\boldsymbol{\beta}}$ の分散共分散行列に関してもつぎのように導くことができる．

$$\mathrm{V}\left[\hat{\boldsymbol{\beta}}\right] = \mathrm{V}\left[(\boldsymbol{X}^\top \boldsymbol{X})^{-1}\boldsymbol{X}^\top (\boldsymbol{X}\boldsymbol{\beta} + \boldsymbol{\varepsilon})\right]$$

$$= \mathrm{V}\left[(\boldsymbol{X}^\top \boldsymbol{X})^{-1}\boldsymbol{X}^\top \boldsymbol{\varepsilon}\right]$$

$$= (\boldsymbol{X}^\top \boldsymbol{X})^{-1}\boldsymbol{X}^\top \mathrm{V}\left[\boldsymbol{\varepsilon}\right]\boldsymbol{X}(\boldsymbol{X}^\top \boldsymbol{X})^{-1}$$

$$= (\boldsymbol{X}^\top \boldsymbol{X})^{-1}\boldsymbol{X}^\top (\sigma^2 \boldsymbol{I}_n)\boldsymbol{X}(\boldsymbol{X}^\top \boldsymbol{X})^{-1}$$

$$= \sigma^2(\boldsymbol{X}^\top \boldsymbol{X})^{-1}\boldsymbol{X}^\top \boldsymbol{X}(\boldsymbol{X}^\top \boldsymbol{X})^{-1} = \sigma^2(\boldsymbol{X}^\top \boldsymbol{X})^{-1}.$$

もう 1 つのパラメータ σ^2 の推定量は，残差平方和から求めることができる．予測値ベクトルを $\hat{\boldsymbol{y}} = \boldsymbol{X}\hat{\boldsymbol{\beta}}$，残差ベクトルを $\boldsymbol{r} = \boldsymbol{y} - \hat{\boldsymbol{y}}$ とおく．このとき，残差平方和の期待値は

$$\mathrm{E}\left[\boldsymbol{r}^\top \boldsymbol{r}\right] = (n - (p+1))\sigma^2 \tag{4.4}$$

となる．このことから，σ^2 の不偏推定量として

$$\hat{\sigma}^2 = \frac{1}{n-p-1}\boldsymbol{r}^\top \boldsymbol{r} = \frac{1}{n-p-1}\sum_{i=1}^n (y_i - \hat{y}_i)^2 \tag{4.5}$$

が得られる．なお，式 (4.4) はつぎのようにして示すことができる．$\boldsymbol{r} = (\boldsymbol{I}_n - \boldsymbol{X}(\boldsymbol{X}^\top \boldsymbol{X})^{-1}\boldsymbol{X}^\top)\boldsymbol{y}$ と表せることに注意して

$$\mathrm{E}\left[\boldsymbol{r}^\top \boldsymbol{r}\right] = \mathrm{E}\left[\boldsymbol{y}^\top (\boldsymbol{I}_n - \boldsymbol{X}(\boldsymbol{X}^\top \boldsymbol{X})^{-1}\boldsymbol{X}^\top)^2 \boldsymbol{y}\right]$$

$$= \mathrm{E}\left[\boldsymbol{\varepsilon}^\top (\boldsymbol{I}_n - \boldsymbol{X}(\boldsymbol{X}^\top \boldsymbol{X})^{-1}\boldsymbol{X}^\top)\boldsymbol{\varepsilon}\right]$$

$$= \mathrm{E}\left[\mathrm{tr}\left((\boldsymbol{I}_n - \boldsymbol{X}(\boldsymbol{X}^\top \boldsymbol{X})^{-1}\boldsymbol{X}^\top)\boldsymbol{\varepsilon}\boldsymbol{\varepsilon}^\top\right)\right] \tag{4.6}$$

$$= \mathrm{tr}\left((\boldsymbol{I}_n - \boldsymbol{X}(\boldsymbol{X}^\top \boldsymbol{X})^{-1}\boldsymbol{X}^\top)\mathrm{E}\left[\boldsymbol{\varepsilon}\boldsymbol{\varepsilon}^\top\right]\right) \tag{4.7}$$

$$= \mathrm{tr}\left((\boldsymbol{I}_n - \boldsymbol{X}(\boldsymbol{X}^\top \boldsymbol{X})^{-1}\boldsymbol{X}^\top)\cdot \sigma^2 \boldsymbol{I}_n\right)$$

$$= \sigma^2\left\{\mathrm{tr}\left(\boldsymbol{I}_n\right) - \mathrm{tr}\left(\boldsymbol{X}(\boldsymbol{X}^\top \boldsymbol{X})^{-1}\boldsymbol{X}^\top\right)\right\} \tag{4.8}$$

$$= (n - (p+1))\sigma^2. \tag{4.9}$$

[*12] 不偏推定量の定義については，松井・小泉（2019）を参照してほしい．

式 (4.6) では, 行列のトレース*13 に関する性質

$$q \times r \text{ 行列 } \boldsymbol{A} \text{ と } r \times q \text{ 行列 } \boldsymbol{B} \text{ に対し, } \operatorname{tr}(\boldsymbol{AB}) = \operatorname{tr}(\boldsymbol{BA}) \tag{4.10}$$

を用いている ($\boldsymbol{A} = \boldsymbol{\varepsilon}^\top$, $\boldsymbol{B} = (\boldsymbol{I}_n - \boldsymbol{X}(\boldsymbol{X}^\top\boldsymbol{X})^{-1}\boldsymbol{X}^\top)\boldsymbol{\varepsilon}$ とすればよい). 式 (4.7) は, 性質 (4.10) の行列 $\boldsymbol{B}$ の成分が確率変数である場合に $\operatorname{E}[\operatorname{tr}(\boldsymbol{AB})] = \operatorname{tr}(\boldsymbol{A}\operatorname{E}[\boldsymbol{B}])$ が成り立つことを用いている. 式 (4.8) では, 定数 a と同じサイズの正方行列 $\boldsymbol{C}$, $\boldsymbol{D}$ に対し, $\operatorname{tr}(a(\boldsymbol{C}+\boldsymbol{D})) = a(\operatorname{tr}(\boldsymbol{C})+\operatorname{tr}(\boldsymbol{D}))$ が成り立つことを用いている. 最後の式 (4.9) では, 式 (4.10) を再び用いている ($\boldsymbol{A} = \boldsymbol{X}$, $\boldsymbol{B} = (\boldsymbol{X}^\top\boldsymbol{X})^{-1}\boldsymbol{X}^\top$ とする).

ここまでは, $\boldsymbol{\varepsilon}$ の期待値ベクトルと分散共分散行列のみを用いており, $\boldsymbol{\varepsilon}$ が n 変量正規分布に従うという事実は用いていないことに注意してほしい.

b 区間推定：信頼区間の構成

つぎに, 信頼区間について考えよう. これは, $\hat{\boldsymbol{\beta}}$ の各成分 $\hat{\beta}_j$ ($j = 0, 1, \ldots, p$) の従う分布を考えることになる. 行列 $(\boldsymbol{X}^\top\boldsymbol{X})^{-1}$ の $(j+1, j+1)$ 成分を v_{jj} とおくと, 式 (4.3) より

$$\hat{\beta}_j \sim N(\beta_j, \sigma^2 v_{jj}) \tag{4.11}$$

と表すことができる. 式 (4.11) は, $\hat{\beta}_j$ の確率的なふるまいが正規分布で表現されることを意味する. 95%信頼区間は, 確率に関するつぎの条件をみたすような量 L_j と U_j によって定義する.

$$\operatorname{P}[L_j < \beta_j < U_j] = 0.95 \quad (\text{ただし } L_j < U_j). \tag{4.12}$$

信頼区間 $[L_j, U_j]$ を求めることに, 式 (4.11) から得られる $\dfrac{\hat{\beta}_j - \beta_j}{\sqrt{\sigma^2 v_{jj}}}$ が標準正規分布 $N(0,1)$ に従うという事実が利用できそうに見えるかもしれない. しかし, この量は σ^2 が未知のため計算できない. そこで, σ^2 を先ほど求めた不偏推定量 $\hat{\sigma}^2$ に置き換えた $\dfrac{\hat{\beta}_j - \beta_j}{\sqrt{\hat{\sigma}^2 v_{jj}}}$ を考える. この量は標準正規分布ではなく, 「自由度 $(n-p-1)$ の t 分布」という確率分布に従うことがわかっている*14. 自由度 s の t 分布の累積分布関数*15 を $F_{t,s}$ として, $t_s(0.975)$ を $F_{t,s}(t_s(0.975)) = 0.975$ をみたす点とおくと

$$\operatorname{P}\left[-t_{n-p-1}(0.975) < \frac{\hat{\beta}_j - \beta_j}{\sqrt{\hat{\sigma}^2 v_{jj}}} < t_{n-p-1}(0.975)\right] = 0.95 \tag{4.13}$$

が成り立つ. ここで, t 分布は自由度によらず原点対称な確率密度関数をもつため $t_s(0.025) = -t_s(0.975)$ であることを利用した. また, 式 (4.13) の左辺を変形して, つぎの形を得る.

$$\operatorname{P}\left[\hat{\beta}_j - t_{n-p-1}(0.975)\sqrt{\hat{\sigma}^2 v_{jj}} < \beta_j < \hat{\beta}_j + t_{n-p-1}(0.975)\sqrt{\hat{\sigma}^2 v_{jj}}\right] = 0.95.$$

---

*13 $\boldsymbol{Z}$ を q 次正方行列とする. このとき, $\boldsymbol{Z}$ のトレース $\operatorname{tr}(\boldsymbol{Z})$ は $\boldsymbol{Z}$ の対角成分の和で定義される. すなわち, $\boldsymbol{Z}$ の (i, i) 成分を z_{ii} として $\operatorname{tr}(\boldsymbol{Z}) = \sum_{i=1}^{q} z_{ii}$ である.

*14 t 分布の定義については松井・小泉 (2019) を参照してほしい.

*15 確率変数 X が従う確率分布の累積分布関数は, $F(x) = \operatorname{P}[X \le x]$ で定義される関数 F のことをいう.

以上より, $L_j = \hat{\beta}_j - t_{n-p-1}(0.975)\sqrt{\hat{\sigma}^2 v_{jj}}$ と $U_j = \hat{\beta}_j + t_{n-p-1}(0.975)\sqrt{\hat{\sigma}^2 v_{jj}}$ とすればよいことがわかる. また, 任意の $\alpha \in (0,1)$ について $100(1-\alpha)\%$ 信頼区間を求めるには, $t_{n-p-1}(0.975)$ を $t_{n-p-1}(1-\alpha/2)$ に置き換えればよい.

c 仮説検定：$\beta_j = 0$ に対する仮説検定

最後に, 仮説検定について簡単に紹介する. パラメータ β_j に対する帰無仮説 $H_0 : \beta_j = 0$ が真実であると仮定する. このとき, 推定量 $\hat{\beta}_j$ は 0 に近い値になることが期待される. また, $\beta_j = 0$ を仮定しているので, 信頼区間の説明で述べた通り $\dfrac{\hat{\beta}_j - 0}{\sqrt{\hat{\sigma}^2 v_{jj}}} = \dfrac{\hat{\beta}_j}{\sqrt{\hat{\sigma}^2 v_{jj}}}$ は自由度 $(n-p-1)$ の t 分布に従うことがわかる. この量を β_j の仮説に対する**検定統計量**（test statistic）という. もしこの検定統計量が十分 0 から離れた値の場合, 仮定 $\beta_j = 0$ が疑わしいと考えるのが妥当であろう. そこで「十分 0 から離れている」基準として, つぎが成り立つような値 u を考える（有意水準を 5% とする場合）.

$$\mathrm{P}\left[\left|\frac{\hat{\beta}_j}{\sqrt{\hat{\sigma}^2 v_{jj}}}\right| > u\right] = 0.05 \tag{4.14}$$

式 (4.14) の左辺は t 分布の累積分布関数で表され, $u = t_{n-p-1}(0.975)$ が得られる[*16]. この基準を用いて, つぎのように判断を下す.

$$\left|\frac{\hat{\beta}_j}{\sqrt{\hat{\sigma}^2 v_{jj}}}\right| \begin{cases} > t_{n-p-1}(0.975) & \Rightarrow \text{帰無仮説 } H_0 \text{を棄却する.} \\ \leq t_{n-p-1}(0.975) & \Rightarrow \text{帰無仮説 } H_0 \text{を棄却しない.} \end{cases}$$

これは, 検定統計量の絶対値 $\left|\dfrac{\hat{\beta}_j}{\sqrt{\hat{\sigma}^2 v_{jj}}}\right|$ が, 帰無仮説を仮定したもとでは起きにくいほど大きな値になる場合は, 仮定を疑うという考え方を数理的に表現したものである. ここでは,「起きにくい」という記述を, 有意水準を 0.05（5%）と設定することによりあいまいさを排除している. 任意の $\alpha \in (0,1)$ により有意水準を定める場合は, $t_{n-p-1}(0.975)$ を $t_{n-p-1}(1-\alpha/2)$ に置き換えればよい.

➤ 4.2 回帰分析の工夫

本節では, よりあてはまりのよい回帰モデルを構築するための方法について説明する.

[*16] $\mathrm{P}\left[\left|\hat{\beta}_j/\sqrt{\hat{\sigma}^2 v_{jj}}\right| > u\right] = \mathrm{P}\left[\hat{\beta}_j/\sqrt{\hat{\sigma}^2 v_{jj}} > u\right] + \mathrm{P}\left[\hat{\beta}_j/\sqrt{\hat{\sigma}^2 v_{jj}} < -u\right]$ であることに注意すると

$$\mathrm{P}\left[\hat{\beta}_j/\sqrt{\hat{\sigma}^2 v_{jj}} > u\right] + \mathrm{P}\left[\hat{\beta}_j/\sqrt{\hat{\sigma}^2 v_{jj}} < -u\right] = (1 - F_{t,n-p-1}(u)) + F_{t,n-p-1}(-u)$$
$$= 2(1 - F_{t,n-p-1}(u)) = 0.05.$$

ここで, 最初の等式は $\hat{\beta}_j/\sqrt{\hat{\sigma}^2 v_{jj}}$ が自由度 $(n-p-1)$ の t 分布に従うこと, 2 個目の等式は $F_{t,n-p-1}(-u) = 1 - F_{t,n-p-1}(u)$ を用いた. 以上より, $F_{t,n-p-1}(u) = 0.975$ となるから $u = t_{n-p-1}(0.975)$ を得る.

4.2.1　多項式回帰モデル

　回帰モデルでは，直線または（超）平面しか表せないのだろうか．そんなことはない．単回帰モデルを拡張したモデルとして，**多項式回帰モデル**（polynomial regression model）がある．これは，d 次の多項式によって

$$y_i = \beta_0 + \beta_1 x_i + \beta_2 x_i^2 + \cdots + \beta_d x_i^d + \varepsilon_i$$

と表されるモデルである．$d = 2$ の場合，回帰「曲線」は図 4.2 のようになる．多項式回帰モデルは，見方によっては

$$x_{i1} = x_i,\ x_{i2} = x_i^2, \ldots, x_{id} = x_i^d$$

とおいた重回帰モデルでもある．多項式回帰モデルのあてはめは，つぎのように簡単に実行できる．

```
> BGSg <- subset(x=BGSgirls, select=c(HT9,WT9,HT18,WT18))
> preg2 <- lm(formula=WT18 ~ poly(HT18,degree=2,raw=TRUE), data=BGSg)
```

　これは，2 次の多項式回帰モデルのあてはめを行っている．`poly` 関数では，引数 `degree` によってあてはめる多項式の次数を決定する．引数 `raw` は `TRUE` と指定するのが回帰曲線の描画に便利である[17]．あてはめの結果は，つぎのように表される．

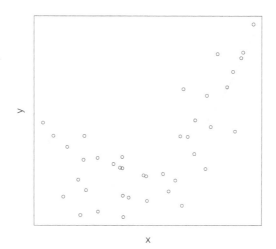

図 4.2　2 次の回帰曲線の例.

---

[17] `raw=FALSE` とすると，1 次の変数ベクトルと直交するような 2 次の変数ベクトルが生成される．

```
> summary(preg2)$coef[,c(1,4)]  # 回帰係数の推定値と p 値のみ表示
                                        Estimate    Pr(>|t|)
(Intercept)                         -2.477213e+02 0.6052283
poly(HT18, degree = 2, raw = TRUE)1  2.980386e+00 0.6038222
poly(HT18, degree = 2, raw = TRUE)2 -6.800064e-03 0.6924178
```

　各行は，上から順に切片，1 次の項（x_i），2 次の項（x_i^2）の結果を表している．どの回帰係数の p 値も小さくなく，また自由度調整済み決定係数の値も約 0.227 と線形単回帰モデル（3.1.3 節の sreg）の約 0.240 より小さい．したがって，2 次曲線の回帰モデルは線形単回帰モデルよりもあてはまりがよくないことがわかる．

a 非線形関数の描画

　本節では，2 次曲線などの曲線を散布図に描き加える方法を 2 通り紹介する．第 1 の方法は，points 関数の応用である（コード 4.1）．

◀ コード 4.1　2 次関数の描画：points 関数の応用 ▶

```
1  beta   <- coef(preg2)
2  x.seq <- seq(150, 200, length=100)                    # 横軸を等間隔に分割
3  y.seq <- beta[1] + beta[2] * x.seq + beta[3] * x.seq^2 # x.seq における予測値
4  plot(BGSg$HT18, BGSg$WT18, xlab="HT18", ylab="WT18")
5  points(x=x.seq, y=y.seq, type="l", col=2)              # 曲線の描画
6  abline(coef(sreg))                                     # 回帰直線（sreg は 3.1.3 節で生成）
```

points 関数で「type="l"」と指定すると，点のプロットではなく，各点を線分でつないだ曲線が得られる．

　第 2 の方法は，curve 関数を用いることである．curve 関数は，1 変数関数を描き入れる関数である．

```
curve(関数 (x), xlim, ylim, xlab, ylab, add)
```

使い方は，コード 4.2 の通り plot 関数とほぼ同様である．

◀ コード 4.2　曲線の描画：curve 関数の利用例 ▶

```
1  curve(sin(x), xlim=c(-5,5), ylim=c(-2,2), col=4, lty=1)
2  abline(h=0, v=0, lty=2)
```

なお，直線 $y = x$ も描画できるが，その場合は curve((x)) のように括弧付きで入力する必要がある．引数 add は，すでに描かれている図の上に曲線を重ね描きするかどうかを TRUE/FALSE で指定する（デフォルトは add=FALSE）．コード 4.3 を入力し，散布図に曲線を描き入れてみよう．

◀ コード 4.3　2 次関数の描画：plot 関数と curve 関数 ▶

```
beta  <- coef(preg2)
plot(BGSg$HT18, BGSg$WT18, xlab="HT18", ylab="WT18", xlim=c(140,190), ylim=c(40,100))
curve(beta[1] + beta[2]*x + beta[3]*x^2, xlim=c(140,190), ylim=c(40,100), add=TRUE, col=2)
```

多項式関数以外の非線形関数によるあてはめは，4.3.4 節で説明する．

4.2.2　交互作用項

多項式回帰モデルの発展として，説明変数が 2 つある場合につぎのようなモデルを考えることもできる．

$$y_i = \beta_0 + \beta_1 x_{i1} + \beta_2 x_{i2} + \gamma x_{i1} x_{i2} + \varepsilon_i \tag{4.15}$$

ここで，$x_{i1} x_{i2}$ の項を**交互作用項**（interaction term）という．γ（ガンマと読む）は交互作用項の偏回帰係数である．交互作用は，線形重回帰モデルのような変数の和で表すことができない「相乗効果」を表現できる．

簡単な例として，2 つの説明変数 x_{i1} と x_{i2} が 0 と 1 のみをとるダミー変数であるとしよう．このとき，モデル (4.15) による予測値は表 4.1 のようになる．表の 4 行目からわかるように，x_{i1} と x_{i2} の両方が 1 になったときのみ γ という「相乗効果」が表現できる．

表 4.1　交互作用と予測値．

x_{i1}	x_{i2}	$x_{i1} x_{i2}$	予測値
0	0	0	β_0
1	0	0	$\beta_0 + \beta_1$
0	1	0	$\beta_0 + \beta_2$
1	1	1	$\beta_0 + \beta_1 + \beta_2 + \gamma$

交互作用項を含んだモデルのあてはめは，つぎのように実行できる．

116

```
> ireg1 <- lm(WT18 ~ HT18 * WT9, data=BGSg) # 以降，引数名 formula を省略する
> coef(ireg1)
 (Intercept)          HT18           WT9      HT18:WT9
-80.78710568    0.67812151    2.66287848   -0.01071151
```

HT18:WT9 が，交互作用項の偏回帰係数の値である．モデル中で HT18 * WT9 と指定すると，それぞ
れの説明変数の1次の項も自動的に含まれることに注意してほしい．

つぎのように，より複雑な交互作用を考えることもできる．

```
> ireg2 <- lm(WT18 ~ HT18 * WT9 * HT9, data=BGSg)
> coef(ireg2)
  (Intercept)           HT18            WT9            HT9
-5.569545e+02   3.122343e+00   4.435738e+01   2.430832e+00
      HT18:WT9       HT18:HT9        WT9:HT9   HT18:WT9:HT9
-2.421289e-01  -1.170682e-02  -2.741177e-01   1.511522e-03
```

この例では，HT18:WT9:HT9 が3変数（HT18 と WT9 と HT9）の交互作用を表す．これを3次の交互
作用という．1次の項と2次の交互作用，すなわち低い次数の項も自動的に含まれることに注意して
ほしい．さらに，poly 関数によって2次の項同士の交互作用（$x_{i1}^2 x_{i2}^2$，すなわち4次の交互作用）を
含めることも可能である（コード 4.4）．

コード 4.4　高次交互作用項のある重回帰モデル

```
ireg2 <- lm(WT18 ~ HT18 * WT9 * HT9, data=BGSg)
ireg3 <- lm(WT18 ~ poly(HT18,degree=2,raw=TRUE) * poly(WT9,degree=2,raw=TRUE), data=BGSg)
```

一般に，高次の交互作用項を含むモデルは複雑なため結果の解釈が難しく，適用には注意が必要である．

4.2.3　被説明変数の変換

3.1.3節であてはめた単回帰線形モデル（sreg）は，残差分析によってあてはまりの悪い個体がある
ことがわかった．これらを「外れ値」とみなしてデータから除外する以外に，あてはまりを改善する方
法はないだろうか．残差の大きい個体には，観測値 WT18 が大きいものが多い．このような場合，被説
明変数 y の変換が有効な場合がある．代表的な変換として，**対数変換**（logarithmic transformation）
が挙げられる（図 4.3（中央））．対数変換を施した $\log(y)$ を被説明変数として単回帰モデルをあては
めると，残差の逸脱が軽減されることがわかる．

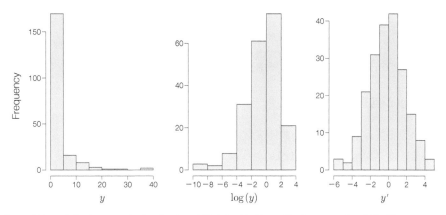

図 4.3　変数 y（左）の変換（データは架空のもの）．対数変換（中央）やボックス–コックス変換（右，$\lambda = 1.38$）により，より対称な分布に近づけることができる．

```
> sreg2 <- lm(log(WT18) ~ HT18, data=BGSg)
```

ただし，y が 0 や負の値をとる場合には対数変換はできないので注意してほしい．

その他の代表的な変換方法として，逆数変換 $1/y$ や**ボックス–コックス変換**（Box Cox transformation）[*18] がある（図 4.3（右））．ボックス–コックス変換は，正の数 y に対するつぎのような変換 y' である．

$$
y' = \begin{cases}
\dfrac{y^\lambda - 1}{\lambda} & (\lambda \neq 0 \text{ のとき}) \\
\log(y) & (\lambda = 0 \text{ のとき})
\end{cases}.
$$

この λ[*19] は，解析者が与える必要のある実数である．適切な λ は，car パッケージの powerTransform 関数によって求めることができる．さらに，求めた λ を用いたボックス–コックス変換も bcPower 関数で簡単に実行できる．

```
> library(car)                           # car パッケージを読み込む（要インストール）
> lambda <- powerTransform(BGSg$WT18)$lambda # λ の計算
> sreg3 <- lm(bcPower(BGSg$WT18, lambda) ~ HT18, data=BGSg)
```

ただし，変換を施すと結果の解釈が難しくなるという欠点が生じるので注意が必要である．対数変換の場合，（偏）回帰係数の値は $\log(y)$ に対する変化量であり，y そのものの変化量に対応しない．一般的に，ボックス–コックス変換の λ の値に解釈可能な意味を与えるのは難しい．

[*18] コックス（Cox, D. R., 1924–）は，ナイトの称号をもつイギリスの統計学者である．コックスの比例ハザードモデルなどで知られる．ボックスについては 3.3.4 節で述べた．

[*19] λ はラムダと読む．

➤ 4.3 正則化法に基づく回帰分析

本節では，変数の工夫ではなくパラメータの推定法を工夫した方法について述べる．

4.3.1 リッジ回帰

重回帰モデルをあてはめる場合に，説明変数間に強い相関があると問題が起こる．どのような問題が起きるのかを，オブジェクト BGSgirls から人工的に変数を作って確認しよう．

```
> y       <- BGSgirls$WT18 # 被説明変数（特に変換しない）
> x1      <- BGSgirls$HT18 # 説明変数 1
> x2 <- x3 <- x1           # 説明変数 2，3 として x1 を代入
> x2[1]   <- x2[1] + 1     # 説明変数 2 の修正
> x3[1]   <- x3[1] - 1     # 説明変数 3 の修正
> BGSnew <- data.frame(WT18=y, HT18=x1, x2=x2, x3=x3) # データフレームの生成
```

変数 x2 と変数 x3 は，HT18 とほとんど同じ値をもつ説明変数ベクトルである．違いは，第 1 個体の値だけである．したがって，HT18 と x2（または x3）の相関係数は 0.99 を超え，1 に非常に近い値をとる（図 4.4）．このとき，2 つの重回帰モデルをあてはめるとつぎのような結果になる．

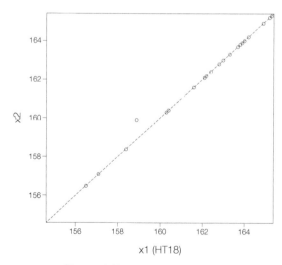

図 4.4 変数 HT18 と x2 の散布図．

```
> reg.x2 <- lm(WT18 ~ HT18 + x2, data=BGSnew)
> summary(reg.x2)$coef
              Estimate Std. Error    t value    Pr(>|t|)
(Intercept) -59.844006  25.474128 -2.3492072 0.02176998
HT18         -1.924531   7.742179 -0.2485775 0.80444799
x2            2.642602   7.764014  0.3403654 0.73464624
> reg.x3 <- lm(WT18 ~ HT18 + x3, data=BGSnew)
> summary(reg.x3)$coef
              Estimate Std. Error    t value    Pr(>|t|)
(Intercept) -59.844006  25.474128 -2.3492072 0.02176998
HT18          3.360672   7.788785  0.4314758 0.66750767
x3           -2.642602   7.764014 -0.3403654 0.73464624
```

x2 と x3 はほとんど似た挙動をする説明変数であるにもかかわらず，偏回帰係数の符号が逆転してしまっている．これらと，元の単回帰モデルの結果を比べてみよう．

```
> sreg <- lm(WT18 ~ HT18, data=BGSnew)
> summary(sreg)$coef
              Estimate Std. Error    t value      Pr(>|t|)
(Intercept) -58.4850412  24.995191 -2.339852 2.223453e-02
HT18          0.7101374   0.149983  4.734785 1.154414e-05
```

HT18 の偏回帰係数の推定値が，単回帰モデルの結果と比べて（絶対値の意味で）2 倍以上変わっている．標準誤差と p 値も単回帰モデルの結果と比べて大きくなり，推定値自身は大きくなっているのに「偏回帰係数が 0 でない」という帰無仮説を棄却できない奇妙な現象が起こっている．

　このように，説明変数間に強い相関がある状況を，**多重共線性**（multicolinearity）があるという．多重共線性があるデータに対しては，重回帰モデルの推定結果は不安定になる．具体的には，偏回帰係数の絶対値が非常に大きくなり，その一方で標準誤差も大きくなるというような問題を招く．これは，説明変数ベクトル同士が線形従属に近い状態になってしまうため起こる現象である．

　多重共線性がある場合には，推定の不安定さを軽減するために「偏回帰係数のとる値を制限する」という工夫が有効である．これを実現するのが**リッジ回帰**（ridge regression）という方法である．リッジ回帰は，glmnet パッケージの glmnet 関数または cv.glmnet 関数によって実行できる．まずは，glmnet 関数から説明しよう．

```
glmnet(x, y, alpha=0, lambda) # 本書では y, x の順番で指定する（脚注*18 参照）
```

引数 y には被説明変数ベクトルを指定し，引数 x には説明変数を行列形式で指定する．指定方法が lm

関数と異なるので注意してほしい[20]．特に，引数 x にデータフレームを指定するとエラーが発生し，あてはめが実行されない．なお，データフレームから行列への形式変換は as.matrix 関数により容易に実行できる．また，リッジ回帰を実行する場合は常に alpha=0 と指定することにも注意してほしい．lambda は，偏回帰係数の値を制限するための引数である．lambda に指定する値が大きいほど，偏回帰係数の絶対値は小さくなる．ただし，lambda を必ずしも指定する必要はない．指定しない場合は，適当に設定された複数の lambda の値に基づく偏回帰係数の推定値が得られる．コード 4.5 は，lambda=0.5 とした場合のリッジ回帰である．

◀ **コード 4.5　glmnet 関数を用いたリッジ回帰の実行** ▶

```
library(glmnet)
X2      <- as.matrix(BGSnew[,c(2,3)]) # 説明変数行列（HT18 と x2 のみ）
rreg1 <- glmnet(y=BGSnew$WT18, x=X2, alpha=0, lambda=0.5)
```

偏回帰係数の推定値は，lm 関数の場合と同様に coef 関数で出力できる．

```
> coef(rreg1)
3 x 1 sparse Matrix of class "dgCMatrix"
                     s0
(Intercept) -55.4240712
HT18          0.3410409
x2            0.3506871
```

lambda を指定しない場合は，複数の値（デフォルトは 100 個）に対する推定値を自動的に求めることができる．coef 関数と glmnet 関数の出力のリスト成分 lambda を組み合わせて，それぞれの結果を確認することができる．

```
> rreg2 <- glmnet(y=BGSnew$WT18, x=X2, alpha=0) # lambda を指定しない
> rreg2$lambda                                  # lambda に指定した値を表示
  [1] 4288.3075696 3907.3461445 3560.2282824 3243.9474145 2955.7640671
（中略）
 [96]    0.6221600    0.5668890    0.5165282    0.4706412    0.4288308
> coef(rreg2)[,96]                              # lambda=0.62216 の場合の推定値
(Intercept)         HT18          x2
-54.6335432    0.3394731    0.3475085
```

一般に，lambda にどのような値を与えるのが適切かは事前にわからない．cv.glmnet 関数は，ク

---

[20] デフォルトでは，引数は x, y の順に並んでいるので引数名を省略したい場合には注意してほしい（1.2.2 節を参照）．本書では，直観的に変数の役割が理解されるよう lm 関数の引数 formula と同じ順序で説明する．

ロスバリデーション（4.4.3 節で説明する）という方法を用いて適切な lambda の値を決定し，推定値を求める関数である[*21]．

```
cv.glmnet(x, y, alpha=0) # 本書では y, x の順番で指定する
```

引数の与え方は，glmnet 関数と同じである．コード 4.6 は，cv.glmnet 関数で得られる推定値と，そのときの lambda の値を出力する方法である．

◢ コード 4.6　cv.glmnet 関数を用いたリッジ回帰の実行 ▶

```
1  rreg3 <- cv.glmnet(y=BGSnew$WT18, x=X2, alpha=0)
2  coef(rreg3, s="lambda.min")
3  rreg3$lambda.min # 最適なlambda の値
```

2 行目の coef 関数には，「s="lambda.min"」と付け加える必要があることに注意しよう．リッジ回帰により，偏回帰係数の値はつぎのように推定される．

```
> coef(rreg3, s="lambda.min")
3 x 1 sparse Matrix of class "dgCMatrix"
                      1
(Intercept) -52.8580883
HT18          0.3351044
x2            0.3412172
> rreg$lambda.min # 最適な lambda の値
[1] 0.4706412
```

lm 関数でのあてはめに比べると，2 つの偏回帰係数の符号が同じになり，絶対値も小さくなっていることがわかる．HT18 が 1 単位増加すると，相関が高い x2 もほぼ 1 単位増加する．そのため，HT18 が 1 単位増加したときの WT18 の実質的な変化量は $0.335 + 0.341 = 0.676$ と解釈することができる．これは，単回帰モデルの場合の HT18 の回帰係数の推定値 0.710 に近い値になっていることからも，あてはめとして自然であることが理解できる．

　被説明変数 y_i の予測値は predict 関数により出力できるが，つぎの 2 点が lm 関数の場合と異なる．

- 引数 newdata に相当する引数は，引数 newx である．引数 newx には，予測したい個体の説明変数を行列形式で指定する．
- 引数 s に対し，「s="lambda.min"」と付け加える．

これらに注意すれば，予測値の出力や残差を求めることが可能になる．

[*21] cv.glmnet 関数も，glmnet 関数と同様に引数名を省略する場合 x と y の順序に注意してほしい（1.2.2 節を参照）．

```
> yhat.r <- predict(rreg, newx=X2, s="lambda.min")  # 予測値
> residual <- BGSnew$WT18 - yhat.r                   # 残差
```

ただし，`cv.glmnet` 関数では偏回帰係数の信頼区間や p 値を出力することは難しい．

a 多重共線性の検討

多重共線性の原因は，説明変数間の相関係数の絶対値が大きいことであった．つまり，説明変数の相関係数行列を調べることで原因となる変数（の組）を検討できる．また，**分散拡大係数**（variance inflation factor; VIF）という指標で検討することも可能である．VIF の計算には，car パッケージの vif 関数を用いる．

```
vif(lm 関数の出力)
```

VIF の値は，5 より大きい場合に多重共線性による影響が顕著であるとみなすことが多いようである[22]．コード 4.7 を入力し，今回の 2 変数 HT18 と x2 の VIF を調べてみよう．

コード 4.7　分散拡大係数 (VIF) の計算

```
1  library(car)
2  reg1 <- lm(WT18 ~ HT18 + x2, data=BGSnew)
3  vif(reg1)
```

3 行目の出力は，つぎのようになる．

```
> vif(reg1)
    HT18       x2
2630.016 2630.016
```

VIF の値が非常に大きいため，多重共線性を疑ってしかるべき状況であることがわかる．

b リッジ回帰の数理

前述したように，リッジ回帰は「偏回帰係数のとる値を制限する」という工夫を行っている．この制限が，推定の不安定性の軽減に役立っている．リッジ回帰は，つぎのような最小化問題を解くことに対応する．

---

[22] VIF は正の値をとる連続量なので，どこからが「問題のある大きさ」かを判断する客観的基準はない．「VIF が 10 より大きい」という基準を採用している書籍もある．

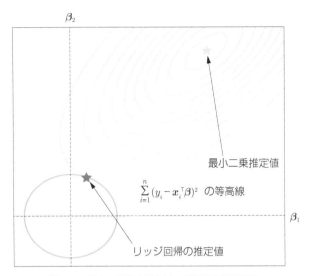

図 4.5　最小二乗推定値とリッジ回帰の解の関係.

$$||\boldsymbol{\beta}||_2^2 \le t \text{ の条件下で, } \sum_{i=1}^{n} \left(y_i - \boldsymbol{x}_i^\top \boldsymbol{\beta}\right)^2 \text{ を最小にする } \boldsymbol{\beta} \text{ を求めよ.} \tag{4.16}$$

ここで，$||\boldsymbol{\beta}||_2^2 = \beta_0^2 + \beta_1^2 + \cdots + \beta_p^2$ であり，t は正の実数である．このような問題を**制約付き最小化問題**という．$t \to \infty$ とすると，問題 (4.16) は最小二乗法と同じになる．リッジ回帰は，$\boldsymbol{\beta}$ の張る $(p+1)$ 次元の原点を中心とした正円（正球）の中で，最小値を見つける問題である（図 4.5）．最小二乗法における関数 $L(\boldsymbol{\beta}) = \sum_{i=1}^{n} \left(y_i - \boldsymbol{x}_i^\top \boldsymbol{\beta}\right)^2$ は，最小二乗推定値 (3.23) を中心とする 2 次関数（楕円状の等高線）である．この関数と，原点を中心とする正円と接する点が，リッジ回帰の推定値となる．

　最適化の理論[*23] から，問題 (4.16) はつぎのように書き換えることができる．

$$\min_{\beta_0, \beta_1, \ldots, \beta_p} \sum_{i=1}^{n} \left(y_i - \boldsymbol{x}_i^\top \boldsymbol{\beta}\right)^2 + \lambda ||\boldsymbol{\beta}||_2^2. \tag{4.17}$$

この λ もまた正の実数であり，t の値に従って定まる量である．λ のことを**正則化パラメータ**（regularization parameter）または**罰則パラメータ**（penalty parameter）という．式 (4.17) は，式 (3.20) と同様にベクトルで表現すると

$$\min_{\boldsymbol{\beta}} (\boldsymbol{y} - \boldsymbol{X}\boldsymbol{\beta})^\top (\boldsymbol{y} - \boldsymbol{X}\boldsymbol{\beta}) + \lambda \boldsymbol{\beta}^\top \boldsymbol{\beta} \tag{4.18}$$

と書き換えることができる．したがって，最小二乗法と同様の方法でつぎのように解を得ることができる．

[*23] 椎名ら（2019）の 10.2.3 節や寒野（2019）の 2.2.1 節を参照してほしい.

$$\hat{\beta}_{\text{ridge}} = (\boldsymbol{X}^\top \boldsymbol{X} + \lambda \boldsymbol{I}_{p+1})^{-1} \boldsymbol{X}^\top \boldsymbol{y}. \tag{4.19}$$

この解は，$\lambda \to 0$ のときは最小二乗法による解 (3.23) と等しくなることがわかる．また，正規線形回帰モデル (4.1) の場合に不偏推定量「ではない」ことも示される．リッジ回帰は，不偏性を犠牲にして推定値の不安定性（標準誤差の増大）を軽減させる方法ということもできる．

正則化パラメータの値が変わると推定値が変わるため，λ の値は適切に決めなければならない．cv.glmnet 関数は，クロスバリデーションによってデータから適切な λ の値を決定している．このことを意味するのが，coef 関数と predict 関数で指定する「s="lambda.min"」である．

4.3.2 Lasso

ここでは，多重共線性の問題ではなく変数選択の問題を取り上げる．3.2.5 節では，説明変数が異なる回帰モデルを AIC に基づいて比較する方法を説明した．しかし，説明変数の数 p が増えると，可能な候補モデルの数は指数的に増加するため，計算に膨大な時間がかかる．また，変数増減法は「検討するモデルの取りこぼし」が多くなり，最適なモデルを選べない可能性が高まる．

このような場合に適用できる方法が，**Lasso** (least absolute shrinkage and selection operator) である[24]．Lasso は，リッジ回帰のように「偏回帰係数のとる値を制限する」方法である．リッジ回帰との違いなどの理論的な背景は後で述べるとして，Lasso の特徴はつぎの通りである．

- 偏回帰係数の一部を，ぴったり 0 と推定する．
- 説明変数の数が多くても，実行可能である．

偏回帰係数が 0 と推定されれば，その変数は被説明変数にまったく影響を与えないことを意味する．すなわち，偏回帰係数をぴったり 0 と推定することによって「影響のない変数」を取り除くことができる．したがって，(1) 候補モデルをあてはめて (2) AIC で比較する，という 2 段階の方法とは異なり，組み合わせの数が爆発的に増えるという問題が生じない．

Lasso は，リッジ回帰と同様 glmnet パッケージの glmnet 関数または cv.glmnet 関数によって実行できる．

```
glmnet(x, y, alpha=0, lambda) # 本書では y, x の順番で指定する
cv.glmnet(x, y, alpha=0)      # 本書では y, x の順番で指定する
```

引数 y と x は，リッジ回帰の場合と同様に指定する．また，Lasso を実行する場合には alpha=1（デフォルト値のため省略可）と指定することにも注意してほしい．

BGSgirls は，12 個の変数をもつデータフレームである．18 歳時の体重 WT18 を被説明変数としたとき，説明変数の組み合わせは $2^{11} = 2048$ 通りである．この程度の数ならすべての候補モデルを検討可能であるが，Lasso のあてはめはコード 4.8 のように数行で実行できる．

---

[24] Lasso は「ラッソ」と発音されることが多いが「ラスー」のように発音されることもある．

◀ **コード 4.8　Lasso の実行** ▶

```
1   y      <- BGSgirls$WT18                    # 被説明変数
2   X      <- subset(BGSgirls, select=-WT18)   # 説明変数
3   X      <- as.matrix(X)                      # データフレームを行列に変換
4   Lasso <- cv.glmnet(y=y, x=X, alpha=1)
```

偏回帰係数の推定値を，coef 関数で出力してみよう．

```
> coef(Lasso, s="lambda.min")
12 x 1 sparse Matrix of class "dgCMatrix"
                       1
(Intercept) -1.147697e+02
WT2          6.446389e-04
HT2          .
WT9          1.018253e-03
HT9          .
LG9          .
ST9          7.573829e-04
HT18         6.878030e-01
LG18         9.210069e-02
ST18         .
BMI18        2.574944e+00
Soma         2.532332e-01
```

「.」で表示されている箇所が，偏回帰係数をぴったり 0 と推定した変数である．この場合，4 つの説明変数がモデルから取り除かれ WT2, WT9, ST9, HT18, LG18, BMI18, Soma の 7 変数による重回帰モデルが選ばれたことになる．

　予測値の出力は，リッジ回帰における predict 関数と同様の方法によって出力できる．ただし，cv.glmnet 関数では偏回帰係数の信頼区間や p 値を出力することはできない．

a Lasso の数理

　Lasso は，つぎのような最小化問題を解くことに対応する．$\boldsymbol{x}_i = (x_{i1}, x_{i2}, \ldots, x_{ip})^\top$, $\boldsymbol{\beta} = (\beta_1, \beta_2, \ldots, \beta_p)^\top$ として

$$||\boldsymbol{\beta}||_1 \leq t \text{ の条件下で，} \sum_{i=1}^{n} \left(y_i - \boldsymbol{x}_i^\top \boldsymbol{\beta}\right)^2 \text{ を最小にする } \boldsymbol{\beta} \text{ を求めよ．} \tag{4.20}$$

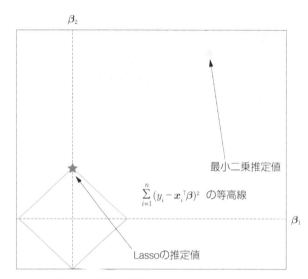

図 4.6　最小二乗推定値と Lasso の解の関係.

ここで，$||\boldsymbol{\beta}||_1 = |\beta_1| + \cdots + |\beta_p|$ であり，t は正の実数である．ベクトル $\boldsymbol{x}_i$ と $\boldsymbol{\beta}$ の次元が，3.2.1 節のモデル (3.15) とは異なることに注意してほしい．これは，Lasso では被説明変数と説明変数の平均値をすべて 0 になるよう中心化しておく必要があるからである[*25]．このように各変数を処理することで，切片 β_0 の推定を不要にし，パラメータ $\boldsymbol{\beta}$ から除外している[*26]．最小化問題 (4.20) は，リッジ回帰と同様につぎのように書き換えることができる．

$$\min_{\beta_1,\ldots,\beta_p} \sum_{i=1}^{n} \left(y_i - \boldsymbol{x}_i^\top \boldsymbol{\beta}\right)^2 + \lambda ||\boldsymbol{\beta}||_1. \tag{4.21}$$

ここで，λ は正の実数である．Lasso とリッジ回帰の違いは，残差平方和に加わった第 2 項目の形である．前者では偏回帰係数の絶対値の和，後者では平方和である．この違いは，図 4.5 と図 4.6 を対比させると理解しやすい．

　Lasso では，偏回帰係数の制限の範囲が正方形になっている．そのため，2 次関数（楕円状の等高線）が制限の範囲（正方形）の「角」とぶつかりやすい．正方形の角は偏回帰係数のいずれかが 0 になる点に相当するので，推定値の一部がぴったり 0 となる．一方，リッジ回帰は制限の範囲が円（球）状なためにパラメータの推定値がぴったり 0 になることは（十分 0 に近いということはあっても）まずない．最小二乗推定値も同様である．

　パラメータの一部をぴったり 0 と推定することを，**スパース推定**（sparse estimation）という．スパースは「疎」を意味する．この語は，パラメータの一部だけがデータと関連があり，それ以外は関係ないので値が 0（つまりパラメータベクトルが 0 ばかりでスカスカ）という状況を念頭においている．

[*25] さらに，説明変数はすべて分散が 1 になるよう標準化する．これらの理由は，川野ら（2017）を参照してほしい．

[*26] `glmnet` 関数と `cv.glmnet` 関数では，偏回帰係数の推定値を元の変数の大きさに変換して（切片も含め）出力する．

λ の値が大きいと，0 と推定される偏回帰係数の数は増える．逆に λ の値が小さいと，0 と推定される偏回帰係数の数は減り，$\lambda \to 0$ で最小二乗法の解と等しくなる．そのため，λ の値は Lasso でもクロスバリデーションによって適切に決定される．このことを意味するのが，coef 関数と predict 関数で指定する「s="lambda.min"」である．クロスバリデーションによって得られた λ の値は，つぎのようにして確認することができる．

```
> Lasso <- cv.glmnet(y=y, x=X, alpha=1)
> Lasso$lambda.min
[1] 0.05377918
```

クロスバリデーションは，データをランダムに分割して推定値のよさを求める方法なので，最適な λ の値は cv.glmnet 関数の実行のたびに変わりうることに注意してほしい[*27]．

Lasso が解く式 (4.21) は，解を明示的に求めることができないため反復推定が必要になる．ただし，$\lambda ||\boldsymbol{\beta}||_1$ は絶対値の和であるからパラメータ β_j で偏微分することもできない．そのため，偏導関数に頼らない数値解法を用いる（座標降下法や交互方向乗数法など[*28]）．

Lasso の解が明示的に表せる場合は，説明変数行列 $\boldsymbol{X}$ に対し，$\boldsymbol{X}^\top \boldsymbol{X} = \boldsymbol{I}_p$ となる場合である[*29]．これは，説明変数が互いにすべて直交しているという特殊な場合である．現実的にはほぼありえない状況であるが，これは Lasso を理解する手助けになる．$\boldsymbol{X}^\top \boldsymbol{X} = \boldsymbol{I}_p$ のときに，式 (4.21) を行列で書き換えるとつぎのようになる．$w_j = \sum_{i=1}^n y_i x_{ij} \ (j = 1, \ldots, p)$ として，

$$\min_{\boldsymbol{\beta}} \sum_{i=1}^n \left(y_i - \boldsymbol{x}_i^\top \boldsymbol{\beta} \right)^2 + \lambda ||\boldsymbol{\beta}||_1 = \min_{\boldsymbol{\beta}} (\boldsymbol{y} - \boldsymbol{X}\boldsymbol{\beta})^\top (\boldsymbol{y} - \boldsymbol{X}\boldsymbol{\beta}) + \lambda \sum_{j=1}^p |\beta_j|$$

$$= \min_{\boldsymbol{\beta}} -2\boldsymbol{y}^\top \boldsymbol{X}\boldsymbol{\beta} + \boldsymbol{\beta}^\top \boldsymbol{\beta} + \lambda \sum_{j=1}^p |\beta_j|$$

$$= \min_{\boldsymbol{\beta}} \sum_{j=1}^p \left\{ \beta_j^2 - 2w_j \beta_j + \lambda |\beta_j| \right\}. \tag{4.22}$$

すなわち，式 (4.21) はそれぞれの変数 j に対して

$$\min_{\beta_j} \beta_j^2 - 2w_j \beta_j + \lambda |\beta_j|$$

を個別に解くことに相当する（$\beta_j \beta_{j'}$ のような交差項がないため，各項の最小化が全体の最小化を導く）．最小二乗法は $\lambda \to 0$ の場合に相当するので，最小二乗推定値を $\hat{\beta}_j^{(\mathrm{LSE})}$ とおけば

$$\hat{\beta}_j^{(\mathrm{LSE})} = w_j \tag{4.23}$$

と書くことができる．一方 $\lambda > 0$ の場合の解 $\hat{\beta}_j^{(\mathrm{Lasso})}$ は，場合分けを丁寧に行ってつぎのように表す

[*27] パラメータの推定値や予測値が大きく変わることは少ないので，あまり気にする必要はない．

[*28] これらの数値解法については，川野ら（2017）を参照してほしい．

[*29] $\boldsymbol{X}$ が切片に対する列 $(1, 1, \ldots, 1)^\top$ を（3.2.6 節のように）含まないのは，説明変数を中心化したためである．

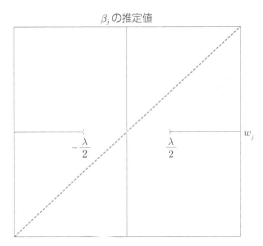

β_j の推定値

図 4.7　Lasso の解（$\boldsymbol{X}^\top \boldsymbol{X} = \boldsymbol{I}_p$ の場合）．点線は最小二乗推定値を示す．

ことができる．

$$
\hat{\beta}_j^{(\text{Lasso})} = \begin{cases} -w_j + \dfrac{\lambda}{2} & \left(w_j < -\dfrac{\lambda}{2} \text{のとき}\right) \\[2mm] 0 & \left(-\dfrac{\lambda}{2} \le w_j < \dfrac{\lambda}{2} \text{のとき}\right) \\[2mm] w_j - \dfrac{\lambda}{2} & \left(w_j \ge \dfrac{\lambda}{2} \text{のとき}\right) \end{cases} . \tag{4.24}
$$

図 4.7 のように，Lasso の解は値 w_j の値が小さい範囲でぴったり 0 となる．また，正規線形回帰モデルの場合に $\hat{\beta}_j^{(\text{LSE})}$ が不偏性をもつという事実を考えると，Lasso による推定値 $\hat{\beta}_j^{(\text{Lasso})}$ は不偏性をもたないことがわかる．Lasso もリッジ回帰と同様，不偏性を犠牲にして，予測が不安定になること（分散が増加すること）を防いでいるということもできる．被説明変数 y と関係のない説明変数がモデルに含まれると，予測値の分散が大きくなるからである．

4.3.3　エラスティックネット

glmnet 関数と cv.glmnet 関数は，実はつぎの問題を解く関数である[*30]．

$$
\min_{\beta_1,\ldots,\beta_p} \sum_{i=1}^n \left(y_i - \boldsymbol{x}_i^\top \boldsymbol{\beta}\right)^2 + \lambda \left(\alpha \|\boldsymbol{\beta}\|_1 + (1-\alpha)\|\boldsymbol{\beta}\|_2^2\right). \tag{4.25}
$$

この α は 0 から 1 の範囲の値をとり，cv.glmnet 関数では引数 alpha により指定される．これにより，alpha=0 でリッジ回帰，alpha=1 で Lasso を実現している．α が 0 から 1 の間の値をとるとき，問題 (4.25) を解く方法を**エラスティックネット** (elastic net) という．エラスティックネットは $\|\boldsymbol{\beta}\|_1$

[*30] 実際には，各項が定数倍によって調整された量を最小化している．

と $\|\beta\|_2^2$ の両項が残るため，Lasso とリッジ回帰の性質を両方とも備えているスパース推定法である．
　例えば，リッジ回帰の例で用いたような多重共線性のあるデータを考える．

```
> data(BGSgirls)            # データの読み込み
> y        <- BGSgirls$WT18 # 被説明変数
> x2       <- BGSgirls$HT18 # 説明変数 2
> x2[1] <- x2[1] + 1        # 説明変数 2 の修正
> X <- cbind(HT18=BGSgirls$HT18, x2)
```

このデータに対して Lasso を適用すると，つぎのような結果を得る．

```
> Lasso <- cv.glmnet(y=y, x=X, alpha=1)
> coef(Lasso, s="lambda.min")
3 x 1 sparse Matrix of class "dgCMatrix"
                     1
(Intercept) -58.1160503
HT18                 .
x2            0.7078611
```

ほとんど同じふるまいの説明変数なのに，HT18 は選ばれず x2 だけが選ばれる結果となった．しかし，
近い意味をもつ変数 HT18 が選ばれないのは不自然である．Lasso には，相関の高い変数の一方しか選
ばない性質がある．エラスティックネットは，リッジ回帰の性質を利用してこのような問題を回避す
る（グループ効果という）．

```
> en050 <- cv.glmnet(y=y, x=X, alpha=0.50)
> coef(en050, s="lambda.min")
3 x 1 sparse Matrix of class "dgCMatrix"
                     1
(Intercept) -58.0044806
HT18          0.2806449
x2            0.4265704
```

エラスティックネットによって，リッジ回帰の結果と近いパラメータ推定値が得られた．
　「alpha の値をどのように決めるか」という問題はクロスバリデーションによる平均予測誤差を用
いるとよい．平均予測誤差は，cv.glmnet 関数の出力のリスト成分 cvm に格納されている．例えば，
alpha=0.5 と alpha=0.11 の結果はコード 4.9 のように比較することができる．

◀ コード 4.9　エラスティックネットの実行と平均予測誤差の比較 ▶

```
en050 <- cv.glmnet(y=y, x=X, alpha=0.50)
en011 <- cv.glmnet(y=y, x=X, alpha=0.11)
min(en050$cvm) # alpha=0.50のときの平均予測誤差
min(en011$cvm) # alpha=0.11のときの平均予測誤差
```

平均予測誤差は，小さいほうが望ましい．

```
> min(en050$cvm)
[1] 59.30088
> min(en011$cvm)
[1] 59.4237
```

上の結果に基づけば，`alpha=0.5` のほうがより望ましい結果を与えていると結論できる．ただし，4.3.2 節でふれたように，`cv.glmnet` の結果は実行ごとに異なる．そのため，みなさんがコード 4.9 を実行しても上と同じ結果になることはまずないことには注意してほしい．もちろん，3 つ以上の `alpha` の値と比べることも可能である．より多くの値と比べる場合には，`for` 文などによって反復計算を簡略化したほうが効率的だろう[*31]．

● 4.3.4　ノンパラメトリック回帰：平滑化スプライン法

本節では，説明変数 x が 1 個の場合を考えよう．ただし線形単回帰モデルとは異なり，非線形関数 $f(x)$ で

$$y_i = f(x_i) + \varepsilon_i \tag{4.26}$$

と表されるようなモデルを考える．一般に，関数 f の形は未知である．この点は重要である．f は多項式関数かもしれないし，$f(x) = \sqrt{x}$ かもしれないし，$f(x) = \sin\left(\log(3\{|x|+1\}) + \dfrac{2\cos(x)}{x^2+1}\right)$ かもしれない．データが単純な物理現象にでも従っていない限り，非線形関数 f の形を事前に知ることは難しい．

このような場合に有効なのが，**ノンパラメトリック回帰**（nonparametric regression）とよばれる考え方である．この対義語は**パラメトリック回帰**（parametric regression）であり，ここまでで学んだ線形回帰モデルがこれに相当する．パラメトリック回帰は，比較的少数のパラメータでモデルの確率的構造を表現する方法である．線形単回帰モデルは $y_i = \beta_0 + \beta_1 x_i + \varepsilon_i$ と表されるから，β_0 と β_1 の 2 個のパラメータで表現できるモデル（ε の分散 σ^2 を含めてもたかだか 3 個）である．

[*31] `for` 文については 11.1.2 節で述べる．

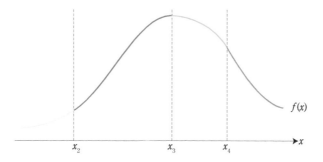

図 4.8　3 次 B–スプライン関数のイメージ.

　一方でノンパラメトリック回帰は，パラメータの数を限定しない方法である．関数 f の形が未知である以上，多様な関数を表現できるようなモデルを考える必要がある．このような場合，少数のパラメータで関数を表現するパラメトリック回帰には限界がある.

　ノンパラメトリック回帰のための方法の 1 つに，**平滑化スプライン法**（smothing spline method）がある．ここでは，**3 次 B–スプライン関数**（cubic B-spline function）に基づく平滑化スプライン法を説明する．3 次 B–スプライン関数は，つぎのような性質をもつ関数である.

(CB1) 関数は，説明変数を複数の区間に分割して表現される.

(CB2) 関数は，各区間において 3 次関数で表される.

(CB3) 関数は，複数の連続した区間で連続かつ滑らかになるようにつなげられる.

図 4.8 は，上記の条件をみたす関数のイメージである．このような性質 (CB1)〜(CB3) を備えた関数の重ね合わせによって，柔軟な表現力をもつ関数が生まれる.

　平滑化スプライン法は，`smooth.spline` 関数によって実行できる.

```
smooth.spline(x, y, df, lambda) # 本書では y, x の順番で指定する
```

引数 y には被説明変数ベクトルを指定する．説明変数は 1 個なので，引数 x には説明変数ベクトルを指定する[*32]．引数 df と引数 lambda は関数のあてはまりと滑らかさを調整するためのものであり，つぎのいずれかの方法で指定する.

(1) df のみ指定する．指定する値の範囲は，$1 < \text{df} \leq \text{df}_{\max}$ である．$\text{df}_{\max}$ は，互いに異なる説明変数の観測値の総数である

(2) lambda のみ指定する．指定する値の範囲は，正であればよい.

(3) どちらも指定しない.

(1) の df の値が大きいほど変動の大きい関数を実現し，小さいほど線形（直線）に近くなる．$\text{df}_{\max}$

[*32] デフォルトでは，引数は x, y の順に並んでいるので引数名を省略したい場合には注意してほしい（1.2.2 節を参照）．本書では，直観的に変数の役割が理解されるよう lm 関数の引数 formula と同じ順序で説明する.

の値は，`length(unique(説明変数ベクトル))` で確認できる．BGSgirls の変数 HT18 の場合，

```
> length(unique(BGSgirls$HT18))
[1] 56
```

となるので，df の最大値は 56 である．また，df には 1 より大きい値を指定する必要があるため，df=1 はエラーが生じることに注意してほしい．(2) の lambda は，数理的な説明のための紹介に留める．lambda の値は正であればよく，最大値が定まっていないためうまく指定することが難しい．最も現実的なのが (3) であり，特に何も指定しなければ**一般化交差検証法** (generalized cross-validation; GCV) という方法で df と lambda の「最適な」値をデータから決定する．これらの値は，smooth.spline 関数の出力に含まれている．

```
> HT18 <- BGSgirls$HT18
> WT18 <- BGSgirls$WT18
> spline <- smooth.spline(y=WT18, x=HT18)  # あてはめの実行
> spline$df                                # 「最適な」 df の値
[1] 46.40577
> spline$lambda                            # 「最適な」 lambda の値
[1] 9.691031e-09
```

パラメトリック回帰と異なり，回帰係数の推定値や信頼区間は出力されない．予測値は，fitted 関数または predict 関数で出力できる．ただし，predict 関数で指定する新しいデータの引数は lm 関数とは異なり x なので注意してほしい．

```
predict(smooth.spline 関数の出力, x)
```

コード 4.10 は，df に 4 つの異なる値を与えた場合の平滑化スプライン法を実行するための入力である．これから，df の値と推定される関数の滑らかさの関係を把握しよう．

◀ コード 4.10　平滑化スプライン法： df の値と関数の形状の関係 ▶

```
1  HT18 <- BGSgirls$HT18; WT18 <- BGSgirls$WT18
2  sp.a <- smooth.spline(y=WT18, x=HT18, df=2)
3  sp.b <- smooth.spline(y=WT18, x=HT18, df=8)
4  sp.c <- smooth.spline(y=WT18, x=HT18, df=16)
5  sp.d <- smooth.spline(y=WT18, x=HT18, df=32)
6  plot(x=HT18, y=WT18)
7  newx <- 150:185
8  points(x=newx, y=predict(sp.a,x=newx,type="l")$y, type="l", col=1)
9  points(x=newx, y=predict(sp.b,x=newx,type="l")$y, type="l", col=2)
```

```
10    points(x=newx, y=predict(sp.c,x=newx,type="l")$y, type="l", col=3)
11    points(x=newx, y=predict(sp.d,x=newx,type="l")$y, type="l", col=4)
12    legend(x="topleft", legend=paste("df=",c(2,8,16,32)), lty=1, col=1:4)
```

8〜11 行目では，引数 type を「type="l"」と指定することによって，点ではなく折れ線を描くようにしている．

a 平滑化スプライン法の数理

まず，説明変数の値を区切る点 $x_{(1)} < x_{(2)} < \cdots < x_{(K+4)}$ を定める．これらを**節点**（knot）という．smooth.spline 関数で実行される平滑化スプライン法では，モデル (4.26) の関数 f をつぎのように近似する．

$$f(x) = \sum_{k=1}^{K} \beta_k B_k^{(3)}(x). \tag{4.27}$$

この関数 $B_k^{(3)}(x)$ を 3 次 B–スプライン関数といい，つぎのように再帰的に定義される．

$$B_k^{(3)}(x) = \frac{x - x_{(k)}}{x_{(k+3)} - x_{(k)}} B_k^{(2)}(x) + \frac{x_{(k+4)} - x}{x_{(k+4)} - x_{(k+1)}} B_{k+1}^{(2)}(x),$$

$$B_k^{(2)}(x) = \frac{x - x_{(k)}}{x_{(k+2)} - x_{(k)}} B_k^{(1)}(x) + \frac{x_{(k+3)} - x}{x_{(k+3)} - x_{(k+1)}} B_{k+1}^{(1)}(x),$$

$$B_k^{(1)}(x) = \frac{x - x_{(k)}}{x_{(k+1)} - x_{(k)}} B_k^{(0)}(x) + \frac{x_{(k+2)} - x}{x_{(k+2)} - x_{(k+1)}} B_{k+1}^{(0)}(x),$$

$$B_k^{(0)}(x) = \mathbb{I}\left\{ x_{(k)} \leq x < x_{(k+1)} \right\}.$$

ここで，$\mathbb{I}\{\cdot\}$ は指示関数である．指示関数とは，ある命題 A についてつぎのように値を与える関数である．

$$\mathbb{I}\{A\} = \begin{cases} 1 & (\text{A が真のとき}) \\ 0 & (\text{A が偽のとき}) \end{cases}. \tag{4.28}$$

関数 $B_k^{(d)}$ は，連続するいくつかの区間でのみ正の値をとる関数である．図 4.9 から，次数 d が大きいほど $B_k^{(d)}$ は滑らかな関数であることも見てとれる．3 次 B–スプライン関数は，前述の性質 (CB1)〜(CB3) をもつ．詳細は省略するが，関数 $B_k^{(3)}$ は連続する 4 区間 $[x_{(k)}, x_{(k+4)})$ を 3 次関数によって滑らかに（1 次導関数と 2 次導関数が連続になるように）つないだ関数である[33]．

関数 f は，3 次 B–スプライン関数の重み付き和によって表現される（図 4.10）．平滑化スプライン法は，関数 f の推定をパラメータ $\beta_1, \ldots, \beta_K$ の推定に置き換えたつぎの問題を解く．

$$\min_{\beta_1, \ldots, \beta_K} \sum_{i=1}^{n} (y_i - f(x_i))^2 + \lambda \int f''(x)^2 dx. \tag{4.29}$$

---

[33] 詳細は小西（2010）を参照してほしい．

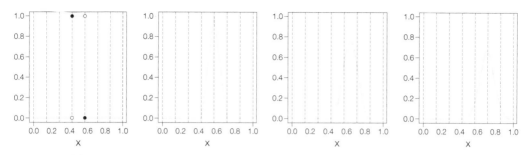

図 4.9 関数 $B_k^{(d)}$ の例 ($k = 4$, 左から $d = 0, 1, 2, 3$). ここでは, 節点を $x_{(k)} = (k-1)/7$ とした ($k = 1, \ldots, 8$).

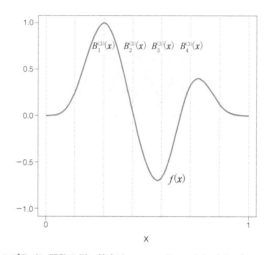

図 4.10 モデル (4.27) の B–スプライン関数の例. 節点は $x_{(k)} = (k-1)/7$ とし ($k = 1, \ldots, 8$), $(\beta_1, \beta_2, \beta_3, \beta_4) = (1.5, 0, -1.2, 0.8)$ とした.

関数 f は $\beta_1, \ldots, \beta_K$ に依存する関数として扱っていることを見落とさないようにしてほしい. 式 (4.29) を罰則付き残差平方和という. この第 1 項が, 残差平方和の項である. 線形回帰モデルと異なるのは, 第 2 項の存在である. これはリッジ回帰や Lasso などと同じ正則化項であり, λ は正の値をとる正則化パラメータ (罰則パラメータ) である. 線形モデルとは異なり, 図 4.11 のようにスプライン関数は柔軟な関数を表現できる. ただし, 変動の激しい関数はデータへのあてはまりはよくても, 将来のデータへの予測が悪くなるという弊害が生じる. そのため, 関数 f の変動を表す 2 次導関数の 2 乗の積分とのバランスをとり, パラメータを求める. データへのあてはまりがよい関数は, 変動が大きい. 一方, 変動の小さい関数は, あてはまりが悪くなる (最も変動が小さいのは, 線形関数である).

　smooth.spline 関数の引数 lambda は, 式 (4.29) の λ に相当する. λ の値が大きいと, 式 (4.29) の第 2 項を重視することになり, 変動の小さい関数 f が推定される. 逆に λ の値が小さいと, 第 1 項を重視することになり, 変動の大きい関数 f が推定される. 引数 df は, λ の値を別の観点から制御するパラメータであり, lambda の値と df の値は一対一に対応する.

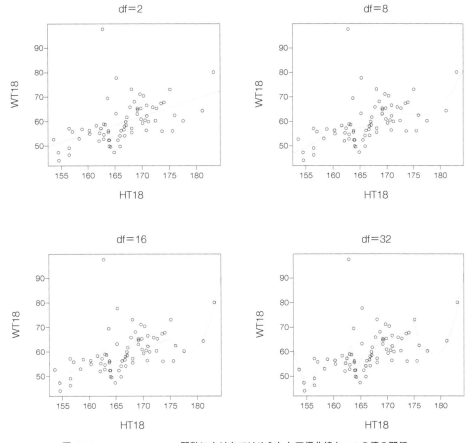

図 4.11　`smooth.spline` 関数によりあてはめられた回帰曲線と `df` の値の関係.

➤ 4.4　補足

ここでは，6, 7 章とも関連する事項について補足する.

◉ 4.4.1　正規線形回帰モデルと尤度：数理編

正規線形回帰モデル (4.1) に対する最小二乗法

$$\min_{\boldsymbol{\beta}} \sum_{i=1}^{n} \left(y_i - \boldsymbol{x}_i^{\top} \boldsymbol{\beta} \right)^2$$

は，実は**最尤法**（maximum likelihood method）による解とまったく同じである. 本節では，その事実を簡潔に説明する.

　最尤法とは，観測値の同時確率関数（または同時確率密度関数）が最も大きくなるようにパラメー

タの値を決める方法である．それゆえ「最も尤もらしい方法」という名前がついている．最尤推定法は，つぎの問題を解くことに相当する．

$$\max_{\text{パラメータ}} L_n(\text{パラメータ}) = \max_{\text{パラメータ}} \prod_{i=1}^{n} (\text{第 } i \text{ 個体の確率（密度）関数})$$

ここで，$\prod_{i=1}^{n} a_i = a_1 \times a_2 \times \cdots \times a_n$ である．また，関数 L_n を**尤度関数**（likelihood function）という[*34]．正規線形回帰モデルの場合，確率変数 $\varepsilon_1, \varepsilon_2, \ldots, \varepsilon_n$ は互いに独立な正規分布 $N(0, \sigma^2)$ に従う．モデル (4.1) から $\varepsilon_i = y_i - \boldsymbol{x}_i^\top \boldsymbol{\beta}$ と書けることと，正規分布 $N(0, \sigma^2)$ の確率密度関数は

$$f(z; 0, \sigma^2) = \frac{1}{\sqrt{2\pi}\sigma} \exp\left(-\frac{z^2}{2\sigma^2}\right)$$

であることから，モデル (4.1) に対する尤度関数はつぎのように書くことができる．

$$L_n(\boldsymbol{\beta}) = \prod_{i=1}^{n} f(y_i - \boldsymbol{x}_i^\top \boldsymbol{\beta}; 0, \sigma^2) = \prod_{i=1}^{n} \frac{1}{\sqrt{2\pi}\sigma} \exp\left(-\frac{(y_i - \boldsymbol{x}_i^\top \boldsymbol{\beta})^2}{2\sigma^2}\right).$$

この量を直接最大化するのは難しい．そこで，対数をとって変換する．対数 $\log(z)$ は狭義単調関数なので，変換の前後で最大値を与える $\boldsymbol{\beta}$ の値は変わらない．

$$\ell_n(\boldsymbol{\beta}) = \log(L_n(\boldsymbol{\beta})) = \sum_{i=1}^{n} \log\left(\frac{1}{\sqrt{2\pi}\sigma} \exp\left(-\frac{(y_i - \boldsymbol{x}_i^\top \boldsymbol{\beta})^2}{2\sigma^2}\right)\right).$$

関数 ℓ_n を**対数尤度関数**（log-likelihood function）という．

ℓ_n の $\boldsymbol{\beta}$ に関する項だけ残して整理すると，解くべき問題は

$$\max_{\boldsymbol{\beta}} \sum_{i=1}^{n} \log\left(\exp\left(-\frac{(y_i - \boldsymbol{x}_i^\top \boldsymbol{\beta})^2}{2\sigma^2}\right)\right) = \max_{\boldsymbol{\beta}} \sum_{i=1}^{n} \left(-\frac{(y_i - \boldsymbol{x}_i^\top \boldsymbol{\beta})^2}{2\sigma^2}\right)$$

$$= -\min_{\boldsymbol{\beta}} \sum_{i=1}^{n} (y_i - \boldsymbol{x}_i^\top \boldsymbol{\beta})^2 \tag{4.30}$$

となる．最後の等式では，関数 g に対して $\max g(z) = -\min(-g(z))$ であることを用いている．以上より，正規線形回帰モデルに対する最小二乗法 (3.19) と最尤法 (4.30) は等しいことが示された．

最尤法の考え方と理論は数理統計学における重要な分野であり，6.1.4 節と 7.2.3 節で再び登場する．

▶ **4.4.2 量的交互作用と質的交互作用：2 次の交互作用**

実際に用いられることが多い 2 次の交互作用項は，ひとくちに「交互作用」といっても大きく 2 種類に

[*34] 尤度関数は，互いに独立な n 個の確率変数の同時確率（密度）関数に見えるかもしれない．これは見当外れではないものの，尤度関数は「観測値の関数」ではなく「パラメータの関数」として捉えている点が同時確率（密度）関数と本質的に異なる（確率（密度）関数は，パラメータが定まっているもとでの観測値の関数）．この違いを表現するために，あえて「尤度」関数という名前で同時確率（密度）関数と区別している．

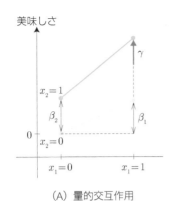
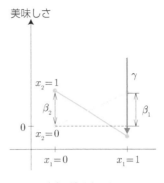

（A）量的交互作用 （B）質的交互作用

図 4.12 量的交互作用と質的交互作用のイメージ（$\beta_0 = 0$ の場合）.

分かれる．それは，**量的交互作用**（quantitative interaction）と**質的交互作用**（qualitative interaction）である．3.3.2 節のように，2 つの説明変数がともに 2 カテゴリの質的変数である場合で説明しよう．

図 4.12 は，（A）生クリーム入りどら焼きと （B）チョコミントアイスの「美味しさ」に関するモデルである．ここでは，つぎのようなモデルを考えている．

$$美味しさ_{dora} = \beta_0 + \beta_1 あんこの有無 + \beta_2 クリームの有無 + \gamma 交互作用 + \varepsilon_{dora}$$

$$美味しさ_{mint} = \beta_0 + \beta_1 チョコの有無 + \beta_2 ミントの有無 \quad + \gamma 交互作用 + \varepsilon_{mint}$$

図 4.12(A) は，生クリーム入りどら焼きの美味しさに関する模式図である．あんこの有無（x_1）に関係なく，クリーム（x_2）が入っているほうが美味しい状況であり，また，クリームの有無とは関係なく，あんこ入りのほうが美味しいという状況である．注目するのは，あんことクリームがどちらも入っている場合である．このとき，相乗効果（交互作用）で和 $(\beta_1 + \beta_2)$ の効果以上の美味しさが得られることになる[*35]．このような場合を量的交互作用という．クリームとあんこの両変数とも，「量」の程度にこそ差はあれ美味しさに貢献しているからである．図 4.12(B) は，チョコミントアイスの美味しさに関する模式図である．こちらは逆に，両方合わさると不味くなるという例である[*36]．つまり，交互作用項の偏回帰係数 γ が負だと，美味しさが逆転する場合がある．このような場合を質的交互作用という．この場合は，美味しさを目指していた 2 変数が合わさって，薬が毒になるような「質」の変化を招いている．

以上のように，ひとくちに交互作用といっても意味の異なる場合がある．そのため，交互作用項の解釈は慎重に行わねばならない[*37]．

[*35] 著者の個人的な感想である．
[*36] 著者の個人的な感想である．
[*37] この解釈は，線形回帰モデルの特殊形である分散分析モデルや共分散分析モデルにおいて，特に重要である．分散分析については三輪（2015）を参照してほしい．共分散分析や質的・量的交互作用については阿部ら（2013）に記述がある．

4.4.3　クロスバリデーション

　正則化法で用いられる正則化パラメータ λ は，あてはめの結果に大きく影響する量である．しかし，λ は確率分布を規定するパラメータではないため，回帰係数 β と同時にデータから定めることは難しい．

　この問題を解決する方法の 1 つが，**クロスバリデーション**（**交差検証法**; cross-validation）である．クロスバリデーションは，つぎの手順によって行われる（図 4.13）．

(CV1) 適当に λ を定め，データをつぎの 2 つに分割する．

- パラメータ推定用のデータ
- あてはまりの評価用のデータ

(CV2) 推定用のデータでパラメータを推定し，評価用のデータでそのあてはまりを評価する．回帰モデルの場合，パラメータは β であり，あてはまりの評価は残差平方和である．

(CV3) λ の値を変えながら手順 (CV1) と (CV2) を繰り返し，あてはまりが最も「よい」λ の値を採用する．

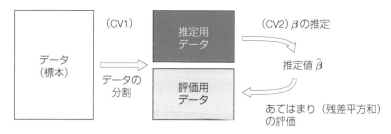

図 4.13　クロスバリデーションのイメージ（回帰モデルの場合）．

　クロスバリデーションで最も重要なことは，パラメータの推定と評価を別々のデータで行う点である．パラメータを推定したデータ自体を評価にも用いることは，評価の偏りを生むからである（過大に評価してしまう）[*38]．したがって，推定用と評価用にデータを分けることで，第三者委員会のように客観的に「よい」λ の値を判断できるようにする．

　データをランダムに K 等分し，そのうちの 1 つを評価用に残し，残りを推定に用いる方法を **K 分割クロスバリデーション**（K-fold cross-validation）という．この方法では，等分されたすべてのデータが評価用になるように推定を繰り返し，K 個のあてはまりの平均値が最も「よい」λ の値を採用する（図 4.14）．

[*38] 人間も，自分で自分を偏りなく評価することは難しい．

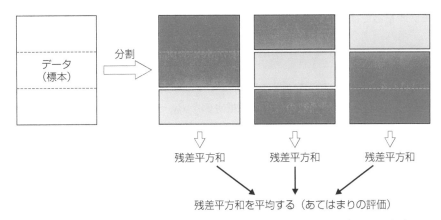

図 4.14 K 分割クロスバリデーションのイメージ（回帰モデル，$K = 3$ の場合）．赤が推定用，青が評価用に分割された
データを示す．$K = 5, 10$ などがよく用いられる．

➤ 第4章　練習問題

4.1 3.1.3 節で実行した単回帰モデルのあてはめの結果 sreg について，つぎの問いに答えよ．

(1) 残差ベクトル resid(sreg) を用いて，誤差項の分散 σ^2 の推定値（式 (4.5)）を求めよ．
(2) (1) で求めた値の平方根が，summary(sreg)\$sigma と等しいことを確認せよ．

4.2 オブジェクト BGSgirls をデータとし，被説明変数を WT18，説明変数を HT18 とした単回帰モ
デルを考えたい．

(1) 変数 HT18 を横軸に，WT18 を縦軸に配した散布図を描け．
(2) (1) の散布図に，単回帰モデルによる回帰直線と 2 次の回帰モデルによる回帰曲線を色分
けして描き入れよ．
(3) (2) の 2 モデルのうち，どちらがより「よい」か，AIC の値に基づいて比較せよ．

4.3 オブジェクト BGSgirls をデータとし，被説明変数を WT18，説明変数を HT18 と HT9 とした重
回帰モデルを考えたい．

(1) 説明変数 HT18 と HT9 の偏回帰係数に対する 95% 信頼区間をそれぞれ求めよ．
(2) (1) で求めた 95% 信頼区間が 0 を含む説明変数について，仮説検定の p 値が有意水準 5% 以
上になることを確認せよ．また，95% 信頼区間が 0 を含まない説明変数については，仮説
検定の p 値が有意水準 5% 未満になることを確認せよ．
(3) 95% 信頼区間を 90% 信頼区間とし，有意水準を $100 \times (1 - 0.9) = 10\%$ とした場合にも，
信頼区間と p 値について (2) と同様の関係が成り立つことを確認せよ．

4.4 練習問題 3.5 で扱ったオブジェクト BGSall に対し，被説明変数と説明変数がつぎのような重

回帰モデルをあてはめたい.

$$\text{WT18} = \beta_0 + \beta_1 \text{HT18} + \beta_2 \text{Sex} + \beta_{\text{int}}(\text{HT18} \times \text{Sex}) + \varepsilon \tag{4.31}$$

(1) BGSall をデータとし, モデル (4.31) をあてはめよ.

(2) モデル (4.31) の回帰係数の最小二乗推定値を $\hat{\beta}_0, \hat{\beta}_1, \hat{\beta}_2, \hat{\beta}_{\text{int}}$ とする. このとき, 性別ごとの WT18 の予測値 $\widehat{\text{WT18}}$ はつぎのように表すことができる.

$$\text{男性}: \widehat{\text{WT18}} = \hat{\beta}_0 + \hat{\beta}_1 \text{HT18},$$
$$\text{女性}: \widehat{\text{WT18}} = (\hat{\beta}_0 + \hat{\beta}_2) + (\hat{\beta}_1 + \hat{\beta}_{\text{int}})\text{HT18}.$$

男性に関する予測値の右辺の係数 ($\hat{\beta}_0$ と $\hat{\beta}_1$) が, 練習問題 3.5(1) で求めた単回帰モデルにおける回帰係数の推定値と等しいことを確認せよ. 同様に, 女性に関する予測値の右辺の係数 ($\hat{\beta}_0 + \hat{\beta}_2$ と $\hat{\beta}_1 + \hat{\beta}_{\text{int}}$) が, 3.1.3 節であてはめた単回帰モデル (sreg) の回帰係数の推定値と等しいことを確認せよ.

(3) (2) から, 交互作用を含むモデル (4.31) は, 切片も傾きも性別により異なるモデルと解釈することができる. このモデルを修正し, 傾きが性別により異なるが切片は共通である回帰モデルをあてはめよ.

(4) BGSall の変数 HT18 を横軸に, WT18 を縦軸に配した散布図を描け. さらに, (3) であてはめたモデルによる性別ごとの予測値を表す直線を, 色分けして散布図に描き入れよ.

4.5 3.1.3 節で実行した単回帰モデルのあてはめの結果 sreg と, 被説明変数を対数変換した単回帰モデルのあてはめの結果 sreg2 (4.2.3 節) の残差プロット・Q–Q プロットを比較し, 対数変換の効果について考察せよ.

4.6 練習問題 3.2(1) で生成したオブジェクト BGSg2 をデータとして, 被説明変数を WT18, 残りのすべての変数を説明変数とした重回帰モデルを Lasso によってあてはめたい.

(1) glmnet 関数を用いて, $\lambda = 0.1, 0.01$ の場合の回帰係数の推定値を比較し, 違いを説明せよ.

(2) cv.glmnet 関数を用いて, 最適な λ (引数 lambda) の値と, そのときの回帰係数の推定値を求めよ. ただし, cv.glmnet 関数の実行直前に set.seed(811) を実行すること. また, このときに選ばれた説明変数は練習問題 3.2(3)(4) とどのように異なるか説明せよ.

4.7 R には, airquality というオブジェクトがあらかじめ用意されている. これは, ある地域の大気の質に関するデータである.

(1) コンソールに data(airquality) と入力することで, このデータを操作できるようになる. ヘルプを参照し, このデータがいつ, どこの国でいつ採取されたものかを確認せよ. また, 変数名とそれらの意味も確認せよ.

(2) airquality データの変数 Ozone には，NA と表示された観測値が含まれていることを確認せよ．これは，本来観測すべきだった値が得られず欠損している状態を表す[39]．このままでは分析が行えないので，変数 Ozone と Wind の両方が観測されている個体のみを抽出する[40]．na.omit 関数は，そのための関数である．

```
> airQ <- na.omit(subset(airquality, select=c(Ozone,Wind)))
```

このようにして生成したオブジェクト airQ をデータとし，被説明変数を Ozone，説明変数を Wind としたノンパラメトリック回帰を平滑化スプライン法により実行せよ．

(3) オブジェクト airQ の変数 Wind を横軸に，変数 Ozone を縦軸に配した散布図を描き，(2) で得られた「最適な」df の値によって得られた回帰曲線を，散布図に描き入れよ．また，線形単回帰モデルによる回帰直線も色を変えて描き入れよ．

---

[39] 欠損した観測値（欠損値または欠測値）があるデータを**欠測データ**（missing data）という．欠測データの解析は一般に難しく，盛んに研究されている分野の 1 つである．
[40] このような処理をすることが，欠測データの解析として妥当でない場合もあるので注意してほしい．

{ 第 **5** 章 }

判別分析

　回帰分析では，被説明変数 y は量的変数であった．では，被説明変数が質的変数の場合，どうすればよいだろうか．この問いに対する答えの 1 つは，判別分析である．

　例えば，ある疾病（しっぺい）についての検査を考えよう．このとき，検査を受けた人の情報（年齢，身長，体重，飲酒習慣の有無，血液検査によって得られた数値など）から，その人が疾病に「罹患している」のか「罹患していない」のかを精度よく予測・診断したい．このような問題を**判別問題**（classification problem）とよび，解決のための方法を総称して判別分析とよぶ．判別問題は，医療だけでなくさまざまな場面で直面する．回帰・判別分析は機械学習の分野でも研究・応用が盛んであり，総称して**教師あり学習**（supervised learning）とよぶことがある．

➤ 5.1　フィッシャーの線形判別分析：2 群の場合

　判別問題のためのデータは，回帰分析と同じように $(x_1, y_1), (x_2, y_2), \ldots, (x_n, y_n)$ の形で与えられている必要がある．異なる点は，回帰分析では量的変数だった被説明変数が

$$y_i = 個体\ i\ が所属する群（カテゴリ）$$

となる点である．このとき，x_i から個体 i が所属する群を予測する方法を考えたい．患者がある病気に罹患しているかどうかの診断や，メールのスパム（迷惑メール）判定などがこの問題に相当する．

　そのための最も古典的な方法の 1 つが，**フィッシャーの線形判別分析**（Fisher's linear discriminant analysis; LDA）[*1] である．以降，これを単に線形判別分析とよぶ．線形判別分析の目的は，つぎの通りである．

> データ $(x_1, y_1), (x_2, y_2), \ldots, (x_n, y_n)$ から，x の所属する群を予測すること．

[*1] フィッシャー（Fisher, R. A., 1890–1962）はイギリスの統計学者である．推測統計学の父ともいわれ，20 世紀の最も重要な統計学者の 1 人である．

本書では，上記の「群の予測」のことを「判別」とよぶことにする．

　この目的について，まずは具体例からイメージを明確にしていこう．本節では，y_i が 2 群（2 カテゴリ）の質的変数であることを想定する．mclust パッケージには，wdbc というオブジェクトがある．これは，ウィスコンシン大学で得られた乳がんの診断に関するデータである．各観測値は，患者から採取した乳房組織の画像から得られたものである．変数 Diagnosis 以外の量的変数は，複数の腫瘍の細胞核に関する情報を数値化したものである．

```
> library(mclust) # パッケージの読み込み
> data(wdbc)      # データの読み込み
```

以降，これを乳がんデータとよぶことにする．本章では，この乳がんデータから主につぎの変数を利用する．

- Diagnosis：腫瘍が良性であるか，悪性であるか．B は**良性**（benign），M は**悪性**（maligant）を意味する．
- Radius_mean：腫瘍の直径の平均値（腫瘍はきれいな円ではないため，中心から境界までの長さの平均値として定義）．
- Smoothness_mean：腫瘍の滑らかさの平均値（中心から境界までの長さの変動を数値化したもの）．

被説明変数 y を腫瘍の良性／悪性（Diagnosis），説明変数を直径（Radius_mean）と滑らかさ（Smoothness_mean）としよう[*2]．データを調べると，357 個体が良性例であり，212 個体が悪性例であることがわかる．

```
> table(wdbc$Diagnosis)

  B   M
357 212
```

さらに，散布図（図 5.1）から腫瘍の良性／悪性を直径と滑らかさによって診断できそうに見えるだろう．

　このとき，直径と滑らかさの値から腫瘍の「悪性の度合い」を反映するスコアを作りたい．例えば，つぎのようなスコア A を考える．

$$\text{スコア A} = \text{Radius\_mean} - 800 \times \text{Smoothness\_mean}.$$

また，つぎのようなスコア B を考えることもできる．

$$\text{スコア B} = \text{Radius\_mean} + 80 \times \text{Smoothness\_mean}.$$

[*2] 以降，特に混乱を招かない限り，説明変数の名前の「平均値」という語を省いて解説を進める．

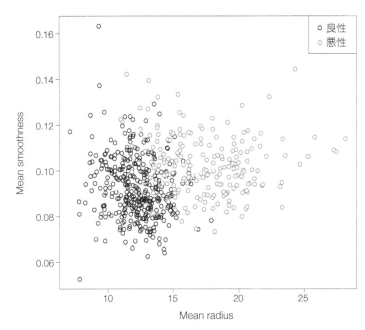

図 5.1 乳がんデータの散布図．横軸は直径の平均値，縦軸は滑らかさの平均値である．黒点と赤点は，それぞれ良性例と悪性例を表す．また，実線と破線は，それぞれスコア A とスコア B によって定義される直線である（ただし，各軸の平均値を通るように切片を調整している）．

ここで問題となるのは，どちらのスコアのほうが「悪性の度合い」をよりうまく表現しているかということである．これは，良性例と悪性例に分けて考えればよい．図 5.2 は，スコア A と B に対する良性／悪性ごとのヒストグラムである．図 5.2 の左上・左下のヒストグラムを見ると，スコア A の値は群（良性／悪性）の間で挙動にほとんど差がない．つまり，スコア A の値から良性か悪性を判別することは難しい．一方，スコア B は群によってスコアの集中する値が異なる（図 5.2 の右上・右下）．そのため，スコア B が大きい個体は「悪性の度合い」が高いと判別することができそうに見える（もちろん，良性例の中にはスコアが大きい個体もあるので，完璧に判別できるわけではない）．

それでは，スコア B より「よい」スコアは作れるだろうか．この問いは，スコアを

$$w_1 \times \text{Radius\_mean} + w_2 \times \text{Smoothness\_mean}$$

のような形で一般化し，つぎの問題を考えることに相当する．

> 最も「よい」係数 (w_1, w_2) の組は何か．

これは，回帰モデルの（偏）回帰係数パラメータを求める問題と似ている．回帰分析では，残差平方和を最小にするという基準を考えた．

判別問題では「よさ」の基準をどのように考えたらよいだろうか．線形判別分析では，基準として「群間平方和と群内平方和の比」を採用する．これらの平方和の定義は 5.4.1 節で述べることにして，

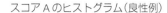

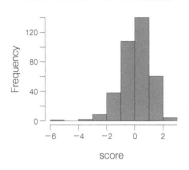

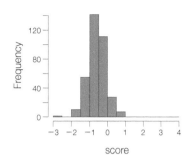

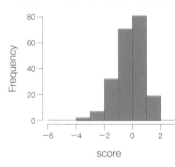

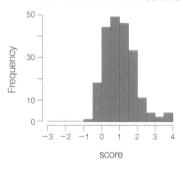

図 5.2　スコア A とスコア B の，良性／悪性別のヒストグラム．各スコアは平均値が 0，分散が 1 になるよう標準化している．

図 5.3 を用いてイメージを説明しよう．群間平方和は，各群のスコアの平均値の隔たりに関する指標である．群間のスコアの平均値の差が大きいほど，群間平方和は大きい．スコア A と B を比べてわかるように，良性例と悪性例のスコアの平均値に差があるほうが，判別に役立つことがわかる．したがって，群間平方和は大きいほうが「よい」．群内平方和は，群の中でのスコアのばらつきに関する指標である．図 5.3 のように，各群の中でスコアのばらつきが小さいと，スコアによってどちらの群に属するかを精度よく判別できる．したがって，群内平方和は小さいほうが「よい」．

　以上を考えると，群間平方和は大きく，群内平方和は小さくしたい．これを同時に達成するには，「群間平方和と群内平方和の比」を大きくすればよい．以上より，線形判別分析で解く問題はつぎのように表すことができる．

> データから，群間平方和と群内平方和の比を最大にする係数 (w_1, w_2) の組を求める．

より一般的に，説明変数は $\boldsymbol{x} = (x_1, \ldots, x_p)^\top$ と p 次元ベクトルであっても構わない．その場合は，係数ベクトル $\boldsymbol{w} = (w_1, \ldots, w_p)^\top$ を用いてスコアを $\boldsymbol{w}^\top \boldsymbol{x}$ と書くことができる．すなわち問題は，

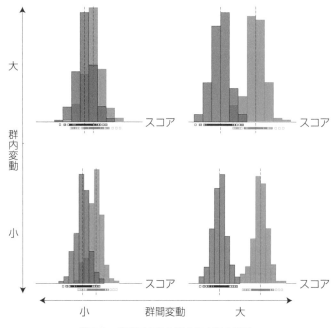

図 5.3　群間平方和と群内平方和の関係.

> データから，群間平方和と群内平方和の比を最大にする係数ベクトル w を求める

と一般化される．

➤ 5.2　線形判別分析の実行

線形判別分析は，MASS パッケージの lda 関数によって実行できる．

```
lda(formula, data)
```

引数 formula は，lm 関数と同様に「被説明変数 ~ 説明変数」の形で指定する．引数 data には，解析に用いるデータフレームを指定する．

```
library(MASS)
lda.bc <- lda(formula=Diagnosis ~ Radius_mean + Smoothness_mean, data=wdbc) # LDA の実行
```

lda 関数の出力は，つぎのようになる．

```
> lda.bc
Call:
lda(Diagnosis ~ Radius_mean + Smoothness_mean, data = wdbc)

Prior probabilities of groups:
        B         M
0.6274165 0.3725835

Group means:
  Radius_mean Smoothness_mean
B   12.14652      0.09247765
M   17.46283      0.10289849

Coefficients of linear discriminants:
                       LD1
Radius_mean      0.3970237
Smoothness_mean 34.8080918
```

この出力結果は，つぎの 4 つに分けることができる．

(1) Call：モデル式とデータの入力情報．
(2) Prior probabilities of groups：各群（カテゴリ）に所属する個体の割合．
(3) Group means：各群における説明変数の平均値．
(4) Coefficients of linear discriminants：係数ベクトル w の値．

(4) より，乳がんデータに対しては

$$w_1 \approx 0.397, \quad w_2 \approx 34.808$$

とするスコアが最も「よい」ということになる．この値は，lda.bc$scaling と入力して抽出することができる．係数の大きさが 90 倍近く異なるのは，変数の重要性を意味するのではなく変数の単位の違いによるものである．

　この係数によるスコアを用いた第 i 個体の判別には，predict 関数を用いればよい．predict 関数の出力はリスト形式であり，成分につぎの情報が格納されている．

- x：スコアのベクトル（長さは標本サイズ n と同じ）．
- posterior：各群に対する所属確率（$n \times 2$ 行列）．
- class：スコアに基づく，群の予測値ベクトル（文字列ベクトル）．

出力されるスコアは，正確には「平均値が 0 になるよう調整された」スコアである．このことは，コード 5.1 のように簡単に確認できる．

コード 5.1　lda 関数の出力するスコアの意味

```
library(MASS)
lda.bc <- lda(formula=Diagnosis ~ Radius_mean + Smoothness_mean, data=wdbc)
predict(lda.bc)$x[1]
w  <- lda.bc$scaling          # 係数ベクトル
x1 <- wdbc2$Radius_mean
x2 <- wdbc2$Smoothness_mean
score <- w[1] * x1 + w[2] * x2 # スコアの計算
score[1] - mean(score)          # 定義から平均値を引く（3行目と同じ出力）
```

コード 5.1 の 3, 8 行目の出力が同じになることがわかる.

各群の所属確率 posterior は, つぎのような形で出力される.

```
> head(predict(lda.bc)$posterior) # head 関数で行列の一部のみ表示
          B           M
1 0.012247974 0.9877520
2 0.017538071 0.9824619
3 0.004957671 0.9950423
4 0.496709400 0.5032906
5 0.006118090 0.9938819
6 0.559952361 0.4400476
```

この行列の第 i 行は, 第 i 個体の各群に対する予測確率（事後確率）を表す. 例えば, 第 1 個体は良性である確率が約 1.22%, 悪性である確率が約 98.78% と予測されたことを意味する.

各個体を悪性と判別するかどうかは, この事後確率に基づいて行う. predict 関数では, 悪性である確率の予測値が 50% を超えたら「悪性である」と判別する. 天気予報の降水確率が 50% を超えたら, 雨が降るほうに賭けるのと同様である. このような方式で群が予測されていることを, コード 5.2 で確認してみよう.

コード 5.2　予測確率（事後確率）と群の予測

```
largerpost <- apply(predict(lda.bc)$posterior, MARGIN=1, FUN=which.max)
largerpost <- ifelse(largerpost==1, "Benign", "Maligant")
table(largerpost, predict(lda.bc)$class)
```

1 行目では apply 関数を用い, 行列の各行に対して, 値が大きいほうの列番号をベクトルとして出力

する．2 行目では，1 行目の結果に基づいて Benign（良性）と Maligant（悪性）の文字列ベクトル largerpost を生成している．3 行目は，この largerpost と predict 関数の class の予測結果を比較するための 2 × 2 分割表を出力する．分割表の対角成分は，2 つの方法による群の予測値が一致する個体の数を表す．分割表の非対角成分がすべて 0 になることから，事後確率から求めた群の予測値と class の出力が一致することがわかる．

```
> table(largerpost, predict(lda.bc)$class)

largerpost   B   M
  Benign    392   0
  Maligant    0 177
```

また，群の真値 y_i とスコアから予測した群 $\hat{y}_i$ がどのくらい一致するかも table 関数で確認できる（コード 5.3）.

◀ コード 5.3　群の真値と予測値の一致具合を確認する ▶

```
1  y.true <- wdbc$Diagnosis         # 群の真値
2  y.pred <- predict(lda.bc)$class  # 群の予測値
3  table(True=y.true, Pred=y.pred)
```

3 行目の入力によって，分割表が出力される．

```
> table(True=y.true, Pred=y.pred)
     Pred
True   B   M
   B 344  13
   M  48 164
```

判別分析で得られる群の予測値の境界は，図 5.4 のような直線または（超）平面を描く．これは，スコアが説明変数の線形結合 $\boldsymbol{w}^\top \boldsymbol{x}$ で定義されることによる．

➤ 5.3　線形判別分析の結果を評価する

　本節では，線形判別分析で得られたスコアによる判別（すなわち，群の予測）がどのくらい「よい」かを測る指標を紹介する．以降，悪性と判別することを陽性，良性と判別することを陰性とよぶことにする．

　スコアに基づく判別は，つぎの 2 段階を経てなされていることに注意してほしい．

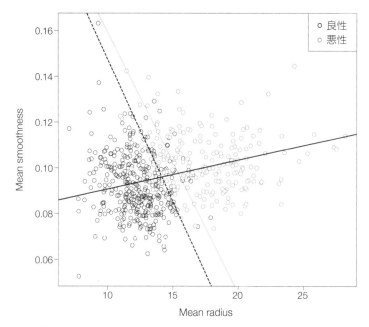

図 5.4 群の予測の境界（青線）は直線になる．黒の実線と点線は図 5.1 ものと同じで，それぞれスコア A とスコア B による群の予測の境界に対応する．

(1) スコアから，各個体が悪性である予測確率を求める．

(2) (1) の予測確率が「ある値」より大きい個体を陽性と判別し，「ある値」より予測確率が小さい個体を陰性と判別する．

(1) の求め方は 5.4.2 節で述べるとして，ここでは特に (2) を確認しておこう．5.2 節では「ある値」を 50％ としたが，必ずしもそうである必要はない．降水確率の例でいうと，人によっては降水確率が 40％ で傘をもって出かけるかもしれない．もっと心配性なら，30％ が基準かもしれない．このように，判別には確率の「切り分けの基準」が必要になる．この基準のことを**閾値**（threshold）や**カットオフ値**（cutoff point）という．`predict` 関数は，閾値を 50％ として予測値を与えていることになる．

a 誤判別率

誤判別率（error rate または misclassification rate）は，真値 y_i と予測値 $\hat{y}_i$ が異なる割合のことである．これを求めるには，コード 5.3 で生成した分割表が利用できる（コード 5.4）．

◀ **コード 5.4　誤判別率の計算** ▶

```
1   y.true <- wdbc$Diagnosis          # 群の真値（コード 5.3で定義）
2   y.pred <- predict(lda.bc)$class   # 群の予測値（コード 5.3で定義）
3   ctab   <- table(True=y.true, Pred=y.pred)
```

```
4   pctab  <- prop.table(ctab)
5   pctab[1,2] + pctab[2,1]              # 誤判別率の計算（方法A）
6   1 - sum(diag(pctab))                 # 誤判別率の計算（方法B）
```

この結果，50%（= 0.5）を閾値とした場合の誤判別率は約 10.7%であることがわかる．閾値を変えた場合の誤判別率も，lda 関数の結果から求めることができる．コード 5.5 は，閾値を 30%（= 0.3）にした場合の誤判別率を求める方法である．

◀ コード 5.5　誤判別率の計算（閾値を変えた場合）▶

```
1   y.true    <- wdbc$Diagnosis                           # 群の真値
2   pos.pred <- predict(lda.bc)$posterior[,2]             # 悪性である事後確率
3   y.pred30 <- ifelse(pos.pred>0.3, "Maligant", "Benign") # 閾値が 30%の場合の群の予測値
4   ctab30    <- table(True=y.true, Pred=y.pred30)
5   pctab30  <- prop.table(ctab30)
6   pctab30[1,2] + pctab30[2,1]                           # 誤判別率の計算
```

b 感度・特異度

群ごとに判別の性能を見るための指標が，**感度**（sensitivity）と**特異度**（specificity）である．これらは，それぞれつぎのように定義される．

$$感度 = \frac{悪性例のうち，陽性と判別された個体数}{悪性例の個体数},$$

$$特異度 = \frac{良性例のうち，陰性と判別された個体数}{良性例の個体数}.$$

乳がんデータの例でいうと，感度は，悪性例のうち，正しく陽性と判別された個体の割合である．感度のことを，**真陽性率**（true positive rate; TPR）または**再現率**（recall）という．特異度は，良性例のうち，正しく陰性と判別された個体の割合である．特異度のことを，**真陰性率**（true negative rate; TNR）ともいう．また，1 − 感度 のことを**偽陰性率**（false negative rate; FNR），1 − 特異度（TPR）のことを**偽陽性率**（false positive rate; FPR）という．表 5.1 で，それぞれの指標の対応を確認しよう[3][4]．

感度と特異度は，それぞれ悪性例と良性例ごとに正しく判別された割合に相当する．扱う問題によっては，「悪性例を誤って陰性と判別すること」の深刻さと「良性例を誤って陽性と判別すること」の深

---

[3] 感度と特異度は医学でよく用いられる用語である．一方，TPR と FPR は機械学習の分野でよく用いられる用語である．
[4] 本節では，真値が悪性／良性という例を用いているため，自然に予測結果を陽性／陰性とよび分けることができる．しかし，どちらに判別することを陽性（または陰性）とよべばよいか迷うデータもあるだろう．そのような場合は，感度と特異度に混乱が生じないよう，データの性質や目的に応じて何を陽性／陰性と考えるかを明確にする必要があるだろう．

表 5.1　分割表と感度・特異度.

	陽性	陰性	
悪性	a	c	感度：$\dfrac{a}{a+c}$
良性	b	d	特異度：$\dfrac{d}{b+d}$
	陽性的中率：$\dfrac{a}{a+b}$	陰性的中率：$\dfrac{d}{c+d}$	

刻さが異なる場合がある．死に直結するような疾病を考える場合，罹患している可能性の高い個体を見逃すことは大きな問題であり，前者の誤りのほうが後者よりも深刻である．誤判別率は，どちらの種類の誤りがより多いかの情報が潰れているため，この違いを評価できない．

　感度と特異度は，誤判別率と同様に分割表から簡単に計算できる．コード 5.4 の分割表を用いて，確認してみよう（コード 5.6）．

コード 5.6　感度・特異度の計算

```
pctab[2,2] / (pctab[2,1] + pctab[2,2]) # 感度
prop.table(pctab, margin=1)[2,2]       # 感度（1行目と同じ）
pctab[1,1] / (pctab[1,1] + pctab[1,2]) # 特異度
prop.table(pctab, margin=1)[1,1]       # 特異度（3行目と同じ）
diag(prop.table(pctab, 1))             # 特異度と感度
```

1,2 行目と 3,4 行目のどちらが感度・特異度なのかは，カテゴリ名のアルファベット順によって決まるので気をつけてほしい．また，感度と特異度も，閾値を変えると値が変わる．どちらも値が大きいほうが望ましいが，残念ながら両方同時に大きくすることはできない．つぎの 2 つを比べてみよう．

```
> diag(prop.table(pctab, 1))    # 特異度と感度（閾値 50%の場合）
        B         M
0.9635854 0.7735849
> diag(prop.table(pctab30, 1)) # 特異度と感度（閾値 30%の場合）
[1] 0.9383754 0.8726415
```

閾値を 50%から 30%に変えると感度は上がるが，特異度は下がる．このように，両者はトレードオフの関係にあることに注意してほしい．

　似たような指標として，**陽性的中率**（positive predictive value; PPV）と**陰性的中率**（negative predictive value; NPV）がある．陽性的中率のことを，**適合率**（precision）ともいう．

$$\text{陽性的中率} = \frac{\text{悪性例のうち，陽性と判別された個体数}}{\text{陽性と判別された個体数}}, \tag{5.1}$$

$$\text{陰性的中率} = \frac{\text{良性例のうち，陰性と判別された個体数}}{\text{陰性と判別された個体数}}. \tag{5.2}$$

c ROC 曲線

　閾値を変えたときの感度・特異度のふるまいを可視化したものを **ROC**（受信者動作特性；receiver operating characteristics）**曲線**[*5] という．ROC 曲線は，横軸に 1 − 特異度（FPR），縦軸に感度（TPR）を配したグラフである（図 5.5）．特異度が小さくなるにつれ，感度が単調に大きくなることが見てとれる．これが，両者のトレードオフの関係である．

　すべての閾値について感度と特異度を列挙することは煩雑である．このような問題は，pROC パッケージの roc 関数で回避できる．

```
plot(roc(response, predictor), legacy.axes)
```

roc 関数の引数は，つぎのように指定する．

- response：真値 y のベクトル（文字列でも二値の数値でも可能）．
- predictor：予測値 $\hat{y}$ の算出に用いる数値ベクトル．

引数 predictor には，例えば悪性である事後確率を指定すればよい．引数 legacy.axes は，論理値 TRUE/FALSE 横軸の表現を指定できる（デフォルトは legacy.axes=FALSE）．コード 5.7 を入力し，ROC 曲線を描いてみよう．

コード 5.7　ROC 曲線の描画

```
library(pROC)
y.true   <- wdbc$Diagnosis              # 群の真値（コード 5.3で定義）
pos.pred <- predict(lda.bc)$posterior[,2]   # 悪性である事後確率
roc.bc <- roc(response=y.true, predictor=pos.pred)
plot(roc.bc, legacy.axes=TRUE)          # 横軸が 0→1  （1− 特異度）
plot(roc.bc, legacy.axes=FALSE)         # 横軸が 1→0  （特異度）
```

[*5] ROC 曲線の研究の発端は，第 2 次世界大戦中にまでさかのぼる．敵を発見するためのレーダーを開発するための概念として提案されたものであるため，現在では「受信者動作特性」の意味がわかりづらくなっている．軍事目的的研究が，気象学や医学などの平和目的に転用された好例である．

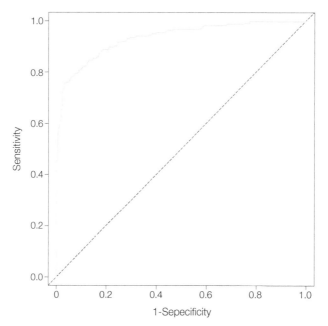

図 5.5　線形判別分析の結果に基づく ROC 曲線.

5 行目の結果が図 5.5 である.

　coords 関数の出力を利用して, 任意の閾値に対応する感度・特異度も出力できる.

```
coords(roc 関数の出力,  x)
```

引数 x に閾値を指定すると, その閾値と対応する感度・特異度を順に出力する.

```
> coords(roc.bc, x=0.5)
  threshold specificity sensitivity
  0.5000000   0.9635854   0.7735849
```

また, 引数 x に"all"と指定するとすべての閾値・感度・特異度が行列として出力される. さらに, x に x="best"と指定すると「最適」な閾値を出力する.

```
> coords(roc.bc, x="best")
  threshold specificity sensitivity
  0.2631356   0.9243697   0.8962264
```

この例では, 「最適」な閾値は約 0.263 であることがわかった. ここでいう「最適」とは, **ユーデンの**

指標（Youden index）*6 を基準とするもので

$$\text{Youden index} = \text{感度} + \text{特異度}$$

が最大になるように選ばれている*7.

　誤判別率，感度，特異度は与えられた閾値によって定まる一方で，ROC 曲線は，スコアの判別性能を（閾値に関係なく）総合的に示すグラフである．そのため，ROC 曲線は異なるスコアの「よさ」の比較に便利である．コード 5.8 を入力し，線形判別分析に基づく 2 つのスコア

　スコア C：説明変数が Radius_mean のみの場合

　スコア D：説明変数が Radius_mean と Smoothness_mean の場合（lda.bc2）

の ROC 曲線を重ね描きしてみよう．

◀ コード 5.8　ROC 曲線の比較 ▶

```
lda.bc1 <- lda(Diagnosis ~ Radius_mean, data=wdbc) # 引数名formula を省略
lda.bc2 <- lda(Diagnosis ~ Radius_mean + Smoothness_mean, data=wdbc)
pos.pred1 <- predict(lda.bc1)$posterior[,2] # スコアC
pos.pred2 <- predict(lda.bc2)$posterior[,2] # スコアD
roc.bc1 <- roc(response=y.true, predictor=pos.pred1) # y.true はコード 5.3で定義
roc.bc2 <- roc(response=y.true, predictor=pos.pred2)
plot(roc.bc1, legacy.axes=TRUE)      # スコアC に基づく ROC 曲線
plot(roc.bc2, col="red", add=TRUE)  # スコアD に基づく ROC 曲線を追加
```

---

*6 ユーデン（Youden, W. J., 1900–1971）はアメリカの統計学者である.
*7 ユーデンの指標以外にもさまざまな指標がある.

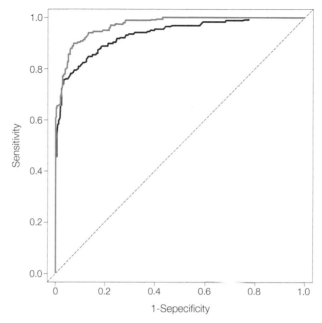

図 5.6　スコア C の ROC 曲線（黒線）とスコア D の ROC 曲線（赤線）．

図 5.6 の黒線，赤線がそれぞれがスコア C，スコア D に基づく ROC 曲線である．感度と特異度は，ともに 1 であるほうが望ましいので，左上の点 $(0, 1)$ に近い曲線のほうが「よい」スコアであることがわかる．したがって，スコア D のほうがスコア C より「よい」スコアであることがわかる．

　ROC 曲線に基づくスコアの「よさ」を，1 つの数値に要約することもできる．それが ROC 曲線下側面積である．この量を **AUC**（area under the ROC curve），または **AUROC** などとよぶ．本書では，前者のよび方に統一する．AUC の値は，roc 関数の出力のリストの成分 auc に含まれている．

```
> roc.bc1$auc # スコア C に基づく ROC 曲線の下側面積（AUC）
Area under the curve: 0.9375
> roc.bc2$auc # スコア D に基づく ROC 曲線の下側面積（AUC）
Area under the curve: 0.968
```

左上の点 $(0, 1)$ に近いような ROC 曲線ほど AUC の値が大きい．また AUC の最小値は 0 で，最大値は 1 である．また，ROC 曲線が $y = x$ という直線の場合，AUC の値は 0.5 である．これは，公平なコインの出た面で（ランダムに）群を予測することに相当する．スコア C と D の AUC（それぞれ 0.9375, 0.9680）を比べても，ROC 曲線そのもので評価した場合と同じようにスコア D のほうが「よい」スコアであるという結論になる．

➤ 5.4　線形判別分析：数理編

5.4.1　判別スコアの導出

データは，n 個の変数の組 $(\boldsymbol{x}_1, y_1), (\boldsymbol{x}_2, y_2), \ldots, (\boldsymbol{x}_n, y_n)$ である．説明変数 $\boldsymbol{x}_i$ は，p 次元の変数ベクトルであるとする（$i = 1, \ldots, n$）．また，y_i は第 i 個体がカテゴリ 1 に属するときに 1 をとり，カテゴリ 2 に属するときに 0 をとるような変数であるとする．

$$y_i = \begin{cases} 1 & (\text{第 } i \text{ 個体がカテゴリ 1 に属するとき}) \\ 0 & (\text{第 } i \text{ 個体がカテゴリ 2 に属するとき}) \end{cases}. \tag{5.3}$$

この y_i の値に合わせて，カテゴリ 1 を群 1，カテゴリ 2 を群 0 とよぶことにしよう．カテゴリ 1 と 2 の数値を逆にとっても本質的な問題ではない（$y_i' = 1 - y_i$ とすれば入れ替えられるため）．

群 1 と群 0 の標本サイズをそれぞれ n_1, n_0 とすると

$$n_1 = \sum_{i=1}^{n} y_i, \quad n_0 = \sum_{i=1}^{n} (1 - y_i) = n - n_1$$

と表すことができる．

y_i を利用した値の表現は，説明変数の群ごとの平均値ベクトル，分散共分散行列の計算に応用できる．群 1 と群 0 の平均値ベクトルを，それぞれ $\bar{\boldsymbol{x}}^{(1)}$, $\bar{\boldsymbol{x}}^{(0)}$ で表すことにする．すなわち，

$$\bar{\boldsymbol{x}}^{(1)} = \frac{1}{n_1} \sum_{i=1}^{n} y_i \boldsymbol{x}_i, \quad \bar{\boldsymbol{x}}^{(0)} = \frac{1}{n_0} \sum_{i=1}^{n} (1 - y_i) \boldsymbol{x}_i$$

である．同様に，群 1 と群 0 の分散共分散行列は，それぞれつぎのように書くことができる．

$$\boldsymbol{S}_1 = \frac{1}{n_1} \sum_{i=1}^{n} y_i (\boldsymbol{x}_i - \bar{\boldsymbol{x}}^{(1)})(\boldsymbol{x}_i - \bar{\boldsymbol{x}}^{(1)})^{\top}, \quad \boldsymbol{S}_0 = \frac{1}{n_0} \sum_{i=1}^{n} (1 - y_i)(\boldsymbol{x}_i - \bar{\boldsymbol{x}}^{(0)})(\boldsymbol{x}_i - \bar{\boldsymbol{x}}^{(0)})^{\top}.$$

つぎに，第 i 個体のスコア s_i を，p 次元ベクトル $\boldsymbol{w} = (w_1, w_2, \ldots, w_p)^{\top}$ を用いて

$$s_i = \boldsymbol{w}^{\top} \boldsymbol{x}_i \tag{5.4}$$

と定める．線形判別分析の目標は，この $\boldsymbol{w}$ の「よい」値をデータから求めることである．「よさ」の指標は，群間平方和と群内平方和の比であった．

まずはスコア全体の変動を，群間平方和と群内平方和に分解しよう．スコアの平均値を $\bar{s}$，各群のスコアの平均値を $\bar{s}_1, \bar{s}_0$ とすると，それぞれ

$$\bar{s} = \frac{1}{n} \sum_{i=1}^{n} s_i, \quad \bar{s}_1 = \frac{1}{n_1} \sum_{i=1}^{n} y_i s_i, \quad \bar{s}_0 = \frac{1}{n_0} \sum_{i=1}^{n} (1 - y_i) s_i \tag{5.5}$$

と表すことができる．スコアの平均値からの偏差平方和 V は，

$$V = \sum_{i=1}^{n}(s_i - \bar{s})^2$$

と書くことができる．この V は，$\bar{s}_1$ と $\bar{s}_0$ を用いてつぎのように分解できる．

$$
\begin{aligned}
V &= \sum_{i=1}^{n} y_i(s_i - \bar{s})^2 + \sum_{i=1}^{n}(1 - y_i)(s_i - \bar{s})^2 \\
&= \sum_{i=1}^{n} y_i \left\{(s_i - \bar{s}_1) + (\bar{s}_1 - \bar{s})\right\}^2 + \sum_{i=1}^{n}(1 - y_i)\left\{(s_i - \bar{s}_0) + (\bar{s}_0 - \bar{s})\right\}^2 \\
&= \sum_{i=1}^{n} y_i(s_i - \bar{s}_1)^2 + n_1(\bar{s}_1 - \bar{s})^2 + \sum_{i=1}^{n}(1 - y_i)(s_i - \bar{s}_0)^2 + n_0(\bar{s}_0 - \bar{s})^2.
\end{aligned}
\tag{5.6}
$$

ここで，式 (5.4) と $\bar{s}_k = \boldsymbol{w}^\top \boldsymbol{x}^{(k)}$ を利用すれば，式 (5.6) の第 1 項は

$$
\begin{aligned}
\sum_{i=1}^{n} y_i(s_i - \bar{s}_1)^2 &= \sum_{i=1}^{n} y_i \left\{\boldsymbol{w}^\top(\boldsymbol{x}_i - \bar{\boldsymbol{x}}^{(1)})\right\}^2 \\
&= \sum_{i=1}^{n} y_i \boldsymbol{w}^\top(\boldsymbol{x}_i - \bar{\boldsymbol{x}}^{(1)})(\boldsymbol{x}_i - \bar{\boldsymbol{x}}^{(1)})^\top \boldsymbol{w} \\
&= n_1 \boldsymbol{w}^\top \left(\frac{1}{n_1}\sum_{i=1}^{n} y_i(\boldsymbol{x}_i - \bar{\boldsymbol{x}}^{(1)})(\boldsymbol{x}_i - \bar{\boldsymbol{x}}^{(1)})^\top\right) \boldsymbol{w} \\
&= n_1 \boldsymbol{w}^\top \boldsymbol{S}_1 \boldsymbol{w}
\end{aligned}
\tag{5.7}
$$

となる．式 (5.6) の第 3 項に対しても同様に

$$
\sum_{i=1}^{n}(1 - y_i)(s_i - \bar{s}_0)^2 = n_0 \boldsymbol{w}^\top \boldsymbol{S}_0 \boldsymbol{w}
\tag{5.8}
$$

を得る．また $\bar{s} = \dfrac{n_1\bar{s}_1 + n_0\bar{s}_0}{n}$ より，式 (5.6) の第 2, 4 項はそれぞれ

$$
n_1(\bar{s}_1 - \bar{s})^2 = n_1\left(\frac{n_0(\bar{s}_1 - \bar{s}_0)}{n}\right)^2 - \frac{n_1 n_0^2}{n^2}(\bar{s}_1 - \bar{s}_0)^2,
\tag{5.9}
$$

$$
n_0(\bar{s}_0 - \bar{s})^2 = n_0\left(\frac{n_1(\bar{s}_0 - \bar{s}_1)}{n}\right)^2 = \frac{n_1^2 n_0}{n^2}(\bar{s}_1 - \bar{s}_0)^2
\tag{5.10}
$$

となる．式 (5.7)～(5.10) より，V は

$$
\begin{aligned}
V &= \boldsymbol{w}^\top(n_1\boldsymbol{S}_1 + n_0\boldsymbol{S}_0)\boldsymbol{w} + \left(\frac{n_1 n_0^2}{n^2} + \frac{n_1^2 n_0}{n^2}\right)(\bar{s}_1 - \bar{s}_0)^2 \\
&= \boldsymbol{w}^\top(n_1\boldsymbol{S}_1 + n_0\boldsymbol{S}_0)\boldsymbol{w} + \frac{n_1 n_0}{n}\left\{\boldsymbol{w}^\top(\bar{\boldsymbol{x}}^{(1)} - \bar{\boldsymbol{x}}^{(0)})\right\}^2 \\
&= \boldsymbol{w}^\top(n_1\boldsymbol{S}_1 + n_0\boldsymbol{S}_0)\boldsymbol{w} + \frac{n_1 n_0}{n}\boldsymbol{w}^\top(\bar{\boldsymbol{x}}^{(1)} - \bar{\boldsymbol{x}}^{(0)})(\bar{\boldsymbol{x}}^{(1)} - \bar{\boldsymbol{x}}^{(0)})^\top \boldsymbol{w}
\end{aligned}
\tag{5.11}
$$

と表すことができる．式 (5.11) の第 1 項が各群内でのスコアのばらつきを表す群内平方和，第 2 項が各群のスコアの平均値の隔たりを表す群間平方和である．以上から，$\boldsymbol{w}$ に関係ない定数 $n_1 n_0 / n$ を除いた 2 項の比

$$R(\boldsymbol{w}) = \frac{\boldsymbol{w}^\top (\bar{\boldsymbol{x}}^{(1)} - \bar{\boldsymbol{x}}^{(0)})(\bar{\boldsymbol{x}}^{(1)} - \bar{\boldsymbol{x}}^{(0)})^\top \boldsymbol{w}}{\boldsymbol{w}^\top (n_1 \boldsymbol{S}_1 + n_0 \boldsymbol{S}_0) \boldsymbol{w}} = \frac{\boldsymbol{w}^\top \boldsymbol{V}_{\mathrm{B}} \boldsymbol{w}}{\boldsymbol{w}^\top \boldsymbol{V}_{\mathrm{W}} \boldsymbol{w}} \tag{5.12}$$

を導くことができる[8]．ただし，$\boldsymbol{V}_{\mathrm{B}} = (\bar{\boldsymbol{x}}^{(1)} - \bar{\boldsymbol{x}}^{(0)})(\bar{\boldsymbol{x}}^{(1)} - \bar{\boldsymbol{x}}^{(0)})^\top$，$\boldsymbol{V}_{\mathrm{W}} = n_1 \boldsymbol{S}_1 + n_0 \boldsymbol{S}_0$ である．これが，線形判別分析において最大化する関数（目的関数）である．結果から述べると，この $R(\boldsymbol{w})$ を最大にする解は

$$\hat{\boldsymbol{w}} = \boldsymbol{V}_{\mathrm{W}}^{-1} (\bar{\boldsymbol{x}}^{(1)} - \bar{\boldsymbol{x}}^{(0)}) \tag{5.13}$$

である．

　式 (5.13) を示す概略はつぎの通りである．$p \times p$ 行列 $\boldsymbol{V}_{\mathrm{W}}$ は実対称行列であるから，ある直交行列 $\boldsymbol{U}$ によって

$$\boldsymbol{U}^\top \boldsymbol{V}_{\mathrm{W}} \boldsymbol{U} = \mathrm{diag}(\lambda_1, \ldots, \lambda_p)$$

と対角化可能[9]である．ここで，$\lambda_1, \ldots, \lambda_p$ は $\boldsymbol{V}_{\mathrm{W}}$ の固有値であり，$\mathrm{diag}(\lambda_1, \ldots, \lambda_p)$ は (j, j) 成分が λ_j であるような p 次対角行列である（$j = 1, \ldots, p$）．$\boldsymbol{\Lambda} = \mathrm{diag}(\lambda_1, \ldots, \lambda_p)$ とおき，$\boldsymbol{V}_{\mathrm{W}}$ が正定値行列であると仮定すると[10]，固有値はすべて正なので $\boldsymbol{\Lambda}^{1/2} = \mathrm{diag}(\sqrt{\lambda_1}, \ldots, \sqrt{\lambda_p})$ が定義できる．これを用いて，$\boldsymbol{z} = \boldsymbol{\Lambda}^{1/2} \boldsymbol{U} \boldsymbol{w}$ と変数変換を行うと，$\boldsymbol{w} = \boldsymbol{U}^\top \boldsymbol{\Lambda}^{-1/2} \boldsymbol{z}$ であるから，

$$\frac{\boldsymbol{w}^\top \boldsymbol{V}_{\mathrm{B}} \boldsymbol{w}}{\boldsymbol{w}^\top \boldsymbol{V}_{\mathrm{W}} \boldsymbol{w}} = \frac{\boldsymbol{z}^\top \boldsymbol{\Lambda}^{-1/2} \boldsymbol{U} \boldsymbol{V}_{\mathrm{B}} \boldsymbol{U}^\top \boldsymbol{\Lambda}^{-1/2} \boldsymbol{z}}{\boldsymbol{z}^\top \boldsymbol{z}} \tag{5.14}$$

となる．この式 (5.14) 右辺の $\boldsymbol{z}$ に関する最大化問題は，元の最大化問題と等価である．行列の 2 次形式と固有値の関係から，式 (5.14) の最大値を与える $\boldsymbol{z}$ は行列 $\boldsymbol{\Lambda}^{-1/2} \boldsymbol{U} \boldsymbol{V}_{\mathrm{B}} \boldsymbol{U}^\top \boldsymbol{\Lambda}^{-1/2}$ の最大固有値に対応する固有ベクトルである[11]．また，この行列の固有ベクトルの 0 でない固有値はただ 1 つであり，これに対応する固有ベクトルは $\boldsymbol{\Lambda}^{-1/2} \boldsymbol{U} (\bar{\boldsymbol{x}}^{(1)} - \bar{\boldsymbol{x}}^{(0)})$ である[12]．以上より，$\boldsymbol{z} = \boldsymbol{\Lambda}^{-1/2} \boldsymbol{U} (\bar{\boldsymbol{x}}^{(1)} - \bar{\boldsymbol{x}}^{(0)})$ のとき，式 (5.14) は最大値を達成し，$\boldsymbol{z}$ を $\boldsymbol{w}$ について整理すれば式 (5.13) の右辺を得る[13]．

　lda 関数の出力する係数（成分名 scaling）は，$\boldsymbol{w}^\top \boldsymbol{V}_{\mathrm{W}} \boldsymbol{w} = n - 2$ となるように $\boldsymbol{w}$ が定数倍され

---

[8] 添え字の B と W は，それぞれ between と within の頭文字をとったものである．

[9] 行列の対角化は，行列の**固有値分解**（eigendecomposition）と本質的に同等である．固有値分解については，椎名ら (2019) の 4.3 節を参照してほしい．

[10] $\boldsymbol{\Lambda}$ は λ の大文字である．p 次正方行列 $\boldsymbol{A}$ が正定値行列であるとは，任意の $\boldsymbol{z} \in \mathbb{R}^p$（ただし $\boldsymbol{z} \neq \boldsymbol{0}$）について

$$\boldsymbol{z}^\top \boldsymbol{A} \boldsymbol{z} > 0$$

が成り立つことをいう．各群の分散共分散行列が正則であれば，$\boldsymbol{V}_{\mathrm{W}}$ は正定値行列である．

[11] 椎名ら (2019) の定理 4.6 を参照してほしい．

[12] ベクトル $\boldsymbol{a}(\neq \boldsymbol{0})$ により生成される行列 $\boldsymbol{a}\boldsymbol{a}^\top$ の固有値は $\boldsymbol{a}^\top \boldsymbol{a}$ と 0 であり，前者に対応する固有ベクトルは $\boldsymbol{a}$ である．文章中の行列は $\boldsymbol{a} = \boldsymbol{\Lambda}^{-1/2} \boldsymbol{U} (\bar{\boldsymbol{x}}^{(1)} - \bar{\boldsymbol{x}}^{(0)})$ とおけば得られるので，求めたい固有ベクトルも直ちに得られる．

[13] $\boldsymbol{V}_{\mathrm{W}}^{-1} = \boldsymbol{U}^\top \boldsymbol{\Lambda}^{-1} \boldsymbol{U}$ であることを用いればよい．

ているので，式 (5.13) の通りに計算した値とは異なることに注意してほしい（練習問題 5.3）.

5.4.2　y_i の予測値

ここでは，事後確率の予測値と群の予測値 $\hat{y}_i$ について簡潔に述べる．第 i 個体の群の予測値は，$\hat{\boldsymbol{w}}$ によるスコア $\hat{s}_i = \hat{\boldsymbol{w}}^\top \boldsymbol{x}_i$ と適当な実数 u により

$$
\hat{y}_i = \mathbb{I}\{\hat{s}_i > u\} = \begin{cases} 1 & (\hat{s}_i > u \text{ のとき}) \\ 0 & (\hat{s}_i \le u \text{ のとき}) \end{cases} \tag{5.15}
$$

と，指示関数 (4.28) を用いて表すことができる．lda 関数では，この u の値として

$$
u = \hat{\boldsymbol{w}}^\top \left(\frac{\bar{\boldsymbol{x}}^{(1)} + \bar{\boldsymbol{x}}^{(0)}}{2} \right) + \frac{1}{n-2} \log \left(\frac{n_0}{n_1} \right) \tag{5.16}
$$

を用いている．また，図 5.4 で描かれた直線は $\hat{s}_i = u$ となる点の集合である．予測値 $\hat{y}_i$ は，$p_k = \dfrac{n_k}{n}$，$\hat{\boldsymbol{\Sigma}} = \dfrac{1}{n-2} \boldsymbol{V}_{\mathrm{W}}$ として第 i 個体の**事後確率**（posterior probability）の予測値を

$$
\text{post}_i = \frac{p_1 \exp\left(-\frac{1}{2}(\boldsymbol{x}_i - \bar{\boldsymbol{x}}^{(1)})^\top \hat{\boldsymbol{\Sigma}}^{-1} (\boldsymbol{x}_i - \bar{\boldsymbol{x}}^{(1)}) \right)}{p_1 \exp\left(-\frac{1}{2}(\boldsymbol{x}_i - \bar{\boldsymbol{x}}^{(1)})^\top \hat{\boldsymbol{\Sigma}}^{-1} (\boldsymbol{x}_i - \bar{\boldsymbol{x}}^{(1)}) \right) + p_0 \exp\left(-\frac{1}{2}(\boldsymbol{x}_i - \bar{\boldsymbol{x}}^{(0)})^\top \hat{\boldsymbol{\Sigma}}^{-1} (\boldsymbol{x}_i - \bar{\boldsymbol{x}}^{(0)}) \right)}
\tag{5.17}
$$

と定義し，閾値を 1/2 として予測を行うことと同等である．この事後確率の意味については，多変量正規分布を導入し 5.4.5 節で説明する．

5.4.3　判別スコアの評価指標：標本に対する定義

ここでは，標本から求められる判別スコアの評価指標について定義を与える．式 (5.15) の不等式 $\hat{s}_i > u$ は，適当な閾値 $t \in (0, 1)$ と事後確率 (5.17) により $\text{post}_i > t$ と変形できる．このことから，t を明示して第 i 個体の予測値を $\hat{y}_i(t) = \mathbb{I}\{\text{post}_i > t\}$ と表すことにする．このとき，誤判別率 $\text{err}(t)$ はつぎのように書くことができる．

$$
\text{err}(t) = \frac{1}{n} \sum_{i=1}^{n} \mathbb{I}\{y_i \ne \hat{y}_i(t)\}. \tag{5.18}
$$

同様に，感度 $\text{sens}(t)$ と特異度 $\text{spec}(t)$ はつぎのように書くことができる．

$$
\text{sens}(t) = \frac{1}{n_1} \sum_{i=1}^{n} \mathbb{I}\{y_i = 1 \text{ かつ } \hat{y}_i(t) = 1\}, \quad \text{spec}(t) = \frac{1}{n_0} \sum_{i=1}^{n} \mathbb{I}\{y_i = 0 \text{ かつ } \hat{y}_i(t) = 0\}.
$$

また，これらはつぎのように書くこともできる．

$$\mathrm{sens}(t) = \frac{1}{n_1} \sum_{i=1}^{n} y_i \hat{y}_i(t) = \frac{1}{n_1} \sum_{i=1}^{n} y_i \mathbb{I} \left\{ \mathrm{post}_i > t \right\}, \tag{5.19}$$

$$\mathrm{spec}(t) = \frac{1}{n_0} \sum_{i=1}^{n} (1 - y_i)(1 - \hat{y}_i(t)) = \frac{1}{n_0} \sum_{i=1}^{n} (1 - y_i) \mathbb{I} \left\{ \mathrm{post}_i \leq t \right\}. \tag{5.20}$$

ROC 曲線は，t に関してすべての異なる点 $(1 - \mathrm{spec}(t), \mathrm{sens}(t))$ を平面座標の上に配し，線分でつないだ曲線である．ROC 曲線の下側面積 AUC は，その図形を長方形または台形に分割してそれぞれの面積を計算し，それらの和をとることにより計算できる．その値は，つぎの式で表すことができる．

$$\mathrm{auc} = \frac{1}{n_1 n_0} \sum_{i=1}^{n} \sum_{j=1}^{n} H_{ij} y_i (1 - y_j), \quad H_{ij} = \left\{ \begin{array}{ll} 1 & (\mathrm{post}_i > \mathrm{post}_j \text{のとき}) \\ \frac{1}{2} & (\mathrm{post}_i = \mathrm{post}_j \text{のとき}) \\ 0 & (\mathrm{post}_i < \mathrm{post}_j \text{のとき}) \end{array} \right. .$$

auc の値を求めるには，通常 n^2 個の和（本質的には $n_1 n_0$ 個）を計算する必要がある．

5.4.4 判別スコアの評価指標：母集団に対する定義

ここでは，確率に基づいた誤判別率や感度・特異度の定義を紹介する．4.1.1 節で述べたように，標本の背後には母集団が想定されていると考えるのが統計的推測の基本的な設定である．そこで，確率変数の組 $(\boldsymbol{X}, Y)$ の従う確率分布があり，これが母集団を規定すると考える．つぎに，$(\boldsymbol{X}, Y)$ の従う確率分布から無作為に抽出した n 個の組 $(\boldsymbol{x}_1, y_1), \ldots, (\boldsymbol{x}_n, y_n)$ を標本とする．これらは，4.1.1 節の図 4.1 における母集団と標本の対応と同じである．別の言い方をすると，標本 $(\boldsymbol{x}_i, y_i)$ $(i = 1, \ldots, n)$ の背後にある構造（母集団のふるまい）を規定するものが $(\boldsymbol{X}, Y)$ の確率分布である，という考え方である．このような設定のもとでは，5.4.3 節で説明したさまざまな量は，実は確率変数 $(\boldsymbol{X}, Y)$ に関する確率の値を標本に基づいて推定したものと見ることができる．

条件付き確率 $\mathrm{P}[Y = 1 | \boldsymbol{X} = \boldsymbol{x}]$ に対するモデルを $m(\boldsymbol{x})$ と書くことにする．これは，説明変数ベクトルの値が $\boldsymbol{x}$ であるとき，被説明変数が 1 となる確率の予測値を与える関数のことである．このモデルには，5.4.5 節で紹介する 2 つの多変量正規分布モデルや，6 章で紹介するロジスティック回帰モデルなどさまざまなものが考えられる．値域が $[0, 1]$ であれば，$m(\boldsymbol{x})$ はどんな関数でもよい．したがって，一般に真の条件付き確率 $\mathrm{P}[Y = 1 | \boldsymbol{X} = \boldsymbol{x}]$ とモデル $m(\boldsymbol{x})$ は一致しないことに注意しよう．モデル $m(\boldsymbol{x})$ に基づく群（Y の値）の予測値を，閾値 $t \in (0, 1)$ を用いて，

$$z_t(\boldsymbol{x}; m) = \mathbb{I} \left\{ m(\boldsymbol{x}) > t \right\} = \left\{ \begin{array}{ll} 1 & (m(\boldsymbol{x}) > t \text{のとき}) \\ 0 & (m(\boldsymbol{x}) \leq t \text{のとき}) \end{array} \right.$$

と定義する．

a 誤判別率

閾値 t に対するモデル m の誤判別率 $\mathrm{Err}(t; m)$ はつぎのように表される．

$$\text{Err}(t; m) = \text{P}\left[Y \neq z_t(\boldsymbol{X}; m)\right] = \int_{\mathcal{X}} \text{P}\left[Y \neq z_t(\boldsymbol{x}; m) | \boldsymbol{X} = \boldsymbol{x}\right] f(\boldsymbol{x}) d\boldsymbol{x}.$$

ここで，$\mathcal{X}$ は $\boldsymbol{X}$ がとりうる値の空間，f は $\boldsymbol{X}$ の（同時）確率密度関数である．

　誤判別率は，モデル m を真の条件付き確率とし，閾値を $t = 1/2$ としたとき最小になる．このことを不等式で表すと，つぎのようになる．$m^*(\boldsymbol{x}) = \text{P}\left[Y = 1 | \boldsymbol{X} = \boldsymbol{x}\right]$ としたとき，任意の閾値 $t \in (0, 1)$ と任意のモデル $m(\boldsymbol{x})$ に対して

$$\text{Err}(1/2; m^*) \leq \text{Err}(t; m) \tag{5.21}$$

が成り立つ．式 (5.21) の左辺の確率を，**ベイズ誤判別率**（Bayes error rate）という．ベイズ誤判別率は，母集団に対する誤判別率の理論的な下限である．すなわち，$(\boldsymbol{X}, Y)$ の確率分布が 1 つ定まっている母集団を想定する場合に，ベイズ誤判別率よりも誤判別率を下げるような予測値を与える方法は存在しない．

証明 不等式 (5.21) を証明しよう．まず，条件 $\boldsymbol{X} = \boldsymbol{x}$ を与えたときの誤判別率はつぎのように表される．

$$
\begin{aligned}
\text{P}\left[Y \neq z_t(\boldsymbol{x}; m) | \boldsymbol{X} = \boldsymbol{x}\right] &= 1 - \text{P}\left[Y = z_t(\boldsymbol{x}; m) | \boldsymbol{X} = \boldsymbol{x}\right] \\
&= 1 - \text{P}\left[Y = 1 | \boldsymbol{X} = \boldsymbol{x}\right] z_t(\boldsymbol{x}; m) - \text{P}\left[Y = 0 | \boldsymbol{X} = \boldsymbol{x}\right](1 - z_t(\boldsymbol{x}; m)) \\
&= 1 - m^*(\boldsymbol{x}) \mathbb{I}\{m(\boldsymbol{x}) > t\} - (1 - m^*(\boldsymbol{x})) \mathbb{I}\{m(\boldsymbol{x}) \leq t\} \\
&= (1 - 2m^*(\boldsymbol{x})) \mathbb{I}\{m(\boldsymbol{x}) > t\} + m^*(\boldsymbol{x}).
\end{aligned}
$$

以上より，モデル m^* と m の条件付き誤判別率の差は

$$
\begin{aligned}
&\text{P}\left[Y \neq z_{1/2}(\boldsymbol{x}, m^*) | \boldsymbol{X} - \boldsymbol{x}\right] - \text{P}\left[Y \neq z_t(\boldsymbol{x}; m) | \boldsymbol{X} = \boldsymbol{x}\right] \\
&= (1 - 2m^*(\boldsymbol{x})) \left(\mathbb{I}\left\{m^*(\boldsymbol{x}) > \frac{1}{2}\right\} - \mathbb{I}\{m(\boldsymbol{x}) > t\}\right) \leq 0 \tag{5.22}
\end{aligned}
$$

となる．式 (5.22) の不等号は，$m^*(\boldsymbol{x}) > 1/2$ の場合と $m^*(\boldsymbol{x}) \leq 1/2$ の場合に分けて考えると容易に導くことができる．以上より，式 (5.22) の最左辺を $f(\boldsymbol{x})$ で積分して

$$\int_{\mathcal{X}} \left\{\text{P}\left[Y \neq z_{1/2}(\boldsymbol{x}; m^*) | \boldsymbol{X} = \boldsymbol{x}\right] - \text{P}\left[Y \neq z_t(\boldsymbol{x}; m) | \boldsymbol{X} = \boldsymbol{x}\right]\right\} f(\boldsymbol{x}) d\boldsymbol{x} \leq 0$$

であり，上式左辺は $\text{Err}(1/2; m^*) - \text{Err}(p; m)$ に等しい．　■

不等式 (5.21) は，$z_{1/2}(\boldsymbol{x}; m^*)$ がベイズ誤判別率を与える唯一の予測値であることを意味しないので注意しよう[*14]．

[*14] 任意の狭義単調増加関数 $g : [0, 1] \to [0, 1]$ により変換した予測値 $z_{g(1/2)}(\boldsymbol{x}; g(m^*))$ もベイズ誤判別率を達成する．

誤判別率 $\mathrm{Err}(t; m)$ と，式 (5.18) の $\mathrm{err}(t)$ は何が違うのだろうか．それは，前者が母集団のパラメータ（推定したいもの）の値であり，後者がその標本に基づいた推定値（データから計算可能な量）であるという点である．データが従う確率分布の構造は一般に未知である（そうでなければ，データから推測する必要がない）．そのため，同じ確率分布から互いに独立に抽出した標本 $(\boldsymbol{x}_1, y_1), (\boldsymbol{x}_2, y_2), \ldots, (\boldsymbol{x}_n, y_n)$ を用いて $\mathrm{Err}(t; m)$ を

$$\mathrm{err}(t; m) = \frac{1}{n} \sum_{i=1}^{n} \mathbb{I}\{y_i \neq z_t(\boldsymbol{x}_i; m)\}$$

によって推定しているのである．この式は，標本から求める量という点で式 (5.18) と本質的に同じである．この考え方は，つぎの感度・特異度・ROC 曲線とその下側面積（AUC）でも同様である．

b 感度・特異度

閾値 t に対するモデル m の感度 $\mathrm{Sens}(t; m)$，特異度 $\mathrm{Spec}(t; m)$ はそれぞれつぎのように表される．

$$\mathrm{Sens}(t; m) = \mathrm{P}\left[z_t(\boldsymbol{X}; m) = 1 | Y = 1\right] = \mathrm{P}\left[m(\boldsymbol{X}) > t | Y = 1\right],$$
$$\mathrm{Spec}(t; m) = \mathrm{P}\left[z_t(\boldsymbol{X}; m) = 0 | Y = 0\right] = \mathrm{P}\left[m(\boldsymbol{X}) \leq t | Y = 0\right].$$

誤判別率は，これらを用いて表現することもできる．$\pi_1 = \mathrm{P}\left[Y = 1\right]$ とすると

$$\begin{aligned}
\mathrm{Err}\,(t; m) &= \mathrm{P}\left[Y \neq z_t(\boldsymbol{X}; m)\right] \\
&= \mathrm{P}\left[Y = 1, z_t(\boldsymbol{X}; m) = 0\right] + \mathrm{P}\left[Y = 0, z_t(\boldsymbol{X}; m) = 1\right] \\
&= \mathrm{P}\left[z_t(\boldsymbol{X}; m) = 0 | Y = 1\right]\mathrm{P}\left[Y = 1\right] + \mathrm{P}\left[z_t(\boldsymbol{X}; m) = 1 | Y = 0\right]\mathrm{P}\left[Y = 0\right] \\
&= \pi_1(1 - \mathrm{Sens}(t; m)) + (1 - \pi_1)(1 - \mathrm{Spec}(t; m))
\end{aligned}$$

を得る．

c ROC 曲線・AUC

ROC 曲線は，閾値 t に関してすべての異なる点 $(1 - \mathrm{Spec}(t; m), \mathrm{Sens}(t; m))$ を平面座標の上に配し，階段状に線分でつないだ曲線である．この ROC 曲線の下側面積 AUC は，確率として表現することもできる．同じ確率分布に従う互いに独立な $(\boldsymbol{X}_1, Y_1)$ と $(\boldsymbol{X}_2, Y_2)$ を用いて

$$\mathrm{AUC}(m) = \mathrm{P}\left[m(\boldsymbol{X}_1) > m(\boldsymbol{X}_2) | Y_1 = 1, Y_2 = 0\right]. \tag{5.23}$$

これは，$\overline{\mathrm{Spec}}(t; m) = 1 - \mathrm{Spec}(t; m)$，$Y = 0$ を条件付けたもとでの $m(\boldsymbol{X})$ の確率密度関数を h_0 と表すと

$$\mathrm{AUC}(m) = \int_1^0 \mathrm{P}\left[m(\boldsymbol{X}_1) > t, m(\boldsymbol{X}_2) = t | Y_1 = 1, Y_2 = 0\right] dt$$

$$= \int_1^0 \mathrm{P}\left[m(\boldsymbol{X}_1) > t | Y_1 = 1\right] h_0(m(\boldsymbol{x}) = t) dt \tag{5.24}$$

$$= \int_0^1 \mathrm{Sens}(t; m) d\overline{\mathrm{Spec}}(t; m) \tag{5.25}$$

となり，感度を $(1-$ 特異度$)$ で積分する式 (5.25)，すなわち AUC が導かれる．等式 (5.24) は，$(\boldsymbol{X}_1, Y_1)$ と $(\boldsymbol{X}_2, Y_2)$ が独立であることを利用した．また，最後の等式 (5.25) では

$$\frac{d}{dt}\overline{\mathrm{Spec}}(t; m) = \frac{d}{dt}\mathrm{P}\left[m(\boldsymbol{X}) > t | Y = 0\right] = -h_0(t) \Leftrightarrow -h_0(t)dt = d\overline{\mathrm{Spec}}(t; m)$$

を形式的に利用している．式 (5.23) の表現は，悪性の集団 $(Y_1 = 0)$ のほうが良性の集団 $(Y_2 = 0)$ よりも m の値が大きい（$m(\boldsymbol{X}_1) > m(\boldsymbol{X}_2)$ である）確率を意味する．4.3 節で述べたように，AUC が 1 に近いほど m がよい（すなわち悪性と良性を分離しやすい）モデルになることが理解できる．逆に，AUC が 0.5 より小さい場合は，悪性例よりも良性例を「悪性である」と予測してしまっている．このような場合は，モデル m を $\bar{m}(\boldsymbol{x}) = 1 - m(\boldsymbol{x})$ と反転させたモデルが自然であり，

$$\begin{aligned}
\mathrm{AUC}(\bar{m}) &= \mathrm{P}\left[\bar{m}(\boldsymbol{X}_1) > \bar{m}(\boldsymbol{X}_2) | Y_1 = 1, Y_2 = 0\right] \\
&= \mathrm{P}\left[m(\boldsymbol{X}_1) < m(\boldsymbol{X}_2) | Y_1 = 1, Y_2 = 0\right] = 1 - \mathrm{AUC}(m)
\end{aligned} \tag{5.26}$$

であるから，AUC は 0.5 を超えるようになる．したがって，AUC が 0.5 を下回る場合にはモデル m に基づく予測 $z_t(\boldsymbol{x}; m)$ そのものを疑うべきである．

▶ 5.4.5　2 つの多変量正規分布モデル

　線形判別分析は，多変量正規分布と密接な関係にある．ここでは，5.4.4 節で導入した確率変数に具体的な確率分布を考え，式 (5.17) が事後確率の予測値になることを示そう．

　まず，つぎの 3 条件からなる確率モデルを考える．

(BN1)　$\mathrm{P}\left[Y = 1\right] = \pi_1$，$\mathrm{P}\left[Y = 0\right] = \pi_0 = 1 - \pi_1$．

(BN2)　$Y = 1$ を与えたもとで，$\boldsymbol{X}$ は p 変量正規分布 $N_p(\boldsymbol{\mu}_1, \boldsymbol{\Sigma})$ に従う．ここで，$\boldsymbol{\mu}_1$ は p 次元ベクトル，$\boldsymbol{\Sigma}$ は p 次正方行列である．

(BN3)　$Y = 0$ を与えたもとで，$\boldsymbol{X}$ は p 変量正規分布 $N_p(\boldsymbol{\mu}_0, \boldsymbol{\Sigma})$ に従う．ここで，$\boldsymbol{\mu}_0$ は $\boldsymbol{\mu}_1$ と異なる p 次元ベクトル，$\boldsymbol{\Sigma}$ は p 次正方行列である．

これらを仮定したモデルを，**2 つの多変量正規分布モデル**（binormal model）という．条件 (BN2) と (BN3) を，それぞれ $\boldsymbol{X}|_{Y=1} \sim N_p(\boldsymbol{\mu}_1, \boldsymbol{\Sigma})$，$\boldsymbol{X}|_{Y=0} \sim N_p(\boldsymbol{\mu}_0, \boldsymbol{\Sigma})$（$\boldsymbol{\mu}_0 \neq \boldsymbol{\mu}_1$）と表すこともある．4.1.4 節で簡単に紹介した多変量正規分布（ここでは p 変量正規分布）は，つぎの同時確率密度関数によって定義される確率分布である．

$$f(\boldsymbol{x}; \boldsymbol{\mu}, \boldsymbol{\Sigma}) = \frac{1}{(2\pi)^{p/2}|\boldsymbol{\Sigma}|^{1/2}} \exp\left(-\frac{1}{2}(\boldsymbol{x} - \boldsymbol{\mu})^\top \boldsymbol{\Sigma}^{-1}(\boldsymbol{x} - \boldsymbol{\mu})\right). \tag{5.27}$$

この p 次元ベクトル $\boldsymbol{\mu}$ を平均ベクトル（期待値ベクトル），$p \times p$ 行列（正定値行列）$\boldsymbol{\Sigma}$ を分散共分散行列という[*15]．多変量正規分布は連続型確率変数に対する確率分布なので，ここで考えるモデルではつぎを仮定していることになる．

- 説明変数はすべて連続型量的変数である．
- 説明変数ベクトルが従う確率分布は多変量正規分布である．
- 多変量正規分布の平均ベクトルは，群間で値が異なる．
- 群が異なっても，多変量正規分布の分散共分散行列の値は同じである．

仮定 (BN1)〜(BN3) を用いて，事後確率 $\mathrm{P}[Y=1|\boldsymbol{X}=\boldsymbol{x}]$ を求めよう[*16]．$\boldsymbol{X}$ の周辺確率密度関数を f とおく．このとき，任意の $\boldsymbol{x} \in \mathbb{R}^p$ に対して $f(\boldsymbol{x}) = f(\boldsymbol{x}; \boldsymbol{\mu}_1, \boldsymbol{\Sigma})\mathrm{P}[Y=1] + f(\boldsymbol{x}; \boldsymbol{\mu}_0, \boldsymbol{\Sigma})\mathrm{P}[Y=0]$ と書けることと，ベイズの定理[*17] より

$$\mathrm{P}[Y=1|\boldsymbol{X}=\boldsymbol{x}] = \frac{\mathrm{P}[Y=1]f(\boldsymbol{x}; \boldsymbol{\mu}_1, \boldsymbol{\Sigma})}{f(\boldsymbol{x})} \quad (f(\boldsymbol{x}) > 0 \text{ より})$$
$$= \frac{\pi_1 f(\boldsymbol{x}; \boldsymbol{\mu}_1, \boldsymbol{\Sigma})}{\pi_1 f(\boldsymbol{x}; \boldsymbol{\mu}_1, \boldsymbol{\Sigma}) + \pi_0 f(\boldsymbol{x}; \boldsymbol{\mu}_0, \boldsymbol{\Sigma})} \tag{5.28}$$

と表すことができる．ここで，式 (5.27) を式 (5.28) に代入して整理すると

$$\mathrm{P}[Y=1|\boldsymbol{X}=\boldsymbol{x}] = \frac{\pi_1 \exp\left(-\frac{1}{2}(\boldsymbol{x}-\boldsymbol{\mu}_1)^\top \boldsymbol{\Sigma}^{-1}(\boldsymbol{x}-\boldsymbol{\mu}_1)\right)}{\pi_1 \exp\left(-\frac{1}{2}(\boldsymbol{x}-\boldsymbol{\mu}_1)^\top \boldsymbol{\Sigma}^{-1}(\boldsymbol{x}-\boldsymbol{\mu}_1)\right) + \pi_0 \exp\left(-\frac{1}{2}(\boldsymbol{x}-\boldsymbol{\mu}_0)^\top \boldsymbol{\Sigma}^{-1}(\boldsymbol{x}-\boldsymbol{\mu}_0)\right)} \tag{5.29}$$

を得る．ここで，確率分布を規定する未知のパラメータを標本 $(\boldsymbol{x}_1, y_1), \ldots, (\boldsymbol{x}_n, y_n)$ からつぎのように推定する．

- π_1 と π_0：5.4.2 節の $p_k = n_k/n$ $(k=0,1)$ により推定．
- $\boldsymbol{\mu}_1$ と $\boldsymbol{\mu}_0$：それぞれ，5.4.1 節の $\bar{\boldsymbol{x}}^{(1)}$ と $\bar{\boldsymbol{x}}^{(0)}$ により推定．
- $\boldsymbol{\Sigma}$：5.4.2 節の $\hat{\boldsymbol{\Sigma}}$ により推定．

上記のパラメータの推定値を式 (5.29) に代入すると，式 (5.17) を得る．すなわち，事後確率の予測値とよんだ post_i は，モデル (BN1)〜(BN3) に基づく母集団の確率 $\mathrm{P}[Y=1|\boldsymbol{X}=\boldsymbol{x}_i]$ を標本から推定したものであることがわかる．

また，式 (5.28) に戻り，この分母と分子を $\pi_0 f(\boldsymbol{x}; \boldsymbol{\mu}_0, \boldsymbol{\Sigma})$ で割ると

$$\mathrm{P}[Y=1|\boldsymbol{X}=\boldsymbol{x}] = \frac{\{\pi_1 f(\boldsymbol{x}; \boldsymbol{\mu}_1, \boldsymbol{\Sigma})/\pi_0 f(\boldsymbol{x}; \boldsymbol{\mu}_0, \boldsymbol{\Sigma})\}}{\{\pi_1 f(\boldsymbol{x}; \boldsymbol{\mu}_1, \boldsymbol{\Sigma})/\pi_0 f(\boldsymbol{x}; \boldsymbol{\mu}_0, \boldsymbol{\Sigma})\} + 1} \tag{5.30}$$

[*15] μ はミューと読む．

[*16] なぜこの条件付き確率を事後確率とよぶかというと，説明変数 $\boldsymbol{x}$ の情報が与えられた「後の」$Y=1$ となる確率という意味からである．これに対して，(BN1) の確率 $\mathrm{P}[Y=1]$ と $\mathrm{P}[Y=0]$ を $\boldsymbol{x}$ の情報が与えられる「前の」という意味で**事前確率**（prior probability）ということがある．ベイズ（Bayes, T., 1701–1761）はイギリスの牧師・数学者である．

[*17] 濱田（2019）の定理 2.3 を参照してほしい．

と表すことができる．ここで，確率密度関数の式 (5.27) を式 (5.30) に代入すると

$$
\begin{aligned}
\frac{\pi_1 f(\boldsymbol{x};\boldsymbol{\mu}_1,\boldsymbol{\Sigma})}{\pi_0 f(\boldsymbol{x};\boldsymbol{\mu}_0,\boldsymbol{\Sigma})} &= \frac{\frac{\pi_1}{(2\pi)^{p/2}|\boldsymbol{\Sigma}|^{1/2}} \exp\left(-\frac{1}{2}(\boldsymbol{x}-\boldsymbol{\mu}_1)^\top \boldsymbol{\Sigma}^{-1}(\boldsymbol{x}-\boldsymbol{\mu}_1)\right)}{\frac{\pi_0}{(2\pi)^{p/2}|\boldsymbol{\Sigma}|^{1/2}} \exp\left(-\frac{1}{2}(\boldsymbol{x}-\boldsymbol{\mu}_0)^\top \boldsymbol{\Sigma}^{-1}(\boldsymbol{x}-\boldsymbol{\mu}_0)\right)} \\
&= \frac{\pi_1}{\pi_0} \exp\left(\frac{1}{2}\Big\{-(\boldsymbol{x}-\boldsymbol{\mu}_1)^\top \boldsymbol{\Sigma}^{-1}(\boldsymbol{x}-\boldsymbol{\mu}_1) + (\boldsymbol{x}-\boldsymbol{\mu}_0)^\top \boldsymbol{\Sigma}^{-1}(\boldsymbol{x}-\boldsymbol{\mu}_0)\Big\}\right) \\
&= \frac{\pi_1}{\pi_0} \exp\left((\boldsymbol{\mu}_1-\boldsymbol{\mu}_0)^\top \boldsymbol{\Sigma}^{-1}\boldsymbol{x} - \frac{1}{2}(\boldsymbol{\mu}_1-\boldsymbol{\mu}_0)^\top \boldsymbol{\Sigma}^{-1}(\boldsymbol{\mu}_1+\boldsymbol{\mu}_0)\right) \\
&= \exp\left((\boldsymbol{\mu}_1-\boldsymbol{\mu}_0)^\top \boldsymbol{\Sigma}^{-1}\boldsymbol{x} - \frac{1}{2}(\boldsymbol{\mu}_1-\boldsymbol{\mu}_0)^\top \boldsymbol{\Sigma}^{-1}(\boldsymbol{\mu}_1+\boldsymbol{\mu}_0) + \log\left(\frac{\pi_1}{\pi_0}\right)\right)
\end{aligned}
$$
$$(5.31)$$

を得る．ここで，ベクトル $\boldsymbol{\beta}^*$ と実数 β_0^* をそれぞれ

$$
\boldsymbol{\beta}^* = (\boldsymbol{\mu}_1-\boldsymbol{\mu}_0)^\top \boldsymbol{\Sigma}^{-1}, \quad \beta_0^* = -\frac{1}{2}(\boldsymbol{\mu}_1-\boldsymbol{\mu}_0)^\top \boldsymbol{\Sigma}^{-1}(\boldsymbol{\mu}_1+\boldsymbol{\mu}_0) + \log\left(\frac{\pi_1}{\pi_0}\right)
$$

とおくと，式 (5.31) は $\exp(\beta_0^* + \boldsymbol{\beta}^{*\top}\boldsymbol{x})$ と表せる．さらにこれを式 (5.28) に代入すれば，

$$
\mathrm{P}\left[Y=1|\boldsymbol{X}=\boldsymbol{x}\right] = \frac{\exp\left(\beta_0^* + \boldsymbol{\beta}^{*\top}\boldsymbol{x}\right)}{1 + \exp\left(\beta_0^* + \boldsymbol{\beta}^{*\top}\boldsymbol{x}\right)}
$$
$$(5.32)$$

となる．これは，6 章で取り扱うロジスティック回帰モデルの形に等しい（ただし，6 章ではベクトル $\boldsymbol{x}$ に定数項を含めるため，この次元が 1 異なることに注意しよう）．2 つの多変量正規分布モデルとロジスティック回帰モデルと多変量正規分布モデルの違いについては，6.1.6 節で説明する．

また，(BN2) と (BN3) の分散共分散行列がそれぞれ $\boldsymbol{\Sigma}_1$ と $\boldsymbol{\Sigma}_0$ であり，かつ $\boldsymbol{\Sigma}_1 \neq \boldsymbol{\Sigma}_0$ であるとき，式 (5.32) の指数部分は線形関数ではなく 2 次関数となる．

➤ 5.5 フィッシャーの線形判別分析：3 群以上の場合

フィッシャーの線形判別分析は，被説明変数 y が 3 群以上の場合にも適用可能である．例として，HSAUR パッケージの skulls データを考えよう．これは，（古代）エジプト人の頭蓋骨のサイズに関するデータで，各変数はつぎのような意味である．

- mb, bh, bl, nh：頭蓋骨の測定値（幅，高さ，歯槽骨の長さ，鼻の高さ）．
- epoch：頭蓋骨の年代（紀元前 4000 年から西暦 150 年までの 5 群）．

頭蓋骨の測定値から，頭蓋骨の年代カテゴリを判別する問題を考える．このときも，2 群の場合とまったく同様に lda 関数を用いればよい．

```
> library(HSAUR)
> lda.skulls <- lda(formula=epoch ~ ., data=skulls)
> lda.skulls
Call:
lda(epoch ~ ., data = skulls)

Prior probabilities of groups:
c4000BC c3300BC c1850BC  c200BC  cAD150
    0.2     0.2     0.2     0.2     0.2

Group means:
              mb      bh       bl       nh
c4000BC 131.3667 133.6000 99.16667 50.53333
c3300BC 132.3667 132.7000 99.06667 50.23333
c1850BC 134.4667 133.8000 96.03333 50.56667
c200BC  135.5000 132.3000 94.53333 51.96667
cAD150  136.1667 130.3333 93.50000 51.36667

Coefficients of linear discriminants:
            LD1         LD2         LD3          LD4
mb   0.12667629  0.03873784  0.09276835  0.1488398644
bh  -0.03703209  0.21009773 -0.02456846 -0.0004200843
bl  -0.14512512 -0.06811443  0.01474860  0.1325007670
nh   0.08285128 -0.07729281 -0.29458931  0.0668588797

Proportion of trace:
   LD1    LD2    LD3    LD4
0.8823 0.0809 0.0326 0.0042
```

2 群の場合と異なるのは，`Coefficients of linear discriminants` が複数個の係数（LD1 から LD4 まで）ある点である．これは，群を判別するために，複数個のスコアを作成するからである．説明変数の数を p，群の数を C とすると，スコアの数は $\min(p, C-1)$ 個得られる．また，`Proportion of trace` は各スコアの相対的な重要度を表す．これらの説明は省略する．

このスコアや群の予測についても，同様に `predict` 関数を用いればよい．

```
> y.pred <- predict(lda.skulls)$class
> y.true <- skulls$epoch
> table(True=y.true, Pred=y.pred)
          Pred
True      c4000BC c3300BC c1850BC c200BC cAD150
  c4000BC      12       8       4      4      2
  c3300BC      10       8       5      4      3
  c1850BC       4       4      15      2      5
  c200BC        3       3       7      5     12
  cAD150        2       4       4      9     11
```

prop.table 関数などを用いれば，誤判別率は 66% であることがわかる（練習問題 5.4）．

3 群以上の場合には，一般に感度や特異度は定義されない．そのため，ROC 曲線やその下側面積 AUC も定義されない．

➤ 5.6 線形判別分析（3 群以上の場合）：数理編

ここでは，被説明変数が 3 群以上の場合の群の予測値について説明する．まず，被説明変数が 2 群の場合の事後確率の予測値を改めて考えてみよう．$p_1 = p_0 = 1/2$ のとき，閾値 $1/2$ で群を予測することは式 (5.17) を変形して

$$\text{post}_i > \frac{1}{2} \text{ならば} \hat{y}_i = 1$$

$$\Leftrightarrow \left(\boldsymbol{x}_i - \bar{\boldsymbol{x}}^{(1)}\right)^\top \hat{\boldsymbol{\Sigma}}^{-1} \left(\boldsymbol{x}_i - \bar{\boldsymbol{x}}^{(1)}\right) \leq \left(\boldsymbol{x}_i - \bar{\boldsymbol{x}}^{(0)}\right)^\top \hat{\boldsymbol{\Sigma}}^{-1} \left(\boldsymbol{x}_i - \bar{\boldsymbol{x}}^{(0)}\right) \text{ ならば } \hat{y}_i = 1$$

$$\Leftrightarrow \sqrt{\left(\boldsymbol{x}_i - \bar{\boldsymbol{x}}^{(1)}\right)^\top \hat{\boldsymbol{\Sigma}}^{-1} \left(\boldsymbol{x}_i - \bar{\boldsymbol{x}}^{(1)}\right)} \leq \sqrt{\left(\boldsymbol{x}_i - \bar{\boldsymbol{x}}^{(0)}\right)^\top \hat{\boldsymbol{\Sigma}}^{-1} \left(\boldsymbol{x}_i - \bar{\boldsymbol{x}}^{(0)}\right)} \text{ ならば } \hat{y}_i = 1 \quad (5.33)$$

と書き換えることができる．式 (5.33) の左辺を，$\boldsymbol{x}_i$ と $\bar{\boldsymbol{x}}^{(1)}$ の**マハラノビス距離**（Mahalanobis distance）という[18]．マハラノビス距離は，p 次正方行列 $\hat{\boldsymbol{\Sigma}}$ により重みづけられた距離と解釈することができる．$\hat{\boldsymbol{\Sigma}} = \boldsymbol{I}_p$（$p$ 次単位行列）のとき，マハラノビス距離は通常の（ユークリッド）距離になる．したがって，事後確率の式 (5.17) に基づく群の予測は，マハラノビス距離が小さいほうの群に判別することに相当する．

この考え方は，被説明変数が 3 群以上の場合にも適用できる．つまり，群 $1, 2, \ldots, C$ ごとの説明変数ベクトルの平均値をそれぞれ $\bar{\boldsymbol{x}}^{(1)}, \bar{\boldsymbol{x}}^{(2)}, \ldots, \bar{\boldsymbol{x}}^{(C)}$ とするとき，第 i 個体の群の予測値 $\hat{y}_i$ を

$$\sqrt{\left(\boldsymbol{x}_i - \bar{\boldsymbol{x}}^{(k)}\right)^\top \hat{\boldsymbol{\Sigma}}^{-1} \left(\boldsymbol{x}_i - \bar{\boldsymbol{x}}^{(k)}\right)} \text{ が最小となる } k \in \{1, \ldots, C\}$$

とすることに相当する．実際には，predict 関数は群の割合などで調整した第 k 群に対する事後確率

---

[18] マハラノビス（Mahalanobis, P. C., 1893–1972）は，インドの統計学者である．

の予測値

$$
\mathrm{post}_i(k) = \frac{p_k \exp\left(-\frac{1}{2}(\boldsymbol{x}_i - \bar{\boldsymbol{x}}^{(k)})^\top \hat{\boldsymbol{\Sigma}}^{-1}(\boldsymbol{x}_i - \bar{\boldsymbol{x}}^{(k)})\right)}{\sum_{\ell=1}^{C} p_\ell \exp\left(-\frac{1}{2}(\boldsymbol{x}_i - \bar{\boldsymbol{x}}^{(\ell)})^\top \hat{\boldsymbol{\Sigma}}^{-1}(\boldsymbol{x}_i - \bar{\boldsymbol{x}}^{(\ell)})\right)} \tag{5.34}
$$

が最大となる $k \in \{1, \ldots, C\}$ を群の予測値とする．ここで，$y_{ik} = \mathbb{I}\{$ 第 i 個体が第 k 群に属する $\}$
として

$$
n_k = \sum_{i=1}^{n} y_{ik}, \quad p_k = \frac{n_k}{n}, \quad \bar{\boldsymbol{x}}^{(k)} = \frac{1}{n_k}\sum_{i=1}^{n} y_{ik}\boldsymbol{x}_i, \quad \boldsymbol{S}_k = \frac{1}{n_k}\sum_{i=1}^{n} y_{ik}\left(\boldsymbol{x}_i - \bar{\boldsymbol{x}}^{(k)}\right)\left(\boldsymbol{x}_i - \bar{\boldsymbol{x}}^{(k)}\right)^\top
$$

と表し，$\hat{\boldsymbol{\Sigma}}$ として分散共分散行列

$$
\frac{1}{n-C}\sum_{k=1}^{C} n_k \boldsymbol{S}_k
$$

を用いている．

➤ 第5章 練習問題

5.1 式 (5.13), (5.15), (5.16) を参考に，図 5.4 と同じ図を描け．

5.2 rrcov パッケージに含まれるオブジェクト hemophilia は，血友病に関するデータである．こ
れは，各患者（個体）の属する群を表す変数 gr（carrier は血友病保因者，normal は健常者
を表す），AHFactivity, AHFantigen からなる．AHFactivity は抗血友病因子（AHF）の対
数をとった量であり，AHFantigen は AHFactivity に類似した別の量である．変数 gr を被説
明変数として，つぎの問いに答えよ．

(1) 群ごとに 2 つの変数 AHFactivity と AHFantigen のヒストグラムや要約などを行い，ど
ちらが判別に役立つ変数であると考えられるか比較・検討せよ．

(2) lda 関数を用いて，AHFactivity のみを説明変数とした判別分析を実行せよ．この結果によ
る，閾値 1/2 での群の予測を示す式を，指示関数と実数 v を用いて $\hat{y} = \mathbb{I}\{\mathtt{AHFactivity} > v\}$
または $\hat{y} = \mathbb{I}\{\mathtt{AHFactivity} < v\}$ の形で表せ．

(3) lda 関数を用いて，AHFantigen のみを説明変数とした判別分析を実行せよ．この結果に
よる，閾値 1/2 での群の予測を示す式を，(2) と同様に指示関数を用いて表せ．

(4) (2) と (3) の結果に基づく誤判別率を求め，(1) で考えたことと合わせて結果を考察せよ．

(5) (2) と (3) で行った群の予測を，閾値を 3/5 に変更して実行せよ．また，両者の誤判別率を
求め，どちらが「よい」予測であるか比較せよ．

(6) (2) と (3) の結果に基づく ROC 曲線と AUC を求め，どちらが「よい」予測であるか比較
せよ．

(7) lda 関数を用いて，説明変数として AHFactivity と AHFantigen の両方を用いた判別分析を実行せよ．また，この結果による（閾値 1/2 での）群の予測の境界となる直線を，横軸と縦軸にそれぞれ AHFactivity と AHFantigen を配した散布図に描き入れよ．さらに，(2) と (3) で表した式による予測の境界も散布図に描き入れよ．

(8) (7) の結果に基づく ROC 曲線を描き，AUC を求めよ．また，ci.auc(roc 関数の出力) と入力し，AUC の 95％信頼区間を計算せよ．

5.3 練習問題 5.2(7) で得られた lda 関数の出力リストの成分 scaling のベクトルは，式 (5.13) により得られるベクトルの定数倍になっていることを確認せよ．

5.4 オブジェクト skulls をデータとして，lda 関数を用いて判別分析を実行せよ．また，判別の結果を表す分割表を作り，誤判別率を計算せよ．

5.5 R には，iris というオブジェクトがあらかじめ用意されている．これは，アヤメ（アイリス）に関するデータで，変数として Sepal.Length（がく片の長さ），Sepal.Width（がく片の幅），Petal.Length（花弁の長さ），Petal.Width（花弁の幅），Species（アヤメの品種）が含まれている．また，アヤメの品種は setosa, virginica, versicolor の 3 種類である．

(1) Species 以外のすべての変数の散布図行列を描け．ただし，各個体の品種がわかるように色分けすること．

(2) lda 関数を用いて，被説明変数を Species，説明変数をそれ以外のすべての変数とした判別分析を実行せよ．

(3) (2) の結果に基づき群の予測値を求め，誤判別を表す分割表を作れ．また，誤判別率も計算せよ．

(4) (2) による予測で，誤判別された個体がどのような観測値をもつか確認しなさい．また，散布図または散布図行列で個体の位置を確認せよ．

{ 第 **6** 章 }

ロジスティック回帰モデル

　本章では，5 章の判別分析に続いて被説明変数 y が質的変数のときの分析方法を紹介する．ロジスティック回帰モデルが判別分析と異なる点は，y に関する確率モデルから出発する点である．これにより，より具体的な形で確率の予測値を与えることができる．さらに，ロジスティック回帰モデルが，線形判別分析と密接な関係があることも説明する．

➤ 6.1 ロジスティック回帰モデル

◉ 6.1.1 ロジスティック回帰モデルとは：確率モデルからの出発

　5 章と同様に，データを n 個の変数の組 $(\boldsymbol{x}_1, y_1), (\boldsymbol{x}_2, y_2), \ldots, (\boldsymbol{x}_n, y_n)$ とする．当面，被説明変数 y_i は 2 群の質的変数であり，値は 0 または 1 をとるものとする（$y_i \in \{0, 1\}$）．非常に素朴に考えると，式 (5.3) のような被説明変数 y_i を量的変数とみなして線形回帰モデル (3.14)

$$y_i = \beta_0 + \beta_1 x_{i1} + \beta_2 x_{i2} + \cdots + \beta_p x_{ip} + \varepsilon_i$$

をあてはめることは可能である．線形回帰モデルの予測値は，0 と 1 だけでなく実数値をとるので，これを「説明変数が $\boldsymbol{x}_i$ のとき $y_i = 1$ となる確率」と考えるのは 1 つのアイデアである．しかし，この考え方には大きな問題があることを，前章に引き続き乳がんデータ wdbc を例として見ていこう．被説明変数を Diagnosis（の数値に変換したもの），説明変数を Radius_mean とした線形回帰モデルのあてはめは，つぎのように実行できる．

```
> library(mclust)
> data(wdbc)
> y01 <- ifelse(wdbc$Diagnosis=="M", 1, 0)              # 被説明変数：M を 1，B を 0 とする
> sreg.y01 <- lm(formula=y01 ~ Radius_mean, data=wdbc) # 線形単回帰モデルのあてはめ
> plot(wdbc$Radius_mean, y01, col=y01+1)
> abline(coef(sreg.y01))
```

図 6.1 からわかるように，直径 Radius_mean の値によっては確率の予測値 $\hat{y}_i$ が 1 を超えたり，負の値をとったりすることがある．このように，このデータへの線形回帰モデルのあてはめは，確率として解釈できない場合が生じるため不適切であることがわかる．

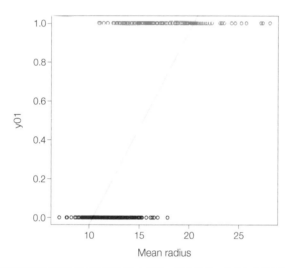

図 6.1　質的変数の被説明変数に線形回帰モデルをあてはめた結果．赤色の点，黒色の点はそれぞれ悪性例，良性例を表す．

線形回帰モデルの素朴なあてはめに問題があることがわかったので，目的をより明確にして確率モデルを考えよう．まず，つぎのような方針を考える．

- 説明変数の線形結合 $\beta_0 + \beta_1 x_{i1} + \beta_2 x_{i2} + \cdots + \beta_p x_{ip}$ を使って y_i を説明する．
- この線形結合は実数値全体をとるので，$[0, 1]$ の範囲しか値をとらない確率への「変換」を行う．

これらの方針に合致するモデルが，**ロジスティック回帰モデル**（logistic regression models）である．これは，2.3.2 節で紹介した確率（割合）p に対するオッズ比 $p/(1-p)$ をもとに，条件付き確率の対数オッズをつぎのようにモデル化したものである．

$$\log\left(\frac{\mathrm{P}\left[Y=1|\boldsymbol{X}=\boldsymbol{x}_i\right]}{\mathrm{P}\left[Y=0|\boldsymbol{X}=\boldsymbol{x}_i\right]}\right) = \beta_0 + \beta_1 x_{i1} + \beta_2 x_{i2} + \cdots + \beta_p x_{ip}. \tag{6.1}$$

ここで，Y と $\boldsymbol{X}$ は確率変数であり，それぞれ観測値 y_i と $\boldsymbol{x}_i$ の背後にある確率分布を規定する（と想定する）変数である[*1]．式 (6.1) の両辺の指数関数を考えて，$\mathrm{P}\,[Y=0|\boldsymbol{X}=\boldsymbol{x}_i]=1-\mathrm{P}\,[Y=1|\boldsymbol{X}=\boldsymbol{x}_i]$ であることに注意すると，つぎのように表すこともできる．

$$\frac{\mathrm{P}\,[Y=1|\boldsymbol{X}=\boldsymbol{x}_i]}{\mathrm{P}\,[Y=0|\boldsymbol{X}=\boldsymbol{x}_i]} = \exp\left(\beta_0 + \beta_1 x_{i1} + \beta_2 x_{i2} + \cdots + \beta_p x_{ip}\right)$$

$$\Leftrightarrow \mathrm{P}\,[Y=1|\boldsymbol{X}=\boldsymbol{x}_i] = \frac{\exp\left(\beta_0 + \beta_1 x_{i1} + \beta_2 x_{i2} + \cdots + \beta_p x_{ip}\right)}{1 + \exp\left(\beta_0 + \beta_1 x_{i1} + \beta_2 x_{i2} + \cdots + \beta_p x_{ip}\right)}. \tag{6.2}$$

すなわち，ロジスティック回帰モデルは $s_i = \beta_0 + \beta_1 x_{i1} + \beta_2 x_{i2} + \cdots + \beta_p x_{ip}$ を確率の値の範囲に変換したものとみなすことができる．$\mathrm{P}\,[Y=1|\boldsymbol{X}=\boldsymbol{x}_i] = \dfrac{1}{1+e^{-s_i}}$ と書けることから，s_i が大きくなるほど条件付き確率 $\mathrm{P}\,[Y=1|\boldsymbol{X}=\boldsymbol{x}_i]$ は 1 に近づき，逆に小さくなるほど 0 に近づく．図 6.2 は，$p=1$ の場合の例である．

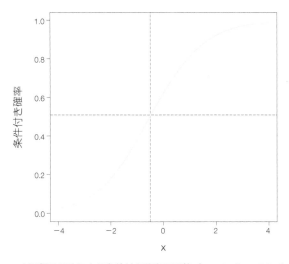

図 6.2　ロジスティック回帰モデルによる条件付き確率の形状（$p=1$, $\beta_0=0.5$, $\beta_1=1.0$ の場合）．

ロジスティック回帰モデルによる分析の目的は，線形回帰モデルと同様に，

> データ $(\boldsymbol{x}_1, y_1), (\boldsymbol{x}_2, y_2), \ldots, (\boldsymbol{x}_n, y_n)$ から，$\boldsymbol{\beta} = (\beta_0, \beta_1, \beta_2, \ldots, \beta_p)^{\top}$ の値を求めること

である．ロジスティック回帰モデルでは，モデル (6.2) の左辺が直接観測されないこともあり，残差を計算できない．そこで，残差平方和 (3.16) の最小化ではなく尤度関数の最大化を行うことによって

[*1] 観測値 $(\boldsymbol{x}_i, y_i)$ は確率変数の実現値とよばれる．確率変数 Z とその実現値 z は，それぞれ「サイコロ」と「サイコロを振って出た目」に対応するようなイメージをもつとよい．サイコロは，目の出方についての「確率分布を規定するもの」に相当する．

パラメータ $\beta_0, \beta_1, \ldots, \beta_p$ の値を求める（最尤法）[*2].

● 6.1.2　ロジスティック回帰モデルのあてはめ

ロジスティック回帰モデルのあてはめは，glm 関数によって実行できる[*3].

```
glm(formula, data, family=binomial)
```

引数 formula と引数 data は，lm 関数とまったく同様である．family=binomial は，ロジスティック回帰モデルを指定する．ロジスティック回帰モデルのあてはめだけでなく，回帰係数の推定値（$\hat{\beta}_0, \hat{\beta}_1, \ldots, \hat{\beta}_p$）の出力なども 2 章と同様に可能である．

```
> lreg1 <- glm(formula=Diagnosis ~ Radius_mean, family=binomial, data=wdbc)
> coef(lreg1)
(Intercept) Radius_mean
 -15.245871    1.033589
```

これは説明変数が Radius mean のみのロジスティック回帰モデルであるが，lm 関数と同様に「+」で複数の説明変数を加えることも可能である．glm 関数の出力を入力とする主な関数は，つぎの通りである．

(1) coef：回帰係数の推定値を出力（ベクトル）．
(2) fitted：予測値を出力（ベクトル）．
(3) predict：別のデータに対する予測値を出力（ベクトル）．
(4) resid：残差を出力（ベクトル）．
(5) confint：回帰係数の信頼区間を出力（行列）．
(6) summary：回帰分析の結果の詳細を出力（リスト）．

特に，coef 関数と confint 関数は lm 関数の場合と同様の結果を出力する．
　fitted 関数は，確率 $\mathrm{P}\,[Y=1|\boldsymbol{X}=\boldsymbol{x}_i]$ の予測値を

$$\hat{\mathrm{P}}\,[Y=1|\boldsymbol{X}=\boldsymbol{x}_i] = \frac{\exp\left(\hat{\beta}_0 + \hat{\beta}_1 x_{i1} + \cdots + \hat{\beta}_p x_{ip}\right)}{1 + \exp\left(\hat{\beta}_0 + \hat{\beta}_1 x_{i1} + \cdots + \hat{\beta}_p x_{ip}\right)}. \tag{6.3}$$

として出力する関数である．これを利用して，説明変数と確率の予測値の関係をプロットできる（説明変数が 1 個の場合）．コード 6.1 を入力して，図 6.1 と比較してみよう．

[*2] 尤度関数については，4.4.1 節と 6.1.4 節を参考にしてほしい．
[*3] generalized linear model（一般化線形モデル）の意味である．

◀ コード 6.1　ロジスティック回帰モデル：乳がんデータの場合 ▶

```
1  y01 <- ifelse(wdbc$Diagnosis=="M", 1, 0)      # 被説明変数：M を 1，B を 0 とする
2  sreg.y01 <- lm(y01 ~ Radius_mean, data=wdbc) # 線形回帰モデル（引数名formula を省略）
3  lreg1 <- glm(Diagnosis ~ Radius_mean, family=binomial, data=wdbc) # ロジスティック回帰モデル
4  phat  <- fitted(lreg1)
5  x      <- wdbc$Radius_mean
6  plot(x, y01, col=-y01+3 , xlab="Mean radius")
7  points(x[order(x)], phat[order(x)], type="l")
8  abline(coef(sreg.y01), lty=2)
```

式 (6.3) から，ロジスティック回帰モデルによる予測値は必ず $[0,1]$ の範囲に収まることがわかる.
predict 関数も線形回帰モデルとほぼ同様だが，引数 type によって出力を変更できる.

```
predict(glm 関数の出力, newdata, type)
```

デフォルトは「type="link"」であり，これは引数 newdata の値 $x_1, x_2, \ldots, x_p$ に対して

$$\hat{\beta}_0 + \hat{\beta}_1 x_1 + \cdots + \hat{\beta}_p x_p$$

を出力する.「type="response"」と指定すれば，これは引数 newdata のデータに対して確率の予測値 (6.3) を出力する. したがって，この場合に引数 newdata を指定しなければ，predict 関数と fitted 関数の出力はまったく同じである（コード 6.2）.

◀ コード 6.2　predict 関数による予測値の出力 ▶

```
1  predict(lreg1)                          # デフォルト
2  predict(lreg1, type="link")             # 1行目と同じ
3  predict(lreg1, newdata=data.frame(Radius_mean=17), type="link")
4  beta <- coef(lreg1)                     # パラメータベクトルの推定値
5  beta[1] + beta[2] * 17                  # 3行目と同じ値
6  predict(lreg1, type="response")         # fitted 関数と同じ
7  predict(lreg1, newdata=data.frame(Radius_mean=17), type="response")
8  1 / (1 + exp(-beta[1] - beta[2] * 17)) # 7行目と同じ値
```

ロジスティック回帰モデルのあてはめ結果の詳細は，lm 関数と同様に summary 関数で出力できる.

```
> summary(lreg1)

Call:
glm(formula = Diagnosis ~ Radius_mean, family = binomial, data = wdbc)

Deviance Residuals:
    Min       1Q   Median       3Q      Max
-2.5470  -0.4694  -0.1746   0.1513   2.8098

Coefficients:
             Estimate Std. Error z value Pr(>|z|)
(Intercept) -15.24587    1.32463  -11.51   <2e-16 ***
Radius_mean   1.03359    0.09311   11.10   <2c-16 ***
---
Signif. codes:  0 '***' 0.001 '**' 0.01 '*' 0.05 '.' 0.1 ' ' 1

(Dispersion parameter for binomial family taken to be 1)

    Null deviance: 751.44  on 568  degrees of freedom
Residual deviance: 330.01  on 567  degrees of freedom
AIC: 334.01

Number of Fisher Scoring iterations: 6
```

出力 Call と Coefficients には lm 関数と同様に，それぞれモデル式と回帰係数の推定値の情報が含まれている．線形回帰モデル（3.1.4 節）と異なる箇所は，つぎの通りである．

(6.a) Deviance Residuals: 逸脱度残差とよばれる残差に関する情報．ロジスティック回帰モデルでは，線形回帰モデルとは異なり，残差にいくつかの定義が存在する．逸脱度残差 d_i はそのうちの 1 つであり，観測値を $y_i \in \{0,1\}$，予測値を $\hat{p}_i = \hat{\mathrm{P}}\,[Y = 1|\boldsymbol{X} = \boldsymbol{x}_i]$ とすると，

$$
d_i = \begin{cases}
\sqrt{-2\log \hat{p}_i} & (y_i = 1 \text{ のとき}) \\
-\sqrt{-2\log(1 - \hat{p}_i)} & (y_i = 0 \text{ のとき})
\end{cases} \tag{6.4}
$$

と定義される．resid 関数を用いて，逸脱度残差を出力することもできる．

```
> summary(resid(lreg1, type="deviance"))
    Min. 1st Qu.  Median    Mean 3rd Qu.    Max.
-2.54696 -0.46937 -0.17459 -0.05769 0.15128 2.80983
```

また，resid 関数は，「type="pearson"」と指定することによりピアソン残差

$$\frac{y_i - \hat{p}_i}{\sqrt{\hat{p}_i(1 - \hat{p}_i)}} \tag{6.5}$$

も出力できる．ただし，これらの残差には線形回帰モデルの残差がもつ望ましい性質（和が 0 になる，予測値と無相関になる）はもたないという欠点がある．そのため，ロジスティック回帰モデルでは線形回帰モデルほど残差分析は有用でない．

(6.b) Null/Redisual deviance: Null deviance は，切片のみをもつモデル（説明変数を含まないモデル）の対数尤度を (-2) 倍したもので，最も自由度の低いモデルのあてはまり具合を表す量である．degrees of freedom はこのモデルの自由度であり，標本サイズからパラメータの個数を引いた値である．Residual deviance は，あてはめたモデルの対数尤度を (-2) 倍したものである[*4]．したがって，Residual deviance の値が 0 に近いほどデータへのあてはまりがよいモデルと見ることができる．

(6.c) AIC: AIC の値で，$-2 \times$（対数尤度 $-(p+1)$）で定義される．

step 関数による説明変数の選択も，線形回帰モデルの場合（3.2.5 節）と同様に行うことができる（コード 6.3）．

◀ コード 6.3　step 関数による変数選択 ▶

```
lreg0     <- glm(Diagnosis ~ 1, data=wdbc[,2:12], family=binomial)
lreg.full <- glm(Diagnosis ~ ., data=wdbc[,2:12], family=binomial)
step(object=lreg0, scope=list(lower=lreg0, upper=lreg.full)) # 最小モデルから出発
```

a モデル・予測値の評価

確率の予測値 $\hat{p}_i = \hat{P}[Y = 1 | \boldsymbol{X} = \boldsymbol{x}_i]$（式 (6.3)）を用いて，群の予測を行うこともできる．これは判別分析の場合と同様に，適当な閾値 $t \in [0,1]$ に対して

$$\hat{y}_i = \begin{cases} 1 & (\hat{p}_i > t \text{ のとき}) \\ 0 & (\hat{p}_i \leq t \text{ のとき}) \end{cases} \tag{6.6}$$

とすればよい．多くの場合，$t = 1/2$ とする．

[*4] ロジスティック回帰モデルの場合．

```
> y.true <- wdbc$Diagnosis    # 観測値（データ）
> phat   <- fitted(lreg1)
> y.pred <- ifelse(phat>0.5, "Maligant", "Benign")
> ctab   <- table(True=y.true, Pred=y.pred)
> pctab  <- prop.table(ctab)
> pctab[1,2] + pctab[2,1]     # 誤判別率
[1] 0.1212654
```

table 関数の出力から，感度と特異度を求めることもできる．また，ROC 曲線やその下側面積 AUC も，pROC パッケージの ROC 関数を用いて出力できる．コード 6.4 を入力し，図 6.3 の ROC 曲線を描画してみよう．

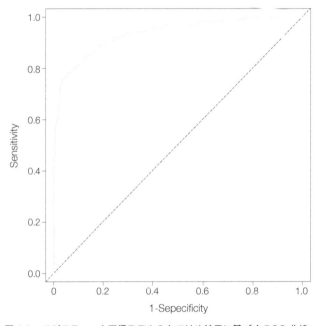

図 6.3　ロジスティック回帰モデルのあてはめ結果に基づく ROC 曲線.

◀ コード 6.4　ROC 曲線の描画 ▶

```
1  library(pROC)
2  y.true    <- wdbc$Diagnosis  # 観測値（データ）
3  phat      <- fitted(lreg1)   # 確率の予測値
4  roc.lreg1 <- roc(response=y.true, predictor=phat)
5  plot(roc.lreg1, legacy.axes=TRUE) # ROC 曲線
```

```
6 | roc.lreg1$auc                     # AUC
```

ちなみに，4 行目において，引数 predictor に対しては fitted 関数ではなく predict 関数の出力を指定してもよい（「type="link"」）．なぜなら，群の予測値 (6.6) は $\boldsymbol{x}_i^\top \hat{\boldsymbol{\beta}}$ と閾値 t を用いてつぎのように書き換えられるからである．

$$\hat{y}_i = \begin{cases} 1 & \left(\boldsymbol{x}_i^\top \hat{\boldsymbol{\beta}} > \log \dfrac{t}{1-t} \right) \\ 0 & \left(\boldsymbol{x}_i^\top \hat{\boldsymbol{\beta}} \le \log \dfrac{t}{1-t} \right) \end{cases} . \tag{6.7}$$

すなわち，説明変数の線形結合 $\boldsymbol{x}^\top \boldsymbol{\beta}$ に対する閾値 $u = \dfrac{t}{1-t} \in \mathbb{R}$ と確率に対する閾値 $t \in (0,1)$ が一対一に対応する．

b 連結関数

2 群の質的変数に対する回帰モデル $\mathrm{P}[Y=1|\boldsymbol{X}=\boldsymbol{x}]$ は，ロジスティック回帰モデル以外にもある．ロジスティック回帰モデルは，説明変数の線形結合 $\boldsymbol{x}^\top \boldsymbol{\beta}$ をロジスティック分布の累積分布関数 $F_{\mathrm{logistic}}(z) = \dfrac{e^z}{1+e^z}$ で変換したモデルである．つまり，$\mathrm{P}[Y=1|\boldsymbol{X}=\boldsymbol{x}] = F_{\mathrm{logistic}}\left(\boldsymbol{x}^\top \boldsymbol{\beta}\right)$ である．このように，確率と $\boldsymbol{x}^\top \boldsymbol{\beta}$ のとりうる範囲（実数全体）を適切につなぐ関数を**連結関数**（link function）という[*5]．

連結関数を一般に g と書けば，確率モデルはこの逆関数 g^{-1} により $\mathrm{P}[Y=1|\boldsymbol{X}=\boldsymbol{x}] = g^{-1}\left(\boldsymbol{x}^\top \boldsymbol{\beta}\right)$ と表される．glm 関数では，引数 family をつぎのように指定することで，いくつかのモデルのあてはめが実行できる．

- family=binomial：ロジスティック回帰モデル（family=binomial("logit") でも同様）．

  $$g^{-1}(z) = F_{\mathrm{logistic}}(z).$$

- family=binomial("probit")：プロビット回帰モデル

  $$g^{-1}(z) = \int_{-\infty}^{z} \frac{1}{\sqrt{2\pi}} e^{-\frac{s^2}{2}} ds \quad (\text{標準正規分布の累積分布関数}).$$

- family=binomial("cloglog")：complementary log-log 回帰モデル

  $$g^{-1}(z) = 1 - \exp\left(-\exp(-(-z))\right) \quad (\text{ガンベル分布の累積分布関数}).$$

- family=binomial("cauchit")：Cauchit 回帰モデル

[*5] 連結関数の詳細については，一般化線形モデルというより広い枠組みでの議論が必要になる．詳細は，松井・小泉（2019）の 6.2 節を参照してほしい．

$$g^{-1}(z) = \frac{1}{\pi}\tan^{-1}(z) + \frac{1}{2} \quad （コーシー分布の累積分布関数).$$

これらの中では，ロジスティック回帰モデルが利用されることが多いが，バイオアッセイ（生体の反応を利用して化学物質の影響を調べる方法）や計量経済学ではプロビット回帰モデルも利用される．

乳がんデータに対するロジスティック回帰モデルとプロビット回帰モデルの確率モデルの違いは，コード 6.5 のように確認できる．

コード 6.5　ロジスティック回帰モデルとプロビット回帰モデルの違い

```r
logit.reg  <- glm(Diagnosis ~ Radius_mean, family=binomial("logit"), data=wdbc)
probit.reg <- glm(Diagnosis ~ Radius_mean, family=binomial("probit"), data=wdbc)
y01 <- ifelse(wdbc$Diagnosis=="M", 1, 0) # 被説明変数：M を 1，B を 0 とする
x   <- wdbc$Radius_mean
newdata.rad <- data.frame(Radius_mean=seq(9,20,by=0.1))
phat.logit  <- predict(logit.reg,  newdata=newdata.rad, type="response")
phat.probit <- predict(probit.reg, newdata=newdata.rad, type="response")
plot(x, y01, col=(3-y01), xlim=c(9,20), ylim=c(0,1), xlab="Mean radius",
     ylab="Probability")
points(seq(9,20,by=0.1), phat.logit,  col=1, type="l")
points(seq(9,20,by=0.1), phat.probit, col=2, type="l")
```

5 行目の newdata.rad は，直径が 0.1 ずつ異なる説明変数（9 から 20 まで）である．図 6.4 は，コード 6.5 により得られるグラフである．モデルによって，確率が 1 や 0 に近いところで差が顕著になる場合があるので注意しよう．また，異なるモデル同士の回帰係数の大きさは比較できないことにも注意しよう．

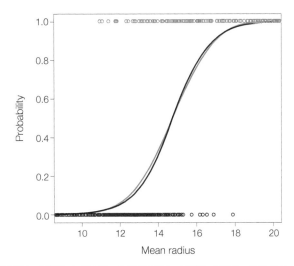

図 6.4 ロジスティック回帰モデル（黒線）とプロビット回帰モデル（赤線）の比較. 赤色の点, 黒色の点はそれぞれ悪性例, 良性例を表す.

6.1.3 偏回帰係数の意味

　6.1.2 節で, ロジスティック回帰モデルが, プロビット回帰モデルなどの他のモデルより多く利用されていると述べた. その理由の 1 つは, 偏回帰係数の解釈の容易さにある.

　線形回帰モデル（3.2.3 節）と同様に考えていこう. 説明変数が直径と滑らかさのロジスティック回帰モデルをあてはめ, ある個体 A と個体 B の確率の予測値 (6.3) をそれぞれ $\hat{p}_A$, $\hat{p}_B$ とする. さらに, 個体 A の直径は個体 B より 1 単位大きいが, 滑らかさの値はまったく同じであるとする. このとき, これらの（予測値の差ではなく）「予測値のオッズの比」をとると

$$\hat{p}_A/(1-\hat{p}_A) = \exp\left(\hat{\beta}_0 + \hat{\beta}_1(\mathrm{Radius\_mean}+1) + \hat{\beta}_2\mathrm{Smoothness\_mean}\right)$$

$$\div \left.\right) \hat{p}_B/(1-\hat{p}_B) = \exp\left(\hat{\beta}_0 + \hat{\beta}_1\ \mathrm{Radius\_mean} \qquad + \hat{\beta}_2\mathrm{Smoothness\_mean}\right)$$

$$\frac{\hat{p}_A/(1-\hat{p}_A)}{\hat{p}_B/(1-\hat{p}_B)} = \exp(\hat{\beta}_1)$$

となる. すなわち, $\exp(\hat{\beta}_j)$ は第 j 説明変数以外のすべての説明変数が同じ値で, かつ第 j 説明変数が 1 単位分増加したときのオッズ比の変化量である. これは, 対数をとって $\hat{\beta}_j$ が対数オッズ比の変化量であるということもできる. 説明変数が質的変数の場合も, 線形回帰モデルと同様に解釈することができる. プロビット回帰モデルなどの他のモデルでは, このような偏回帰係数の解釈をすることは難しい.

● 6.1.4　ロジスティック回帰モデル：数理編

a パラメータの推定

　ロジスティック回帰モデル (6.1) のパラメータベクトルの推定は，尤度を最大化することによって行う．データは 5 章と同様に，n 個の変数の組 $(\boldsymbol{x}_1, y_1), (\boldsymbol{x}_2, y_2), \ldots, (\boldsymbol{x}_n, y_n)$ とする．まず，表現を簡潔にするために，説明変数ベクトル $\boldsymbol{x}_i$ とパラメータベクトル $\boldsymbol{\beta}$ をつぎのように定義する．

$$\boldsymbol{x}_i = (1, x_{i1}, \ldots, x_{ip})^\top, \quad \boldsymbol{\beta} = (\beta_0, \beta_1, \ldots, \beta_p)^\top.$$

これらは，ともに $(p+1)$ 次元ベクトルであることに注意しよう．ロジスティック回帰モデルにおいて，尤度関数はつぎのように書き表すことができる．

$$
\begin{aligned}
L_n(\boldsymbol{\beta}) &= \prod_{i=1}^n \mathrm{P}\left[Y = y_i | \boldsymbol{X} = \boldsymbol{x}_i\right] \\
&= \prod_{i=1}^n \mathrm{P}\left[Y = 1 | \boldsymbol{X} = \boldsymbol{x}_i\right]^{y_i} \mathrm{P}\left[Y_i = 0 | \boldsymbol{X}_i = \boldsymbol{x}_i\right]^{1-y_i} \\
&= \prod_{i=1}^n \frac{\exp(y_i \boldsymbol{x}_i^\top \boldsymbol{\beta})}{1 + \exp(\boldsymbol{x}_i^\top \boldsymbol{\beta})}.
\end{aligned}
\tag{6.8}
$$

尤度関数 (6.8) を最大にする $\boldsymbol{\beta}$ を求める問題は，対数尤度関数 $\ell_n(\boldsymbol{\beta})$ を最大にする $\boldsymbol{\beta}$ を求める問題と等しいので

$$\ell_n(\boldsymbol{\beta}) = \log L_n(\boldsymbol{\beta}) = \sum_{i=1}^n \left(y_i \boldsymbol{x}_i^\top \boldsymbol{\beta} - \log\left(1 + \exp(\boldsymbol{x}_i^\top \boldsymbol{\beta})\right) \right) \tag{6.9}$$

を最大にすることを考える．つまり，最大化問題

$$\max_{\boldsymbol{\beta}} \ell_n(\boldsymbol{\beta}) = \max_{\boldsymbol{\beta}} \sum_{i=1}^n \left(y_i \boldsymbol{x}_i^\top \boldsymbol{\beta} - \log\left(1 + \exp(\boldsymbol{x}_i^\top \boldsymbol{\beta})\right) \right) \tag{6.10}$$

を解くことによって推定値を得る．最大化問題 (6.10) の解を，線形回帰モデルの推定値 (3.23) のように $\hat{\boldsymbol{\beta}} = \cdots$ という形で明示的に与えることは難しい．そのため，数値解法の 1 つである**ニュートン・ラフソン法**（Newton-Raphson method）を用い，反復的に解に近づける方法をとるのが一般的である[*6]．具体的には，つぎの手順によって求める．

(1) パラメータベクトルの初期値 $\hat{\boldsymbol{\beta}}^{(1)}$ と，収束基準 $\epsilon > 0$ を定める．

(2) $t = 1, 2, \ldots$ について，つぎのようにパラメータベクトルを更新する．

$$\hat{\boldsymbol{\beta}}^{(t+1)} = \hat{\boldsymbol{\beta}}^{(t)} - H_n\left(\hat{\boldsymbol{\beta}}^{(t)}\right)^{-1} g_n\left(\hat{\boldsymbol{\beta}}^{(t)}\right).$$

[*6] 松井・小泉（2019）の 5.3.2 節を参照してほしい．また，寒野（2019）では単にニュートン法とよんでいる．

　　ここで，$g_n(\boldsymbol{\beta})$ は $\ell_n(\boldsymbol{\beta})$ の 1 階偏導関数ベクトル，$H_n(\boldsymbol{\beta})$ は $\ell_n(\boldsymbol{\beta})$ の 2 階偏導関数行列である.

(3) 不等式 $\left|\ell\left(\hat{\boldsymbol{\beta}}^{(t+1)}\right) - \ell\left(\hat{\boldsymbol{\beta}}^{(t)}\right)\right| < \epsilon$ の真偽を判定する．真ならば推定値 $\hat{\boldsymbol{\beta}} = \hat{\boldsymbol{\beta}}^{(t+1)}$ として更新を終了し，偽ならば手順 (2) に戻る.

手順 (1) の初期値は，なんらかの方法で決める必要があるが，`glm` 関数では自動的に設定される（引数 `start` で指定することもできる）．初期値の与え方によっては，対数尤度が最大値を与えない局所最適解に収束する場合がある．この問題を回避する現実的な方法は，複数の初期値を与えてそれぞれに手順 (1)～(3) を実行し，得られた複数の解の中で対数尤度が最も大きくなるものを推定値とすることである．手順 (2) の偏導関数ベクトル・行列は，それぞれつぎのように求めることができる[*7].

$$
\begin{aligned}
g_n(\boldsymbol{\beta}) &= \frac{\partial \ell_n(\boldsymbol{\beta})}{\partial \boldsymbol{\beta}} \\
&= \frac{\partial}{\partial \boldsymbol{\beta}} \sum_{i=1}^{n} \left(y_i \boldsymbol{x}_i^\top \boldsymbol{\beta} - \log\left(1 + \exp(\boldsymbol{x}_i^\top \boldsymbol{\beta})\right) \right) \\
&= \sum_{i=1}^{n} \left(y_i - \frac{\exp(\boldsymbol{x}_i^\top \boldsymbol{\beta})}{1 + \exp(\boldsymbol{x}_i^\top \boldsymbol{\beta})} \right) \boldsymbol{x}_i, \qquad (6.11) \\
H_n(\boldsymbol{\beta}) &= \frac{\partial^2 \ell_n(\boldsymbol{\beta})}{\partial \boldsymbol{\beta} \partial \boldsymbol{\beta}^\top} \\
&= \frac{\partial}{\partial \boldsymbol{\beta}^\top} \sum_{i=1}^{n} \left(y_i - \frac{\exp(\boldsymbol{x}_i^\top \boldsymbol{\beta})}{1 + \exp(\boldsymbol{x}_i^\top \boldsymbol{\beta})} \right) \boldsymbol{x}_i \\
&= -\sum_{i=1}^{n} \frac{\exp(\boldsymbol{x}_i^\top \boldsymbol{\beta})}{\left\{1 + \exp(\boldsymbol{x}_i^\top \boldsymbol{\beta})\right\}^2} \boldsymbol{x}_i \boldsymbol{x}_i^\top. \qquad (6.12)
\end{aligned}
$$

$p(\boldsymbol{x}_i; \boldsymbol{\beta}) = \dfrac{\exp(\boldsymbol{x}_i^\top \boldsymbol{\beta})}{1 + \exp(\boldsymbol{x}_i^\top \boldsymbol{\beta})}$ とおくと，式 (6.11) と式 (6.12) はそれぞれつぎのように簡潔に書くことができる.

$$
g_n(\boldsymbol{\beta}) = \sum_{i=1}^{n} \left(y_i - p(\boldsymbol{x}_i; \boldsymbol{\beta}) \right) \boldsymbol{x}_i, \quad H_n(\boldsymbol{\beta}) = -\sum_{i=1}^{n} p(\boldsymbol{x}_i; \boldsymbol{\beta})(1 - p(\boldsymbol{x}_i; \boldsymbol{\beta})) \boldsymbol{x}_i \boldsymbol{x}_i^\top. \quad (6.13)
$$

　　説明変数が p 個のロジスティック回帰モデル M を考える．このとき，モデル M に対する AIC は，パラメータの推定値を $\hat{\boldsymbol{\beta}}_{\mathrm{M}}$ としてつぎのように書くことができる．説明変数が p_{M} 個のロジスティック回帰モデル M に対し，パラメータ $\boldsymbol{\beta}$ の推定値を $\hat{\boldsymbol{\beta}}_{\mathrm{M}}$ とする．このとき，モデル M に対する AIC

[*7] 関数 $f : \mathbb{R}^p \to \mathbb{R}$ の 2 階偏導関数行列は，$\boldsymbol{z} = (z_1, \ldots, z_p)^\top$ に対してそれぞれつぎのように定義される（1 階偏導関数ベクトルについては，3.2.6 節の注釈で定義した）.

$$
\frac{\partial^2 f}{\partial \boldsymbol{z} \partial \boldsymbol{z}^\top} = \begin{pmatrix} \frac{\partial^2 f}{\partial z_1 \partial z_1} & \cdots & \frac{\partial^2 f}{\partial z_1 \partial z_p} \\ \vdots & \ddots & \vdots \\ \frac{\partial^2 f}{\partial z_p \partial z_1} & \cdots & \frac{\partial^2 f}{\partial z_p \partial z_p} \end{pmatrix}.
$$

はつぎのように書くことができる.

$$\mathrm{AIC} = -2 \left(\ell_n(\hat{\boldsymbol{\beta}}_{\mathrm{M}}) - (p_{\mathrm{M}} + 1) \right).$$

▶ 6.1.5　2つの多変量正規分布モデルとの違い

　5.4.5節では，2つの多変量正規分布モデルからロジスティック回帰モデルと等しい条件付き確率のモデル (5.32) が導かれることを紹介した．これは，ロジスティック回帰モデルと2つの多変量正規分布モデルが同値であることを意味するのだろうか．また，ロジスティック回帰モデルと線形判別分析は同じ解を与えるのだろうか．これらの答えは，どちらも No である．その理由は「母集団に対する確率モデルの違い」である．

　ロジスティック回帰モデルと2つの多変量正規分布モデルの，母集団に対する仮定（確率モデル）の違いはつぎのように整理できる．

- ロジスティック回帰モデルは，条件付き確率 $\mathrm{P}\,[Y=1|\boldsymbol{X}=\boldsymbol{x}]$ に対する確率モデルである．
- 2つの多変量正規分布モデルは，条件付き確率密度関数 $f(\boldsymbol{x}|Y=y)$ と Y の周辺確率 $\mathrm{P}\,[Y=1]$ に対する確率モデルである．

後者については，$\boldsymbol{X}$ と Y の同時分布に対する確率モデル，と言い換えても差し支えない．いずれにせよ，ロジスティック回帰モデルに比べて2つの多変量正規分布モデルのほうがより多くのことを仮定したモデルである．逆にいうと，ロジスティック回帰モデルは，説明変数 $\boldsymbol{X}$ が多変量正規分布に従うという条件を必要としない，より柔軟なモデルである．正規分布の仮定は，説明変数が連続型量的変数であることを要求するだけでなく，その確率的ふるまい（各変数について，平均を中心に対称に分布するなど）を規定する「縛り（制約）の強い」仮定であることは認識しておいたほうがよいだろう．

　また，ロジスティック回帰モデルではパラメータベクトル $\boldsymbol{\beta}$ が推定である一方で，2つの多変量正規分布モデルでは多変量正規分布に対するパラメータ $\boldsymbol{\mu}_1$, $\boldsymbol{\mu}_0$, $\boldsymbol{\Sigma}$ と周辺確率関数 $\pi_1 = \mathrm{P}\,[Y=1]$ が推定の対象である（5.4.5節）．式 (5.32) において，2つの多変量正規分布モデルでも切片 β_0^* と偏回帰係数ベクトル $\boldsymbol{\beta}^*$ を用いて条件付き確率 $\mathrm{P}\,[Y=1|\boldsymbol{X}=\boldsymbol{x}]$ が表現できることを見た．しかし，式 (5.32) はあくまで多変量正規分布のパラメータを用いて変形をしたものにすぎず，ロジスティック回帰モデルにおける $\boldsymbol{\beta}$ の推定値とは一般に異なる結果を与える．

　以上のことから，両群の説明変数が多変量正規分布に従っていないと疑われるデータに対しては，2つの多変量正規分布モデルが不適当であることに注意してほしい．特に，$\boldsymbol{\mu}_1$ と $\boldsymbol{\mu}_0$ の推定値は標本平均であり，外れ値に弱い量である．このことが原因で，非対称性の大きいような分布データに対する線形判別分析（すなわち，2つの多変量正規分布モデル）は，予測の性能が悪くなることがある．

➤ 6.2 被説明変数が 3 群以上の場合

　ここまでは，被説明変数 y が 2 群の場合のみを扱ってきた．ここでは，発展として y が 3 群以上の場合の確率モデルとそのあてはめ方法について紹介する．

◗ 6.2.1 群間に順序がない場合：多項ロジスティック回帰モデル

　被説明変数 y が C 個の群からなる質的変数であるとする（$C \geq 2$）．第 i 個体が第 k 群に属するとき，便宜的に $Y_i = k$ と書くことにしよう．もちろん，この k $(= 1, \ldots, C)$ を量的変数とみなさないように注意してほしい．このとき，つぎのモデルを**多項ロジスティック回帰モデル**（multinomial logistic regression models）という．

$$P\left[Y = k | \boldsymbol{X} = \boldsymbol{x}_i\right] = \frac{\exp\left(\beta_0^{(k)} + \beta_1^{(k)} x_{i1} + \beta_2^{(k)} x_{i2} + \cdots + \beta_p^{(k)} x_{ip}\right)}{1 + \sum_{\ell=2}^{C} \exp\left(\beta_0^{(\ell)} + \beta_1^{(\ell)} x_{i1} + \beta_2^{(\ell)} x_{i2} + \cdots + \beta_p^{(\ell)} x_{ip}\right)}. \quad (6.14)$$

ここで，$k = 2, \ldots, C$ である．$k = 1$ のときの条件付き確率は，式 (6.14) から

$$\begin{aligned}
P\left[Y = 1 | \boldsymbol{X} = \boldsymbol{x}_i\right] &= 1 - \sum_{\ell=2}^{C} P\left[Y = \ell | \boldsymbol{X} = \boldsymbol{x}_i\right] \\
&= \frac{1}{1 + \sum_{\ell=2}^{C} \exp\left(\beta_0^{(\ell)} + \beta_1^{(\ell)} x_{i1} + \beta_2^{(\ell)} x_{i2} + \cdots + \beta_p^{(\ell)} x_{ip}\right)}
\end{aligned} \quad (6.15)$$

となる．多項ロジスティック回帰モデルの「多項」は，ロジスティック回帰モデルを 2 群から多群に対する確率モデルに拡張したことに対応する[*8]．逆に，多項ロジスティック回帰モデルは $C = 2$ のときにロジスティック回帰モデルと等しくなる．

　多項ロジスティック回帰モデルによる分析の目的は，ロジスティック回帰モデルと同様に，

> データから，$\beta_0^{(k)}, \beta_1^{(k)}, \ldots, \beta_p^{(k)}$ の値を求めること $(k = 2, \ldots, C)$

である．ただし，パラメータの数は $(p+1) \times (C-1)$ 個であり，$C \geq 3$ のときはロジスティック回帰の場合よりも増えることに注意しよう．

　mlbench パッケージのオブジェクト Vehicle を例にとって考えよう．これは，自動車のシルエットに関するデータであり，自動車をさまざまな観点から測定したものである．このデータの変数は 19 個あり，うち 3 個をつぎのように用いる．

- 被説明変数：Class（4 つの群 bus, opel, saab, van からなる質的変数）．

[*8] ロジスティック回帰モデルと多項ロジスティック回帰モデルは，それぞれ二項分布と多項分布に基づくモデルである．これらの分布については，それぞれ松井・小泉（2019）の 1.2.3 節と 1.4.1 節を参照してほしい．

- 説明変数：Comp（コンパクトさ），Circ（丸さ）．

多項ロジスティック回帰モデルは，nnet パッケージの multinom 関数[9] によって実行できる．

```
multinom(formula, data)
```

この関数の引数は，lm 関数や glm 関数と同様である．

```
> library(nnet); library(mlbench)
> data(Vehicle)
> mlreg <- multinom(formula=Class ~ Comp + Circ, data=Vehicle)
# weights:  16 (9 variable)
initial  value 1172.805030
iter  10 value 1093.640654
final  value 1093.0b4329
converged
```

multinom 関数を実行直後のメッセージは，反復計算とその収束の情報である．converged と表示されている限り，特に気にしなくてよい．多項ロジスティック回帰モデルによるパラメータの推定にも，ロジスティック回帰モデルと同様に反復計算が必要なのである．推定されたパラメータは，coef 関数により出力できる．

```
> coef(mlreg)
     (Intercept)        Comp        Circ
opel   -5.112261 0.06385570 -0.01906376
saab   -9.261126 0.16607411 -0.14190202
van     1.632994 0.04647187 -0.13671129
```

multinom 関数では，群の番号は名前のアルファベット順に $k = 1, 2, \ldots, C$ と整理される．信頼区間は confint 関数により出力できる．出力は，多次元分割表 $((p+1) \times 2 \times (C-1))$ になっていることに注意しよう．

---

[9] multinomial （多項）の意味である．

```
> confint(mlreg)
, , opel

                    2.5 %        97.5 %
(Intercept) -7.37526071 -2.84926211
Comp         0.02951828  0.09819312
Circ        -0.06478031  0.02665280


, , saab

                    2.5 %        97.5 %
(Intercept) -11.7154043 -6.80684816
Comp          0.1290404  0.20310783
Circ         -0.1887086 -0.09509546


, , van

                    2.5 %        97.5 %
(Intercept) -0.85540112  4.12138824
Comp         0.01127239  0.08167136
Circ        -0.18338243 -0.09004016
```

多次元分割表は，行列のように [x，y，z] や [，，z] のように指定して一部を抽出することもできる．

```
> confint(mlreg)[,,2] # 群 saab に関するパラメータの信頼区間
                    2.5 %        97.5 %
(Intercept) -11.7154043 -6.80684816
Comp          0.1290404  0.20310783
Circ         -0.1887086 -0.09509546
```

残念ながら，multinom 関数の出力を summary 関数に与えても p 値は出力されない．少々煩雑であるが，p 値はコード 6.6 の手順によって求めることができる．詳細は省略するが，これはワルド検定とよばれる検定方式に基づく計算方法である[10]．

コード 6.6 　 p 値の計算（多項ロジスティック回帰モデル）

```
1  mlreg <- multinom(Class ~ Comp + Circ, data=Vehicle) # 引数名formula を省略
```

[10] ワルド検定については，松井・小泉（2019）の 6.4.2 節または宿久ら（2009）を参照してほしい．ワルド（Wald．A.，1902–1950）はハンガリーの数学者である．

```
2   wald   <- summary(mlreg, Wald=TRUE)$Wald^2 # ワルド検定の検定統計量
3   1 - pchisq(wald, df=1)                    # p 値
```

3 行目の入力により，つぎのように行列形式で p 値の出力が得られる．

```
> 1 - pchisq(wald, df=1)                    # p 値
      (Intercept)         Comp         Circ
opel 9.524983e-06 0.0002675437 4.137553e-01
saab 1.405542e-13 0.0000000000 2.816297e-09
van  1.983683e-01 0.0096639056 9.399753e-09
```

群 saab に対する，説明変数 Comp の偏回帰係数の p 値が 0.0000000000 と表示されている．しかし，これは p 値がぴったり 0 ということを意味するわけではないので，報告時には注意が必要である．このように非常に小さい p 値を報告するときは「$p = 0$ であった」と報告せず，「$p < 0.001$ であった」などのように不等式で表現すべきである．小さい数だからといって，細かい桁数まで示す必要はない[*11]．

各個体に対する，各群の予測確率（事後確率）は，fitted 関数で各群に対する事後確率の予測値を出力できる．結果の要約としては，predict 関数による誤判別の分割表が便利である．

```
> ctab   <- table(True=Vehicle$Class, Pred=predict(mlreg))
> ctab
        Pred
True     bus opel saab van
    bus  107   27   61  23
    opel  31   72   51  58
    saab  20   33   99  65
    van   72   10   47  70
```

対角成分の値が，各群に対して正しく判別された個体数である．この行列を利用して，コード 6.7 のように誤判別率を求めることができる．

◀ コード 6.7　誤判別率の計算（多項ロジスティック回帰モデル）▶

```
1   ctab   <- table(True=Vehicle$Class, Pred=predict(mlreg))
2   pctab <- prop.table(ctab)
3   1 - sum(diag(pctab))
```

5 章でも述べたが，3 群以上の場合には，一般に感度や特異度は定義されない．そのため，ROC 曲線

[*11] p 値は有意水準より小さいかどうかが重要だからである．

やその下側面積 AUC も定義できない.

多項ロジスティック回帰モデルのパラメータ $\beta_j^{(k)}$ の解釈は,ロジスティック回帰モデルに比べてやや難しい.説明変数が 2 個(x_1 と x_2)のときに,モデル (6.14) と (6.15) による予測値を考えよう.ある個体 A と個体 B が第 k 群に所属する確率を,それぞれ $p_A^{(k)}$ と $p_B^{(k)}$ とする.さらに,個体 A の x_1 の値は,個体 B より 1 単位だけ大きいが,x_2 の値はまったく同じであるとする.このとき,つぎの「比の比」をとる(ただし,$k = 2, 3, \ldots, C$).

$$
p_A^{(k)}/p_A^{(1)} = \exp\left(\beta_0^{(k)} + \beta_1^{(k)}(x_1 + 1) + \beta_2^{(k)}x_2\right)
$$

$$
\div \left.\right) p_B^{(k)}/p_B^{(1)} = \exp\left(\beta_0^{(k)} + \beta_1^{(k)}\ x_1 \qquad + \beta_2^{(k)}x_2\right)
$$

$$
\frac{p_A^{(k)}/p_A^{(1)}}{p_B^{(k)}/p_B^{(1)}} = \exp(\beta_1^{(k)}).
$$

確率の比 $p_A^{(k)}/p_A^{(1)}$ は,第 k 群と第 1 群に所属する確率のオッズ比のようなものである.したがって,この比は第 1 群を基準とした「第 k 群に所属する程度」を表す.以上から,$\exp(\beta_j^{(k)})$ は第 j 説明変数以外のすべての説明変数が同じ値で,かつ第 j 説明変数が 1 単位分増加したときの「第 k 群に所属する程度(第 1 群と比べての変化量)」であると解釈できる.もちろん,対数をとって $\beta_j^{(k)}$ が対数オッズ比のように解釈することも可能である.

これらのパラメータ $\beta_j^{(k)}$ は,あくまで第 1 群(Vehicle データならば bus)との比較を行うものであることに注意してほしい.もし別の群を基準にしたい場合は,その名前をアルファベット順で最も若くなるように変更する必要がある.この変更は,コード 6.8 のように factor 関数を用いて簡単に行うことができる.

◀ コード 6.8　基準とする群を変更する ▶

```
Class2 <- factor(Vehicle$Class, levels=c("saab","bus","opel","van"))
mlreg2 <- multinom(Class2 ~ Comp + Circ, data=Vehicle)
```

mlreg2 と mlreg のパラメータの推定値を比べると,出力が異なることがわかる.

```
> coef(mlreg2)  # saab が基準
      (Intercept)       Comp        Circ
bus      9.260838 -0.1660707 0.141901199
opel     4.148819 -0.1022182 0.122838542
van     10.893961 -0.1196005 0.005190609
> coef(mlreg)   # bus が基準
      (Intercept)       Comp        Circ
opel    -5.112261 0.06385570 -0.01906376
saab    -9.261126 0.16607411 -0.14190202
van      1.632994 0.04647187 -0.13671129
```

これらの結果を比べると，符号が反転しているだけの推定値がある（理由は各自考えてみよう）．しかし，これらは基準とする群を変えただけなので，本質的にはまったく同じあてはめを行っていることに注意してほしい．実際，モデルの「よさ」を示す AIC は完全に一致する．

```
> AIC(mlreg)
[1] 2204.109
> AIC(mlreg2)
[1] 2204.109
```

6.2.2　群間に順序がある場合：比例オッズ回帰モデル

群間に順序があるような被説明変数 y を考えよう．このような例としては，疾患の重症度（0：症状なし，1：軽症，2：中等症，3：重症）などが考えられる．

群は C 個あるとし，順序が低い順に群 $1, 2, \ldots, C$ と名づけよう．ここでも，第 i 個体が第 k 群に属することを $y_i = k$ と書くことにしよう．もちろん，この k を量的変数とみなしてはいけない．このとき，つぎのモデルを**比例オッズ回帰モデル**（proportional odds regression models）という[*12]．

$$\mathrm{P}\left[Y \le k | \boldsymbol{X} = \boldsymbol{x}_i\right] = \frac{\exp\left(\beta_{0k} - \beta_1 x_{i1} - \beta_2 x_{i2} - \cdots - \beta_p x_{ip}\right)}{1 + \exp\left(\beta_{0k} - \beta_1 x_{i1} - \beta_2 x_{i2} - \cdots - \beta_p x_{ip}\right)}. \tag{6.16}$$

ここで，$k = 1, \ldots, C-1$ であり，かつ $\beta_{01} < \beta_{02} < \cdots < \beta_{0(C-1)}$ を仮定する．比例オッズ回帰モデルは，「所属する群が k 以下である確率を説明変数 $\boldsymbol{x}$ で説明する」モデルである．$k = C$ の場合がモデル (6.16) に含まれないのは，任意の $\boldsymbol{x}_i$ に対して $\mathrm{P}\left[Y \le C | \boldsymbol{X} = \boldsymbol{x}_i\right] = 1$ が常に成り立つからである．疾患の重症度の例に対応させると，これは「患者が重症以下の群に含まれる確率」が 1 になることに対応する（重症より上の群がないため）．注意すべきは，つぎの 3 点である．

- $\mathrm{P}\left[Y \le C | \boldsymbol{X} = \boldsymbol{x}_i\right] = 1$ である．
- 偏回帰係数 β_j は群に関係なく常に一定である（k に依存しない）．

[*12] 切片以外の符号が負になっているのは，本節で紹介する polr 関数における定義と合わせたためである．

● 切片 β_{0k} のみが群により変化する（k に依存する）.

比例オッズ回帰モデルは，第 k 群と第 ℓ 群のオッズに対して

$$\frac{\mathrm{P}\left[Y \leq k | \boldsymbol{X} = \boldsymbol{x}_i\right]}{1 - \mathrm{P}\left[Y \leq k | \boldsymbol{X} = \boldsymbol{x}_i\right]} = \exp\left(\beta_{0k} - \beta_{0\ell}\right) \frac{\mathrm{P}\left[Y \leq \ell | \boldsymbol{X} = \boldsymbol{x}_i\right]}{1 - \mathrm{P}\left[Y \leq \ell | \boldsymbol{X} = \boldsymbol{x}_i\right]} \tag{6.17}$$

という関係が成立することを仮定している．これは，確率 $\mathrm{P}\left[Y \leq k | \boldsymbol{X} = \boldsymbol{x}_i\right]$ に関するオッズ比が説明変数 $\boldsymbol{x}_i$ には依存せず，常に一定の比例関係にあることを意味する．これが，比例オッズ回帰モデルの名前の由来である．オッズ比の比例性は，比較的制約の強い仮定であることに注意しよう．図 6.5 は，$p = 1$ の場合の比例オッズ回帰モデルの例である．

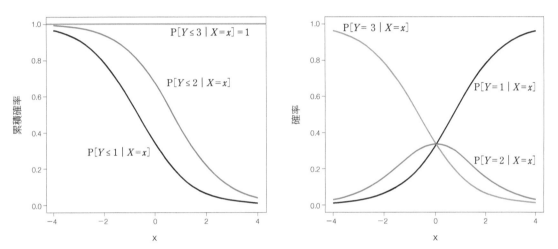

図 6.5　比例オッズ回帰モデルによる条件付き累積確率（左）と確率（右）．パラメータの値は，$\beta_{01} = -\log 2$，$\beta_{02} = \log 2$，$\beta_1 = 1$ とした．

比例オッズ回帰モデルによる分析の目的は，ロジスティック回帰モデルと同様に，

データから，$\beta_{01}, \beta_{02}, \ldots, \beta_{0(C-1)}, \beta_1, \beta_2, \ldots, \beta_p$ の値を求めること

である．パラメータの数は，$(C - 1) + p$ 個である．

ここでは，4 章で用いた HSAUR パッケージの skulls データを利用しよう．線形判別分析では特に気にしなかったが，被説明変数 epoch は頭蓋骨の年代をカテゴリ化したものであるから，カテゴリ間に時間的な順序が存在する．

比例オッズ回帰モデルは，MASS パッケージの polr 関数[13] によって実行できる．

```
polr(formula, data, method)
```

---

[13] proportional odds logistic regression の意味である．

引数 formula と引数 data は，glm 関数と同様である．引数 method には，glm 関数の引数 family と同様にプロビット回帰モデルなどを指定することも可能である（デフォルトは method=logistic）．

```
> library(MASS);library(HSAUR)
> data(skulls)
> poreg <- polr(formula=epoch ~ ., data=skulls)
> poreg
Call:
polr(formula = epoch ~ ., data = skulls)

Coefficients:
        mb          bh          bl          nh
 0.12040977  0.04800080 -0.14091893  0.08740342

Intercepts:
c4000BC|c3300BC c3300BC|c1850BC  c1850BC|c200BC   c200BC|cAD150
    -0.07547058      1.15946590      2.23852378      3.46713765

Residual Deviance: 430.5502
AIC: 446.5502
```

パラメータの推定値は，各変数に対する偏回帰係数（Coefficients）と切片（Intercepts）に分かれて表示されているのが特徴である．Coefficients には変数名に対応して β_j の推定値が出力されており，Intercepts には左から順に $\beta_{01}, \dots, \beta_{0(C-1)}$ が出力されている．coef 関数と confint 関数は，偏回帰係数のみで切片に関する出力は与えない．

```
> coef(poreg)
        mb          bh          bl          nh
 0.12840977 -0.04800080 -0.14091893  0.08740342
 > confint(poreg)
Waiting for profiling to be done...

Re-fitting to get Hessian

          2.5 %       97.5 %
mb  0.062581788  0.19741696
bh -0.111480037  0.01448132
bl -0.203735497 -0.08033469
nh -0.009411739  0.18645658
```

対数オッズ比の切片 Intercepts（$\beta_{0k}, k = 0, 1, \dots, C-1$）の信頼区間を得たい場合には，コード

6.9 のように入力すればよい.

◀ コード6.9　信頼区間の計算（比例オッズ回帰モデル）▶

```
1   poreg <- polr(formula=epoch ~ ., data=skulls)
2   alpha <- 0.05                    # 95%信頼区間の場合
3   z <- qnorm(1 - alpha / 2)
4   coefs <- summary(poreg)$coef
5   upper <- coefs[,1] + z * coefs[,2] # 信頼上限
6   lower <- coefs[,1] - z * coefs[,2] # 信頼下限
7   cbind(lower, upper)
8   confint.default(poreg)
```

7 行目で出力される（偏回帰係数に対する）信頼区間は，`confint.default` 関数で出力される信頼区間と同じものである.

```
> cbind(lower, upper)
                      lower        upper
mb               0.078856585  0.177962961
bh              -0.102429305  0.006427713
bl              -0.197977238 -0.083860619
nh              -0.009939468  0.184746300
c4000BC|c3300BC -0.075744418 -0.075196740
c3300BC|c1850BC  0.752013359  1.566918439
c1850BC|c200BC   1.721063717  2.755983844
c200BC|cAD150    2.830967446  4.103307847
> confint.default(poreg)

Re-fitting to get Hessian

          2.5 %        97.5 %
mb  0.078856585  0.177962961
bh -0.102429305  0.006427713
bl -0.197977238 -0.083860619
nh -0.009939468  0.184746300
```

変数 bh と nh は，95%信頼区間が 0 を含んでおり，頭蓋骨の年代を説明する力をもつとはいえないことがわかる. また，切片 β_{01}（c4000BC|c3300BC）から β_{04}（c200BC|cAD150）までの 95%信頼区間はすべて 0 を含まず，また互いに重複もしない. このことと式 (6.16) より，隣り合う年代 k と $k+1$ のオッズ比は等しくないことがわかる.

一方，lm 関数，glm 関数，multinom 関数に対して用いた confint 関数は，confint.default 関数とは異なる（偏回帰係数に対する）信頼区間を与える.

```
> confint(poreg)
Waiting for profiling to be done...

Re-fitting to get Hessian

            2.5 %        97.5 %
mb   0.062581788   0.19741696
bh  -0.111480037   0.01448132
bl  -0.203735497  -0.08033469
nh  -0.009411739   0.18645658
```

これは，confint.default 関数と confint 関数では信頼区間を導出する方法が異なるためである.前者はワルド検定の検定統計量に基づき，後者はプロファイル尤度に基づく信頼区間を求めている[*14].標本サイズが大きくなるにつれて，両者の信頼区間の差異は小さくなることが理論的に示されるので，どちらを使うかについてあまり気にする必要はない．ただし「偏回帰係数は confint 関数の値，切片（対数オッズ比）はコード 6.9 の値を用いる」というのは整合性を欠くので止めるべきである．p 値に関しても，コード 6.10 の手順によって求めることができる.

コード 6.10　p 値の計算（比例オッズ回帰モデル）

```
 1 │ poreg <- polr(epoch ~ ., data=skulls) # 引数名formula を省略
 2 │ wald <- summary(poreg)$coef[,3]^2      # ワルド検定の検定統計量
 3 │ 1 - pchisq(wald, df=1)                 # p 値
```

3 行目の入力により，つぎのように p 値の出力が得られる.

```
> 1 - pchisq(wald, df=1)              # p 値
mb              bh                 bl                 nh
   3.795119e-07    8.389812e-02      1.294526e-06      7.843555e-02
c4000BC|c3300BC c3300BC|c1850BC   c1850BC|c200BC    c200BC|cAD150
   0.000000e+00    2.441896e-08      0.000000e+00      0.000000e+00
```

誤判別率の出力は，多項ロジスティック回帰モデルと同様である.

[*14] プロファイル尤度の定義については，髙橋・志村（2016）を参照してほしい.

```
> ctab  <- table(True=skulls$epoch, Pred=predict(poreg))
> pctab <- prop.table(ctab)
> 1 - sum(diag(pctab))
[1] 0.6866667
```

誤判別率は約 68.7% と，線形判別分析より若干大きい．

式 (6.16) について述べた通り，比例オッズ回帰モデルは比較的制約の強いモデルである．そのため，このモデルがデータに対してよくあてはまらない場合は，多項ロジスティック回帰モデルのあてはめを検討することを考えたほうがよい．その際には，AIC や BIC などのモデル選択規準に従って，どちらがより「よい」モデルかを判断すればよい．

➤ 第 6 章　練習問題

6.1　練習問題 5.2 で扱った血友病に関するデータ（rrcov パッケージの hemophilia）に対し，被説明変数を gr，説明変数を AHFactivity と AHFantigen としたロジスティック回帰モデルをあてはめたい．

(1) glm 関数を用いてロジスティック回帰モデルのあてはめを実行し，偏回帰係数の推定値を求めよ．

(2) (1) の結果による（閾値 1/2 での）群の予測について，誤判別率を計算せよ．また，この結果を，同じ説明変数による判別分析に基づいた誤判別率（参考：練習問題 5.2(7)）と比較せよ．

(3) 練習問題 5.2(7) で描いた図に，条件付き確率の予測値（式 (6.3)）= 1/2 である直線を描き入れよ．

6.2　コード 6.3 の最小モデルから出発する変数選択と，最大モデルから出発する変数選択により得られた 2 つのモデルを比較したい．

(1) 得られた 2 つのモデルに含まれる説明変数の名前と，偏回帰係数の値をそれぞれ答えよ．

(2) 得られた 2 つのモデルの AIC を求め，それらの値を比較せよ．

(3) 得られた 2 つのモデルの AUC を求め，それらの値を比較せよ．

6.3　コード 6.5 で描いた図に，complementary log-log 回帰モデルによる予測確率曲線を青色で描き入れよ．

6.4　練習問題 5.5 と同様に，アヤメのデータ（iris）に対して被説明変数を Species とした多項ロジスティック回帰モデルのあてはめを実行したい．

(1) 変数 Petal.Length のみを説明変数とした，多項ロジスティック回帰モデルのあてはめを

実行し，誤判別率を求めよ．

(2) (1) の結果を，3 品種に関する条件付き確率をグラフにすることで可視化したい．横軸に Petal.Length，縦軸に $\hat{\mathrm{P}}[Y = 品種名 \,|\, X = \mathrm{Petal.Length}]$ を配したグラフを描け．ただし，3 品種のグラフを色分けしてすべて描き入れること．

(3) 変数 Species 以外の全変数を説明変数とした，多項ロジスティック回帰モデルのあてはめを実行し，誤判別率を求めよ．また，この誤判別率を (1) で求めた誤判別率と比較せよ．

6.5　HSAUR パッケージのオブジェクト skulls をデータとして，被説明変数を epoch とした多項ロジスティック回帰モデルのあてはめを考えたい．

(1) multinom 関数を用いて，epoch 以外の全変数を説明変数とした多項ロジスティック回帰モデルのあてはめを実行し，誤判別率を求めよ．

(2) (1) の結果を，比例オッズ回帰モデルに基づく誤判別率（コード 6.10 の後で計算している）と比較し，どちらがよりよく判別できるモデルか検討せよ．

(3) 多項ロジスティック回帰モデルと比例オッズ回帰モデルの偏回帰係数の個数を比較せよ．また，このデータに対して，2 つのモデルのうちどちらがより「よい」といえるかを AIC に基づいて比較せよ．

{ 第 **7** 章 }
単純な規則に基づく判別モデル

本章では，引き続き被説明変数 y が質的変数の場合の分析方法として，決定木に基づくモデルとインデックスモデル[*1] を取り扱う．これらは，つぎの2点において5, 6章の方法と大きく異なる．1点目は「単純な規則」に基づく方法であるため，結果の直観的な理解や解釈が容易な点である．判別分析とロジスティック回帰モデルは，説明変数の線形結合に基づく「線形なモデル」であった．これらの方法では，y の予測値に対する説明変数 x_j の影響力が係数（w_j または β_j）の大きさに現れる．特に，ロジスティック回帰モデルの偏回帰係数 β_j は，対数オッズ比の変化量と解釈できた．しかし，この変化量は「他の説明変数がすべて同じ値で，かつ当該の説明変数が1単位増加したとき」のものである．説明変数の数が多く互いに関連している場合に，このような状況を正しく理解し解釈を与えることが簡単であるとは限らない．2点目は，群の予測よりも，リスクの層別化に焦点をあてる点である．ここでいうリスクとは，条件付き確率の大きさである．「単純な規則」を用いてモデルを構成することにより，視覚的・直観的に理解しやすいリスクの異なる部分集団を発見することができる．

➤ 7.1 決定木に基づくモデル

7.1.1 決定木に基づくモデルの基本的な考え方

決定木（decision tree）に基づくモデル[*2] は，つぎのような「単純な規則」を組み合わせてモデルを構築する方法である．

変数 x の値は実数 u より小さい．

この規則を命題と捉えると，真偽は指示関数によって $\mathbb{I}\{x < u\}$ と表すことができ，命題が真ならば

[*1] インデックスモデルは，つぎの論文によって提案された比較的新しい方法である．
  Tian, L., & Tibshirani, R. (2011). Adaptive index models for marker-based risk stratification. *Biostatistics*, 12(1), 68-86.
[*2] 分類木（classification tree）や分類樹，回帰木などとよばれることもある．

1, 偽ならば 0 と数値に対応させることができる. また, 「x の値は u 以上である」という「単純な規則」も, 指示関数によって $\mathbb{I}\{x \geq u\}$ と表すことができる. 本章では, これらの「単純な規則」のことを単に「規則」とよぶことにする. 決定木に基づくモデルは, これらの規則を複数組み合わせて標本をリスク (例えば腫瘍が悪性である割合) の異なる集団に分割する方法である.

5, 6 章で扱った乳がんデータ wdbc を例に考えよう. 被説明変数は, 引き続き Diagnosis である. 変数 x を腫瘍の直径 Radius_mean として, 適当な直径の値で 2 つの部分集団に分割したい. u の値は, どのように決めるのがよいだろうか. 試しに, $u = 11$ の場合を考えてみよう (図 7.1 (左)).

```
> library(mclust)
> data(wdbc)
> x <- wdbc$Radius_mean # 説明変数
> prop.table(table(x < 11, wdbc$Diagnosis), margin=1)

                B          M
  FALSE 0.56404959 0.43595041
  TRUE  0.98823529 0.01176471
```

直径が 11 以上 (FALSE の行) の場合, 悪性例の割合は約 43.6% である. 以降, 悪性例の割合を悪性率とよぶことにする. 一方, 直径が 11 未満 (TRUE の行) の場合, 悪性率は約 1.2% である. $u = 11$ を閾値として分割された 2 つの部分集団の間には, 悪性であることのリスク差が 40% 以上であることがわかる. それでは, $u = 15$ の場合ではどうだろうか (図 7.1 (右)).

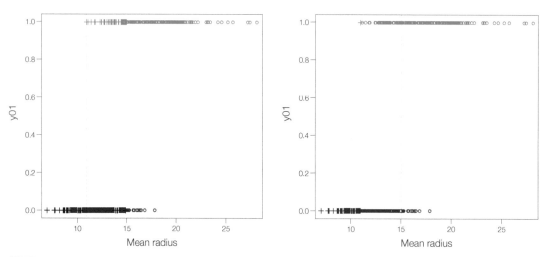

図 7.1　腫瘍の直径と悪性例 (赤色の点)・良性例 (青色の点) の関係. 点線は閾値の値を (左右それぞれ $u = 11$, $u = 15$). 縦軸は説明変数ではないことに注意しよう.

```
> prop.table(table(x < 15, wdbc$Diagnosis), margin=1)

                B          M
  FALSE 0.07471264 0.92528736
  TRUE  0.87088608 0.12911392
```

直径が 15 以上（FALSE の行）の場合の悪性率は約 92.5%，15 未満（TRUE の行）の場合は約 12.9% である．直径について $u = 15$ を閾値とした場合は，2 つの部分集団間に約 80% のリスク差が見い出される．

閾値 u によって標本を 2 分割するとき，一方はリスクが低い部分集団で，他方はリスクが高い部分集団となるようにするのが望ましいだろう．このような分割によって，危険な（または安全な）部分集団を見つけることができるからである．以上のことから，集団の分割においては，2 つの部分集団がなるべく「異質」になるように分けるのがよいという方針が見いだされる．異質性の観点からすると，乳がんデータにおいては閾値 u を 11 より 15 と設定するほうが，部分集団間のリスク差が大きく望ましいことになる．

本節では，このような問題を解くための方法について説明する．具体的にいうと，決定木に基づくモデルはつぎの問題を解くことを目標とする．

データ $(\boldsymbol{x}_1, y_1), (\boldsymbol{x}_2, y_2), \ldots, (\boldsymbol{x}_n, y_n)$ を，「異質」な部分集団に分ける変数とその閾値を見つけること．

ところで，直径が 15 未満の部分集団をさらに分割する意義はあるだろうか．もう 1 つの説明変数 Smoothness_mean によって，さらに「異質」な部分集団を作れるかどうかを検討してみよう．

```
> x1 <- wdbc$Radius_mean     # 説明変数 1
> x2 <- wdbc$Smoothness_mean # 説明変数 2
> prop.table(table(x1<15 & x2<0.10, wdbc$Diagnosis),  margin=1)

                B          M
  FALSE 0.35313531 0.64686469
  TRUE  0.93984962 0.06015038
> prop.table(table(x1<15 & x2>=0.10, wdbc$Diagnosis), margin=1)

                B          M
  FALSE 0.5977273 0.4022727
  TRUE  0.7286822 0.2713178
```

「x1<15 & x2<0.10」は比較演算と論理演算の組み合わせで，「直径が 15 未満かつ滑らかさが 0.1 未

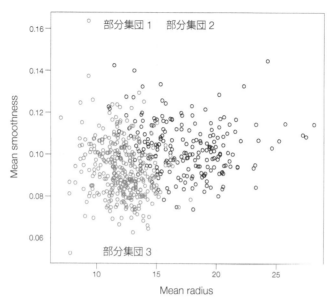

図 7.2　直径と滑らかさで 3 つの部分集団に分割する例.

満である」という意味の命題である．「直径が 15 未満かつ滑らかさが 0.1 未満である」部分集団では悪性率が約 6% である一方で，「直径が 15 未満かつ滑らかさが 0.1 以上である」の部分集団では悪性率が約 27.1% である．滑らかさの分割しなかった元の部分集団（直径が 15 未満）の悪性率が 12.9% であったから，さらに分割することによってより異質な部分集団を得ることができた.

　ここまでの閾値を表したものが，図 7.2 である．このように，決定木に基づく方法は部分集団の部分集団，さらにその部分集団……というような再帰的な分割が可能である[*3]．図 7.2 のような部分集団の表現は説明変数が 3 個以上になると困難であるが，分割の規則を「さかさまの樹木」のような図で表現することが可能である（図 7.3）．このようにして，分割の条件や細かさなどが可視化されることは，決定木に基づくモデルの大きな長所である．木の一番上の規則が示された箇所を**ルートノード**（**根ノード**；root node）といい，これ以上分岐のない終端を**リーフノード**（**葉ノード**；leaf node）や**ターミナルノード**（terminal node）という.

　ここまでの議論を踏まえて，本節で解くべき問題をより具体的に表すとつぎのようになる.

> データ $(\boldsymbol{x}_1, y_1), (\boldsymbol{x}_2, y_2), \ldots, (\boldsymbol{x}_n, y_n)$ を，「異質」な部分集団に分割する規則 $\mathbb{I}\{x_j < u\}$ を複数個見つけること.

ここで，x_j は説明変数ベクトル $\boldsymbol{x}_j$ の第 j 成分である（$j = 1, \ldots, p$）．「分割の分割」のような規則は $\mathbb{I}\{x_{j_1} < u_1\} \times \mathbb{I}\{x_{j_2} < u_2\}$ などと，単純な規則の積で表現できる．ここまでは「異質性」の評価指

[*3] そのため，決定木に基づく方法を**再帰分割法**（recursive partitioning）ということもある.

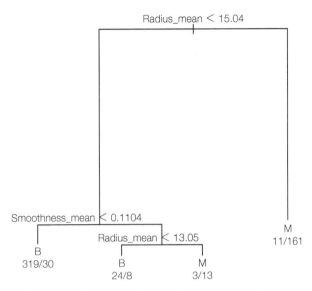

図 7.3　決定木によるモデルを図示したもの．変数名と閾値の値はコード 7.2 に対応する．

標としてリスク差を利用してきたが，2 章で紹介した「不均衡を表す指標」のジニ不純度やエントロ
ピーを利用するのが一般的である．

7.1.2　決定木に基づくモデルのあてはめ

決定木に基づくモデルのあてはめは，rpart パッケージの rpart 関数によって実行できる．

```
rpart(formula, data, parms, control)
```

引数 formula は，lda 関数や glm 関数と同様に「被説明変数 ~ 説明変数」の形で指定する．ただし，
被説明変数は 1 と 0 の数値ベクトルではなく，文字ベクトルで指定する．被説明変数が数値ベクトル
の場合は，factor 関数などで文字列のベクトルに修正する必要がある．引数 data には，解析に用い
るデータフレームを指定する．引数 parms では，分割のための異質性の基準を指定する．これはリス
ト形式で入力する必要があり，つぎの 2 通りが可能である．

(1) list(split="gini")：ジニ不純度（デフォルト）．
(2) list(split="information")：エントロピー．

引数 control では，木（モデル）の複雑さなどを制御することが可能である（コード 7.3 で例示する）．
これも引数 parms と同様に，リスト形式で指定する．

- cp：木の複雑さを制御するパラメータ．最小値は 0 であり，値が小さいほど複雑な決定木を出力
  する（デフォルトは cp=0.1）．

- maxdepth：木の分割回数の最大値（デフォルトは maxdepth=30）.
- minsplit：分割を許すのに必要な個体数の最小値（デフォルトは minsplit=20）.
- xval：クロスバリデーションの回数（デフォルトは xval=10）.

rpart 関数を実行してみよう．説明変数に Radius_mean と Smoothness_mean を用いた場合，つぎのような入力が基本である．

```
> library(rpart)
> tree <- rpart(formula=Diagnosis ~ Radius_mean + Smoothness_mean, data=wdbc)
```

rpart 関数の出力は，つぎの通りである．

```
> tree
n= 569

node), split, n, loss, yval, (yprob)
      * denotes terminal node

 1) root 569 212 B (0.62741652 0.37258348)
   2) Radius_mean< 15.045 397   51 B (0.87153652 0.12846348)
     4) Smoothness_mean< 0.1104 349   30 B (0.91404011 0.08595989) *
     5) Smoothness_mean>=0.1104 48   21 B (0.56250000 0.43750000)
      10) Radius_mean< 13.055 32    8 B (0.75000000 0.25000000) *
      11) Radius_mean>=13.055 16    3 M (0.18750000 0.81250000) *
   3) Radius_mean>=15.045 172   11 M (0.06395349 0.93604651) *
```

1) root で始まる行は，ルートノードの情報である．2 行目以降の各行は，分割された部分集団の情報である．また，行頭の位置が分割の深さを表している．特に，行末に「*」が記されている部分集団はリーフノードである部分集団を意味する．例えば，リーフノード 4，つまり

4) Smoothness_mean< 0.1104 349 30 B (0.91404011 0.08595989) *

はつぎの情報を有している．

- 分割に用いた変数と規則：Smoothness_< 0.1104.
- 部分集団の大きさ（サイズ）：349.
- つぎの項目で述べる予測による損失（誤り数）：30.
- 部分集団に対する群の予測値：B.
- 部分集団における各群の割合（アルファベット順）：(0.91404011 0.08595989).

ルートノード・リーフノード以外の分割も含めて，単にノードとよぶことがある．このリーフノード 4 は，直前のノード 2 より行頭の位置が下がっている．これは，行頭の位置が 1 つ上の部分集団を再

分割して得られた部分集団であることを意味する．したがって，実際にはリーフノード 4 は「直径が15.045 未満かつ滑らかさが 0.1104 未満」という規則の組み合わせによって得られた部分集団であることを意味する．

この木のリーフノードについての情報をまとめると，つぎのように要約できる．

(A) ノード 3：直径が 15.045 以上（悪性率 93.6%）．

(B) ノード 4：直径が 15.045 未満かつ滑らかさが 0.1104 未満（悪性率 8.6%）．

(C) ノード 10：直径が 15.045 未満かつ滑らかさが 0.1104 以上かつ直径が 13.055 未満（悪性率25%）．

(D) ノード 11：直径が 15.045 未満かつ滑らかさが 0.1104 以上かつ直径が 13.055 以上（悪性率81.2%）．

全体の悪性率 37.3% から比べると，リーフノード (A) はリスクが高く，逆にリーフノード (B) はリスクが低いことがわかる．このように，決定木に基づくモデルは特徴的な部分集団の発見に役立つ．

群の予測値は，部分集団ごとに与えられる．その値は，部分集団の中で最も多いカテゴリである．これは，predict 関数で出力できる．predict 関数は，ロジスティック回帰モデルなどの場合と同様に，引数 type によって出力が変わる．「type="class"」と指定した場合は，各個体の群の予測がベクトルで出力される．

```
> predict(tree, type="class")
  1 2 3 4 5 6 7 8 9 10 11 12 13 14 15 16 17 18 19 20 21 22 23 24 25 26 27 28 29 30 31 32 33
  M M M B M B M M B  B  M  M  M  M  M  M  B  M  M  B  B  B  M  M  M  M  B  M  M  M  M  B  M
 （中略）
562 563 564 565 566 567 568 569
  B   M   M   M   M   M   M   B
Levels: B M
```

「type="matrix"」と指定した場合は，つぎのような出力を得る．

```
> predict(tree, type="matrix")
    [,1] [,2] [,3]      [,4]        [,5]        [,6]
1      2   11  161 0.06395349 0.93604651 0.30228471
2      2   11  161 0.06395349 0.93604651 0.30228471
3      2   11  161 0.06395349 0.93604651 0.30228471
4      1   24    8 0.75000000 0.25000000 0.05623902
 （中略）
568    2   11  161 0.06395349 0.93604651 0.30228471
569    1  319   30 0.91404011 0.08595989 0.61335677
```

1 列目は予測値のカテゴリ番号であり，アルファベット順に 1, 2, . . . と数値が与えられる．2 列目以降

は，（最後の列を除いて）その個体が含まれるリーフノードのカテゴリの度数，割合である．最後の列は，その個体が含まれるリーフノードの個体数の，標本サイズに対する割合である．例えば，第4個体は良性（1，すなわちB）と予測され，良性例が24個体，悪性例が8個体含まれる部分集団に含まれる．さらに，この部分集団の悪性率は25％であり，標本サイズに対する割合は約0.056であることがわかる．

誤判別率は，predict関数を用いてつぎのように計算できる．

```
> yhat   <- predict(tree, type="class")
> ctab   <- table(True=wdbc$Diagnosis, Pred=yhat)
> ctab
     Pred
True   B    M
   B 343   14
   M  38  174
> pctab <- prop.table(ctab)
> pctab[1,2] + pctab[2,1] # 誤判別率
[1] 0.0913884
```

乳がんデータに対しては，3個の規則の組み合わせによる判別で約9.14％の誤判別率が達成できることがわかった．

a 木の描画

あてはめた木の描画は，plot関数とtext関数を用いて簡単にできる．plot関数はルートノードからの分岐を描き，text関数によって分岐の規則に関する情報を表示できる．木の描画に適用するplot関数は，つぎのような引数をもつ．

```
plot(rpart 関数の出力, branch, uniform)
```

引数branchには，枝の角度を0から1の値で指定する（デフォルトはbranch=1）．引数uniformには，枝の長さをTRUE/FALSEで指定する．このデフォルトはuniform=FALSEであり，この場合，枝の長さはどの程度異質な部分集団に分割されたかによって定まる．またuniform=FALSEの場合は枝の長さが均一になる．また，text関数はつぎのような引数をもつ．

```
text(rpart 関数の出力, use.n, all)
```

引数use.nには，リーフノードの各カテゴリの個体数を表示するかどうかをTRUE/FALSEで指定する（デフォルトはuse.n=FALSE）．引数allには，リーフノード以外のノードにも各カテゴリの度数を表示するかどうかをTRUE/FALSEで指定する（デフォルトはall=FALSE）．コード7.1を入力し，結果を確認してみよう．

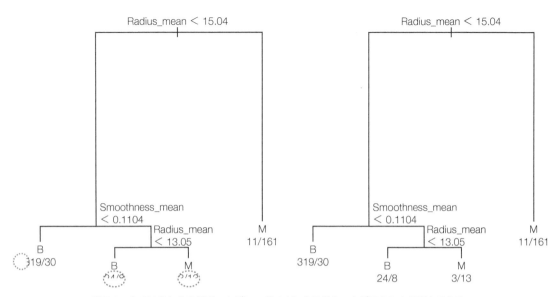

図 7.4　あてはめた木の描画. 左がコード 7.1 による出力, 右が 7.2 による出力である.

◀ **コード 7.1　木の描画 (失敗)** ▶

```
tree <- rpart(formula=Diagnosis ~ Radius_mean + Smoothness_mean, data=wdbc)
plot(tree)
text(tree, use.n=TRUE, all=FALSE)
```

この出力は, 描画枠の近くの文字などが切れて見えなくなっているので, 失敗である. このような事態を回避するには, コード 7.2 のように plot 関数の前に par(xpd=TRUE) と入力しておくとよい.

◀ **コード 7.2　木の描画 (成功)** ▶

```
tree <- rpart(formula=Diagnosis ~ Radius_mean + Smoothness_mean, data=wdbc)
par(xpd=TRUE)
plot(tree)
text(tree, use.n=TRUE, all=FALSE)
```

すべての分岐において, 左側 (右側) に描かれるノードは「命題が真 (偽) である」部分集団であることに注意しよう. 例えば, コード 7.2 で描かれる木の最初の分岐は, 左側が「直径 < 15.04 である」部分集団, 右側が「直径 ≥ 15.04 である」部分集団であることを意味する. 木が複雑になると, 出力の際の工夫が重要になる. 情報が多すぎると, モデルの長所である理解のしやすさが失われるので, 決

定木のサイズに応じて適切に出力を調整しよう．コード 7.3 は，いろいろな複雑さに応じた木とその出力である．

◀ コード 7.3　複雑さを制御した木の描画 ▶

```
par(xpd=TRUE) # 以降，rpart 関数の引数名 formula を省略
tree1 <- rpart(Diagnosis ~ Radius_mean + Smoothness_mean, data=wdbc)
plot(tree1)
text(tree1, use.n=TRUE)
tree2 <- rpart(Diagnosis ~ Radius_mean + Smoothness_mean, data=wdbc, control=list(cp=0))
plot(tree2, branch=0.5, uniform=TRUE)
text(tree2, use.n=TRUE)
tree3 <- rpart(Diagnosis ~ Radius_mean + Smoothness_mean, data=wdbc, control=list(cp=0,
    maxdepth=5))
plot(tree3, branch=0.7)
text(tree3, use.n=TRUE)
```

tree2 に格納した結果は，cp=0 として最も分割を多くした場合の木である（図 7.5（左））．ノードが非常に多いため，branch で枝の角度を調整している．tree3 は，cp=0, maxdepth=5 としている（図 7.5（右））．このような場合には，制約の強いほうの引数の指定が優先される．そのため，tree3 の木は，第 5 層が最も深いリーフノードである．

つぎに，ジニ不純度とエントロピーの違いを見てみよう．コード 7.4 のように，分割のための異質

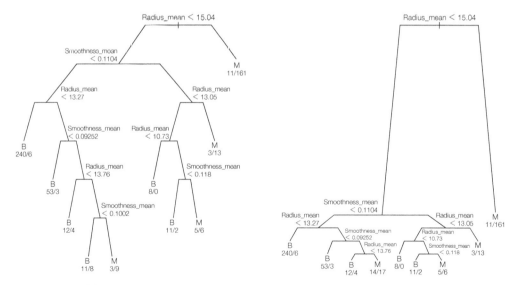

図 7.5　コード 7.3 による決定木．左が tree2 の出力，右が tree3 の出力である．

性の基準以外はまったく同じ条件で決定木に基づくモデルのあてはめを考える.

コード 7.4　分割の基準を指定した木の描画

```
1  par(xpd=TRUE); par(mfcol=c(1, 2))
2  tree4g <- rpart(Diagnosis ~ Radius_mean + Smoothness_mean, data=wdbc, parms=list(split="
       gini"))
3  plot(tree4g, main="Gini")
4  text(tree4g, use.n=TRUE)
5  tree4e <- rpart(Diagnosis ~ Radius_mean + Smoothness_mean, data=wdbc, parms=list(split="
       information"))
6  plot(tree4e, main="Entropy")
7  text(tree4e, use.n=TRUE)
```

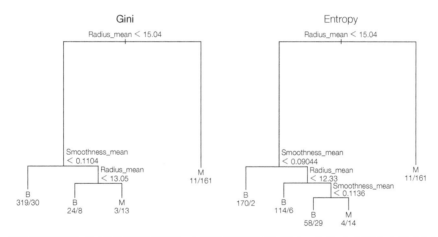

図 7.6　分割の基準の違いによるあてはめの差異. 左がジニ不純度に基づく木, 右がエントロピーに基づく木である.

図 7.6 を見ると, 両者にわずかな違いが見い出される. エントロピーのほうが, より極端なノードが生成される傾向にある. その意味ではエントロピーを指定するほうがより異質性の高い部分集団が構成される. しかし, 個体数の少ないノードには不安定性があるため, エントロピーを用いた結果がジニ不純度を用いた結果に比べて必ずしもよいとはいえない. どちらの指標を用いるかは, 木の複雑さや目的に応じて, 総合的に勘案する必要がある.

b 質的変数の取り扱い

rpart 関数では, 説明変数として質的変数を用いることも可能である. 乳がんデータには質的変数が（Diagnosis 以外に）ないので, ここのみ titanic パッケージの titanic_train データを例に説明しよう. これは, タイタニック号の沈没事故（1912 年に発生）における乗客のデータである. こ

こでは，つぎの変数を利用する．

- Survived：乗客の生死を表す．生存であれば 1，死亡であれば 0 をとる．
- Sex：性別．female は女性，male は男性を意味する．
- Age：年齢．
- Embarked：乗船した港．C はフランスのシェルブール（Cherbourg），Q はアイルランドのクイーンズタウン（Queenstown），S はイギリスのサウザンプトン（Southampton）を意味する．

被説明変数を Survived，上記のそれ以外の全変数を説明変数として木をあてはめてみよう．コード 7.5 のように，rpart 関数の使い方に特別な変化はない．

◀ **コード 7.5　説明変数に質的変数が含まれる場合の木のあてはめ・描画** ▶

```
1  library(titanic)
2  data(titanic_train)
3  ttrain <- titanic_train[-c(62,830),] # 乗船港が不明な個体を除外したデータフレームを作成
4  surv <- ifelse(ttrain$Survived==1, "Survived", "Dead") # 説明変数を文字列に変換
5  tree.t <- rpart(surv ~ Sex + Age + Embarked, data=ttrain, control=list(cp=0,minbucket=10))
6  par(xpd=TRUE)
7  plot(tree.t)
8  text(tree.t, use.n=TRUE)
```

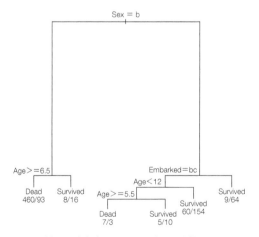

図 7.7　titanic_train データに対する決定木のあてはめ結果．変数 Sex と Embarked が質的変数である．

このコードの出力（図 7.7）は，最初の分岐として Sex = b が示されている．しかし，変数 Sex に b というカテゴリはない．木の描画においては，質的変数の情報はカテゴリ名をアルファベット順に並

べたときのアルファベットに対応する．変数 Sex のカテゴリは female と male なので，それぞれ a
と b が対応する．このことは，rpart 関数の出力を見ると確認できる．

```
> tree.t
n= 889

node), split, n, loss, yval, (yprob)
      * denotes terminal node

 1) root 889 340 Dead (0.6175478 0.3824522)
   2) Sex=male 577 109 Dead (0.8110919 0.1889081)
（以下省略）
```

つまり，最初の分岐で左側に男性の部分集団，右側に女性の部分集団が得られたことがわかる．同様
に，女性の部分集団はさらに Embarked=bc という規則によって分割されている．変数 Embarked は
カテゴリ C，Q，S をもつので，木の描画においてはそれぞれ a，b，c が対応する．すなわち，規則
Embarked=bc は「乗船した港は Q または S である」ということを意味する．この分岐の意味は，出力
のリーフノード 6 に示されている．

```
      6) Embarked=Q,S 239  72 Survived (0.3012552 0.6987448)
```

以上のことから，例えば図 7.7 の一番右側に表示されたリーフノードは「性別が女性かつ乗船した港
がシェルブール（C）である」という部分集団であることがわかる．実際に，つぎのように生存例・死
亡例の数が一致することが確かめられる．

```
> table(surv[ttrain$Sex=="female" & ttrain$Embarked=="C"])

    Dead Survived
       9       64
```

以上のように，質的変数のカテゴリ名は，アルファベット順に a，b，c，... と表示されることに注意
しよう．また，「カテゴリ 1 またはカテゴリ 2」などという規則が得られる場合があることにも注意し
よう．

c 最適な木の決定

　rpart 関数により，単純なものから複雑なものまで，柔軟に木を構成できることがわかった．つぎ
に問題となるのは，それらの中で最も「よい」木は何かという点であろう．モデル（木）の「よさ」
も，平滑化スプライン法（3.3.4 節）のようにモデルの予測の性能と複雑さのバランスを考慮して定量
化する．

　これを実行するのが，`printcp`関数である．`printcp`関数は，木の複雑さを変えながら，クロスバリデーションによって予測誤差（予測誤判別率）を算出する．まず，複雑な木をあてはめよう．引数`control`で cp=0 を指定し，複雑な決定木を構成する．

```
tree5 <- rpart(Diagnosis~Radius_mean+Smoothness_mean, data=wdbc, control=list(cp=0,xval=1000))
```

引数`xval`には，クロスバリデーションの回数を指定する．デフォルトの 10 回より多い回数を指定すると，時間がかかる反面，結果は安定する．`printcp`関数による出力は，つぎのようになる．

```
> printcp(tree5)

Classification tree:
rpart(formula = Diagnosis ~ Radius_mean + Smoothness_mean, data = wdbc,
    control = list(cp = 0, xval = 1000))

Variables actually used in tree construction:
[1] Radius_mean     Smoothness_mean

Root node error: 212/569 = 0.37258

n= 569

        CP nsplit rel error  xerror    xstd
1 0.7075472      0   1.00000 1.00000 0.054401
2 0.0235849      1   0.29245 0.29717 0.035306
3 0.0070755      3   0.24528 0.29245 0.035060
4 0.0023585      7   0.21698 0.32075 0.036499
5 0.0000000      9   0.21226 0.32547 0.036730
```

注目すべきは，最後に表示されている行列形式の箇所である．1 列目は cp の値で，2 列目以降はつぎのような意味である．

- `nsplit`：分割の回数．
- `rel error`：相対誤判別率（nsplit=0 の場合の誤判別率との比）．
- `xerror`：クロスバリデーションによる相対誤判別率の平均値．
- `xstd`：クロスバリデーションによる相対誤判別率の標準偏差．

この結果は，`plotcp`関数によって図示することもできる（図 7.8）．

```
> plotcp(tree5)
```

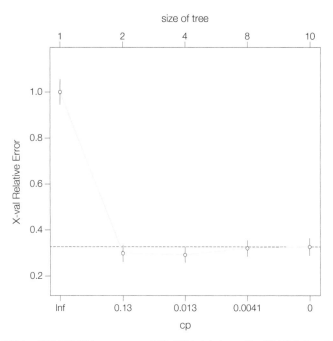

図 7.8 `plotcp` 関数の出力．横軸の数値は，`printcp` 関数で出力された CP の，隣り合う 2 つの値の幾何平均である．

最も重要なのは，`xerror` の値である．これは，クロスバリデーションで分割した，モデルの評価用のデータに対する誤判別率である．これが最も小さいモデルは，cp=0.0070755 のときである．このときの分割は 3 回であるから，最初にあてはめた木 `tree` と同じモデルである．ただし，標本の分割され方による誤判別率の変動を考慮した，つぎの基準も経験的に推奨されている[*4]．

> `xerror` が「`xerror` の最小値 + `xstd`」を下回る，最小の分割数．

これを **1-SE 基準**（1-SE rule）という．1-SE 基準による最適な木を求めるには，コード 7.6 のように入力すればよい．

◀ コード 7.6 1-SE 基準による決定木の決定 ▶

```
tree5 <- rpart(Diagnosis ~ Radius_mean + Smoothness_mean, data=wdbc, control=list(cp=0,
    xval=1000))
cp.tree5 <- printcp(tree5)
i <- which.min(cp.tree5[,4]) # xerror が最小となる行番号
```

[*4] 「経験的に推奨」の意味は「理論的に確かな裏付けはないが，いろいろ試した中ではよく機能する」という程度の意味である．このような基準を**ルール・オブ・サム**（rule of thumb）という．回帰モデルやロジスティック回帰に対する AIC 規準はルール・オブ・サムではなく，理論的に導出されているものである．

```
4    cp.tree5[,3]  < cp.tree5[i,4] + cp.tree5[i,5] # xerror が「xerror + xstd」を下回るかを判定
5    i.opt <- which((cp.tree5[,3]  < cp.tree5[i,4] + cp.tree5[i,5]) == TRUE)[1] # 上の条件をみた
        す最小の分割数
6    cp.tree5[i.opt,1]              # 1-SE 規準による，最適な分割数を与える cp の値
```

3行目または4行目の出力により，1-SE 基準による最適な木に基づく群の予測が得られる．5行目は，最適な cp の値を出力する．

```
> tree5 <- rpart(Diagnosis ~ Radius_mean + Smoothness_mean, data=wdbc, control=list(cp=0,xval
    =1000))
> cp.tree5 <- printcp(tree5)

Classification tree:
rpart(formula = Diagnosis ~ Radius_mean + Smoothness_mean, data = wdbc,
    control = list(cp = 0, xval = 1000))

Variables actually used in tree construction:
[1] Radius_mean      Smoothness_mean

Root node error: 212/569 = 0.37258

n= 569

        CP nsplit rel error  xerror     xstd
1 0.7075472      0   1.00000 1.00000 0.054401
2 0.0235849      1   0.29245 0.29717 0.035306
3 0.0070755      3   0.24528 0.29245 0.035060
4 0.0023585      7   0.21698 0.32075 0.036499
5 0.0000000      9   0.21226 0.32547 0.036730
> i <- which.min(cp.tree5[,4]) # xerror が最小となる行番号
> cp.tree5[,3]  < cp.tree5[i,4] + cp.tree5[i,5] # xerror が「xerror + xstd」を下回るかを判定
      1     2     3     4     5
FALSE  TRUE  TRUE  TRUE  TRUE
> i.opt <- which((cp.tree5[,3]  < cp.tree5[i,4] + cp.tree5[i,5]) == TRUE)[1] # 上の条件をみた
    す最小の分割数
> cp.tree5[i.opt,1]              # 1-SE 規準による最適な分割数を与える cp の値
[1] 0.02358491
```

以上より，printcp(tree5) 出力の第2行目の cp の値が最適であることがわかった．ここで便利なのが，prune 関数である．これは，引数 cp を指定し，すでに構成した木の「枝刈り」を行う関数である（コード 7.7）.

コード 7.7　木の枝刈り

```
cp.tree5  <- printcp(tree5)
tree5.opt <- prune(tree5, cp=cp.tree5[2,1]) # 引数cp に最適な値を指定
par(xpd=TRUE)
plot(tree5.opt)
text(tree5.opt, use.n=TRUE)
```

枝刈りによって得られた木の誤判別率は，約 10.9%である．

```
> yhat  <- predict(tree5.opt, type="class")
> ctab  <- table(True=wdbc$diagnosis, Pred=yhat)
> ctab
     Pred
True   B    M
   B 346   11
   M  51  161
> pctab <- prop.table(ctab)
> pctab[1,2] + pctab[2,1]
[1] 0.1089631
```

rpart 関数のデフォルトであてはめた木（tree オブジェクトに格納した結果）と比べると，クロスバリデーションによる cp の値の決定と枝刈りによって誤判別率が約 1.8%大きくなった．また，線形判別分析と比べると，誤判別率はほとんど差がない．

　決定木に基づくモデルの短所として，データの少しの変動に対する敏感性が挙げられる．規則の閾値 u の周辺で観測値が少し変わるだけで，得られる木の形状が大きく変わってしまう．コード 7.8 は，15 以上 15.2 未満の直径の値を 0.5 だけ差し引いて生成したデータに対し，木をあてはめる例である．

コード 7.8　木の不安定さ

```
x      <- wdbc$Radius_mean
wdbc2 <- wdbc                                                  # 変化を与えたデータを生成する
wdbc2$Radius_mean[x>=15 & x<15.2] <- x[x>=15 & x<15.2] - 0.5 # 直径の値を変更（10個体分）
tree  <- rpart(Diagnosis ~ Radius_mean + Smoothness_mean, data=wdbc)
tree6 <- rpart(Diagnosis ~ Radius_mean + Smoothness_mean, data=wdbc2)
par(mfcol=c(1, 2))                                            # 描画領域の分割
par(xpd=TRUE)
plot(tree)
text(tree, use.n=TRUE, all=TRUE)
```

```
10  plot(tree6)
11  text(tree6, use.n=TRUE, all=TRUE)
```

値を変化させる前後の木（図 7.9）を比べると，これらが似たようなデータから得られた木であること
を判断するのは難しい．

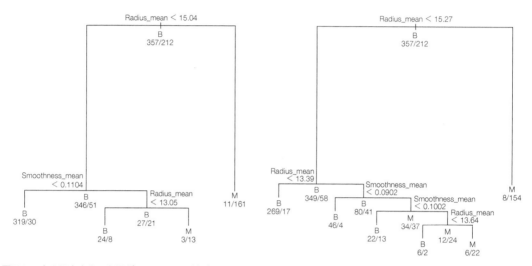

図 7.9　木の不安定さ．左図が元のデータに基づく結果（コード 7.8 の 4 行目），右図が元のデータのうち 10 例の直径の値
を変更したデータに基づく結果（コード 7.8 の 5 行目）である．

● 7.1.3　決定木に基づくモデル：数理編

本節では，決定木に基づくモデルがどのようなアルゴリズムであてはめられるかを簡潔に説明する．
5, 6 章と同様，データは n 個の変数の組 $(\boldsymbol{x}_1, y_1), (\boldsymbol{x}_2, y_2), \ldots, (\boldsymbol{x}_n, y_n)$ である．リーフノードが K
個ある木を T_K と表し，木の各リーフノードに所属する個体の部分集合を $\mathrm{L}_1, \mathrm{L}_2, \ldots, \mathrm{L}_K$ とする．も
ちろん，$\bigcup_{k=1}^{K} \mathrm{L}_k = \{(\boldsymbol{x}_1, y_1), \ldots, (\boldsymbol{x}_n, y_n)\}$ かつ $\mathrm{L}_k \cap \mathrm{L}_{k'} = \emptyset$ である（ただし $k \neq k'$）．ここでは，
簡単のために被説明変数は 2 群で，$y_i \in \{0, 1\}$ とする．さらに，各リーフノード L_k のサイズと標本
に対する割合についてつぎのように表現する．

$$n_k = \sum_{i=1}^{n} \mathbb{I}\{(\boldsymbol{x}_i, y_i) \in \mathrm{L}_k\}, \quad p_k = \frac{1}{n_k} \sum_{i=1}^{n} \mathbb{I}\{(\boldsymbol{x}_i, y_i) \in \mathrm{L}_k\} y_i \ (k = 1, \ldots, K).$$

n_k と p_k は，それぞれ L_k の標本サイズと L_k における $y_i = 1$ である個体の割合である．

リーフノード L_k に対する不純度を $\mathrm{imp}(\mathrm{L}_k)$ と表し，これによって木 T_K に対する不純度 $\mathrm{Imp}(\mathrm{T}_K)$
をつぎのように定義する．

$$\mathrm{Imp}(\mathrm{T}_K) = \sum_{k=1}^{K} \mathrm{imp}(\mathrm{L}_k).$$

リーフノード L_k の不純度としては，つぎの 3 つが代表的な基準である（2 群の場合）．

- ジニ不純度：$\mathrm{imp}(\mathrm{L}_k) = p_k(1 - p_k) + (1 - p_k)p_k = 2p_k(1 - p_k)$.
- エントロピー：$\mathrm{imp}(\mathrm{L}_k) = -\{p_k \log p_k + (1 - p_k)\log(1 - p_k)\}$.
- 誤判別率：$\mathrm{imp}(\mathrm{L}_k) = \min(\widehat{\mathrm{err}}(\mathrm{L}_k), 1 - \widehat{\mathrm{err}}(\mathrm{L}_k))$.

ただし，$\widehat{\mathrm{err}}(\mathrm{L}_k) = \dfrac{1}{n_k}\sum_{i=1}^{n}\mathbb{I}\{(\boldsymbol{x}_i, y_i) \in \mathrm{L}_k, y_i \neq \hat{y}_k\}$，$\hat{y}_k = \mathbb{I}\{p_k > 0.5\}$ である．ちなみに，rpart 関数では誤判別率を不純度 imp として用いることができない．

　木 T_K のリーフノードを 1 つ分割して，不純度の低い（純度の高い）木を作りたい．分割に必要な要素は，つぎの 3 つである．

$$(1)\text{ リーフノードの番号 } \ell,\ (2)\text{ 変数の番号 } j,\ (3)\text{ 閾値 } u.$$

この 3 つを決めることで分割を行い，より「よい」木に成長させたい．リーフノード L_ℓ を 2 つに分割して得られる新たなリーフノードを，つぎのような記号で表すことにする．

$$\mathrm{L}_\ell^{(\mathrm{Left})}(j, u) = \{(\boldsymbol{x}_i, y_i) \in \mathrm{L}_\ell | x_{ij} < u\},$$
$$\mathrm{L}_\ell^{(\mathrm{Right})}(j, u) = \{(\boldsymbol{x}_i, y_i) \in \mathrm{L}_\ell | x_{ij} \geq u\}.$$

このように分割を行い，リーフノードが $(K + 1)$ 個になった木を $\mathrm{T}_K(\ell, j, u)$ と表すことにする．この新しい木が，元の木 T_K と比べてできる限り不純度が低くなるようにしたい．これは，つぎの最小化問題を解くことに相当する．

$$\min_{\ell, j, u}\mathrm{Imp}(\mathrm{T}_K(\ell, j, u)). \tag{7.1}$$

最大化問題 (7.1) の目的関数は，分割前の木 T_K の不純度との差をとると簡単になる．

$$\mathrm{Imp}(\mathrm{T}_K) - \mathrm{Imp}(\mathrm{T}_K(\ell, j, u)) = \sum_{k=1}^{K}\mathrm{imp}(\mathrm{L}_k)$$
$$- \left(\sum_{k \neq \ell}\mathrm{imp}(\mathrm{L}_k) + \mathrm{imp}(\mathrm{L}_\ell^{(\mathrm{Left})}(j, u)) + \mathrm{imp}(\mathrm{L}_\ell^{(\mathrm{Right})}(j, u))\right)$$
$$= \mathrm{imp}(\mathrm{L}_\ell) - \mathrm{imp}(\mathrm{L}_\ell^{(\mathrm{Left})}(j, u)) - \mathrm{imp}(\mathrm{L}_\ell^{(\mathrm{Right})}(j, u)).$$

$\mathrm{Imp}(\mathrm{T}_K)$ の値は新たな分割に依存しないので，符号に注意すると最大化問題 (7.1) はリーフノードに対する最大化問題

$$\max_{\ell, j, u}\left(\mathrm{imp}(\mathrm{L}_\ell^{(\mathrm{Left})}(j, u)) + \mathrm{imp}(\mathrm{L}_\ell^{(\mathrm{Right})}(j, u))\right) \tag{7.2}$$

に単純化できる．問題 (7.2) は，ℓ と j が離散値をとり，u について微分することもできないので，

可能な組み合わせについてすべて値を求める必要がある．問題 (7.2) の式を最大化する要素の組を (ℓ_K^*, j_K^*, u_K^*) として，木 $T_{K+1} = T_K(\ell^*, j^*, u^*)$ と更新する．つぎは，問題 (7.1) の T_K を T_{K+1} に変え，さらに複雑な木 T_{K+2} に更新すればよい．このように，再帰的に木の分割を（適当な基準によって停止するまで）行えばよい．

木の複雑さは，不純度に罰則項を加えた関数を最小化するという基準で決定される．これは，4 章で現れた正則化法と同じ考え方に基づく．具体的には，$\lambda > 0$ を与えて

$$\mathrm{Imp}_\lambda(T_K) = \sum_{k=1}^{K} \mathrm{imp}(L_k) + \lambda K \tag{7.3}$$

を最小にする K を求める．K の値が大きいほど木の分岐は増え複雑になり，それにともなって不純度は減少する．一方で，リーフノードの数 K が大きいほど式 (7.3) の右辺の第 2 項は単調に増加するので，複雑さに対する罰則を与えていることになる．rpart 関数では，λ の値は cp に対応する値である．たとえ cp=0 と指定したとしても，他の基準（木の深さやリーフノードの最小個体数など）による制限がデフォルトで与えられているため，細かすぎる（例えば 1 個体のみからなるリーフノードのような）リーフノードが生成されることは自動的に回避される．

➤ 7.2 インデックスモデル

◐ 7.2.1 インデックスモデルの基本的な考え方

唐突だが，つぎのチェックリストに答えてみてほしい．

- □ 毎日おやつを食べる．
- □ デザートのないレストランは嫌だ．
- □ コーヒーに角砂糖を 3 個以上入れる．
- □ 甘いものを食べないと落ち着かない．

すべての項目にチェックがついた読者は，砂糖中毒かもしれない．2 個以上のチェックがついてしまった方も，注意したほうがよいかもしれない．このようなチェックリストは，病気のリスクの高さを簡単に測ることができる．雑誌やテレビなどのメディアで目にしたことがあるかもしれない．実際に，心原性塞栓症[*5] の CHADS$_2$ スコアは，つぎのような項目からリスクスコアを算出する．

- □ うっ血性心不全を発症したことがある．
- □ 高血圧である．
- □ 75 歳以上である．
- □ 糖尿病である．
- □ 脳卒中などを発症したことがある．

[*5] 心臓の内部にできた血栓（血の塊）が，血流に乗って脳に運ばれ，脳動脈を詰まらせて起こる病気のこと．

各項目は「単純な規則」として $\mathbb{I}\{x < u\}$ のような形で表現することができる．そのため，各項目にあてはまる（規則の命題が真である）場合を 1 点として勘定し[*6]，リスクを容易に評価できる．6 章のロジスティック回帰モデルでも，条件付き確率（事後確率）によりリスクの高さを見積もることはできる．しかし，説明変数が量的変数の場合には個体ごとにさまざまな値が現れ，リスクの異なる集団を直観的に把握することは難しい．

　このようなリスクに対するチェック項目を，データに基づき作るモデルが**インデックスモデル**（index model）である．インデックスモデルは，被説明変数が 2 カテゴリの場合に対して定義されたモデルである．具体的には，インデックスモデルはつぎの問題を考える方法である．

> データ $(\boldsymbol{x}_1, y_1), (\boldsymbol{x}_2, y_2), \ldots, (\boldsymbol{x}_n, y_n)$ を，「異質」な部分集団に分割する規則 $\mathbb{I}\{x_j < u\}$ を複数個見つけること．

この問題自体は，決定木に基づくモデルと同じである．違いについては，次節で述べる．

7.2.2　インデックスモデルの実行

　インデックスモデルは，AIM パッケージの logistic.main 関数によって実行できる．

```
logistic.main(x, y, nsteps) # 本書では y, x の順で指定する
```

引数 y には，0 または 1 で表される被説明変数ベクトルを指定する．rpart 関数とは反対に，文字列の被説明変数は指定できないので注意してほしい．引数 x には，説明変数の行列（またはデータフレーム）を指定する[*7]．引数 nsteps には，規則の個数（得たいチェック項目の個数）を指定する（デフォルトは nsteps=8）．引数 nsteps に説明変数の個数より大きい値を指定すると，エラーが発生する．

　今回も，乳がんデータ wdbc を例として考えよう．まず，説明変数を Radius_mean と Smoothness_mean とする場合にインデックスモデルをあてはめてみよう．

```
> library(mclust); library(AIM)
> data(wdbc)
> y01 <- ifelse(wdbc$Diagnosis=="M", 1, 0) # 被説明変数：M を 1, B を 0 とする
> X2  <- subset(wdbc, select=c(Radius_mean,Smoothness_mean))
> im1 <- logistic.main(y=y01, x=X2, nsteps=2)
```

logistic.main 関数は，規則が 1 個から nsteps で指定した個数まで，すべての場合のあてはめを行う．あてはめの結果は，出力のリスト成分 res から確認できる．

[*6] 実際には，脳卒中などを発症したことがある場合のみ 2 点換算する．

[*7] デフォルトでは，引数は x, y の順に並んでいるので引数名を省略したい場合には注意してほしい（1.2.2 節を参照）．本書では，直観的に変数の役割が理解されるよう lm 関数の引数 formula と同じ順序で説明する．

```
> im1
$res
$res[[1]]
     jmax  cutp maxdir   maxsc
[1,]    1 15.04      1 18.29788


$res[[2]]
     jmax    cutp maxdir    maxsc
[1,]    1 15.0400      1 18.29788
[2,]    2  0.1135      1 17.31623
```

res の成分 res[[i]] は，規則が i 個の場合の結果であり，出力の意味はつぎの通りである．

- jmax：規則に選ばれた説明変数の列番号．
- cutp：選ばれた閾値の値．
- maxdir：規則の方向．1 ならば $\mathbb{I}\{x_{\mathrm{jmax}} > \mathrm{cutp}\}$，-1 ならば $\mathbb{I}\{x_{\mathrm{jmax}} < \mathrm{cutp}\}$ という規則が選ばれたことを意味する．
- maxsc：その行で示される規則をモデルに取り込んだ場合の，検定統計量の値．

規則が 2 個のモデルの場合，res[[2]] からつぎのようなモデルが得られたことがわかる．

$$\text{リスクスコア} = \mathbb{I}\{\text{Radius\_mean} > 15.0400\} + \mathbb{I}\{\text{Smoothness\_mean} > 0.1135\}. \quad (7.4)$$

インデックスモデルでは，検定統計量 maxsc が大きくなるように規則が選ばれる（検定統計量を用いているが，仮説検定を行っているわけではない）．また，規則が 1 個のモデル（res[[1]]）に新たに追加する形で，2 個目の規則が選ばれる（res[[2]]）．規則を 3 個以上含むモデルの場合も同様である．上の出力のように，規則が追加される過程で検定統計量が小さくなってしまうことがある．適切な規則の個数を決める方法は，後で説明する．

また，このモデルに基づくリスクスコアは index.prediction 関数によって出力できる．

```
index.prediction(logistic.main 関数の出力$res[[i]], x)
```

引数 x には，出力を得たい説明変数の行列（またはデータフレーム）を指定する．上であてはめたモデルでは，規則が 2 つなので 0,1,2 のいずれかのリスクスコアが各個体に対して与えられる．

```
> riskscore <- index.prediction(im1$res[[2]], x=X2)
> riskscore
  [1] 2 1 1 1 1 1 1 1 1 1 1 1 1 1 1 1 1 0 1 0 2 1 0 0 0 1 1 1 2 0 1 1 1 1 1 0 2 1 1 1
 （中略）
[541] 0 0 0 0 0 0 0 0 0 0 0 0 0 0 0 0 0 0 0 0 0 0 0 1 1 1 1 1 2 0
> table(riskscore) # スコアの分布を確認する
riskscore
  0   1   2
360 181  28
```

この出力を利用して，スコア別の悪性率を見ることができる．

```
> tab <- table(True=wdbc$Diagnosis, RS=riskscore)
> tab                          # 分割表
    RS
True   0   1   2
   B 326  30   1
   M  34 151  27
> prop.table(tab, margin=2) # スコア別の良性率・悪性率
    RS
True          0          1          2
   B 0.90555556 0.16574586 0.03571429
   M 0.09444444 0.83425414 0.96428571
```

悪性率は，スコアが小さい順に 9.4%，83.4%，96.4% と高くなっていることがわかる．このことから，インデックスモデルは腫瘍が悪性であるリスク，スコアの値により「層別化」した簡易なモデルを構築していることが理解できる．

7.1 節の決定木に基づくモデルも，各リーフノードをリスクの異なる部分集団と考えれば，インデックスモデルと似たようなモデルである．ただし，これらの間の大きな違いはつぎの通りである．

- 決定木に基づくモデルは，規則の積によるリスク層別化である（AND 演算による部分集団への分割）．
- インデックスモデルは，規則の和によるリスク層別化である（OR 演算による部分集団への分割）．

モデル (7.4) には規則が 2 個含まれるので，リスクスコアがとりうるパターンは $2^2 = 4$ 通りある．しかし表 7.1 のように，右上と左下のカテゴリは同じ値になるため，リスクスコアは 3 通りの値しか実現しない．一方，決定木に基づくモデルはすべてのパターンを異なる部分集団とみなすので，4 つのリーフノードができることになる．つまり，インデックスモデルのほうが決定木に基づくモデルに比べて「粗い」モデルになっている．

　腫瘍の悪性リスクを，より細かく層別化するスコアが構築できるか考えてみよう．説明変数

表 7.1 規則の組み合わせとリスクスコアの関係（例）.

リスクスコア	Radius_mean > 15.0400 が真	Smoothness_mean > 0.1135 が真
Radius_mean > 15.0400 が真	2	1
Smoothness_mean > 0.1135 が真	1	0

Radius_mean と Smoothness_mean に加え，つぎの変数を説明変数として加えた場合のインデックスモデルのあてはめを考えよう．

- Radius_se：腫瘍の直径の標準誤差．
- Smooth_se：腫瘍の滑らかさの標準誤差．

コード 7.9 を参考に，インデックスモデルのあてはめを実行してみよう．

◀ コード 7.9　インデックスモデルのあてはめとスコアによる層別の結果 ▶

```
X4    <- wdbc[,c(3,7,13,17)]
y01   <- ifelse(wdbc$Diagnosis=="M", 1, 0) # 被説明変数：M を 1，B を 0 とする
im2   <- logistic.main(y=y01, x=X4, nsteps=4)
riskscore2 <- index.prediction(im2$res[[4]], x=X4)
tab2 <- table(True=wdbc$Diagnosis, RS=riskscore2)
tab2                          # 分割表の出力
prop.table(tab2, margin=2) # スコア別の良性率・悪性率
```

リスト res には，規則の数に応じた結果がリスト形式で格納されている．4 個の説明変数をすべて用いたときの結果は，つぎのように出力できる．

```
> im2$res[[4]]
     jmax    cutp maxdir    maxsc
[1,]    1 15.04000      1 18.29788
[2,]    3  0.41010      1 18.33142
[3,]    2  0.08138      1 18.20555
[4,]    4  0.01049     -1 18.18761
```

4 番目に選ばれた規則は，出力の maxdir の値が -1 になっており，他の選ばれた規則と不等号が逆であることに注意してほしい．すなわち，つぎのようなモデルである．

$$\text{リスクスコア} = \mathbb{I}\{\text{Radius\_mean} > 15.04000\} + \mathbb{I}\{\text{Radius\_se} > 0.41010\}$$
$$+ \mathbb{I}\{\text{Smoothness\_mean} > 0.08138\} + \mathbb{I}\{\text{Smoothness\_se} < 0.01049\}. \quad (7.5)$$

a 最適なインデックスモデルの決定

コード 7.9 の 6, 7 行目は，それぞれ 4 個の説明変数により得られたインデックスモデル (7.5) による，リスクスコアと被説明変数 Diagnosis に関する度数と割合の分割表を出力する．

```
> tab2                       # 分割表の出力
    RS
True  0   1   2   3   4
   B  1  96 232  27   1
   M  0   0  35  61 116
> prop.table(tab2, margin=2) # スコア別の良性率・悪性率
    RS
True          0           1           2           3           4
   B 1.000000000 1.000000000 0.868913858 0.306818182 0.008547009
   M 0.000000000 0.000000000 0.131086142 0.693181818 0.991452991
```

リスクスコアが 0 または 1 となった個体の中には，悪性例 (M) は 1 例もない．つまり，リスクスコアが 0 と 1 の場合の悪性率は 0% である．スコアが異なるのに悪性率が同じになってしまうインデックスモデルは，果たしてリスクを適切に層別しているといえるだろうか．さらに，スコアが 0 の例は悪性例・良性例合わせて 1 例しかいない．1 例だけを分割して考えることは，結果を一般化するうえでは困難であるといわざるを得ない．以上のことから，4 個の説明変数によるインデックスモデルが適切であるかどうか疑わしい．

そこで，規則を何個含むモデルが最も「よい」かという変数選択問題を考える．最も簡便な方法は，検定統計量 maxsc が最大となるモデルである．もう一度，出力を見てみよう．

```
> im2$res[[4]]
     jmax    cutp maxdir    maxsc
[1,]    1 15.04000      1 18.29788
[2,]    3  0.41010      1 18.33142
[3,]    2  0.08138      1 18.20555
[4,]    4  0.01049     -1 18.18761
```

順に追加される規則は，検定統計量 maxsc が大きくなるようなものが選ばれる．しかし，3 個目の変数を追加すると maxsc は約 18.21 となり 2 個の場合（約 18.33）よりも小さくなっている．このことから，規則が 2 個のモデルが最も「よい」と考えられる．

このことを検証する方法が，クロスバリデーションによるモデル選択である．これは，cv.logistic.main 関数によって簡単に実行できる[8]．

---

[8] cv.logistic.main 関数も，logistic.main 関数と同様に引数名を省略する場合 x と y の順序に注意してほしい（1.2.2 節を参照）．

```
cv.logistic.main(x, y, nsteps, K.cv, num.replicate) # 本書では，y,x の順で指定する
```

y と x と nsteps は，logistic.main 関数と同じ引数である．したがって，nsteps に説明変数の個数以上の値を指定しないよう注意しよう．引数 K.cv には，クロスバリデーションの際にデータを分割する個数を指定する（デフォルトは K.cv=5）．引数 num.replicate には，クロスバリデーションの回数を指定する（デフォルトは num.replicate=1）．コード 7.10 を入力し，クロスバリデーションによる結果を確認しよう．

◀ コード 7.10　クロスバリデーションによるインデックスモデルの探索 ▶

```
1  set.seed(2020)              # 乱数の初期値の設定
2  im.cv <- cv.logistic.main(y=y01, x=X4, nsteps=4, K.cv=5, num.replicate=100)
3  k.opt <- im.cv$kmax
4  im3    <- logistic.main(y=y01, x=X4, nsteps=k.opt)
5  im3$res[[k.opt]]
6  riskscore3 <- index.prediction(im3$res[[k.opt]], x=X4)
7  tab3 <- table(True=wdbc$Diagnosis, RS=riskscore3)
8  tab3                        # 分割表の出力
9  prop.table(x=tab3, margin=2) # リスクスコアごとの割合
```

cv.logistic.main 関数の出力のリスト成分 kmax には，クロスバリデーションで選ばれた最も「よい」規則の個数が格納されている．

```
> im.cv$kmax
[1] 2
> im3$res[[k.opt]]
     jmax   cutp maxdir    maxsc
[1,]    1 15.0400      1 18.29788
[2,]    3  0.4101      1 18.33142
```

したがって，乳がんデータにおけるリスクの層別化には，チェック項目（規則）を 2 個用いるのが最も「よい」ことがわかる．このときのリスクスコア別の悪性率を確認してみよう．

```
> tab3 <- table(True=wdbc$Diagnosis, RS=riskscore3)
> tab3                           # 分割表の出力
      RS
True   0   1   2
   B 311  43   3
   M  31  51 130
> prop.table(tab3, margin=2) # スコア別の良性率・悪性率
      RS
True           0          1          2
   B 0.90935673 0.45744681 0.02255639
   M 0.09064327 0.54255319 0.97744361
```

説明変数が 4 個の場合に比べると，リスクスコアが異なると悪性率も大きく異なり，リスクの層別がより明確になされている．また，リスクスコアの分布も極端ではなく，より適切なインデックスモデルを構築することができた．

7.2.3　インデックスモデル：数理編

本節では，インデックスモデルがどのようなアルゴリズムであてはめられるかを簡潔に説明する．7.1.3 節と同様，データは n 個の変数の組 $(\boldsymbol{x}_1, y_1), (\boldsymbol{x}_2, y_2), \ldots, (\boldsymbol{x}_n, y_n)$ である．また，被説明変数 y_i も同様に 0 または 1 の値をとるものとする．

インデックスモデルは，リスクスコアを説明変数としたロジスティック回帰モデルに基づく確率モデルである．K 個の規則に基づくインデックスモデルは，一般的に

$$\log \frac{\mathrm{P}[Y=1|\boldsymbol{X}=\boldsymbol{x}]}{\mathrm{P}[Y=0|\boldsymbol{X}=\boldsymbol{x}]} = \beta_0 + \beta_1 \left(\sum_{k=1}^{K} \mathbb{I}\left\{ \xi_k x_{j(k)} < u_k \right\} \right) \tag{7.6}$$

と表すことができる．ここで，$j(k)$ は k 番目の規則に用いられる変数の番号であり，$j(k) \in \{1, \ldots, p\}$ である．また，ξ_k は +1 または −1 をとるパラメータとする[*9]．これは，$\xi_k = -1$ の場合に，規則が

$$\mathbb{I}\left\{ \xi_k x_{j(k)} < u_k \right\} = \mathbb{I}\left\{ x_{j(k)} \geq -u_k \right\}$$

となり，不等号が逆の規則を実現することに対応する[*10]．

モデル (7.6) を通常のロジスティック回帰モデルとみなすと，パラメータ β_0（切片）と β_1（スコアに対する回帰係数）の推定の問題と捉えてしまいそうになるので注意してほしい．7.2.1 節の最後で述べた通り，問題は変数と閾値による規則の決定である．すなわち，インデックスモデルはモデル (7.6) に基づき，つぎの 3 つの要素を決めるという問題を考える．

[*9] ξ はクシー，クサイ，グザイなどと読む．
[*10] 右辺の規則は等号を含むため，厳密には符号を反転させた規則 $\mathbb{I}\{x_{j(k)} > -u_k\}$ とは異なる．しかし，与えられたデータ（有限の標本）に対し，両者の値がすべて一致するように閾値 u_k を選ぶことができるため実用上は問題ない．

$$(1) \text{ 変数の番号 } j(k), \quad (2) \text{ 符号 } \xi_k, \quad (3) \text{ 閾値 } u_k.$$

この問題を解くために，$k = 1, \ldots, K$ に対してつぎの手順を考える．

(IM1) $(k-1)$ 個目までの規則に基づく，第 i 個体のリスクスコア $s_i^{(k-1)}$ を求める $(i = 1, \ldots, n)$.

(IM2) パラメータ β_1 について $\beta_1 = 0$ と仮定し，$(j(k), \xi_k, u_k)$ による規則に対応する検定統計量 $S_n^{(k-1)}(j(k), \xi_k, u_k)$ を計算する．

(IM3) $S_n^{(k-1)}(j(k), \xi_k, u_k)$ を最大にする要素の組を $(j(k)^*, \xi_k^*, u_k^*)$ とし，リスクスコアを
$$s_i^{(k)} = s_i^{(k-1)} + \mathbb{I}\left\{\xi_k^* x_{ij(k)^*} < u_k^*\right\} \text{ と更新する．}$$

この手順を各 k について繰り返し，式 (7.6) の規則を探索するのがインデックスモデルである．手順 (IM1) において，$k = 1$ のときはまだ規則が何も選ばれていないので，$s_i^{(0)} = 0$ と定義する $(i = 1, \ldots, n)$. これによって，解くべき問題が 1 個目の規則を見つけるという問題になる．$k > 1$ のときは，すでに選ばれた $(k-1)$ 個の規則に，新たに 1 個の規則を追加するという問題を考えることになる．

通常，ロジスティック回帰モデルでは推定したい $(p+1)$ 個のパラメータ $(\beta_0, \beta_1, \ldots, \beta_p)$ を同時に推定する．一方，インデックスモデルにおける手順 (IM1)〜(IM3) は K 個の規則を同時にではなく，1 個ずつ探索する．このようなモデルの構築方法を**適応的**（adaptive）または**逐次的**（sequential）な方法という[*11]．7.1 節で扱った決定木に基づくモデルも，1 個ずつ分割のための規則を追加して木の成長を行う適応的な方法である．

手順 (IM2) では，$\beta_1 = 0$ と仮定したもとでの，β_1 についての検定統計量 $S_n^{(k-1)}(j(k), \xi_k, u_k)$ を計算する．これはスコア統計量とよばれ，本来は仮説検定のために用いる量（検定統計量）である[*12]．しかし，インデックスモデルにおいて，検定統計量 $S_n^{(k-1)}(j(k), \xi_k, u_k)$ を求める目的は仮説検定ではないことに注意しよう．この検定統計量は，モデルの対数尤度に基づいて定義される．$(k-1)$ 個の規則がすでに得られているインデックスモデルに対し，新たに 1 個の規則の追加を検討する．このとき，ロジスティック回帰モデルとしての尤度関数 $L_n(\beta_0, \beta_1)$ はつぎのように書くことができる．$w_i^{(k)} = s_i^{(k-1)} + \mathbb{I}\left\{\xi_k x_{ij(k)} < u_k\right\}$ として

$$L_n(\beta_0, \beta_1) = \prod_{i=1}^{n} \frac{\exp\left(y_i\left(\beta_0 + \beta_1 w_i^{(k)}\right)\right)}{1 + \exp\left(\beta_0 + \beta_1 w_i^{(k)}\right)}.$$

したがって，対数尤度関数 $\ell_n(\beta_0, \beta_1) = \log L_n(\beta_0, \beta_1)$ は式 (6.9) と同様に

$$\ell_n(\beta_0, \beta_1) = \sum_{i=1}^{n} y_i\left(\beta_0 + \beta_1 w_i^{(k)}\right) - \sum_{i=1}^{n} \log\left(1 + \exp\left(\beta_0 + \beta_1 w_i^{(k)}\right)\right)$$

[*11] AIM パッケージの名前は adaptive index model（適応的インデックスモデル）の略であり，adaptive は適応的な方法であることに由来する．

[*12] スコア統計量に基づく仮説検定は，スコア検定とよばれる．スコア検定については，松井・小泉 (2019) の 6.4.3 節を参照してほしい．また，スコア検定はラオ検定やラグランジュ乗数検定とよばれる場合もある（吉田, 2006）．スコア検定の「スコア」は，インデックスモデルによって計算される「リスクスコア」とは意味がまったく異なるので注意してほしい．ちなみに，ラオ（Rao, C. R., 1920–）はインド出身の統計学者であり，ラグランジュ（Lagrange, J. L., 1736–1813）はイタリアの数学者である．

と書くことができる．いま，$\beta_1 = 0$ を仮定しているので，β_0 のみを推定したい．β_0 に対する最尤推定値は，対数尤度関数の偏導関数による方程式

$$\frac{\partial}{\partial \beta_0} \ell_n(\beta_0, 0) = \sum_{i=1}^{n} \left(y_i - \frac{\exp(\beta_0)}{1 + \exp(\beta_0)} \right) = 0 \tag{7.7}$$

の解である．この解を $\tilde{\beta}_0$ とすると，$\tilde{\beta}_0$ は $p_1 = \dfrac{1}{n} \sum_{i=1}^{n} y_i$ とおいてつぎのように表せる．

$$\tilde{\beta}_0 = \log \left(\frac{p_1}{1 - p_1} \right). \tag{7.8}$$

今回の問題に対する検定統計量は，つぎのように定義される．

$$S_n^{(k-1)}(j(k), \xi_k, u_k) = \boldsymbol{g}_n(\tilde{\beta}_0, 0)^\top \left(-\boldsymbol{H}_n(\tilde{\beta}_0, 0) \right)^{-1} \boldsymbol{g}_n(\tilde{\beta}_0, 0). \tag{7.9}$$

ここで，$\boldsymbol{g}_n(\beta_0, \beta_1)$ と $\boldsymbol{H}_n(\beta_0, \beta_1)$ はそれぞれ対数尤度関数 ℓ_n の 1 階偏導関数ベクトル，2 階偏導関数行列である．明示してはいないが，これらも $(j(k), \xi_k, u_k)$ に依存することに注意してほしい（式 (7.9) の左辺からもわかる）．$\boldsymbol{g}_n(\beta_0, \beta_1)$ と $\boldsymbol{H}_n(\beta_0, \beta_1)$ の具体的な形は，それぞれ 6.1.4 節の式 (6.11) と (6.12) において $\boldsymbol{x}_i = (1, w_i^{(k)})^\top$ としたものに相当する．

式 (7.9) のベクトルと行列をそれぞれ計算すると，$\tilde{\beta}_0$ と p_1 の関係から

$$\boldsymbol{g}_n(\tilde{\beta}_0, 0) = \begin{pmatrix} 0 \\ \sum_{i=1}^{n} w_i^{(k)}(y_i - p_1) \end{pmatrix}, \quad -\boldsymbol{H}_n(\tilde{\beta}_0, 0) = p_1(1 - p_1) \begin{pmatrix} n & \sum_{i=1}^{n} w_i^{(k)} \\ \sum_{i=1}^{n} w_i^{(k)} & \sum_{i=1}^{n} \left(w_i^{(k)} \right)^2 \end{pmatrix}$$

となることがわかる．ここで，$-\boldsymbol{H}_n(\tilde{\beta}_0, 0)$ の各成分の計算において，$y_i^2 = y_i$ であることから

$$\sum_{i=1}^{n} (y_i - p_1)^2 = n \left\{ \frac{1}{n} \sum_{i=1}^{n} y_i^2 - \frac{2p_1}{n} \sum_{i=1}^{n} y_i + p_1^2 \right\} = np_1(1 - p_1)$$

となることを利用した．

検定統計量 (7.9) は，データが仮定 $\beta_1 = 0$ にあてはまっているときほど値が 0 に近くなるという性質をもつ．つまり，リスクスコアが被説明変数 y_i のふるまいの説明に役立たない場合，この検定統計量は 0 に近い値になる．一方，リスクスコアが「よく」y_i のふるまいを説明できる場合には検定統計量 (7.9) は大きくなる．

ここで，ベクトル $\boldsymbol{g}_n$ と行列 $\boldsymbol{H}_n$ は，$w_i^{(k)}$ を経由して $(j(k), \xi_k, u_k)$ の関数となっていることを思い出そう．この事実から，手順 (IM3) は検定統計量 (7.9) を最大にする要素の組 $(j(k), \xi_k, u_k)$ の探索に対応することがわかる．これによって，最も「よく」データのふるまいを説明できる規則を得ることができる．決定木に基づくモデルで解く問題 (7.2) と同様に，最大化問題

$$\max_{j(k), \xi_k, u_k} \boldsymbol{g}_n(\tilde{\beta}_0, 0)^\top \left(-\boldsymbol{H}_n(\tilde{\beta}_0, 0) \right)^{-1} \boldsymbol{g}_n(\tilde{\beta}_0, 0)$$

を解くには $(j(k), \xi_k, u_k)$ の可能な組み合わせについてすべて値を求める必要がある.

➤ 第 7 章　練習問題

7.1 練習問題 5.2 で扱った，血友病に関するデータ（rrcov パッケージの hemophilia）について，決定木に基づくモデルをあてはめたい.

(1) 横軸に AHFactivity, 縦軸に AHFantigen を配した散布図を，群の変数 gr の情報（carrier は血友病保因者，normal は健常者）がわかるように点を色分けして描け.

(2) rpart 関数を用いて，被説明変数を gr，説明変数を AHFactivity と AHFantigen とした決定木に基づくモデルをあてはめよ. ただし，引数 formula と data 以外の引数はデフォルト値で実行するものとする.

(3) (2) の結果により得られた部分集団を表す閾値を，図 7.2 のように (1) で描いた散布図に描き入れよ.

(4) (2) の結果による群の予測について誤判別率を計算し，練習問題 5.2(7) による誤判別率と比較せよ.

7.2 練習問題 5.5, 6.4 と同様に，アヤメのデータ（iris）に対して被説明変数を Species とした決定木に基づくモデルのあてはめを実行したい.

(1) rpart 関数を用いて，変数 Species 以外の全変数を説明変数としたモデルのあてはめを実行せよ. ただし，rpart 関数の引数 formula と data 以外の引数はデフォルト値で実行するものとする. また，得られたモデルに基づく群の予測について誤判別率を求めよ.

(2) rpart 関数を用いて，変数 Species 以外の全変数を説明変数としたモデルのあてはめを実行し，その結果を図示せよ. ただし，rpart 関数の引数 control を control=list(cp=0.01) と指定せよ.

(3) rpart 関数を用いて，変数 Species 以外の全変数を説明変数としたモデルのあてはめを実行し，その結果を図示せよ. ただし，rpart 関数の引数 control を control=list(cp=0.01, minbucket=2) と指定せよ.

(4) ?rpart.control と入力するとヘルプが閲覧できる. モデルの複雑さを調整する引数 minbucket について調べ，(2) と (3) の結果の違いが生じた理由を述べよ.

7.3 コード 7.5 の 5 行目で得られるモデルに基づくと，つぎのような乗客の群は，生存と死亡のどちらに予測されるか答えよ.

「サウザンプトン港から乗船した，5 歳の少女」

7.4 練習問題 7.1 で扱った血友病に関するデータ（hemophilia）について，インデックスモデルをあてはめたい.

(1) `logistic.main` 関数を用いて, 被説明変数を `gr`, 説明変数を `AHFactivity` としたインデックスモデルをあてはめよ. また, 得られたモデルの規則を指示関数を用いて表せ.

(2) (1) で得られたモデルによるスコアを求め, スコアの値ごとに保因者 (変数 `gr` のカテゴリ `cariier`) の割合を表にせよ.

(3) `logistic.main` 関数を用いて, 被説明変数を `gr`, 説明変数を `AHFantigen` としたインデックスモデルをあてはめよ. また, 得られたモデルの規則を指示関数を用いて表せ.

(4) `logistic.main` 関数を用いて, 被説明変数を `gr`, 説明変数を `AHFactivity` と `AHFantigen` としたインデックスモデルをあてはめよ. また, 得られたモデルの規則を指示関数を用いて表せ.

(5) (4) で得られたモデルによるスコアを求め, スコアの値ごとに保因者 (変数 `gr` のカテゴリ `cariier`) の割合を表にせよ.

7.5 コード 7.9 の 4 行目のスコア (ベクトル) `riskscore2` を利用して式 (7.9) の右辺を計算し, これがコード 7.9 の 3 行目の出力 `im2$res[[4]][4,4]^2` (検定統計量 `maxsc` の 2 乗) に等しいことを確認せよ.

={ 第 **8** 章 }=

主成分分析

あなたはパティシエまたはパティシエールで，自分のお店を開くために賃貸物件を探しているとする．もろもろの事情から，家賃と最寄り駅からの所要時間（徒歩）だけからお店の場所を決めたい．このとき「家賃（円）＋ 10000 × 所要時間（分）」を物件スコアとして定めれば，このスコアが小さい物件を重点的に検討すればよいかもしれない．考慮すべき 2 つの情報を 1 つのスコアに圧縮できれば，考えることが単純になり便利である．しかし，所要時間への重みは 20000 ではなく 10000 でよいのだろうか．また，物件の築年数や最寄りの競合店までの距離なども気になる場合には，もっと多くの変数への重みを考えてスコアを作らなければならない．

主成分分析（principal component analysis; PCA）は，多くの変数からなるデータの「情報」から，その代表となる少数の合成スコアを作るための方法である．ここでいう「情報」は，分散に相当する．スコアの分散を考える点で，主成分分析と線形判別分析は似ている．しかし，両者の目的は異なるので注意してほしい．主成分分析の目的は，何かの予測や説明ではなく「少数の合成スコアを作ること（つまり，情報の圧縮）」である．したがって，主成分分析で扱うデータには説明変数と被説明変数の区別は必要ない．得られたスコアをどのように用いるかは，解析の目的や問題に依存する．

➤ 8.1 主成分分析の基本的な考え方

本章では，$n \times p$ 行列 $\boldsymbol{X}$ で表される多変量データを考える．3〜7 章との大きな違いは，データに説明変数・被説明変数の役割が区別されないことである．例として，ade4 パッケージのオブジェクト olympic を用いることにしよう．これは，ソウルオリンピック（1988 年）の十種競技の成績に関するデータである．olympic\$tab は，データがつぎのような形で格納されているデータフレームである．

```
> library(ade4)
> data(olympic)
> head(olympic$tab)
     100 long  poid haut   400   110  disq perc  jave   1500
1 11.25 7.43 15.48 2.27 48.90 15.13 49.28  4.7 61.32 268.95
2 10.87 7.45 14.97 1.97 47.71 14.46 44.36  5.1 61.76 273.02
3 11.18 7.44 14.20 1.97 48.29 14.81 43.66  5.2 64.16 263.20
4 10.62 7.38 15.02 2.03 49.06 14.72 44.80  4.9 64.04 285.11
5 11.02 7.43 12.92 1.97 47.44 14.40 41.20  5.2 57.46 256.64
6 10.83 7.72 13.58 2.12 48.34 14.18 43.06  4.9 52.18 274.07
```

このデータを，オリンピックデータとよぶことにしよう．変数の意味は，つぎの通りである．

- 100：100m 走.
- long：走り幅跳び.
- poid：砲丸投げ.
- haut：走り高跳び.
- 400：400m 走.
- 110：110m ハードル走.
- disq：円盤投げ.
- perc：棒高跳び.
- jave：やり投げ.
- 1500：1500m 走.

まずは，簡単な状況から考えるために，100m 走と 110m ハードル走の 2 変数のみをデータとして考えよう．この変数の関係を眺めると，正の相関が見てとれる（図 8.1）．

```
> X <- subset(olympic$tab, select=c("100","110"))
> plot(X)              # 散布図の描画
> cor(X[,1], X[,2]) # 相関係数の計算
[1] 0.6383615
```

つまり，「100m 走の記録が速い選手は，110m ハードル走の記録も速い傾向にある」ということである．このことから，この 2 変数から「短距離走のスコア」を作れそうな気がする．

x_1 を 100m 走の記録，x_2 を 110m ハードル走の記録として，

$$スコア A = x_1 + 2x_2$$

というスコアを考えよう．100m 走の記録より 110m ハードル走の記録を 2 倍厳しく評価するというスコアである．また，

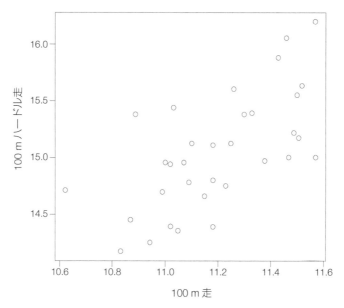

図 8.1 100m 走と 110m ハードル走の記録の散布図.

$$\text{スコア B} = 2x_1 - x_2$$

というスコア B を考えることもできる．このとき，どちらがより「よい」スコアといえるだろうか．これは，線形判別分析で考える問題と似ている．記録 $\boldsymbol{x} = \begin{pmatrix} x_1 \\ x_2 \end{pmatrix}$ をもつ選手のスコア A は，内積 $(1, 2)\boldsymbol{x}$ と書くことができる．すなわち，記録 $\boldsymbol{x}$ に対するスコア A は，座標平面上におけるベクトル $\begin{pmatrix} 1 \\ 2 \end{pmatrix}$ 上の直線と，これに対して点 $\boldsymbol{x}$ から垂直に下ろした半直線の交点に相当する（図 8.2（上））[*1]．同様に，スコア B はベクトル $\begin{pmatrix} 2 \\ -1 \end{pmatrix}$ 上の直線と，これに対する点 $\boldsymbol{x}$ からの垂線との交点に相当する（図 8.2（下））．

　スコアには，各選手の「個性」が反映されているほうがよい．なぜなら，全員が同じ値になるようなスコアは何の情報ももたらさないからである．すなわち，ばらつきの大きいスコアのほうが，情報としては豊富であると考えることができる．実際に，ばらつきとして分散を計算して比べてみよう．

[*1] 正確には，スコア A をベクトル $(1, 2)^\top$ の長さで割った $(x_1 + 2x_2)/\sqrt{1^2 + 2^2}$ が，この交点と原点との符号付き距離（第 1 象限なら正，第 3 象限なら負）に対応する．

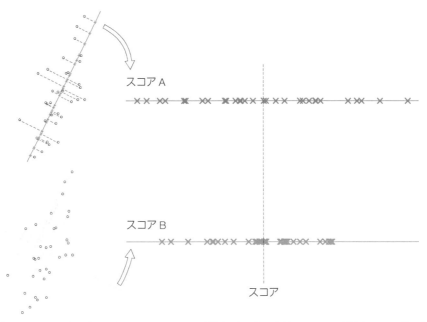

図 8.2　100m 走と 110m ハードル走の記録とスコア A，B の関係．上の赤い点がスコア A に対応し，下の青い点がスコア B に対応する．黒破線は，両スコアの平均値に相当する．

```
> scoreA <- X[,1] + 2 * X[,2]
> scoreB <- 2 * X[,1] - X[,2]
> var(scoreA)
[1] 1.401306
> var(scoreB)
[1] 0.1787746
```

以上から，分散が大きいスコア A のほうが，スコア B よりも個性を反映する「よい」スコアと結論づけられる．

それでは，スコア A よりも「よい」スコアは考えられるだろうか．$3x_1 + 7x_2$ や $-5x_1 + x_2$ など，スコアの作り方は無数にある．この問題は，

$w_1 x_1 + w_2 x_2$ の形のスコアで，分散を最大にする係数の組 (w_1, w_2) を求める

と読み替えることができる．ところで，スコア A を 10 倍したスコア

$$スコア A' = 10x_1 + 20x_2$$

の分散はスコア A の分散の 100 倍大きい．しかし，スコア A とスコア A′ は単位が異なるだけなので，本質的には同じ意味をもつ．そのため，分散の比較が意味をもたない．この単位依存の問題を回

避するために「係数ベクトルの長さが 1 になるようにする」という制約

$$w_1^2 + w_2^2 = 1$$

を与えよう. このとき, スコア A とスコア B はそれぞれつぎのようになる.

$$\text{スコア A} = \frac{1}{\sqrt{5}}x_1 + \frac{2}{\sqrt{5}}x_2,$$
$$\text{スコア B} = \frac{2}{\sqrt{5}}x_1 - \frac{1}{\sqrt{5}}x_2.$$

係数ベクトルへの制約は, 単位を揃え分散の比較が意味をもつようにするための条件である. スコア A と B は, 係数ベクトルの長さが同じなので, 長さを 1 に変換しても大小関係は変化しない.

```
scoreA <- (X[,1] + 2 * X[,2]) / sqrt(5)
scoreB <- (2 * X[,1] - X[,2]) / sqrt(5)
> var(scoreA)
[1] 0.2802612
> var(scoreB)
[1] 0.03575492
```

以上から, 解くべき問題は,

$w_1 x_1 + w_2 x_2$ の形のスコアで, 分散を最大にする係数の組 (w_1, w_2) を求める. ただし, 条件 $w_1^2 + w_2^2 = 1$ を守る

となる. このような問題を解くのが, 主成分分析である.

➤ 8.2 主成分分析の実行 (1)

主成分分析は, prcomp 関数によって実行できる.

```
prcomp(x, scale)
```

引数 x には, データの行列またはデータフレームを指定する. scale には, 各変数の平均値が 0 かつ分散が 1 になるように変換するかどうかを TRUE/FALSE で指定する (デフォルト値は FALSE).

先ほどの 2 変数からなるデータ X への主成分分析を実行するには, コード 8.1 のように入力する.

◀ <u>コード 8.1　主成分分析の実行（1）</u> ▶

```
1  library(ade4)
2  data(olympic)
3  X <- subset(olympic$tab, select=c("100","110"))
4  pca.p02 <- prcomp(x=X) # 主成分分析の実行
```

prcomp の結果は，つぎのように出力される．

```
> pca.p02
Standard deviations (1, .., p=2):
[1] 0.5332287 0.1779980

Rotation (n x k) = (2 x 2):
          PC1        PC2
100 0.3300497  0.9439635
110 0.9439635 -0.3300497
```

この出力には，大きく分けて Standard deviations と Rotation の 2 種類が示されている．Rotation には，行列の各列にスコアの係数が示されている．後で詳しく述べるが，スコアは 1 つだけでなく，（最大で）変数の個数分作ることができる．PC1 と表示された列の数値が，分散を最大にするスコアの係数ベクトルである．すなわち，

$$スコア\ pc_1 = 0.330x_1 + 0.944x_2$$

が分散を最大にする．このスコアの分散を，スコア A の分散と比べてみよう．

```
> pc1 <- 0.330 * X[,1] + 0.944 * X[,2]
> var(pc1)
[1] 0.284343
```

スコア pc_1 の分散は，確かにスコア A の分散（約 0.280）よりも大きいことがわかる．Standard deviations は，スコアの標準偏差（つまり分散の平方根）の情報である．これは，つぎのようにして確認できる．

```
> sd(pc1)
[1] 0.5332383
```

係数の値を丸めているため若干の誤差はあるが，おおむね出力 Standard deviations の最初の数値

と等しいことがわかる．また，この係数の長さが1であることも確認しよう．

```
> 0.3300497^2 + 0.9439635^2
[1] 0.9999999
```

丸め誤差の影響はあるものの，係数ベクトルの制約をみたしていることがわかる．

　以上より，prcomp関数によって分散を最大にするスコアの係数ベクトルを求められることがわかった．この係数ベクトルの成分を**主成分負荷量**（principal component loadings）や**因子負荷量**（factor loadings）という．また，スコアのことを**主成分得点**（principal component score; PC score）という．特に，分散が最大になる主成分得点を**第1主成分得点**（1st PC score）という．主成分負荷量と主成分得点は，prcomp関数の出力から取り出すことができる．コード8.2は，主成分分析の結果を抽出する方法である．

コード8.2　主成分負荷量と主成分得点

```
pca.p02$rotation       # すべての主成分負荷量（行列）
pca.p02$x              # すべての主成分得点（行列）
pca.p02$rotation[,1] # 第1主成分の主成分負荷量（ベクトル）
pc1 <- pca.p02$x[,1] # 第1主成分の主成分得点（ベクトル）
```

8.2.1　複数の主成分

　直前で述べたように，主成分分析では複数個の主成分得点（スコア）を作ることができる．図8.3の赤線が，第1主成分得点の方向ベクトル（主成分負荷量）である．この軸に沿う量を**第1主成分**という．この第1主成分で表しきれていないデータの変動を捉えるための情報は，どこにあるだろうか．答えは「第1主成分と平行でないベクトルで表現されるスコア」である．第1主成分のベクトルと，これに平行でないベクトルの2つがあれば，2次元平面上のどんな点も表現できるのでデータを復元することが可能である．

　そのような中で，最も「無駄の少ない」ベクトルは，第1主成分と直交する（垂直な）方向ベクトルである（図8.3の青線）．第1主成分と直交しない方向ベクトルは，第1主成分で説明できる方向の成分を含んでしまうため「無駄」がある．第1主成分と直交する方向ベクトルに沿う量を，**第2主成分**という[2]．100m走と110mハードル走のデータXの分析結果から，第2主成分得点は

$$スコア\ pc_2 = 0.944x_1 - 0.330x_2$$

として得られる．図8.3からもすぐにわかるが，第1主成分と第2主成分の主成分負荷量が直交する

---

[2] 正確には，第1主成分のベクトルと直交するものの中で，分散が最大のスコアを与える係数ベクトルである．

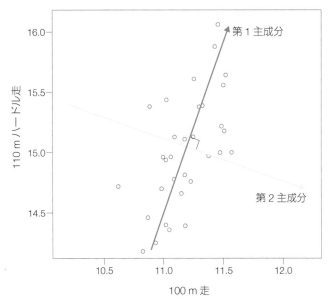

図 8.3　第 1 主成分の軸（赤線）と第 2 主成分の軸（青線）.

（つまり内積が 0 になる）ことはつぎのように確認できる.

```
> sum(pca.p02$rotation[,1] * pca.p02$rotation[,2]) # 内積の計算
[1] 0
```

また，第 2 主成分得点は prcomp 関数の出力中のリスト成分 x の 2 列目に含まれている. 各主成分得点の標準偏差を確認すると，Standard deviations の出力の意味が理解できるだろう.

```
> apply(X=pca.p02$x, MARGIN=2, FUN=sd)
      PC1        PC2
0.5332287 0.1779980
```

さらに面白いことに，各主成分得点の分散の和は各変数の分散の和に等しい.

```
> apply(X=X, MARGIN=2, FUN=var)            # 各変数の分散
        100         110
0.05920511 0.25681098
> sum(apply(X=X, MARGIN=2, FUN=var))       # 変数の分散の和
[1] 0.3160161
> apply(X=pca.p02$x, MARGIN=2, FUN=var)    # 各主成分の分散
        PC1         PC2
0.28433281 0.03168328
> sum(X=apply(pca.p02$x, MARGIN=2, FUN=var)) # 主成分の分散の和
[1] 0.3160161
```

つまり，主成分分析はデータの分散を分解しているのである．幾何学的には，主成分分析はデータを分散が大きくなる方向へ軸を直交回転させていると見ることができる．これが，出力 Rotation（回転）の名前の由来である．主成分負荷量の行列が回転行列に近い性質[*3] をもつことはつぎのように確認できる．

```
> t(pca.p02$rotation)      # 転置行列
            100         110
PC1 0.3300497  0.9439635
PC2 0.9439635 -0.3300497
> solve(pca.p02$rotation) # 逆行列（転置行列と等しいことを確認しよう）
            100         110
PC1 0.3300497  0.9439635
PC2 0.9439635 -0.3300497
> det(pca.p02$rotation)    # 行列式の値（1 ではないので，回転行列ではない）
[1] -1
```

➤ 8.3 主成分分析の実行（2）

前節では，主成分分析の概要を簡単な 2 変数のデータを用いて説明した．本節では，オリンピックデータの全 10 変数を用いて主成分分析を実行してみよう．変数間で単位が異なる場合には，各変数を平均値 0，分散 1 に標準化したデータを用いるのがよい．これは，前述の通り scale=TRUE と入力することで実現できる．コード 8.3 を入力して，主成分分析を実行してみよう．

[*3] 正方行列 R が回転行列であるとは，$R^{\top} = R^{-1}$ かつ $|R| = 1$ が成り立つ行列のことである．行列 pca.p02$rotation の行列式は -1 となり，回転行列ではない．しかし，この行列をどちらかの列ベクトルの符号を変えれば回転行列になる．

◀ コード 8.3　主成分分析の実行（2）▶

```
pca.p10 <- prcomp(x=olympic$tab, scale=TRUE) # 標準化したデータに対する主成分分析
```

主成分負荷量は，関数の出力のリスト成分 rotation に格納されている．

```
> round(pca.p10$rotation, 3) # 小数点以下第 3 位まで表示
        PC1    PC2    PC3    PC4    PC5    PC6    PC7    PC8    PC9   PC10
100  -0.416  0.149 -0.267  0.088 -0.442  0.031  0.254 -0.664  0.108 -0.109
long  0.394 -0.152 -0.169  0.244  0.369 -0.094  0.751 -0.141 -0.046 -0.056
poid  0.269  0.484  0.099  0.108 -0.010  0.230 -0.111 -0.073 -0.422 -0.651
haut  0.212  0.028 -0.855 -0.388 -0.002  0.075 -0.135  0.155  0.102 -0.119
400  -0.356  0.352 -0.189 -0.081  0.147 -0.327  0.141  0.147 -0.651  0.337
110  -0.433  0.070 -0.126  0.382 -0.089  0.210  0.273  0.639  0.207 -0.260
disq  0.176  0.503  0.046 -0.026  0.019  0.615  0.144 -0.009  0.167  0.535
perc  0.384  0.150  0.137 -0.144 -0.717 -0.348  0.273  0.277  0.018  0.066
jave  0.180  0.372 -0.192  0.600  0.096 -0.437 -0.342 -0.059  0.306  0.131
1500 -0.170  0.421  0.223 -0.486  0.340 -0.300  0.187 -0.007  0.457 -0.243
```

変数の数は 10 個なので，計 10 個の主成分が得られた．左の列から順に第 1 主成分の主成分負荷量
（PC1），第 2 主成分の主成分負荷量（PC2），…，第 10 主成分の主成分負荷量（PC10）と続く．各個
体の主成分得点も，同様に出力のリスト成分 x に行列形式で格納されている．例えば，第 5, 7 個体の
主成分得点は，つぎのようになる．

```
> round(pca.p10$x[c(5,7),], 3) # 小数点以下第 3 位まで表示
     PC1    PC2   PC3    PC4    PC5    PC6   PC7    PC8   PC9   PC10
5  2.261 -2.019 0.481  0.073 -0.961 -0.100 0.251 -0.275 0.263 0.534
7  1.619  0.989 0.081 -1.594 -1.597 -1.799 0.140  0.147 0.384 0.086
```

● 8.3.1　主成分の個数

8.2.1 節で述べたように，主成分分析は，データの分散を分解しているとみなすことができる．それ
ゆえ，「各変数の分散の和＝各主成分得点の分散の和」が成立する．標準化した変数の分散は 1 であ
るから，主成分得点の分散の和は変数の数に等しい．

```
> vars <- apply(pca.p10$x, MARGIN=2, FUN=var) # 各主成分の分散
> sum(vars)                                   # 分散の和
[1] 10
```

これが意味することは，10 個の主成分をすべて用いると，データの情報が完全に復元できるということである．つまり，10 個の変数に対して 10 個の主成分得点を用いても「情報の圧縮」にならない．分散の大きい第 1 主成分から順に採用していくことは前提としても，つぎのような問題が残る．

> 何個の主成分を用いて情報を圧縮するのが適切だろうか．

この問題に対処する方法として，つぎの 2 つを紹介する．両方とも，主成分得点の分散を用いる方法である．

(1) **スクリープロット**（スクリー図；screeplot）を用いる方法．
(2) **累積寄与率**（cumulative proportion of variance explained）を用いる方法．

　(1) のスクリープロットを用いる方法は，主成分得点の分散が急激に減少する手前の主成分までを採用するという方法である．スクリープロットは，screeplot 関数によって描くことができる．

```
screeplot(x, type="lines", main)
```

引数 x には，prcomp 関数の出力を指定する．引数 type は「type="barplot"」と指定することもできるが，上のように「type="lines"」としたほうが分散の変化を確認しやすい．引数 main には，図のタイトルを指定する．コード 8.4 を入力して，出力の違いを確認してみよう．

コード 8.4　スクリープロットの描画

```
screeplot(x=pca.p10, type="lines")
screeplot(x=pca.p10, type="barplot") # 見やすさの比較
screeplot(x=pca.p10, type="lines", main="Scree plot")
```

図 8.4 は，3 行目による出力である．これを見ると，第 2 主成分と第 3 主成分の間で分散が急激に減少しているように見える．このように判断する場合，主成分は第 1，第 2 主成分の 2 個を採用することになる．もちろん，この判断には主観が混じっているので唯一の正解ではない．解析者の主観によって，どこで急激に分散が減少したかの判断に差が起こりうることは留意すべきである．
　(2) の累積寄与率を用いる方法は，主成分得点の分散の累積割合に基づいて主成分の数を決める方法である[*4]．この方法は，採用する主成分得点の分散の合計がある一定の割合（例えば 80％など）を超える主成分までを採用するというものである．累積寄与率の数学的な定義は 8.4.2 節で与える．主成分得点の標準偏差は，prcomp 関数の出力のリスト成分 sdev に格納されている．これを用いて，累積寄与率を求めるのがコード 8.5 の入力である．

[*4] 累積寄与率は，線形回帰モデルの寄与率（決定係数）とまったく異なる概念なので注意しよう．

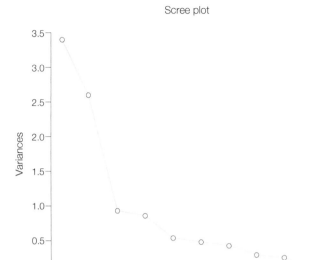

図 8.4　スクリープロット（コード 8.4 の 3 行目による出力）．横軸は主成分の番号，縦軸は主成分得点の分散を表す．

◀ コード 8.5　累積寄与率の計算と図示 ▶

```
1  vars <- pca.p10$sdev^2
2  pov  <- vars / sum(vars) # 分散の割合 (proportion of variance)
3  cpov <- cumsum(pov)      # pov の累積和
```

オリンピックデータにおいては，累積寄与率はつぎのようになる．

```
> round(cpov, 3)
 [1] 0.342 0.602 0.697 0.785 0.840 0.889 0.932 0.963 0.990 1.000
```

したがって，累積寄与率の基準を 80％ と設定した場合，第 5 主成分までを採用することになる．この基準における 80％ という数値に，明確な理論的根拠はない．そのため，この方法も (1) のスクリープロットと同様，主観性が残る点に留意すべきである．

　以上の方針 (1) と (2) はあくまで方針であって，解析の目的に沿って主成分の数を決定することが大前提である．オリンピックデータの場合でいえば，圧縮の精度が高いことを優先すれば第 5 主成分まで利用するべきで，結果の単純さや解釈の容易さを優先するならば第 2 主成分までの利用に留まるべきだろう．どちらの方法を利用するにしても，その長所・短所を把握しておくことは重要である．

● 8.3.2 主成分の解釈

　主成分得点はデータを圧縮したスコアであるから，なんらかの「意味」をもっている場合が多い．主成分に現実的な「意味」を与えることができると，結果が説明しやすくなったり，選ぶべき主成分の個数の判断に役立ったりすることもある．

　主成分負荷量を確認すると，その手掛かりを得ることができるかもしれない．まず，オリンピックデータの第 1 主成分の主成分負荷量を眺めてみよう．

```
> round(pca.p10$rotation[,1], 3) # 第 1 主成分の主成分負荷量
    100   long   poid   haut    400    110   disq   perc   jave   1500
 -0.416  0.394  0.269  0.212 -0.356 -0.433  0.176  0.384  0.180 -0.170
```

110m ハードル走（110）と 100m 走（100）の係数が負の方向に大きく，走り幅跳び（long）と棒高跳び（perc）の係数が正の方向に大きい．しかし，これらの数値から統一的な解釈を与えることは難しい[*5]．そこで，ひとまず第 1 主成分については保留し，第 2 主成分の主成分負荷量を眺めてみよう．

```
> round(pca.p10$rotation[,2], 3) # 第 2 主成分の主成分負荷量
    100   long   poid   haut    400    110   disq   perc   jave   1500
  0.149 -0.152  0.484  0.028  0.352  0.070  0.503  0.150  0.372  0.421
```

こちらは円盤投げ（disq），砲丸投げ（poid）などの係数が大きいため，第 2 主成分は「筋力や持久力を表す軸」と理解できる．

　主成分の意味を考えるために，バイプロットを描くことは 1 つの助けとなる．バイプロットとは，主成分得点（個体の情報）と主成分負荷量（変数の情報）を同じ平面上に描画したグラフである．バイプロットは，biplot 関数を用いて描くことができる．

```
biplot(x, choice)
```

引数 x には，prcomp 関数の出力を指定する．引数 choice には，図示する主成分の番号を 2 次元ベクトルで指定する（デフォルト値は choice=c(1,2)）．コード 8.6 を入力して，バイプロットを描いてみよう．

◀ コード8.6　バイプロットの描画 ▶

```
1  biplot(x=pca.p10)                # 第 1，第 2主成分の情報を表示
2  biplot(x=pca.p10, choice=c(2,3)) # 第 2，第 3主成分の情報を表示
```

[*5] 陸上競技の経験者なら，これらの傾向からうまく解釈できるかもしれない．

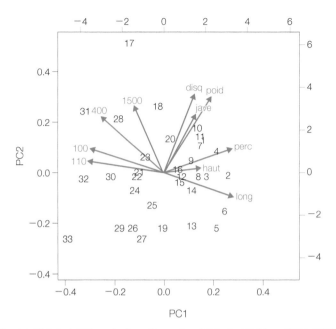

図 8.5　オリンピックデータに対するバイプロット（コード 8.6 の 1 行目による出力）．横軸と縦軸はそれぞれ第 1 主成分と
第 2 主成分を表す．

図 8.5 は，1 行目による出力である．黒色で表示された数字が各個体の主成分得点の座標を表し，赤色
の矢線が主成分負荷量の係数ベクトルを表す（描画の都合上，主成分得点は定数倍され，係数ベクトル
の長さと角度は調整されている）．これによって，各変数がどの主成分にどの程度影響を与えているか
を視覚的に把握できる．例えば，第 1 主成分は 100m 走や 110m ハードル走が負の方向に，走り幅跳
びや棒高跳びが正の方向に強く寄与していることがわかる．また，第 1 主成分は「総合力」を表すとい
われることが多い．実際，第 1 主成分の大きい（正である）個体のほうが総合得点（olympic\$score
で確認できる）が大きい．すなわち，オリンピックデータにおいても，第 1 主成分を総合力とよぶこ
とも可能であろう．また，第 2 主成分（縦軸）の係数が大きい競技は持久力や筋力を要求される競技
が多く，係数ベクトルが横方向に倒れている 100m 走や走り幅跳びなどとは対照的である．

8.3.3　データの標準化

prcomp 関数の引数 scale は，データの標準化を行うかどうかを指定するものであった．この違い
が，どのように影響するかを考えてみよう．例として，オリンピックデータの 1500m 走だけ単位が
「分」であるようなデータを作ろう．

```
olym.1500min        <- olympic$tab
olym.1500min$"1500" <- (olympic$tab)$"1500" / 60
```

元のデータと，単位を変更したデータ（olym.1500min）の「標準化を行わない」主成分分析は，それぞれつぎのような結果になる．

```
> pca.A <- prcomp(olympic$tab, scale=FALSE)  # 1500m 走の記録の単位が「秒」
> pca.B <- prcomp(olym.1500min, scale=FALSE) # 1500m 走の記録の単位が「分」
> round(pca.A$rotation[,1], 3)
    100   long   poid   haut    400    110   disq   perc   jave   1500
 -0.005  0.008 -0.029  0.001 -0.046 -0.005 -0.118  0.000 -0.053 -0.990
> round(pca.B$rotation[,1], 3)
    100   long   poid   haut    400    110   disq   perc   jave   1500
 -0.003  0.008  0.167  0.002  0.026 -0.008  0.411  0.019  0.895  0.008
```

olym.1500min を用いたほうが，1500m 走に対する第 1 主成分の主成分負荷量が非常に小さくなった．これは，1500m 走の単位を 1/60 倍したため，1500m の分散が（他の変数の分散と比べて）相対的に小さくなったことに起因する．一方，標準化を行ったもとでの主成分分析は，変数の単位に依存しない結果になる．

```
> pca.a <- prcomp(olympic$tab, scale=TRUE)  # 1500m 走の記録の単位が「秒」
> pca.b <- prcomp(olym.1500min, scale=TRUE) # 1500m 走の記録の単位が「分」
> round(pca.a$rotation[,1], 3)
    100   long   poid   haut    400    110   disq   perc   jave   1500
 -0.416  0.394  0.269  0.212 -0.356 -0.433  0.176  0.384  0.180 -0.170
> round(pca.b$rotation[,1], 3)
    100   long   poid   haut    400    110   disq   perc   jave   1500
 -0.416  0.394  0.269  0.212 -0.356 -0.433  0.176  0.384  0.180 -0.170
```

以上から，変数ごとに単位が異なるかどうかは事前に確認すべき重要な事項であることがわかる．

➤ 8.4 主成分分析：数理編

データを n 個の p 次元ベクトル $\boldsymbol{x}_1, \boldsymbol{x}_2, \ldots, \boldsymbol{x}_n$ とし，第 i 個体の第 j 変数を x_{ij} と表す．主成分分析では，被説明変数 y_i は存在しないことに注意してほしい．また，各変数は量的変数でありすべて標準化されているものと仮定する．すなわち，すべての変数 $j = 1, \ldots, p$ に対して

$$\frac{1}{n}\sum_{i=1}^{n} x_{ij} = 0 \ \ \text{かつ} \ \ \frac{1}{n}\sum_{i=1}^{n} x_{ij}^2 = 1 \tag{8.1}$$

を仮定する[*6]．この前者の条件は，ベクトルで表現すると

[*6] prcomp 関数では，標本分散ではなく不偏分散で標準化を行っている．

$$\frac{1}{n}\sum_{i=1}^{n}\boldsymbol{x}_i = \boldsymbol{0}$$

である．また，後者の仮定により相関係数行列 $\boldsymbol{Q}$ は

$$\boldsymbol{Q} = \frac{1}{n}\sum_{i=1}^{n}\boldsymbol{x}_i\boldsymbol{x}_i^{\top}$$

と表すことができる．仮定 (8.1) を考えない場合，$\boldsymbol{Q}$ を分散共分散行列

$$\boldsymbol{S} = \frac{1}{n}\sum_{i=1}^{n}(\boldsymbol{x}_i - \bar{\boldsymbol{x}})(\boldsymbol{x}_i - \bar{\boldsymbol{x}})^{\top}$$

に置き換えて，次節からの議論を追えばよい．ここで，$\bar{\boldsymbol{x}} = \frac{1}{n}\sum_{i=1}^{n}\boldsymbol{x}_i$ である．

8.4.1 第 1 主成分の導出

データに対し，重み $\boldsymbol{w} = (w_1,\ldots,w_p)^{\top}$ を用いたスコアを $s_i = \boldsymbol{w}^{\top}\boldsymbol{x}_i$ と書く．このスコアの分散を最大にする $\boldsymbol{w}$ を求めたい．スコアの平均値を $\bar{s}$ とすると，$\bar{s} = \frac{1}{n}\sum_{i=1}^{n}\boldsymbol{w}^{\top}\boldsymbol{x}_i = \boldsymbol{w}^{\top}\left(\frac{1}{n}\sum_{i=1}^{n}\boldsymbol{x}_i\right) = 0$ であるから，

$$\frac{1}{n}\sum_{i=1}^{n}(s_i - \bar{s})^2 = \frac{1}{n}\sum_{i=1}^{n}(\boldsymbol{w}^{\top}\boldsymbol{x}_i)^2$$

と表すことができる．また，8.1 節で述べたように $\boldsymbol{w}$ の長さが 1 となるように制限したい．以上より，解くべき問題は

$$\frac{1}{n}\sum_{i=1}^{n}(\boldsymbol{w}^{\top}\boldsymbol{x}_i)^2 \text{を}\sqrt{\sum_{i=1}^{p}w_i^2} = 1 \text{の条件下で最大にする } \boldsymbol{w} \text{を求める}$$

となる．スコアの分散は，データを $n \times p$ 行列 $\boldsymbol{X} = (\boldsymbol{x}_1, \boldsymbol{x}_2, \cdots, \boldsymbol{x}_n)^{\top}$ として表すと，

$$\frac{1}{n}\sum_{i=1}^{n}(\boldsymbol{w}^{\top}\boldsymbol{x}_i)^2 = \frac{1}{n}\sum_{i=1}^{n}(\boldsymbol{w}^{\top}\boldsymbol{x}_i)(\boldsymbol{x}_i^{\top}\boldsymbol{w}) = \boldsymbol{w}^{\top}\left(\frac{1}{n}\sum_{i=1}^{n}\boldsymbol{x}_i\boldsymbol{x}_i^{\top}\right)\boldsymbol{w} = \boldsymbol{w}^{\top}\boldsymbol{Q}\boldsymbol{w} \tag{8.2}$$

となる．$\sqrt{\sum_{i=1}^{p}w_i^2} = 1$ と $\boldsymbol{w}^{\top}\boldsymbol{w} = 1$ が同値な条件であることに注意すると，解くべき問題は

$$\boldsymbol{w}^{\top}\boldsymbol{Q}\boldsymbol{w} \text{ を } \boldsymbol{w}^{\top}\boldsymbol{w} = 1 \text{の条件下で最大にする } \boldsymbol{w} \text{を求める}$$

と書き換えられる.

結論からいうと, この問題の解は, 相関係数行列 $\boldsymbol{Q}$ の最大固有値に対応する固有ベクトルである. $\boldsymbol{Q}$ が正定値行列であると仮定し, このことを示そう. まず, この問題はつぎの最大化問題と同等である.

$$\max_{\boldsymbol{w}} \frac{\boldsymbol{w}^\top \boldsymbol{Q}\boldsymbol{w}}{\boldsymbol{w}^\top \boldsymbol{w}}. \tag{8.3}$$

なぜなら, $\boldsymbol{w}^* = \dfrac{\boldsymbol{w}}{\sqrt{\boldsymbol{w}^\top \boldsymbol{w}}}$ とおけば $(\boldsymbol{w}^*)^\top \boldsymbol{w}^* = 1$ が成り立つからである. 相関係数行列 $\boldsymbol{Q}$ は実対称行列であるから, ある直交行列 $\boldsymbol{U}$ によって, つぎのように対角化可能である.

$$\boldsymbol{U}^\top \boldsymbol{Q}\boldsymbol{U} = \boldsymbol{\Lambda} = \mathrm{diag}(\lambda_1, \ldots, \lambda_p). \tag{8.4}$$

$\lambda_1, \ldots, \lambda_p$ は $\boldsymbol{Q}$ の固有値であり, $\boldsymbol{\Lambda} = \mathrm{diag}(\lambda_1, \ldots, \lambda_p)$ は (j, j) 成分が λ_j であるような p 次対角行列である. また, $\boldsymbol{U}$ の第 i 列は λ_i に対応する固有ベクトルである[*7]. ここで, $\lambda_1 \geq \lambda_2 \geq \cdots \geq \lambda_p > 0$ を仮定する[*8]. $\boldsymbol{z} = \boldsymbol{U}^\top \boldsymbol{w}$ と定義し, $\boldsymbol{U}\boldsymbol{U}^\top = \boldsymbol{I}_p$ と $\boldsymbol{Q} = \boldsymbol{U}\boldsymbol{\Lambda}\boldsymbol{U}^\top$ に注意すると,

$$\frac{\boldsymbol{w}^\top \boldsymbol{Q}\boldsymbol{w}}{\boldsymbol{w}^\top \boldsymbol{w}} = \frac{\boldsymbol{w}^\top \boldsymbol{U}\boldsymbol{\Lambda}\boldsymbol{U}^\top \boldsymbol{w}}{\boldsymbol{w}^\top \boldsymbol{U}\boldsymbol{U}^\top \boldsymbol{w}} = \frac{\boldsymbol{z}^\top \boldsymbol{\Lambda}\boldsymbol{z}}{\boldsymbol{z}^\top \boldsymbol{z}} \tag{8.5}$$

を得る. $\boldsymbol{z} = (z_1, \ldots, z_p)^\top$ と表すことにすれば, 式 (8.5) の最右辺はつぎのように書くことができる.

$$\frac{\boldsymbol{z}^\top \boldsymbol{\Lambda}\boldsymbol{z}}{\boldsymbol{z}^\top \boldsymbol{z}} = \sum_{j=1}^p \lambda_j \left(\frac{z_j^2}{z_1^2 + \cdots + z_p^2} \right).$$

変数 $\dfrac{z_j^2}{z_1^2 + \cdots + z_p^2}$ は 0 から 1 の範囲のみを動くので, この最大値は $\lambda_1, \ldots, \lambda_p$ の大小関係より

$$\frac{\boldsymbol{z}^\top \boldsymbol{\Lambda}\boldsymbol{z}}{\boldsymbol{z}^\top \boldsymbol{z}} \leq \left(\lambda_1 \times \frac{1}{1^2 + 0^2 + \cdots + 0^2} \right) + (\lambda_2 \times 0) + \cdots + (\lambda_p \times 0) = \lambda_1$$

となる. 以上より, 式 (8.5) の最大値は, $\boldsymbol{Q}$ の最大固有値 λ_1 であることが示された. また, 最大値を達成するのは $\boldsymbol{z}_1 = (1, 0, \ldots, 0)^\top$ であることから,

$$\boldsymbol{z}_1 = \boldsymbol{U}^\top \boldsymbol{w} \Leftrightarrow \boldsymbol{w} = \boldsymbol{U} \begin{pmatrix} 1 \\ 0 \\ \vdots \\ 0 \end{pmatrix} = \begin{pmatrix} u_{11} \\ u_{21} \\ \vdots \\ u_{p1} \end{pmatrix}$$

より, これは行列 $\boldsymbol{U}$ の第 1 列ベクトル, すなわち固有値 λ_1 に対応する固有ベクトルである (u_{ij} は行列 $\boldsymbol{U}$ の (i, j) 成分である).

[*7] $\boldsymbol{Q}$ は実対称行列であるから, p 個の 1 次独立な固有ベクトルをもつ. $\boldsymbol{U}$ は, これらを正規直交化することにより得られる.
[*8] 正定値行列の固有値は, すべて正である.

a R での確認

本節のここまでで示したことは，つぎのように要約できる．

標準化されたデータに対する主成分分析は，相関係数行列の固有値分解に相当する．

このことを，`eigen`関数の結果と比べて確認してみよう．`eigen`関数は，正方行列を引数とする関数である（1.3.3 節の表 1.6）．出力のリスト成分 `values` には行列の固有値が，`vectors` には固有ベクトルがそれぞれ格納されている．

まずは，主成分負荷量が固有ベクトルに対応することを確認しよう．

```
> Q <- cor(olympic$tab)        # 相関係数行列
> round(pca.p10$rotation[,1], 3) # 相関係数行列の主成分分析
    100    long   poid   haut    400    110   disq   perc   jave   1500
-0.416  0.394  0.269  0.212 -0.356 -0.433  0.176  0.384  0.180 -0.170
> round(eigen(Q)$vectors[,1], 3) # 相関係数行列の固有値分解
 [1]  0.416 -0.394 -0.269 -0.212  0.356  0.433 -0.176 -0.384 -0.180  0.170
```

2 つの結果は，符号が異なるだけで値は同じである．符号の違いは，軸の正負の向きが変わるだけなので，本質的な意味に影響しない（主成分の解釈の方向には影響する）．つぎに，主成分得点の分散が固有値に対応することを確認しよう．

```
> round(pca.p10$sdev^2, 3)  # 主成分得点の分散
 [1] 3.418 2.606 0.943 0.878 0.557 0.491 0.431 0.307 0.267 0.102
> round(eigen(Q)$values, 3) # 相関係数行列の固有値
 [1] 3.418 2.606 0.943 0.878 0.557 0.491 0.431 0.307 0.267 0.102
```

以上より，主成分分析が固有値分解に基づいていることがわかる．

8.4.2　第 2 主成分以降の主成分の導出

第 1 主成分の主成分負荷量は，相関係数行列 Q の最大固有値 λ_1 に対応する固有ベクトルであることがわかった．第 2 主成分は，2 番目に分散の大きい主成分得点である．これを求めるには，再び式 (8.5) の最右辺の最大化問題を考える必要がある．ただし，第 2 主成分は第 1 主成分と直交する必要があった．すなわち，解くべき問題は最大化問題 (8.3) から

$$\frac{z^\top \Lambda z}{z^\top z} \text{ を } z_1^\top z = 0 \text{ の条件下で最大化する}$$

となる（w に対する直交条件は $z = U^\top w$ に対する直交条件と同じであることに注意しよう）．

この問題を解くのは簡単である．なぜなら $z_1 = (1, 0, \ldots, 0)^\top$ であるから，直交条件は $z_1 = 0$ の場合に達成される．以上から，第 1 主成分の場合と同様に

$$\frac{z^\top \Lambda z}{z^\top z} \leq \left(\lambda_2 \times \frac{1}{0^2 + 1^2 + \cdots + 0^2} \right) + (\lambda_3 \times 0) + \cdots + (\lambda_p \times 0) = \lambda_2$$

を得る．この解を与える z は $z_2 = (0, 1, 0, \ldots, 0)^\top$ であるから，対応する w は λ_2 に対応する固有ベクトル（行列 U の第 2 列）である．

第 3 主成分の場合は，直交条件 $z_1^\top z = z_2^\top z = 0$ のもとで $\dfrac{z^\top \Lambda z}{z^\top z}$ を最大化する．同様に，第 k 主成分 $(k > 3)$ の場合も適宜直交条件を加えて最大化問題を解けばよい．

▶ 8.4.3 固有値分解と特異値分解

8.4.1 節では，主成分分析は相関係数行列 Q（または分散共分散行列 S）の固有値分解に相当する式 (8.4) を示した．また，固有値分解により p 個の主成分が得られることも示した．このためには，Q が正定値行列でなければならない．しかし，つぎのような場合に行列 Q は固有値に 0 が含まれ，正定値ではない．

(1) 変数が互いに 1 次独立ではない場合．

(2) 標本サイズ n より変数の数 p のほうが大きい場合 $(n < p)$．

(1) と (2) のいずれかの場合，固有値分解によって p 個の主成分を得ることができない．

このような場合，主成分分析はどのような結果を与えるのか見てみよう．例えば，(2) の場合を考えてみよう．オリンピックデータの 10 変数はそのままに，最初の 9 個体の観測値のみをデータとして考えてみよう．

```
> Y <- olympic$tab[1:9,]
```

このデータ Y は 9 行 10 列 $(n = 9, p = 10)$ の行列であり，相関係数行列は正定値ではない．

```
> dim(Y)       # 行列 Y の行数と列数
[1]  9 10
> det(cor(Y)) # Y の相関係数行列の行列式
[1] -1.944647e-35
```

Y の相関係数行列に対する行列式の値は（計算誤差を無視すると）0 であることから，これが正定値行列でないことが確認できる．

この Y に対し，prcomp 関数を用いて主成分分析を実行してみよう．

```
> pca.p09n10 <- prcomp(x=Y, scale=TRUE)   # n=9,p=10 の場合（n<p）の主成分分析
> round(pca.p09n10$rotation, 3)           # 小数点以下第 3 位まで主成分負荷量を表示
        PC1    PC2    PC3    PC4    PC5    PC6    PC7    PC8    PC9
100    0.155  0.174  0.357 -0.679  0.162 -0.166 -0.446  0.051 -0.243
long  -0.092 -0.559 -0.175 -0.042 -0.424  0.117 -0.608 -0.043  0.256
poid   0.429  0.088  0.065  0.395  0.179 -0.541 -0.303 -0.414  0.238
haut   0.355 -0.274 -0.260 -0.353  0.378 -0.035  0.270  0.250  0.562
400    0.338  0.292 -0.384 -0.136  0.093  0.565 -0.245 -0.264 -0.046
110    0.454 -0.081  0.215 -0.119 -0.451  0.194  0.392 -0.440 -0.051
disq   0.430 -0.333 -0.064 -0.038 -0.265 -0.288  0.085  0.349 -0.428
perc  -0.242  0.358 -0.204 -0.397 -0.474 -0.392  0.139 -0.150  0.333
jave   0.282  0.416  0.295  0.235 -0.319  0.189 -0.152  0.569  0.346
1500   0.119  0.267 -0.666  0.093 -0.101 -0.190 -0.064  0.175 -0.292
```

この出力において，主成分の数が説明変数の数と同じ個数 $p(=10)$ 個ではなく 9 個しか得られていないことに注目してほしい．これは，Y の相関係数行列（または分散共分散行列）が正定値でないため，正の固有値が p 個得られないこと（固有値に 0 を含むこと）に起因する．具体的には，(1) や (2) のような場合のデータに対する主成分分析においては行列のランク[*9] の値の個数だけ主成分が得られる．行列のランクは，qr 関数の出力から得ることができる．

```
> qr(Y)$rank # 行列の Y のランク
[1] 9
```

R には，主成分分析のための関数として prcomp 関数の他に princomp 関数が用意されている．

```
princomp(x, cor)
```

引数 x には，データの行列またはデータフレームを指定する．cor には，相関係数行列に対する主成分分析を行うかどうかを TRUE/FALSE で指定する（デフォルト値は FALSE，すなわち分散共分散行列による主成分分析）．princomp 関数と prcomp 関数は，名前が紛らわしいので注意してほしい．
　princomp 関数では (2) の場合には主成分分析が実行されず，エラーが出力される．

```
> Ymat <- as.matrix(Y)
> princomp(x=Y, cor=TRUE) # n=9,p=10 の場合（n<p）
 princomp.default(x = Y, cor = TRUE) でエラー:
    'princomp' では，ケースは変数より多くなければなりません
```

(2) のような場合でも prcomp 関数が主成分分析を実行できるのは，行列の固有値分解ではなく**特異値**

[*9] 行列 A のランク（階数）を，rank(A) と書く．ランクについては，椎名ら（2019）の 2.8 節を参照してほしい．

分解（singular value decomposition）に基づいて主成分負荷量などを求めているためである．$n \times p$ 行列 $\boldsymbol{Y}$ に対する特異値分解とは，$\boldsymbol{Y}$ のランクについて $\mathrm{rank}(\boldsymbol{Y}) = r$ であるとき，

$$\boldsymbol{Y} = \boldsymbol{K}\mathrm{diag}(d_1, \ldots, d_r)\boldsymbol{L}^{\top} \tag{8.6}$$

となるような 3 個の行列に分解することをいう．ここで，$\boldsymbol{K}$ は $n \times r$ 行列，$\boldsymbol{L}$ は $p \times r$ 行列であり

$$\boldsymbol{K}^{\top}\boldsymbol{K} = \boldsymbol{L}^{\top}\boldsymbol{L} = \boldsymbol{I}_r$$

が成り立つ．特異値分解に現れる値 $d_1, \ldots, d_r$ を特異値という．特異値分解は固有値分解を一般化したものであり，$\mathrm{rank}(\boldsymbol{Y}) = p$（すなわち $n > p$）であれば $\boldsymbol{Y}$ の特異値分解は p 次正方行列 $\boldsymbol{Y}^{\top}\boldsymbol{Y}$ の固有値分解に相当する．このとき，$\boldsymbol{Y}$ の特異値は $\boldsymbol{Y}^{\top}\boldsymbol{Y}$ の固有値の平方根に一致する[10]．

相関係数行列または分散共分散行列が正定値であれば（データ行列のランクが p の場合），どちらの関数も同じ結果を与える．このことを，全観測値を用いたオリンピックデータで確認してみよう．

```
> prcomp(x=olympic$tab, scale=TRUE)$sdev # prcomp 関数による主成分得点の標準偏差
 [1] 1.849 1.614 0.971 0.937 0.746 0.701 0.656 0.554 0.517 0.319
> princomp(x=olympic$tab, cor=TRUE)$sdev # princomp 関数による主成分得点の標準偏差
  Comp.1  Comp.2  Comp.3  Comp.4  Comp.5  Comp.6  Comp.7  Comp.8  Comp.9 Comp.10
   1.849   1.614   0.971   0.937   0.746   0.701   0.656   0.554   0.517   0.319
```

➤ 第8章　練習問題

8.1 コード 8.1 の 3 行目で生成したオブジェクト X の 2 変数に対する散布図を描け．また，コード 8.1 の 4 行目で実行した主成分分析の結果について，座標 (100m 走の平均値, 110m ハードル走の平均値) を通る第 1 主成分と平斜な直線を散布図に描き入れよ．

8.2 コード 8.1 の 3 行目で生成したオブジェクト X は 2 変数であるから，スコアの係数 (w_1, w_2) の平方和に関する制約 $w_1^2 + w_2^2 = 1$ を与えて，$w_1 = \cos\theta$，$w_2 = \sin\theta$ と変数変換できる $(0 \le \theta < 2\pi)$．

(1) 横軸に θ，縦軸にスコア $w_1 x_1 + w_2 x_2 = x_1 \cos\theta + x_2 \sin\theta$ の分散を配したグラフを描け．ただし，横軸 θ の値としてつぎのベクトルを利用せよ．

```
theta <- seq(0, 2 * pi, length=200)
```

(2) (1) で求めたスコアの分散のうち，最大値を与える θ より得られる係数 (w_1, w_2) が，prcomp 関数によって得られる第 1 主成分の主成分負荷量（コード 8.1 の 4 行目）に近いことを確

---

[10] 特異値分解の詳細については，足立（2017）や柳井・竹内（1983）を参照してほしい．

認せよ.

8.3 ade4 パッケージのオブジェクト tortues は,48 匹のカメに関するデータである.tortues には,変数 long(体長),larg(体幅),haut(体高),sexe(性別)が含まれる.tortues の性別以外の 3 変数をデータとして,主成分分析を実行したい.

(1) tortues から,オス(変数 sexe のカテゴリが M)の個体をすべて抽出し,さらに変数 sexe を取り除いたデータフレームを tortM とせよ.

(2) tortM に対する散布図行列と相関係数行列をそれぞれ描画,出力し,変数間の関連についてわかることを述べよ.

(3) princomp 関数を用いて,tortM の相関係数行列に対する主成分分析を実行せよ.また,第 1 主成分得点と第 2 主成分得点の散布図を描け.

(4) (3) で得られた結果について,3 つの主成分負荷量ベクトルが互いに直交している(内積が 0 である)ことを確認せよ.

(5) (3) で得られた結果について,第 1 主成分得点が最大である個体と最小である個体の観測値をそれぞれすべて答えよ.

(6) (3) で得られた結果について,第 1,第 2 主成分に対する解釈を与えよ.

(7) (3) で得られた結果について,累積寄与率が 95% を超えるためには主成分を何個採用すればよいか答えよ.

8.4 コード 8.3 で実行した主成分分析の結果(pca.p10)を用いて,つぎの問いに答えよ.

(1) スクリープロットを,screeplot 関数を用いずに描け.

(2) コード 8.6 の 1 行目で描かれるバイプロットに主成分負荷量の係数ベクトルを描き入れ,これらがすでに描かれている赤色の矢線と方向(角度)が異なることを確認せよ.ただし,主成分負荷量の係数ベクトルは長さを 7 倍し,矢線によって描き入れること(見やすさのため).矢線は,arrows 関数によって散布図に描き入れることができる.

```
arrows(x0, y0, x1, y1, length, angle)
```

引数 x0 と y0 によって矢線の始点の座標 (x0,y0) を指定し,引数 x1 と y1 によって終点の座標 (x1,y1) を指定する.引数 length と angle には,それぞれ矢尻の長さと角度を指定する.ここでは length=0.1, angle=45 とせよ.

(3) コード 8.6 の 1 行目で描かれるバイプロットにおける赤色の矢線の方向は,ベクトル

$$\begin{pmatrix} 第 1 主成分得点の標準偏差 \times 第 1 主成分の主成分負荷量 \\ 第 2 主成分得点の標準偏差 \times 第 2 主成分の主成分負荷量 \end{pmatrix}$$

によって定められている.このことを,バイプロットに上のベクトルを描き入れることに

よって確認せよ．ただし，方向ベクトルの長さを4倍し，矢線によって描き入れること．

8.5 コード8.1の3行目で生成したオブジェクト X の特異値分解は，svd 関数を用いてつぎのような入力により求められる．

```
> svd(X)
```

(1) オブジェクト X を行列 X とみなす．svd 関数の出力のリスト成分 d は，各成分が特異値のベクトルである．svd 関数と eigen 関数を用いて，X の特異値は $X^\top X$ の固有値の平方根に等しいことを確認せよ．

(2) $XX^\top$ の0でない固有値に対する固有ベクトルが，svd 関数の出力のリスト成分 u の各列ベクトルに（符号を除いて）一致することを確認せよ（u は式 (8.6) 右辺の行列 K に相当する）．

(3) $X^\top X$ の固有値に対する固有ベクトルが，svd 関数の出力のリスト成分 v の各列ベクトルに（符号を除いて）一致することを確認せよ（v は式 (8.6) 右辺の行列 L に相当する）．

{ 第 **9** 章 }

クラスター分析

　データを「似たもの同士」に分類するのが，クラスター分析である．分類するという行為は判別分析，ロジスティック回帰モデル，決定木に基づくモデルやインデックスモデルでも行ったように思われるかもしれない．それらとクラスター分析の違いは，つぎのような対比で理解することができる．

- 判別分析など：正解の情報（被説明変数 y）がデータに含まれている．
- クラスター分析：正解の情報がデータに含まれていない．

つまり，被説明変数の有無が両者を分けている．混乱を避けるために，本書では質的変数 y を予測することを「判別」，クラスター分析により「似たもの同士」に分けることを「分類」とよぶ．また，機械学習の分野では前者を**教師あり学習**（supervised learning），後者を**教師なし学習**（unsupervised learning）ということが多い．本章では，2 つの代表的なクラスター分析の方法について説明する．

➤ 9.1 クラスター分析とは

　本章でも，主成分分析と同様に説明変数・被説明変数の区別がない多変量データを考える．すなわち，データ（標本）は n 個の p 次元ベクトル $x_1, \ldots, x_n$ であるとする．また，各変数は量的変数であることを仮定する．クラスター分析の目的は，つぎの通りである．

> データ $x_1, \ldots, x_n$ を C 個の似たグループ（クラスター）に分類すること．

このことを，図 9.1 を例に考えてみよう．これは，$n = 12$，$C = 3$ の例である．近い点同士が，同じグループであると考える．クラスター分析では，グループのことをクラスター[*1] とよぶ．クラスター分

[*1] クラスター（cluster）の原義は，果実などの房である．密集している個体を，房に見立てているのである．

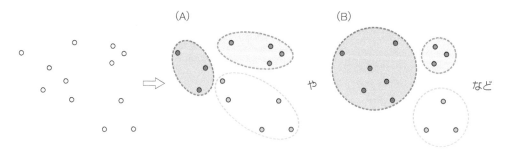

図 9.1　クラスター分析のイメージ.

析により，データをクラスターに分類することを**クラスタリング**（clustering）という．図 9.1 の (A) と (B) は，それぞれ異なるクラスターを構成している．どちらも，近い個体を同じ色（クラスター）に分類しているので，どちらが「よい」クラスターといえるかは一見しただけでは優劣をつけにくい．

　この「よさ」の基準を設定し，クラスターを探索する方法がクラスター分析である．クラスター分析には，大きく分けて 2 種類の方法がある．

(1) **非階層的クラスター分析**（non-hierarchical cluster analysis，9.2 節で解説する）．
(2) **階層的クラスター分析**（hierarchical cluster analysis，9.3 節で解説する）．

両者の違いは名前の通り，クラスターが階層的な構造になっているかどうかの違いである．

　本章では，つぎの 3 つのデータを例に考えていこう．

(A) 試験データ：ade4 パッケージのオブジェクト deug に基づくデータ（deug$tab）．
(B) 経済データ：clustrd パッケージのオブジェクト macro．
(C) 犯罪データ：デフォルトで利用できるオブジェクト USArrests．

(A) の試験データ deug は，あるフランスの大学における試験の成績に関するデータである．データフレーム deug$tab の主な変数の意味はつぎの通りである．

- Algebra：代数．
- Analysis：解析．
- Proba：確率．
- Infomatic：情報学．
- Economy：経済学．
- English：英語．

(B) の経済データ macro は，経済協力開発機構（OECD）に加盟する 20 か国に対する経済指標のデータである（1999 年）．データの行に国名が示されている．

```
> library(clustrd)
> data(macro)
> rownames(macro)
 [1] "Australia"   "Canada"      "Finland"     "France"      "Spain"
 [6] "Sweden"      "USA"         "Netherlands" "Greece"      "Mexico"
[11] "Portugal"    "Austria"     "Belgium"     "Denmark"     "Germany"
[16] "Italy"       "Japan"       "Norway"      "Switzerland" "UK"
```

また，変数の意味はつぎの通りであり，単位は前年比（％）である．

- GDP：国内総生産．
- LI：先行指数．
- UR：失業率．
- IR：金利．
- TB：貿易収支．
- NNS：国民純貯蓄．

(C) の犯罪データ USArrests は，アメリカ 50 州における犯罪発生率のデータである（1973 年）．データの行に州の名前が示されている．

```
> rownames(USArrests)
 [1] "Alabama"     "Alaska"      "Arizona"     "Arkansas"
 [5] "California"  "Colorado"    "Connecticut" "Delaware"
（中略）
[45] "Vermont"     "Virginia"    "Washington"  "West Virginia"
[49] "Wisconsin"   "Wyoming"
```

また，今回用いる変数の意味はつぎの通りである．

- Murder：殺人で逮捕された者の数（10 万人あたり）．
- Assault：暴行で逮捕された者の数（10 万人あたり）．
- UrbanPop：都市人口比（％）．

➤ 9.2　k 平均法

◉ 9.2.1　k 平均法の基本的な考え方

k 平均法（k-means method または k-means clustering）は，非階層的クラスター分析の 1 手法である．k 平均法では，まずなんらかの方法によってクラスターに関する初期値を定め，その情報を少

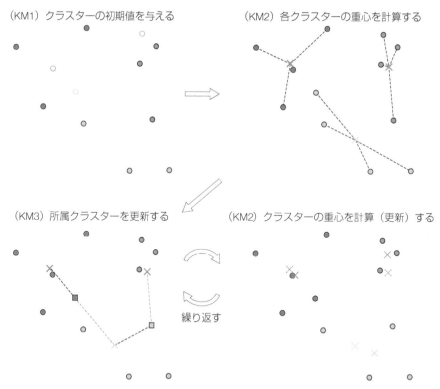

（KM1）クラスターの初期値を与える　　　　（KM2）各クラスターの重心を計算する

（KM3）所属クラスターを更新する　　　（KM2）クラスターの重心を計算（更新）する

繰り返す

図 9.2 k 平均法のイメージ．この例の手順 (KM1) では，白抜きの観測値をクラスター重心の初期値としている．また，手順 (KM1) 以外の点×は，クラスターの重心を意味する．

しずつ更新して「よい」クラスターを得る．この更新の手続きは，つぎのような繰り返しの手順を行うアルゴリズムとして記述できる．

(KM1) クラスターの数 C を 1 つ定め，クラスターに関する初期値を与える．
(KM2) 各クラスターの重心（平均値ベクトル）を計算する．
(KM3) 各個体を，最も距離の近い重心のクラスターに所属させ直す．
(KM4) 所属クラスターの変化がなくなるまで，手順 (KM2) と (KM3) を繰り返す．

手順 (KM1) の初期値は，さまざまな与え方が考えられる．例えば，観測値を無作為に選び各クラスターの重心とする方法や，各個体の所属するクラスターを無作為に与える方法などである．手順 (KM1)〜(KM4) をイメージしたものが，図 9.2 である．k 平均法は，クラスターの重心（平均値ベクトル）と個体の距離に基づく方法である．直観的にも非常にわかりやすいという長所がある反面，手順 (KM1) で与えた初期値によって結果が異なる可能性があるという短所をもつ．ただし，この短所への対処法は単純であり，9.2.2 節で順を追って説明する．

🔘 9.2.2　*k* 平均法の実行

k 平均法の実行は，kmeans 関数によって実行できる．

```
kmeans(x, centers, nstart, iter.max)
```

引数 x には，データの行列またはデータフレームを指定する．引数 centers には，クラスターの個数を指定する．引数 nstart には，アルゴリズムに与える初期クラスターの組の数を指定する（デフォルト値は 1）．引数 iter.max には，アルゴリズムの最大反復回数を指定する（デフォルト値は 10）．引数 iter.max と nstart の意味は，後で説明する．

オブジェクト deug から 9.1 節で説明した 6 変数を抽出し，試験データ X としよう．

```
> library(ade4)
> data(deug)
> X <- deug$tab[,c(1:5,8)] # 試験データ
```

試験データ X に対して *k* 平均法を実行しよう．クラスターの数を 3 とする場合，つぎのように入力する．

```
> set.seed(1) # 乱数の初期値の設定
> km.test1 <- kmeans(X, centers=3)
```

set.seed 関数は，乱数の初期値を指定するための関数である．そのため，これは本来 *k* 平均法の実行には必ずしも必要ない．読者が出力を再現できるようにするための処理である．

kmeans 関数の出力は長いので，2 つに分けて説明する．まず，前半はつぎの通りである．

```
> km.test1
K-means clustering with 3 clusters of sizes 28, 32, 44

Cluster means:
    Algebra Analysis    Proba Informatic  Economy  English
1 54.25000 41.12500 48.46429    33.32143 72.51429 22.30000
2 35.84375 26.46875 19.18750    21.75000 65.72813 20.57500
3 47.11364 34.90909 29.04545    26.77273 70.44545 20.77955

Clustering vector:
   1   2   3   4   5   6   7   8   9  10  11  12  13  14  15  16  17  18  19
   2   3   3   1   3   3   3   3   2   1   1   3   1   2   3   3   1   2   1
```

出力の 1 行目は，クラスターに所属する個体数の内訳である．第 1 クラスターには 28 個体，第 2 クラス

ターには 32 個体，第 3 クラスターには 44 個体が所属するという意味である．つぎの Cluster means には，各クラスターに対する平均値ベクトルが表示されている．第 1 クラスターの代数（Algebra），解析（Analysis）の平均点はそれぞれ 54.25 点，41.13 点という具合である．Clustering vector には，各個体の属するクラスター番号がベクトルとして表示されている（出力のリスト成分 cluster に格納されている）．上の結果では，第 1 個体は第 2 クラスター，第 2 個体は第 3 クラスターに所属していることがわかる．出力の後半は，つぎの通りである．

```
Within cluster sum of squares by cluster:
[1] 10728.95 10765.63 10183.19
 (between_SS / total_SS =  43.6 %)

Available components:

[1] "cluster"      "centers"     "totss"       "withinss"
[5] "tot.withinss" "betweenss"   "size"        "iter"
[9] "ifault"
```

Within cluster sum of squares by cluster には，各クラスターの平均値ベクトルからの偏差平方和と，クラスタリングがデータの変動を説明する割合（説明率）が表示されている．今回は，説明率が 43.6 ％である．この値が 100％に近いほど，データのまとまりをよく表現したクラスターが得られていると解釈する．ただし，同じデータに対してはクラスターの数 C（centers）を大きくするほど説明率は上昇する．そのため，重回帰モデルにおける決定係数と同様に，説明率を基準にクラスターの数を決めることは適切ではない．クラスターの数を決める方法は，9.4 節で紹介する．

　もう一度，同じデータに対して k 平均法を実行してみよう．ただし，set.seed 関数の引数の値を変え，先ほどとは異なる乱数によって手順（KM1）を実行させる．

```
> set.seed(2) # 乱数の初期値の設定
> km.test2 <- kmeans(X, centers=3)
```

この結果は，最初の分析結果 km.test1 と異なる．これは，個体の所属するクラスターについて分割表を作ると，ひと目で理解できる．

```
> table(result1=km.test1$cluster, result2=km.test2$cluster)
       result2
result1  1  2  3
      1  8 20  0
      2  0  0 32
      3 40  0  4
```

上の結果からわかることは，kmeans 関数を実行するごとにつぎの 2 点が変わりうることである．

(i) クラスターの番号．
(ii) クラスタリングの結果（どの個体がどのクラスターに所属するか）．

(i) については，クラスター番号の問題である．分割表から，1 回目の結果（km.test1）の第 2 クラスターに所属している 32 個体は，2 回目の結果（km.test2）では第 3 クラスターに所属している．クラスターの番号には明確な順序がなく，ランダムに付与されるため，このような現象が起こる．(ii) については，手順 (KM1) における初期クラスターが，乱数によって定まることにより起こる問題である．後で詳しく述べるが，初期クラスターの与え方によっては最適ではない解（局所最適解）に到達してしまう場合がある．そのため，上の 2 結果はクラスターの順序だけでなく，異なるクラスタリングが行われている．

(i) は本質的に問題ない現象であるが，(ii) は最適でない結果を得てしまう可能性があるので回避したい．そのための解決策として，異なる初期クラスターを複数個与えてアルゴリズムを実行し，複数の解の中から最も「よい」結果を選ぶことが考えられる．これを実現するのが，引数 nstart である．引数 nstart は，指定した数の初期クラスターを与え，その解の中から説明率が最大のものを出力するためのものである．set.seed 関数で乱数を上と同じにし，複数個の初期クラスターを与えた場合に 2 つの解が同じになることをコード 9.1 で確認しよう．

◀ コード 9.1　*k* 平均法の実行（1）：初期クラスターの数を増やす ▶

```
X <- deug$tab[,c(1:5,8)] # 試験データ
set.seed(1)
km.test12 <- kmeans(X, centers=3, nstart=50)
set.seed(2)
km.test22 <- kmeans(X, centers=3, nstart=50)
table(result3=km.test12$cluster, result4=km.test22$cluster)
```

6 行目は，つぎのような出力を与える．

```
> table(result3=km.test12$cluster, result4=km.test22$cluster)
       result4
result3  1  2  3
      1  0 51  0
      2 33  0  0
      3  0  0 20
```

2 つの結果はクラスターの順序が入れ替わっているだけで，本質的にはまったく同じクラスタリングが得られていることがわかる．

kmeans 関数の引数 iter.max は，1 つの初期値に対するアルゴリズムの反復回数を指定する．k 平均法は，反復的に解を更新しながら「よい」解に到達する．解の変化が十分なくなるまで反復を続けるので，反復回数が少ないとつぎのように警告が出力されることがある．

```
> set.seed(2)
> km.test13 <- kmeans(X, centers=3, iter.max=2)
 警告メッセージ:
 2 回の反復を行いましたが収束しませんでした
```

このような場合には，反復回数をより大きく設定するとよい．

実は，試験データ X の元であるオブジェクト deug には，各個体（学生）の成績が含まれている．

```
> deug$result # deug のリスト成分 result
  [1] C- B  D  A  B  C- B  B  D  A  B  B  A  C- B  B  A  D  B  A+ A
 [22] B  B  B  B  C- B  B  B  B  B  B  B  B  B  C- D  D  D  B  B  B
 (中略)
 [85] B  A  B  A  A  D  D  B- C- C- D  A  B  B  B  B  B  B  B  B
Levels: D A A+ C- B- B
```

これと $C = 3$ の場合のクラスタリングの結果を比較してみよう．

```
> seiseki.order <- c("A+", "A", "B", "B-", "C-", "D") # 順序の整理
> seiseki <- factor(deug$result, levels=seiseki.order)
> table(Cluster=km.test12$cluster, Seiseki=seiseki)
        Seiseki
Cluster A+  A  B B- C-  D
      1  0  4 43  0  4  0
      2  0  0  4  2 16 11
      3  2 13  5  0  0  0
```

上の分割表より，成績上位・中位・下位の学生のクラスターがそれぞれ第 3, 1, 2 クラスターにおおよそ相当していると理解することができる．このように，k 平均法に用いた変数以外のデータと照らし合わせられる変数がある場合は，クラスターの解釈の手助けになりうる．

● 9.2.3 クラスターの可視化

クラスタリングの結果を図示する最も簡単な方法は，散布図（plot 関数）や散布図行列（pairs 関数）である．クラスターごとに各プロット点の色や種類を区別すれば，クラスター同士の空間的配置が把握しやすい．コード 9.2, 9.3 のように，引数 col や pch を駆使すると図 9.3 のような散布図が得られる．

◀ コード 9.2　*k* 平均法の実行（2）：結果の図示（プロット点の色を変更）▶

```
1  iro <- c("gray22", "darkviolet", "chocolate1")
2  iro.clust <- factor(km.test12$cluster, level=1:3, labels=iro)
3  iro.clust <- as.character(iro.clust)        # 因子から文字列に形式を変更
4  plot(X$Algebra, X$Analysis, col=iro.clust, pch=15)
5  pairs(X, col=iro.clust, pch=15) # 散布図行列
```

2 行目は，factor 関数の引数 labels は第 1, 第 2, 第 3 クラスターに対してそれぞれ gray22,
darkviolet, chocolate1 というカテゴリ名を与えるための入力である．これらは，すべて色の名前
である[*2]．ただし，この段階では iro.clust は因子というオブジェクトである．それゆえ，3 行目
で as.character 関数によって文字列ベクトルに変換している．

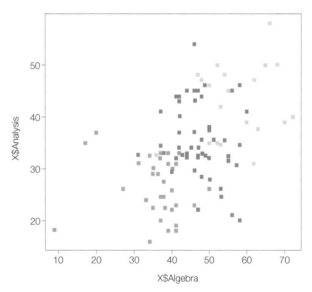

図 9.3　*k* 平均法の結果の図示（コード 9.2 の 4 行目の出力．ただし，視認性のために色を変えている）．

◀ コード 9.3　*k* 平均法の実行（3）：結果の図示（プロット点の種類を変更）▶

```
1  pch.clust <- factor(km.test12$cluster, level=1:3, labels=c(15,17,0))
2  pch.clust <- as.character(pch.clust) # 因子から文字列に形式を変更
3  pch.clust <- as.numeric(pch.clust)   # 文字列から数値に形式を変更
```

[*2] 色の名前は colors() と入力すると一覧が出力される．それぞれの名前の色を確認するには，RjpWiki
（http://www.okadajp.org/RWiki/）の「色見本」が便利である．

```
4    plot(X$Algebra, X$Analysis, pch=pch.clust)
5    pairs(X, pch=pch.clust)
```

コード 9.3 でも，1 行目において factor 関数の引数 labels は第 1，第 2，第 3 クラスターに対してそ
れぞれ 15, 17, 0 というカテゴリ名を与えている．これらを，as.character 関数によって文字列に
変換し（2 行目），さらに as.numeric 関数によって数値に変換している（3 行目）．つまり，因子か
ら文字列，文字列から数値と 2 段階の変換を経てプロット点の番号ベクトルを生成している．色を数
値で指定する場合にも，同様の処理が必要になる．

　また，標本サイズが比較的小さく，かつ行名（個体名）が与えられている場合にはつぎのような方法
も有効である．経済データ macro は，各行に国名が与えられている．k 平均法で得られるクラスター
ごとに国名をまとめるには，コード 9.4 のように入力するとよい．

◀ コード 9.4　k 平均法の実行（4）：結果の要約（クラスターごとの行名）▶

```
1    library(clustrd)
2    data(macro)
3    set.seed(1) # 乱数の初期値の設定
4    km.econ <- kmeans(macro, centers=3, nstart=50)
5    lapply(X=1:3, FUN=function(i){which(km.econ$cluster==i)})
```

　5 行目で用いた lapply 関数は，引数 X（ベクトル）の成分ごとに，FUN の結果をリスト形式で出力
する関数である．

```
lapply(X, FUN)
```

$C = 3$ としたとき，日本（Japan）はオランダ・ベルギー・ノルウェー・スイスと「似たもの」と分類
されていることがわかる．

```
> lapply(X=1:3, FUN=function(i){which(km.econ$cluster==i)})
[[1]]
Australia     Canada    Finland     France      Spain     Sweden        USA
        1          2          3          4          5          6          7
  Austria    Denmark    Germany      Italy         UK
       12         14         15         16         20


[[2]]
Netherlands      Belgium        Japan      Norway Switzerland
          8           13           17           18          19


[[3]]
  Greece     Mexico   Portugal
       9         10         11
```

また，コード 9.5 のように散布図のプロット点を行名にするのも有効である．

コード 9.5　k 平均法の実行（5）：結果の要約（散布図に行名を表示）

```
plot(macro$GDP, macro$LI, type="n") # type="n"で点を描かない
namae <- km.econ$cluster
text(macro$GDP, macro$LI, labels=names(namae), col=namae)
```

　散布図行列でも，図 9.4 と同様のことが可能である（図 9.5）．ただし，散布図行列のサイズが大きいと文字が潰れてしまい，かえって視認性が失われるので注意してほしい（コード 9.6）．

コード 9.6　k 平均法の実行（6）：結果の要約（散布図行列に行名を表示）

```
pairs(macro[,1:3], panel=function(x,y){text(x,y,names(namae),col=namae)})
```

9.2.4　k 平均法：数理編

　データは，9.1 節の冒頭で述べた通り n 個の p 次元ベクトル $\boldsymbol{x}_1, \boldsymbol{x}_2, \ldots, \boldsymbol{x}_n$ である．k 平均法のアルゴリズムは，つぎのように記述することができる．

(KM1′) クラスターの数 C を 1 つ定め，第 i 個体の所属するクラスター番号 $k_i^{(1)}$（初期クラスター）をランダムに定める（$i = 1, \ldots, n$）．

(KM2′) $t = 1, 2, \ldots$ について，つぎのようにクラスターの重心（平均値ベクトル）$\boldsymbol{c}_1^{(t)}, \ldots, \boldsymbol{c}_C^{(t)}$ を

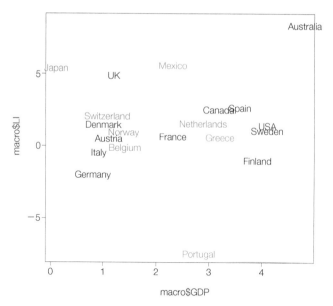

図 9.4　k 平均法の結果の散布図（コード 9.5 の出力）.

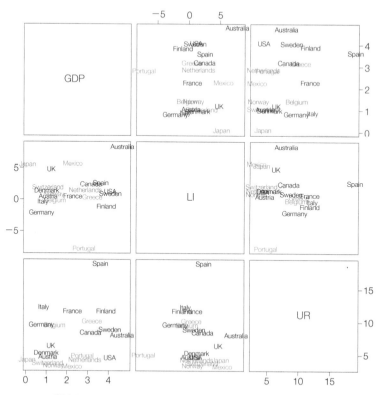

図 9.5　k 平均法の結果の散布図行列（コード 9.6 の出力）.

求める.

$$\boldsymbol{c}_\ell^{(t)} = \frac{1}{n_\ell^{(t)}} \sum_{i=1}^n \mathbb{I}\left\{k_i^{(t)} = \ell\right\} \boldsymbol{x}_i, \ \ \ell = 1, \ldots, C.$$

ここで, $n_\ell^{(t)} = \sum_{i=1}^n \mathbb{I}\left\{k_i^{(t)} = \ell\right\}$ (第 ℓ クラスターに所属する個体数) である.

(KM3′) 各個体の所属するクラスターを, つぎのように更新する[*3].

$$k_i^{(t+1)} = \operatorname*{argmin}_{\ell=1,\ldots,C} ||\boldsymbol{x}_i - \boldsymbol{c}_\ell^{(t)}||^2$$

(KM4′) 所属クラスターの変化がなくなるまで t の値を 1 増加させ, 手順 (KM2′) と (KM3′) を繰り返す.

このようにして最終的な反復回数を T とするとき, $k_i^{(T)}$ を第 i 個体の所属するクラスターとする.

k 平均法のアルゴリズムは, 行列で表現するとより明快になる. データを $n \times p$ 行列 $\boldsymbol{X} = (\boldsymbol{x}_1, \ldots, \boldsymbol{x}_n)^\top$ と表すとき, k 平均法はつぎの問題を解くことに相当する.

$$\min_{\boldsymbol{E}, \boldsymbol{C}} ||\boldsymbol{X} - \boldsymbol{E}\boldsymbol{C}||^2. \tag{9.1}$$

ここで, 行列 $\boldsymbol{A}$ に対して $||\boldsymbol{A}||^2 = \operatorname{tr}(\boldsymbol{A}^\top \boldsymbol{A})$ と定義する (行列のノルムという). $\boldsymbol{E}$ はメンバシップ行列とよばれる $n \times C$ 行列で, つぎのように定義される. E_{ij} を $\boldsymbol{E}$ の (i,j) 成分として

$$E_{ij} = \mathbb{I}\{\text{第 } i \text{ 個体は第 } j \text{ クラスターに所属する}\}. \tag{9.2}$$

すなわち, 行列 $\boldsymbol{E}$ の第 i 行は, どこかの 1 成分のみ値が 1 で, それ以外は 0 のベクトルである. また, 行列 $\boldsymbol{C}$ は第 k 列目が第 k クラスターの重心 (平均値ベクトル) であるような $C \times p$ 行列である. このとき, 最小化問題 (9.1) を行列 $\boldsymbol{E}$ と $\boldsymbol{C}$ について同時に解くことは難しい. そこで, まず $\boldsymbol{E}$ を適当な行列に固定して $\boldsymbol{C}$ だけの最小化問題を考える. このとき, 最小化問題 (9.1) の式は $\boldsymbol{P} = \boldsymbol{E}(\boldsymbol{E}^\top \boldsymbol{E})^{-1} \boldsymbol{E}^\top$ として,

$$||\boldsymbol{X} - \boldsymbol{E}\boldsymbol{C}||^2 = ||\boldsymbol{X} - \boldsymbol{P}\boldsymbol{X} + \boldsymbol{P}\boldsymbol{X} - \boldsymbol{E}\boldsymbol{C}||^2 \tag{9.3}$$

$$= \operatorname{tr}\left(\{\boldsymbol{X} - \boldsymbol{P}\boldsymbol{X}\}^\top \{\boldsymbol{X} - \boldsymbol{P}\boldsymbol{X}\}\right)$$

$$+ 2\operatorname{tr}\left(\{\boldsymbol{X} - \boldsymbol{P}\boldsymbol{X}\}^\top \{\boldsymbol{P}\boldsymbol{X} - \boldsymbol{E}\boldsymbol{C}\}\right)$$

$$+ \operatorname{tr}\left(\{\boldsymbol{P}\boldsymbol{X} - \boldsymbol{E}\boldsymbol{C}\}^\top \{\boldsymbol{P}\boldsymbol{X} - \boldsymbol{E}\boldsymbol{C}\}\right)$$

$$= ||\boldsymbol{X} - \boldsymbol{P}\boldsymbol{X}||^2 + 0 + ||\boldsymbol{P}\boldsymbol{X} - \boldsymbol{E}\boldsymbol{C}||^2 \tag{9.4}$$

と分解できる. 式 (9.4) の右辺の第 3 項のみが $\boldsymbol{C}$ に依存するので, $\boldsymbol{C}$ についてはこれを ($\boldsymbol{E}$ を固定し

[*3] $\operatorname*{argmin}_x f(x)$ は, $f(x)$ を最小にする点 x という意味である. 例えば, $f(x) = (x-3)^2$ のとき $\operatorname*{argmin}_x f(x) = 3$ である.

て）最小化すればよいことがわかる．$||\boldsymbol{X} - \boldsymbol{PX}||^2 + 0 + ||\boldsymbol{PX} - \boldsymbol{EC}||^2$ を最小化する $\boldsymbol{C}$ を式 (9.3) の左辺に代入し，今度は（$\boldsymbol{C}$ を固定して）$\boldsymbol{E}$ について解く．以上を整理すると，k 平均法のアルゴリズムは行列 $\boldsymbol{C}$ と $\boldsymbol{E}$ に対して，つぎのような反復計算を行っていることになる．

(KM1″) クラスターの数 C を 1 つ定め，メンバシップ行列の定義をみたすように $n \times C$ 行列 $\boldsymbol{E}^{(1)}$ をランダムに定める．ただし，$\boldsymbol{E}^{(1)}$ の列ベクトルが 1 次独立になるようにする（すなわち，$\mathrm{rank}(\boldsymbol{E}^{(1)}) = C$）．

(KM2″) $t = 1, 2, \ldots$ について，つぎを計算する（クラスター重心行列の更新）．

$$\boldsymbol{C}^{(t)} = \left(\left(\boldsymbol{E}^{(t)} \right)^{\top} \boldsymbol{E}^{(t)} \right)^{-1} \left(\boldsymbol{E}^{(t)} \right)^{\top} \boldsymbol{X}.$$

(KM3″) $\boldsymbol{E}^{(t+1)}$ の第 (i, j) 成分 $E_{ij}^{(t+1)}$ を，つぎのように定義する（メンバシップ行列の更新）．

$$E_{ij}^{(t+1)} = \begin{cases} 1 & \left(||\boldsymbol{x}_i - \boldsymbol{c}_j^{(t)}||^2 = \min_{k=1,\ldots,C} ||\boldsymbol{x}_i - \boldsymbol{c}_k^{(t)}||^2 \right) \\ 0 & \left(||\boldsymbol{x}_i - \boldsymbol{c}_j^{(t)}||^2 \neq \min_{k=1,\ldots,C} ||\boldsymbol{x}_i - \boldsymbol{c}_k^{(t)}||^2 \right) \end{cases}.$$

ここで，$\boldsymbol{c}_k^{(t)}$ は行列 $\boldsymbol{C}^{(t)}$ の第 k 列ベクトルである．

(KM4″) 所属クラスターの変化がなくなるまで t の値を 1 増加させ，手順 (KM2″) と (KM3″) を繰り返す．

手順 (KM2″) で得られる $\boldsymbol{C}^{(t)}$ は，最小化問題 $\min_{\boldsymbol{C}} ||\boldsymbol{P}^{(t)}\boldsymbol{X} - \boldsymbol{E}^{(t)}\boldsymbol{C}||^2$ の解である．ただし，$\boldsymbol{P}^{(t)} = \boldsymbol{E}^{(t)} \left(\left(\boldsymbol{E}^{(t)} \right)^{\top} \boldsymbol{E}^{(t)} \right)^{-1} \left(\boldsymbol{E}^{(t)} \right)^{\top}$ である．この解は，線形回帰モデルに対する最小二乗法 (3.2.6 節) と同様の方法で導くことができる．手順 (KM3″) で得られる $\boldsymbol{E}^{(t+1)}$ は，最小化問題 $\min_{\boldsymbol{E}} ||\boldsymbol{X} - \boldsymbol{EC}^{(t)}||^2$ の解である．これらの手順 (KM2″) と (KM3″) を繰り返すことにより，目的関数（式 (9.3) の左辺）は単調に減少する．また，メンバシップ行列の可能な組み合わせは有限であることから，このアルゴリズムは必ず有限回で停止する．ただし，初期クラスター $\boldsymbol{E}^{(1)}$ の値によっては大域的最適解ではなく局所最適解に収束する可能性がある．局所最適解とは，ここでは目的関数の極小値（$\neq$ 最小値）のことである（図 9.6）[*4]．そのため，複数の初期値から複数の解を得て，目的関数が最も小さくなる解を「最終的な解」とすることによって局所最適解の問題に対処する．大域的最適解が必ず見つかるという保証はないが，初期値の個数を増やせばその可能性は上がる．

k 平均法で得られる解を $\hat{\boldsymbol{E}}$, $\hat{\boldsymbol{C}}$ としよう．この解は，$\hat{\boldsymbol{E}}$ の列ベクトルの置換，$\hat{\boldsymbol{C}}$ の行ベクトルの置換について不定性がある．解の行列を $C \times C$ の任意の置換行列 $\boldsymbol{T}$ によって変換した行列を，$\tilde{\boldsymbol{E}} = \hat{\boldsymbol{E}}\boldsymbol{T}$, $\tilde{\boldsymbol{C}} = \boldsymbol{T}^{\top}\hat{\boldsymbol{C}}$ とする[*5]．このとき，最小化すべき関数について

$$||\boldsymbol{X} - \tilde{\boldsymbol{E}}\tilde{\boldsymbol{C}}||^2 = ||\boldsymbol{X} - \hat{\boldsymbol{E}}\boldsymbol{T}\boldsymbol{T}^{\top}\hat{\boldsymbol{C}}||^2 = ||\boldsymbol{X} - \hat{\boldsymbol{E}}\hat{\boldsymbol{C}}||^2 \tag{9.5}$$

[*4] 局所最適解と大域的最適解については，寒野（2019）の 1.3 節を参照してほしい．

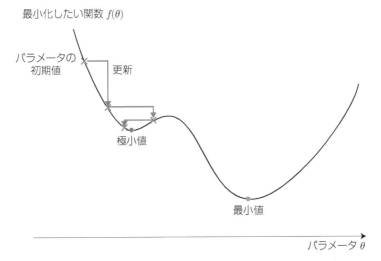

図 9.6　局所最適解と大域的最適解のイメージ（関数 f のパラメータ θ に対する最小化問題の場合）．初期値の選び方によって，アルゴリズムは大域的最適解ではなく局所最適解に収束してしまう場合がある．

が成り立ち，値は同じである．これが，9.2.2 節の (i) で述べた「kmeans 関数（アルゴリズム）を実行するごとに，クラスターの番号が変わりうる」ことの背景である．ただし同節で述べたように，これは本質的な問題ではない．

➤ 9.3　階層的クラスター分析

9.3.1　階層的クラスター分析の基本的な考え方

階層的クラスター分析は，各個体同士の「近さ」に基づいてクラスターを結合していく（または分割していく）方法である．階層的クラスター分析には，大きく分けてつぎの 2 通りのアプローチがある．

- 凝集型（agglomerative）アプローチ：小さなクラスターを徐々に併合し，より大きなクラスターを構成する方法．
- 分岐型（divisible）アプローチ：大きなクラスターを徐々に分割し，より小さなクラスターを構成する方法．

[*5] 置換行列とは，列ベクトル（または行ベクトル）の順序を入れ替えるような正方行列のことである．例えば，

$$\boldsymbol{T}_{(312)} = \begin{pmatrix} 0 & 1 & 0 \\ 0 & 0 & 1 \\ 1 & 0 & 0 \end{pmatrix}$$ は置換行列であり，右からかけると列の置換，左からかけると行の置換ができる．

$$\begin{pmatrix} a & c & e \\ b & d & f \end{pmatrix} \boldsymbol{T}_{(312)} = \begin{pmatrix} e & a & c \\ f & b & d \end{pmatrix}, \quad \boldsymbol{T}_{(312)}^{\top} \begin{pmatrix} u & x \\ v & y \\ w & z \end{pmatrix} = \begin{pmatrix} w & z \\ u & x \\ v & y \end{pmatrix}$$

また，すべての置換行列 $\boldsymbol{T}$ について $\boldsymbol{T}^{-1} = \boldsymbol{T}^{\top}$ が成り立つ（直交行列）．

本節では，前者の凝集型階層的クラスター分析のみを扱う．その理由は，後者は計算量が多く非効率的で，あまり利用されないからである．

　階層的クラスター分析では，個体同士の「近さ」がクラスタリングの基準となる．この「近さ」を**非類似度**（dissimilarity）という．非類似度は，2つの個体 $\boldsymbol{x} = (x_1, \ldots, x_p)^\top$ と $\boldsymbol{y} = (y_1, \ldots, y_p)^\top$ の「近さ」を測る2変数関数 $d(\boldsymbol{x}, \boldsymbol{y})$ で表現される．最も基本的な非類似度は，距離である．距離以外の非類似度の例として，ユークリッド距離の2乗 $||\boldsymbol{x} - \boldsymbol{y}||_2^2 = \sum_{j=1}^{p}(x_j - y_j)^2$ が挙げられる．dist 関数は，個体同士の距離を行列の形式で出力する関数である[*6]．

```
dist(x, method)
```

引数 x には，データの行列またはデータフレームを指定する．引数 method には距離の種類[*7] を指定する．dist 関数では，例えばつぎのような距離が指定できる（デフォルトはユークリッド距離）．

- method="euclidian"：ユークリッド距離 $d(\boldsymbol{x}, \boldsymbol{y}) = \sqrt{\sum_{j=1}^{p}(x_j - y_j)^2}$．
- method="manhattan"：マンハッタン距離 $d(\boldsymbol{x}, \boldsymbol{y}) = \sum_{j=1}^{p}|x_j - y_j|$．
- method="minkowski"：ミンコフスキー距離 $d(\boldsymbol{x}, \boldsymbol{y}) = \left(\sum_{j=1}^{p}(x_j - y_j)^r\right)^{1/r}$．
- method="chebyshev"：チェビシェフ距離 $d(\boldsymbol{x}, \boldsymbol{y}) = \max_{j=1,\ldots,p}|x_j - y_j|$．

各距離のイメージが図 9.7 である．ミンコフスキー距離は，正の値 r を別途指定する必要がある．犯罪データの一部を用いて，出力を確認してみよう．

図 9.7　ユークリッド距離，マンハッタン距離，チェビシェフ距離の違い（$p = 2$ の場合）．

[*6] 正確には，dist 関数の出力は行列形式ではない．ただし，これは as.matrix 関数により行列形式に変換できる（両者の違いは str 関数により確認できる）．

[*7] 数学では，任意の2点 $\boldsymbol{x}$ と $\boldsymbol{y}$ に対し，つぎの条件をすべてみたす d のことを距離関数という．

(D1) $d(\boldsymbol{x}, \boldsymbol{y}) \geq 0$（非負性）．
(D2) $d(\boldsymbol{x}, \boldsymbol{y}) = d(\boldsymbol{y}, \boldsymbol{x})$（対称性）．
(D3) $d(\boldsymbol{x}, \boldsymbol{y}) \leq d(\boldsymbol{x}, \boldsymbol{z}) + d(\boldsymbol{z}, \boldsymbol{y})$（三角不等式）．
(D4) $d(\boldsymbol{x}, \boldsymbol{y}) = 0$ ならば，$\boldsymbol{x} = \boldsymbol{y}$ が成り立つ．また，その逆も成り立つ．

ユークリッド距離の2乗は，例えば $\boldsymbol{x} = (0,0)^\top$，$\boldsymbol{y} = (2,0)^\top$，$\boldsymbol{z} = (1,0)^\top$ の場合に条件 (D3) をみたさず，距離関数ではない．

```
> X <- USArrests[1:4,-4]
> dist(X) # ユークリッド距離
           Alabama    Alaska   Arizona
Alabama   28.96964
Arizona   62.24155  44.59383
Arkansas  46.89733  73.03725 108.24274
```

上の出力は，例えば 28.96964 は第 1 個体（Alabama）と第 2 個体（Alaska）のユークリッド距離であることを意味する．他も同じように，行名と列名に対応する個体同士の距離を表す行列の形式となっている．$r = 3$ の場合のミンコフスキー距離は，引数 p を用いてつぎのように入力する．

```
> dist(X, method="minkowski", p=3) # ミンコフスキー距離 (r = 3)
           Alabama    Alaska   Arizona
Alaska    27.46420
Arizona   59.04915  39.69896
Arkansas  46.09388  73.00061 104.82554
```

本書では，この dist 関数の出力を用いて階層的クラスター分析を行う．そのため，以降では非類似度も含めて距離とよぶことにする．具体的には，階層的クラスター分析はつぎのような繰り返しの手順を行うアルゴリズムとして記述できる．

(HC1) 個体同士の距離，個体とクラスターの「距離」，またはクラスター同士の「距離」を計算する．

(HC2) 手順 (HC1) で求めた距離または「距離」が最も小さいもの同士を，同じクラスターとして結合する．

(HC3) クラスターが 1 個になるまで，手順 (HC1) と (HC2) を繰り返す．

本節では，個体同士の非類似度を距離と，個体とクラスターまたはクラスター同士の非類似度をかぎ括弧付きの「距離」と区別して表していることにも注意してほしい．この手順をイメージしたものが，図 9.8 である．階層的クラスター分析では，クラスターを 1 つの個体とみなすための「距離」を定める必要がある．dist 関数で定めるユークリッド距離などは，個体同士の距離の定義であり，クラスター同士の「距離」ではないので注意してほしい．

　クラスター同士の「距離」（クラスター間「距離」）にもいくつかの定め方があり，それぞれの方法に名称が与えられている．クラスター I と J があり，それぞれには n_I 個と n_J 個の個体が所属しているとする．このとき，代表的な階層的クラスター分析の方法では，クラスター間「距離」$D(I, J)$ としてつぎのような種類がある．

● 群平均法：クラスター間の個体すべての組み合わせの距離の平均値．
● 重心法：クラスターの重心（平均値ベクトル）間の距離．

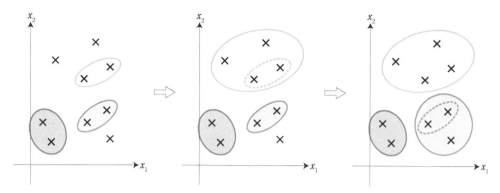

図 9.8　階層的クラスター分析（凝集的アプローチ）のイメージ.

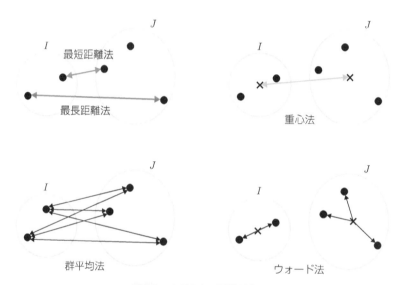

図 9.9　クラスター距離の違い.

- 最短距離法：クラスター間で，最小となる個体同士の距離.
- 最長距離法：クラスター間で，最大となる個体同士の距離.
- ウォード法：クラスターの重心（平均値ベクトル）間の距離の $\dfrac{n_I n_J}{n_I + n_J}$ 倍.

各方法のイメージが図 9.9 である．ウォード法のイメージが難しいかもしれないが，これは統計学的な解釈が可能な「距離」である．これらの数学的な定義とウォード法の意味については，9.3.3 節で述べる．

　階層的クラスター分析では，すべての個体の組み合わせ（$n(n-1)/2$ 通り）の距離を最初に求める必要がある．そのため，大規模なデータでは k 平均法よりも計算量が大きくなりうるという欠点がある．

9.3.2　階層的クラスター分析の実行

階層的クラスター分析の実行は, hclust 関数によって実行できる.

```
hclust(dist 関数の出力, method)
```

引数 method には, クラスター間距離を指定し, 主につぎのいずれかを用いる.

- method="average"：群平均法.
- method="centroid"：重心法.
- method="single"：最短距離法.
- method="complete"：最長距離法.
- method="ward.D2"：ウォード法[*8].

階層的クラスター分析では, 事後的にクラスター数を定めることができる. そのため, k 平均法のように事前にクラスターの数を与える必要はないことに注意してほしい.

　犯罪データに対して階層的クラスター分析（群平均法）を実行するには, つぎのように入力する.

```
> X         <- USArrests[,-4]
> dist.usa <- dist(X)                        # 距離（非類似度）行列
> hc.usa   <- hclust(dist.usa, method="average") # 群平均法の実行
```

　図 9.10 は, 群平均法の結果を可視化したものである. このように, 階層的クラスター分析の結果を樹形図として表現したものを**デンドログラム**（dendrogram）という. デンドログラムは, plot 関数によって出力できる.

```
> plot(hc.usa)
```

　また, デンドログラムの構成順序は hclust 関数のリスト成分 merge に格納されている.

[*8] method="ward.D"という指定も可能であるが, これは距離を 2 乗しないとウォード法にならない. そのため, method="ward.D2"を用いるべきである.

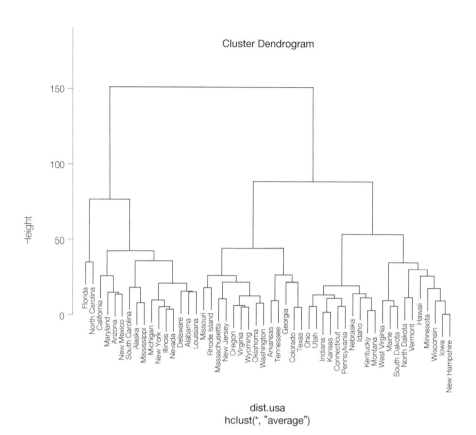

図 9.10　階層的クラスター分析によって構成されたデンドログラムの例.

```
> hc.usa$merge
      [,1] [,2]
 [1,]  -15  -29
 [2,]  -14  -16
 [3,]  -17  -26
 [4,]  -13  -28
 [5,]  -32    4
(中略)
[49,]   47   48
```

各行は，結合した個体またはクラスターの組み合わせを示している．負の符号がついている数値は個体の番号を意味し，符号のついていない数値 t は第 t ステップで構成されたクラスターを意味する．上の例では，第 1 ステップで第 15 個体（Iowa）と第 29 個体（New Hampshire）が結合されたことを意味する．また，第 5 ステップでは，第 32 個体（New York）と第 4 ステップで構成されたクラスター（第 13 個体 + 第 28 個体）が結合し，3 個体からなるクラスターが構成されたことを意味する．リス

ト成分 height には，各ステップでのクラスター間距離（デンドログラムの高さ）がベクトル形式で格納されている．

```
> hc.usa$height
 [1]   1.417745   2.537716   3.832754   4.029888   5.684591   6.003332   6.073714   ...
```

すでに述べたように，階層的クラスター分析ではクラスターの数を事前に定める必要はなく，事後的に定めることができる．クラスターの数を与えたクラスタリングの出力には，cutree 関数を用いる．

```
cutree(hclust 関数の出力, k)
```

引数 k には，クラスターの数を指定する．出力は，kmeans 関数の出力のリスト成分 cluster と同様である．

```
> cutree(hc.usa, k=3)
      Alabama         Alaska        Arizona       Arkansas     California
            1              1              1              2              1
     Colorado    Connecticut       Delaware        Florida        Georgia   ...
            2              3              1              1              2
```

また，rect.hclust 関数を用いてデンドログラムにクラスタリングの情報を描き加えることもできる．

```
rect.hclust(hclust 関数の出力, k, border)
```

引数 k には，クラスターの数を指定する．引数 border には，クラスターを示す枠の色を指定する（デフォルトは border=2，すなわち赤）．ここまでをまとめたものが，コード 9.7 である．

コード 9.7　階層的クラスター分析の実行（1）

```
1  X        <- USArrests[,-4]
2  dist.usa <- dist(X)                         # 距離行列
3  hc.usa   <- hclust(dist.usa, method="average") # 群平均法の実行
4  plot(hc.usa)                                 # デンドログラムの描画
5  rect.hclust(hc.usa, k=3, border="dodgerblue") # クラスター情報の追加
6  lapply(1:3, FUN=function(i){which(cutree(hc.usa,k=3)==i)})
```

k 平均法と同様に，散布図を色分けなどして出力することも可能である（コード 9.8，9.9）．

```
1  plot(X$Murder, X$Assault, type="n") # type="n"で点を描かない
2  namae <- cutree(hc.usa, k=3) # hc.usa はコード 9.7の 3行目で生成したオブジェクト
3  text(X$Murder, X$Assault, labels=names(namae), col=namae)
```

色分けしたい場合は，コード 9.6 の入力と組み合わせればよい．図 9.11 は，コード 9.9 による出力の結果である．

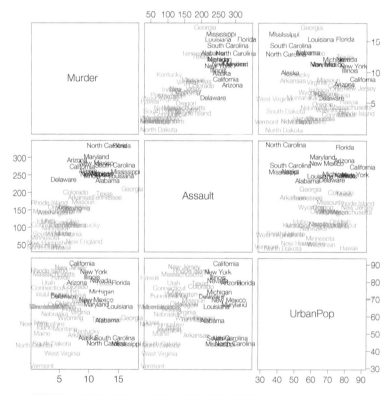

図 9.11　階層的クラスター分析の結果の散布図行列（コード 9.9 の出力）．

```
1  namae <- cutree(hc.usa, k=3)
2  pairs(X, panel=function(x,y){text(x,y,names(namae),col=namae)})
```

9.3.3　階層的クラスター分析：数理編

クラスター I に所属する個体を $\boldsymbol{x}_1, \ldots, \boldsymbol{x}_{n_I}$，クラスター J に所属する個体を $\boldsymbol{y}_1, \ldots, \boldsymbol{y}_{n_J}$ とする[*9]．また，クラスターの重心をそれぞれ $\boldsymbol{c}_I = \dfrac{1}{n_I} \sum_{i=1}^{n_I} \boldsymbol{x}_i$，$\boldsymbol{c}_J = \dfrac{1}{n_J} \sum_{j=1}^{n_J} \boldsymbol{y}_j$ とする．このとき，代表的な 5 つのクラスター間距離 $D(I, J)$ はつぎの通りである．

- 群平均法：$D(I, J) = \dfrac{1}{n_I n_J} \sum_{i=1}^{n_I} \sum_{j=1}^{n_J} d(\boldsymbol{x}_i, \boldsymbol{y}_j)$
- 重心法：$D(I, J) = d(\boldsymbol{c}_I, \boldsymbol{c}_J)$
- 最短距離法：$D(I, J) = \min\limits_{\substack{i=1,\ldots,n_I \\ j=1,\ldots,n_J}} d(\boldsymbol{x}_i, \boldsymbol{y}_j)$
- 最長距離法：$D(I, J) = \max\limits_{\substack{i=1,\ldots,n_I \\ j=1,\ldots,n_J}} d(\boldsymbol{x}_i, \boldsymbol{y}_j)$
- ウォード法：$D(I, J) = \dfrac{n_I n_J}{n_I + n_J} d(\boldsymbol{c}_I, \boldsymbol{c}_J)$

クラスター間距離は，2 点間の距離とは異なることに注意してほしい．ウォード法で定義されるクラスター間距離 D は，非類似度をユークリッド距離の平方 $d(\boldsymbol{x}, \boldsymbol{y}) = \|\boldsymbol{x} - \boldsymbol{y}\|_2^2$ としたときに，つぎのような解釈が可能である．

> 結合前後の，クラスター内の変動（重心からのユークリッド距離の平方和）の差．

このことは，つぎのようにして確認できる．クラスター I と J を結合してできるクラスターを $[IJ]$ と表すことにする．すなわち，クラスター $[IJ]$ は個体 $\boldsymbol{x}_1, \ldots, \boldsymbol{x}_{n_I}, \boldsymbol{y}_1, \ldots, \boldsymbol{y}_{n_J}$ からなる．このクラスター $[IJ]$ に所属する個体数を $n_{[IJ]} = n_I + n_J$ とおき，重心を $\boldsymbol{c}_{[IJ]}$ とおく．このとき，クラスター $[IJ]$ の重心からのユークリッド距離の平方和について，つぎのように計算できる．

$$
\begin{aligned}
\sum_{i=1}^{n_I} \|\boldsymbol{x}_i - \boldsymbol{c}_{[IJ]}\|_2^2 + \sum_{j=1}^{n_J} \|\boldsymbol{y}_j - \boldsymbol{c}_{[IJ]}\|_2^2 &= \sum_{i=1}^{n_I} \|\boldsymbol{x}_i - \boldsymbol{c}_I + \boldsymbol{c}_I - \boldsymbol{c}_{[IJ]}\|_2^2 \\
&\quad + \sum_{j=1}^{n_J} \|\boldsymbol{y}_j - \boldsymbol{c}_J + \boldsymbol{c}_J - \boldsymbol{c}_{[IJ]}\|_2^2 \\
&= \sum_{i=1}^{n_I} \|\boldsymbol{x}_i - \boldsymbol{c}_I\|_2^2 + n_I \|\boldsymbol{c}_I - \boldsymbol{c}_{[IJ]}\|_2^2 \\
&\quad + \sum_{j=1}^{n_J} \|\boldsymbol{y}_j - \boldsymbol{c}_J\|_2^2 + n_J \|\boldsymbol{c}_J - \boldsymbol{c}_{[IJ]}\|_2^2 \quad (9.6)
\end{aligned}
$$

[*9] 本章では全個体を $\boldsymbol{x}_1, \ldots, \boldsymbol{x}_n$ と表してきたが，本節では個体をクラスターごとに $\boldsymbol{x}_i$，$\boldsymbol{y}_j$，$\boldsymbol{z}_k$ と記号を変えて表すことにする．

$$
= \sum_{i=1}^{n_I} ||\boldsymbol{x}_i - \boldsymbol{c}_I||_2^2 + \frac{n_I n_J^2}{n_{[IJ]}^2} ||\boldsymbol{c}_I - \boldsymbol{c}_J||_2^2
$$

$$
+ \sum_{j=1}^{n_J} ||\boldsymbol{y}_j - \boldsymbol{c}_J||_2^2 + \frac{n_I^2 n_J}{n_{[IJ]}^2} ||\boldsymbol{c}_J - \boldsymbol{c}_I||_2^2 \quad (9.7)
$$

$$
= \sum_{i=1}^{n_I} ||\boldsymbol{x}_i - \boldsymbol{c}_I||_2^2 + \sum_{j=1}^{n_J} ||\boldsymbol{y}_j - \boldsymbol{c}_J||_2^2
$$

$$
+ \frac{n_I n_J}{n_{[IJ]}} ||\boldsymbol{c}_I - \boldsymbol{c}_J||_2^2. \quad (9.8)
$$

式 (9.6) では，$\sum_{i=1}^{n_I} (\boldsymbol{x}_i - \boldsymbol{c}_I)^{\top}(\boldsymbol{c}_I - \boldsymbol{c}_{[IJ]}) = 0$ が成り立つことなどを用いている．式 (9.7) では，$\boldsymbol{c}_{[IJ]} = \dfrac{1}{n_I + n_J}(n_I \boldsymbol{c}_I + n_J \boldsymbol{c}_J)$ を用いている．以上より，式 (9.8) の第 1, 2 項は，クラスター I と J の重心からのユークリッド距離の平方和であるから，結合前後の平方和の差は第 3 項の

$$
\frac{n_I n_J}{n_{[IJ]}} ||\boldsymbol{c}_I - \boldsymbol{c}_J||_2^2 = \frac{n_I n_J}{n_I + n_J} d(\boldsymbol{c}_I, \boldsymbol{c}_J)
$$

であり，これはウォード法によるクラスター間距離である．

群平均法ではクラスター $[IJ]$ と，これと異なるクラスター K の間のクラスター間距離は

$$
D([IJ], K) = \frac{n_I}{n_I + n_J} D(I, K) + \frac{n_J}{n_I + n_J} D(J, K)
$$

と分解して書くことができる．この分解は，クラスター K に所属する個体を $\boldsymbol{z}_1, \ldots, \boldsymbol{z}_{n_K}$ とすると，群平均法であることに注意して

$$
D([IJ], K) = \frac{1}{n_{[IJ]} n_K} \left(\sum_{i=1}^{n_I} \sum_{k=1}^{n_K} d(\boldsymbol{x}_i, \boldsymbol{z}_k) + \sum_{j=1}^{n_J} \sum_{k=1}^{n_K} d(\boldsymbol{y}_j, \boldsymbol{z}_k) \right)
$$

$$
= \frac{n_I}{n_{[IJ]}} \left(\frac{1}{n_I n_K} \sum_{i=1}^{n_I} \sum_{k=1}^{n_K} d(\boldsymbol{x}_i, \boldsymbol{z}_k) \right)
$$

$$
+ \frac{n_J}{n_{[IJ]}} \left(\frac{1}{n_J n_K} \sum_{j=1}^{n_J} \sum_{k=1}^{n_K} d(\boldsymbol{y}_j, \boldsymbol{z}_k) \right)
$$

$$
= \frac{n_I}{n_I + n_J} D(I, K) + \frac{n_J}{n_I + n_J} D(J, K). \quad (9.9)
$$

と示すことができる．

群平均法以外でも，統一的にこのような分解表現が可能である．具体的には，

$$
D([IJ], K) = \alpha_I D(I, K) + \alpha_J D(J, K) + \beta D(I, J) + \gamma |D(I, K) - D(J, K)| \quad (9.10)
$$

のパラメータ $(\alpha_I, \alpha_J, \beta, \gamma)$ を表 9.1 のように指定することによって，9.3.1 節で紹介したクラスター間距離を表すことができる．式 (9.10) の考え方に基づく方法を総称して，**ランス・ウィリアムス法**

（Lance-Williams method）という．デンドログラムの高さ（hclust 関数の出力のリスト成分 height）は，この結合後のクラスター間距離によって定められている．

表 9.1　ランス・ウィリアムス法と諸法の対応.

	α_I	α_J	β	γ
群平均法	$\dfrac{n_I}{n_I + n_J}$	$\dfrac{n_J}{n_I + n_J}$	0	0
重心法	$\dfrac{n_I}{n_I + n_J}$	$\dfrac{n_J}{n_I + n_J}$	$-\dfrac{n_I n_J}{(n_I + n_J)^2}$	0
最短距離法	$\dfrac{1}{2}$	$\dfrac{1}{2}$	0	$-\dfrac{1}{2}$
最長距離法	$\dfrac{1}{2}$	$\dfrac{1}{2}$	0	$\dfrac{1}{2}$
ウォード法	$\dfrac{n_I + n_K}{n_I + n_J + n_K}$	$\dfrac{n_J + n_K}{n_I + n_J + n_K}$	$-\dfrac{n_K}{n_I + n_J + n_K}$	0

➤ 9.4　クラスターの数を決める方法

　線形回帰モデルの変数選択のように，クラスター分析におけるクラスターの数は適切に決める必要がある．ここでは，クラスターの数を決めるための基準として，つぎの 2 つを紹介する.

- カリンスキ・ハラバシュの基準.
- ファン・ワンの基準.

これらはクラスタリングの「よさ」を評価する量であるが，視点が異なる．どちらの基準も，fpc パッケージの関数を用いて求めることが可能である.

▶ 9.4.1　カリンスキ・ハラバシュの基準（CH 基準）

　カリンスキ・ハラバシュ（Calinski-Harabasz）**の基準**は，クラスター内のばらつきとクラスター間のばらつきに着目した基準である．以降，これを CH 基準とよぶ.
　CH 基準の値は，fpc パッケージの calinhara 関数で出力することができる.

```
calinhara(x, clustering)
```

引数 x には，データの行列またはデータフレームを指定する．引数 clustering には，クラスター分析で得た各個体のクラスター番号ベクトルを指定する．試験データについて k 平均法のクラスターの数を比較する場合は，コード 9.10 のように入力すればよい.

◀ コード 9.10　CH 基準の出力：k 平均法の場合 ▶

```
1    X              <- deug$tab[,c(1:5,8)] # 試験データ
2    km.test.c2 <- kmeans(X, centers=2, nstart=50) # クラスターの数が 2の場合
3    km.test.c3 <- kmeans(X, centers=3, nstart=50) # クラスターの数が 3の場合
4    calinhara(X, km.test.c2$cluster)              # クラスターの数が 2の場合のCH 基準の値
5    calinhara(X, km.test.c3$cluster)              # クラスターの数が 3の場合のCH 基準の値
```

CH 基準の値が最も大きいクラスターの数が，最もクラスターの分離がよいクラスタリングが可能であると解釈できる．コード 9.10 の 4, 5 行目の出力を比べてみよう．

```
> calinhara(X, km.test.c2$cluster) # クラスターの数が 2 の場合の CH 基準の値
[1] 50.67157
> calinhara(X, km.test.c3$cluster) # クラスターの数が 3 の場合の CH 基準の値
[1] 39.1174
```

これより，試験データに対してはクラスターの数は 3 よりも 2 のほうが（CH 基準の意味で）「よい」ことがわかる．

また，階層的クラスター分析の場合はコード 9.11 のようにクラスターの数を決めて CH 基準を計算すればよい．

◀ コード 9.11　CH 基準の出力：階層的クラスター分析の場合 ▶

```
1    distx  <- dist(X) # X はコード 9.10の 1行目で生成したオブジェクト
2    hc.usa <- hclust(distx, method="ward.D2")
3    calinhara(X, cutree(hc.usa, k=2)) # クラスターの数が 2の場合のCH 基準の値
4    calinhara(X, cutree(hc.usa, k=3)) # クラスターの数が 3の場合のCH 基準の値
```

k 平均法と同様，コード 9.11 の 3, 4 行目の出力を比べてみよう．

```
> calinhara(X, cutree(hc.usa, k=2))　# クラスターの数が 2 の場合の CH 基準の値
[1] 33.41403
> calinhara(X, cutree(hc.usa, k=3))　# クラスターの数が 3 の場合の CH 基準の値
[1] 33.52603
```

試験データに対するウォード法では，わずかにクラスターの数が 3 のほうが「よい」という判断になる．

クラスターを C 個に定めた場合のクラスタリングに対する CH 基準 CH_C は，つぎのように定義さ

れる.

$$\mathrm{CH}_C = \frac{(n - C)S_\mathrm{B}}{(C - 1)S_\mathrm{W}}. \tag{9.11}$$

ここで，S_W はクラスター内の偏差平方和，S_B はクラスター間の偏差平方和である．kmeans 関数では，これらの量が出力に含まれているため calinhara 関数を利用せずとも CH 基準が計算できる．コード 9.12 を入力し，実際に確認してみよう．

◀ **コード 9.12　CH 基準の計算法を確認する** ▶

```
1   X <- deug$tab[,c(1:5,8)]          # 試験データ
2   n <- dim(X)[1]
3   SW <- sum(km.test.c3$withinss)    # クラスター内の偏差平方和
4   SB <- km.test.c3$betweenss        # クラスター間の偏差平方和
5   bunsi <- (n - 3) * SB             # 式 (9.11) の分子 (クラスター数が 3 の場合)
6   bunbo <- (3 - 1) * sum(SW)        # 式 (9.11) の分母 (クラスター数が 3 の場合)
7   bunsi / bunbo                     # 式 (9.11) の計算
8   calinhara(X, km.test.c3$cluster)  # 結果が一致することの確認
```

7,8 行目を出力すると，出力が一致していることがわかる，

```
> bunsi / bunbo                      # 式 (9.11) の計算
[1] 39.1174
> calinhara(X, km.test.c3$cluster)   # 結果が一致することの確認
[1] 39.1174
```

9.4.2　ファン・ワンの基準（FW 基準）

ファン・ワン（Fang-Wang）**の基準**は，擬似データを複数生成し，これらのクラスタリングの安定性に着目した基準である．以降，これを FW 基準とよぶ．FW 基準によるクラスターの数の決定は，fpc パッケージの nselectboot 関数で出力できる．

```
nselectboot(data, clustermethod, method, B, krange)
```

引数 data には，データの行列またはデータフレームを指定する．引数 clustermethod には，つぎのようにクラスター分析法の名前を指定する．

- clustermethod=kmeansCBI：k 平均法の場合.
- clustermethod=hclustCBI：階層的クラスター分析の場合.

ただし，階層的クラスター分析の場合には引数 method で，クラスター間距離を指定する必要がある

（方法は hclust 関数と同様）．引数 B には，繰り返し計算の回数を入力する（デフォルトは B=50）．
FW 基準の算出には，ブートストラップ法[*10]という計算機を活用した方法が使用される．ブートスト
ラップ法では「ブートストラップ標本」という擬似データを複数生成するので，その生成回数を指定
するのが引数 B である．引数 krange では，比較するクラスターの数の候補をベクトルで与える（デ
フォルトは krange=2:11）．

nselectboot 関数の出力のリスト成分 kopt には，FW 基準で最適と判断されるクラスターの数が
格納されている．コード 9.13 を入力し，k 平均法の場合を確認してみよう．

◀ コード 9.13　FW 基準の出力：k 平均法の場合 ▶

```
X <- USArrests[,-4] # 犯罪データ
set.seed(1)          # 乱数の初期値の設定
fw.usa.km <- nselectboot(X, B=1000, clustermethod=kmeansCBI, krange=2:10)
fw.usa.km$kopt
```

B の値が大きいと，計算量が多くなるので結果の出力までにやや時間がかかる．5 行目は，つぎのよう
な出力を与える．

```
> fw.usa.km$kopt
[1] 2
```

以上の結果から，FW 基準によると，k 平均法に対してはクラスターの数が 2 の場合が最適であると
いう判断になる．

コード 9.14 は，階層的クラスター分析の場合の入力例である．

◀ コード 9.14　FW 基準の出力：階層的クラスター分析（重心法，ウォード法）の場合 ▶

```
X <- USArrests[,-4]; set.seed(1) # 犯罪データと乱数の初期値の設定
fw.usa.hc.c <- nselectboot(X, B=1000, clustermethod=hclustCBI, method="centroid", krange
    =2:10)      # 重心法（クラスターの数 2〜10を候補）
fw.usa.hc.w <- nselectboot(X, B=1000, clustermethod=hclustCBI, method="ward.D2", krange
    =2:10)      # ウォード法（クラスターの数 2〜10を候補）
fw.usa.hc.c$kopt # 重心法の場合の最適なクラスターの数
fw.usa.hc.w$kopt # ウォード法の場合の最適なクラスターの数
```

[*10] ブートストラップ法については 10 章で詳しく説明する．

4,5 行目の出力を確認してみよう.

```
> fw.usa.hc.c$kopt # 重心法の場合の最適なクラスターの数
[1] 10
> fw.usa.hc.w$kopt # ウォード法の場合の最適なクラスターの数
[1] 10
```

ウォード法,重心法ともにクラスターの数が 10 の場合が最も「よい」という結果になった.krange で指定した最大クラスターの数が最適という場合には,より多いクラスターの数が適切である可能性がある.そのため,検討するクラスターの数の範囲を広げたほうがよいかもしれない.ただし,範囲が広すぎると計算時間が膨大になる.さらに,多すぎるクラスターの数が得られた場合の解釈の難しさもあるので,上記のような場合には注意してほしい.クラスターの数の候補を 20 まで広げると,犯罪データに対してはつぎのような結果が得られる.

```
> set.seed(1) # 乱数の初期値の設定
> fw.usa.hc.w <- nselectboot(X, B=1000, clustermethod=hclustCBI, method="ward.D2", krange=2:20)
> fw.usa.hc.w$kopt
[1] 20
```

やはり最大クラスターの数が最も「よい」という結果になった.クラスターの数の安定性という意味では,階層的クラスター分析は犯罪データに適していない可能性が示唆される.FW 基準の数理的な説明は,10.3.3 節で与える.

➤ 第 9 章　練習問題

9.1 コード 9.1 の 1 行目で生成したオブジェクト X に対し,k 平均法によるクラスタリングを実行したい.

(1) kmeans 関数を用いて,クラスターの数を 4 とした k 平均法を実行せよ.

(2) (1) の結果をもとに,クラスター別に色を変えた散布図行列を描け.コード 9.2 を参考に,クラスター別に色を変えた散布図行列を描け.ただし,第 1～4 クラスターの色をそれぞれ gray19, blueviolet, tan1, deepskyblue2 とすること.

(3) (1) の結果に基づくクラスタリングと試験データの成績 deug$result の関係を,分割表によって示せ.また,クラスターの数が 3 のときの k 平均法の結果との違いについて述べよ.

9.2 コード 9.1 の 3 行目で生成したオブジェクト km.test12 のリスト成分 withinss には,各クラスターの平均値ベクトルからの偏差平方和が格納されている.このことを確認したい.

(1) オブジェクト X から第 1 クラスターに所属する個体を抽出し,オブジェクト X1 とせよ.

(2) X1 の平均値ベクトル（すなわち第 1 クラスターの重心）を計算し，オブジェクト mu1 とせよ．

(3) (1) と (2) で生成した X1 と mu1 を用いて，第 1 クラスターの偏差平方和を求めよ．

(4) (1)〜(3) と同様の手順により，第 2，第 3 クラスターの偏差平方和を求め，これらの値が km.test12$withinss の各成分と一致することを確認せよ．

9.3 コード 9.4 を，クラスター数を 2 に変更して実行したとき，日本（Japan）が所属しないクラスターにはどのような特徴があるか述べよ．

9.4 hclust 関数により得られるデンドログラムの高さは，個体またはクラスターが結合するときの距離（またはクラスター間距離）で定められている．このことを，つぎのように生成した xx を 2 変数の人工データを用いて確認したい．

```
xx <- data.frame(x1=c(11,12,15,13), x2=c(4,6,4,9)) # 4 行 2 列の人工データ
plot(xx, pch=as.character(1:4))                     # 散布図で表示
```

(1) dist 関数を用いて，xx の 4 個体間のユークリッド距離をすべて求めよ．

(2) (1) で求めた距離（非類似度）に基づき，群平均法により人工データをクラスタリングしたい．hclust 関数を用いずに，1 番目に結合する個体の組を挙げ，それらの間の距離を答えよ．

(3) (2) に続き，2 番目に結合する個体（またはクラスター）の組を挙げ，それらの間の距離（またはクラスター間距離）を答えよ．

(4) hclust 関数を用いて，xx のユークリッド距離に基づく群平均法を実行せよ，また，出力のリスト成分 height と (2)(3) の結果が一致することを確認せよ．

(5) hclust 関数による結果をデンドログラムで描画する際，plot 関数に引数として「hang=-1」と指定すると，指定しない場合と比べて図がどのように変化するか述べよ．

9.5 練習問題 5.5 で用いたアヤメのデータ（iris）に対し，階層的クラスター分析を実行したい．

(1) Species 以外の 4 変数を用いてウォード法を実行せよ．ただし，個体間の非類似度にはユークリッド距離を用いること．

(2) (1) の結果に対し，クラスターの数が 2〜4 個のいずれがよいかを検討したい．CH 基準に基づき，最適なクラスター数を求めよ．

(3) (2) で得られた最適なクラスター数に基づくクラスタリングと，変数 Species の関係を分割表にして表せ．すべての個体が 1 つのクラスターに含まれる品種の名前を答えよ．

{ 第 **10** 章 }

ブートストラップ法

　統計学の目的の１つは，１章の冒頭で述べたように「データの背後に潜む構造を推し量り，新たな知識の確立や意思決定に役立てること」である．この「構造」を統計モデルとして記述し，標本から得られる量（統計量）の確率的なふるまいを把握するのが統計的推測の主な役割である．例えば，４章の正規線形回帰モデルでは被説明変数が説明変数の線形結合と正規分布に従う誤差の和で表されるという「構造」を考えた．これによって，信頼区間や仮説検定といったパラメータ（偏回帰係数など）の確率的なふるまいを調べることが可能となった．

　本章では，計算機を活用した統計的推測方法である**ブートストラップ法**（bootstrap method）について説明する．ブートストラップ法は，実行するうえでは複雑な計算を必要とせず，大量の単純な繰り返し計算に基づいて推定量のふるまいを調べる方法である．そのため，ブートストラップ法は**計算機集約型の方法**（computer intensive method）といい，理論計算に基づく方法と対比して語られることがある．

➤ **10.1　ブートストラップ法の基本的な考え方**

　統計学は，データの背後に想定される確率的な構造を統計モデルとして記述し，統計量のふるまいを表現するための枠組みを与える学問である．統計量はデータから計算する量のことで，平均値，分散，偏回帰係数など多岐にわたる．例えば，日本人の成人男性の身長が正規分布 $N(\mu, \sigma^2)$ に互いに独立に従うという「構造」を考える．このとき，身長のデータ（標本）$X_1, \ldots, X_n$ の平均値 $\bar{X}_n = \dfrac{1}{n}\sum_{i=1}^{n} X_i$ もまた正規分布 $N(\mu, \sigma^2/n)$ に従うことを示すことができる．これによって，$\bar{X}_n$ が正規分布の平均 μ の周辺でばらつくことが理解できるし，そのばらつきは分散 σ^2/n によって正確に把握できる[*1]．また４章では，線形回帰モデル $y_i = \boldsymbol{x}_i^\top \boldsymbol{\beta} + \varepsilon_i$ の誤差項 ε_i が，互いに独立に同一の正規分布に従うという「構造」を考えた．この構造のもとで，回帰係数 $\boldsymbol{\beta}$ の最小二乗法の解 $\hat{\boldsymbol{\beta}}$（最尤法と同じ）が t 分

[*1] $\bar{X}_n$ のばらつきを正確に把握できることは，μ の値自体を正確に把握できることを意味しているわけではないことに注意してほしい．

布に従うことが導かれる．この $\hat{\boldsymbol{\beta}}$ が，線形回帰モデルにおける統計量（の1つ）である．

しかし，これら $\bar{X}_n$ や $\hat{\boldsymbol{\beta}}$ のように統計量のふるまい（従う確率分布）が，常に数学的に扱いやすい形で求められるわけではない．統計量の従う確率分布が数式として表現でき，それを利用して信頼区間の構成や仮説検定ができるのは一部の統計モデルに限られる．多くの統計モデルでは，統計量の従う確率分布を正確に求めることが難しく，別の分布（正規分布など）によって近似することが多い．さらに，その近似の分布を求めるには数理的な式展開が必要である．

このような場合に有効なのが，ブートストラップ法である．ブートストラップ法は，計算機を用いた「データの複製」を大量に行い，その変動から統計量のふるまいを把握するための方法である[*2]．統計モデルのパラメータ θ の真の値（真値）に興味があり，これを標本 $\mathcal{D}_n = \{\boldsymbol{x}_1, \ldots, \boldsymbol{x}_n\}$ から推測したいとする．パラメータ θ は，平均（期待値），中央値，分散，相関係数，偏回帰係数などが相当する．興味のあるパラメータは複数個であっても構わないが，議論を簡単にするため，パラメータ θ はスカラー（1次元）であるとする．また，標本 $\mathcal{D}_n$ に基づく θ の推定値を $\hat{\theta}$ とする．このとき，ブートストラップ法の手順はつぎの通りである．

(B1) $b = 1, \ldots, B$ について，つぎの操作を行う．

- 標本 $\mathcal{D}_n$ から，個体を復元無作為抽出[*3] により n 個取り出す．
- 取り出した個体を $\boldsymbol{x}_1^{(b)}, \ldots, \boldsymbol{x}_n^{(b)}$ とし，標本 $\mathcal{D}_n^{(b)}$ とする．
- $\mathcal{D}_n^{(b)}$ に基づいて θ の推定値 $\hat{\theta}^{(b)}$ を求める．

(B2) 標本 $\mathcal{D}_n$ に基づく推定値 $\hat{\theta}$ のふるまいを，$\hat{\theta}^{(1)}, \hat{\theta}^{(2)}, \ldots, \hat{\theta}^{(B)}$ から推測する．

手順 (B1) のように繰り返し標本を生成する点が，ブートストラップ法の特徴である．標本から個体を抽出することを**リサンプリング**（resampling）といい，$\mathcal{D}_n^{(b)}$ を**ブートストラップ標本**（bootstrap sample）という．B の値をどのように決めるかは，問題によって異なる．ブートストラップ法には，「特別な解析法」は必要ない．標本から無作為（ランダム）に個体を抽出してブートストラップ標本を作り，それらに従来通りの解析法を実行するだけである．しかもブートストラップ標本の生成は並列計算により実行できるため，比較的大規模なデータに対しても適用可能である．注意すべき点は，ブートストラップ標本の標本サイズは，元の標本サイズと同じ n であるという点である[*4]．非復元抽出[*5]を行うと，$\mathcal{D}_n$ と同じ標本ができあがるだけである．そのために，ブートストラップ標本は $\mathcal{D}_n$ からの「復元」無作為抽出により生成される．

手順 (B2) により推測できる「推定値 $\hat{\theta}$ のふるまい」の代表的なものは，つぎの3つである．

[*2] ブートストラップは靴紐と誤解されることが多いが，ブーツを引き上げるためのストラップ（つまみ）のことである．これには，「自分のことを自分でなんとかする」という寓意があり，ミュンヒハウゼン男爵の物語に由来するようだ．
[*3] 抽出した個体を標本に戻し，つぎの個体を抽出する無作為抽出法．無作為抽出法は，サイズ n の標本に対してどの個体を取り出す確率も $1/n$ であるような抽出方法である．
[*4] ブートストラップ標本の標本サイズを変える方法も存在するが，本書の範囲を超えるため説明しない．
[*5] 抽出した個体を標本に戻さずに，つぎの個体を抽出する無作為抽出法．

$$\hat{\theta}\text{のバイアス}: \widehat{\text{bias}_\theta} = \frac{1}{B}\sum_{b=1}^{B}\hat{\theta}^{(b)} - \hat{\theta}. \tag{10.1}$$

$$\hat{\theta}\text{の分散}: \widehat{\text{var}_\theta} = \frac{1}{B-1}\sum_{b=1}^{B}(\hat{\theta}^{(b)} - \hat{\theta}^{(\cdot)})^2. \tag{10.2}$$

$\hat{\theta}$のα分位点（100αパーセント点）$: \hat{\theta}^{(1)},\ldots,\hat{\theta}^{(B)}$の下側$\alpha$点（下位$B\alpha$位の値）. (10.3)

ここで，$\hat{\theta}^{(\cdot)} = \frac{1}{B}\sum_{b=1}^{B}\hat{\theta}^{(b)}$ である．これらによって，推定値の偏り（バイアス）の修正や，ばらつきの評価を行うことができる．

　ブートストラップ法の考え方の根幹は，「標本を母集団とみなす」点である．統計的推測は「標本から母集団の構造を推し量る」ために行われる．ただし，通常は標本は1つしかないため，母集団と標本の確率的な関係を直接把握することができない．しかし，標本を「母集団」，ブートストラップ標本を「標本」とみなせば，我々は母集団を知っていることになる．したがって，複数の「標本」のふるまいから「母集団」との確率的な関係を直接比較することが可能になり，本来の標本と母集団の関係の推測に役立てられる（図10.1）．例えば，パラメータθの真値θ_0に対する（確率変数としての）$\hat{\theta}$のバイアス $\text{bias}_\theta = \text{E}[\hat{\theta}] - \theta_0$ は，「標本とブートストラップ標本の関係」が「母集団と標本の関係」に似ていると考えると

$$\text{bias}_\theta \approx \widehat{\text{bias}_\theta} \tag{10.4}$$

と近似できる．このことと，$\text{E}[\hat{\theta}]$ は標本から計算できないため $\hat{\theta}$ に置き換えることで

$$\text{bias}_\theta \approx \hat{\theta} - \theta_0$$

とできることを認めれば，$\hat{\theta}$ のバイアスが理論的な導出なしにデータ（とブートストラップ標本）から求められる．上式の左辺を式 (10.4) で近似し，θ_0 について整理すれば，バイアスを修正したθの推定値として

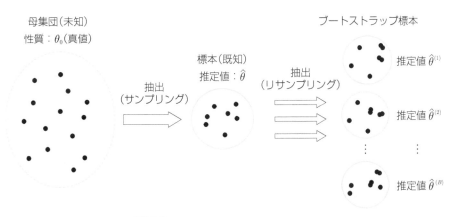

図 10.1　ブートストラップ法のイメージ.

$$\tilde{\theta} = \hat{\theta} - \widehat{\text{bias}}_\theta = 2\hat{\theta} - \frac{1}{B}\sum_{b=1}^{B}\hat{\theta}^{(b)} \tag{10.5}$$

を得ることができる.

➤ 10.2 ブートストラップ法の実行：基本編

実際に，ブートストラップ法を実行してみよう．本節では，主に boot パッケージの関数を利用する方法を説明する．for 文と sample 関数を用いて手順 (B1) と (B2) を実現することも可能であるが，これは 11 章で扱う.

◎ 10.2.1 バイアスと精度（分散）の推定

ブートストラップ法による推定値 $\hat{\theta}$ のバイアスと分散の推定には，boot パッケージの boot 関数が利用できる.

```
boot(data, statistic, R)
```

引数 data には，統計量を求めるためのデータを指定する（ベクトル・行列・データフレームのいずれかの形式）．引数 statistic には，求めたい統計量の関数を指定する．このときに指定する関数には，つぎの 2 点が要求される.

(1) 第 1 引数は，データ（またはその一部の変数）を指定するための引数であること.
(2) 第 2 引数は，リサンプリングされる個体番号を指定するための引数であること.

関数の指定がやや複雑に感じられるが，具体例を通じて後に詳しく述べる．引数 R には，リサンプリング回数 B（ブートストラップ標本の数）を指定する.

3, 4 章で用いた BGSgirls データの 18 歳時の身長 HT18 を例に，ブートストラップ法を実行してみよう．コード 10.1 は，1000 個のブートストラップ標本の平均値（標本平均）から母集団の期待値（母平均）に対する推測を行う場合の入力である.

◀ コード 10.1 boot 関数の実行例 ▶

```
library(boot); library(alr4)
data(BGSgirls)                # データの読み込み
ht18 <- BGSgirls$HT18
set.seed(1)                   # 乱数の初期値の設定
bmean <- boot(data=ht18, statistic=function(x,i){mean(x[i])}, R=1000)
```

ブートストラップ法はランダムにブートストラップ標本を生成する．そのため（クロスバリデーションや k 平均法の場合と同じように），リスト 10.1 の 4 行目で set.seed 関数により乱数の初期値を設置し，結果を再現できるようにしている．1000 回程度の反復は，おそらく数秒とかからず実行が終了するだろう．boot 関数の出力は，つぎの通りである．

```
> bmean

ORDINARY NONPARAMETRIC BOOTSTRAP


Call:
boot(data = ht18, statistic = function(x, i) {
    mean(x[i])
}, R = 1000)


Bootstrap Statistics :
    original      bias    std. error
t1* 166.5443 -0.02163286   0.735788
```

ORDINARY NONPARAMETRIC BOOTSTRAP は，最も基本的な方法であるノンパラメトリックブートストラップ法を実行したことを意味する．最も重要な出力は Bootstrap Statistics である．original には，元の標本 $\mathcal{D}_n$ に基づく推定値 $\hat{\theta}$（この場合，標本の平均値）が示されている．これは，boot 関数の出力のリスト成分 t0 に格納されている．

```
> bmean$t0
[1] 166.5443
> mean(BGSgirls$HT18) # 確認
[1] 166.5443
```

bias には $\widehat{\mathrm{bias}_\theta}$（式 (10.1)）の値が示されている．std.error には $\sqrt{\widehat{\mathrm{var}_\theta}}$（式 (10.2) の平方根) が示されている．R 個のブートストラップ標本に基づく統計量 $\hat{\theta}^{(b)}$ は，boot 関数の出力のリスト成分 t に格納されている．これを用いて，$\hat{\theta}$ に対するバイアスと標準偏差の推定値を計算しよう．

```
> mean(bmean$t) - bmean$t0 # バイアスの推定値
[1] -0.02163286
> sd(bmean$t)              # 標準偏差の推定値
[1] 0.735788
```

リスト成分 t から，バイアスを修正した推定値 (10.5) も簡単に求められることがわかる．

```
> 2 * bmean$t0 - mean(bmean$t)
[1] 166.5659
```

ブートストラップ標本の数 B（boot 関数の引数 R）が小さいと，結果が不安定になる．つぎのように，$B = 10$ の場合では実行ごとにバイアスと標準偏差が大きく変動してしまうことが確認できる．

```
> set.seed(1) # 乱数の初期値の設定
> bmean1 <- boot(data=ht18, statistic=function(x,i){mean(x[i])}, R=10)
> set.seed(2) # 乱数の初期値の設定
> bmean2 <- boot(data=ht18, statistic=function(x,i){mean(x[i])}, R=10)
> c(mean(bmean1$t)-bmean1$t0, sd(bmean1$t)) # バイアスと標準偏差の推定値
[1] -0.1647143  1.0258480
> c(mean(bmean2$t)-bmean2$t0, sd(bmean2$t)) # バイアスと標準偏差の推定値
[1] 0.2577143 0.7088057
```

バイアスと分散（標準偏差）の推定のためには，$B = 100$ 以上を目安とするとよいだろう．

標本平均はそもそも期待値の不偏推定量なので，元の推定値（標本平均）とバイアスを修正した推定値の間に大きな差はなかった．そこで，分散を推定対象 θ として考えてみよう．標本 $\mathcal{D}_n = \{x_1, \ldots, x_n\}$ から分散 θ を推定する方法として，標本分散

$$\widehat{\theta} = \frac{1}{n}\sum_{i=1}^{n}(x_i - \bar{x})^2 \tag{10.6}$$

がある．ここで，$\bar{x} = \dfrac{1}{n}\sum_{i=1}^{n} x_i$ である．しかし 2.2.5 節で述べたように，標本分散は不偏推定量ではない．そのため，ブートストラップ法によるバイアスの修正が有効である（コード 10.2）．

コード 10.2　boot 関数の実行（標本分散のバイアス修正）

```
1  ht18 <- BGSgirls$HT18
2  set.seed(1)                # 乱数の初期値の設定
3  bvar <- boot(data=ht18, statistic=function(x,i){mean((x[i]-mean(x[i]))^2)}, R=1000)
4  2 * bvar$t0 - mean(bvar$t) # バイアスを修正した推定値
5  var(ht18)                  # 不偏分散（比較のために計算）
```

バイアスを修正した結果，$\tilde{\theta}$ の値は標本分散 $\widehat{\theta}$ よりやや大きくなり，不偏分散の値に近づいたことがわかる[6]．

---

[6] 標本分散の例はあくまでバイアスがブートストラップ法によって修正されることを理解するためのものであって，実際のデータ解析では不偏分散を用いればよい（わざわざ標本分散のバイアス修正を行う必要はない）．

```
> 2 * bvar$t0 - mean(bvar$t)  # バイアスを修正した推定値
[1] 36.86692
> bvar$t0                      # 元の推定値（標本分散）
[1] 36.37704
> var(ht18)                    # 不偏分散（比較のために計算）
[1] 36.90424
```

　2 変数以上に関係する統計量についてのブートストラップ法も，boot 関数を用いて実行できる．同じ BGSgirls データの，9 歳時の身長と 18 歳時の身長の相関係数について考えよう．相関係数も，実は真の相関係数の不偏推定量ではない[*7]．

◀ コード 10.3　boot 関数の実行（相関係数のバイアス修正）▶

```
1  ht9.18 <- subset(BGSgirls, select=c(HT9,HT18))
2  set.seed(811)              # 乱数の初期値の設定
3  bcor <- boot(data=ht9.18, statistic=function(X,i){cor(X[i,1],X[i,2])}, R=1000)
4  2 * bcor$t0 - mean(bcor$t) # バイアスを修正した推定値
```

バイアスを修正した結果（コード 10.3 の 4 行目の出力）は，つぎの通りである．

```
> 2 * bcor$t0 - mean(bcor$t) # バイアスを修正した推定値
[1] 0.8113015
```

標本に基づく相関係数 $\hat{\theta}$ とどの程度差があるかは，自身で確認してほしい．
　boot 関数の引数 statistic には，求めたい統計量（データの関数）を指定する必要がある．これまでは，関数は R にあらかじめ実装されたものかパッケージに含まれている関数を利用してきた．しかし，自分で関数を作ることも可能である．関数を作るには，function を用いる．

```
function(引数){
 命令 1
 命令 2
  ⋮
 return(オブジェクト)
}
```

function の中では，複数行にわたって命令を与えることが可能である．最初の行の括弧内で引数を

[*7] 詳細は宿久ら（2009）を参照してほしい．

定め，最後の行の return 関数に指定したオブジェクトが関数の出力になる．例えば，1 から N までの自然数の和を出力する関数は，つぎのように書くことができる．

```
> totalN <- function(N){ return(sum(1:N)) }
```

これで，引数 N をもつ totalN という関数を作ることができた．

```
> totalN(N=10)
[1] 55
> totalN(n=10)
 totalN(n = 10) でエラー:  使われていない引数 (n = 10)
```

引数を n としてしまうと，定義していないためエラーが発生する（1.2.3 節を参照してほしい）．

関数に与える引数は，複数個あっても構わない．つぎの関数は，ベクトル x から N 未満の値だけを抽出する関数である．

```
> func1 <- function(x, N){
+  hantei <- x < N  # TRUE/FALSE を格納
+  y <- x[hantei]    # ベクトルの成分を抽出 (hantei == TRUE のみ)
+  return(y)
+ }
```

2 行目以降は，1 行目の命令を「}」で閉じていないため，行頭が「+」になっていることに注意してほしい．func1 関数を用いて，18 歳時の身長が 160cm 未満の個体は，つぎのように抽出することができる．

```
> func1(x=BGSgirls$HT18, N=160)
 [1] 158.9 154.6 156.5 156.5 157.1 158.4 156.5 154.5 153.6
```

以上を踏まえて，もう少し複雑な統計量に対してブートストラップ法を適用してみよう．歪度を統計量とする場合，コード 10.4 のように入力すればよい．

◀ コード 10.4　関数の作成と，それを利用した boot 関数の実行 ▶

```
 # 関数を作る
 kurt <- function(x, i){      # 引数x と i にはベクトルを想定
  m1 <- mean(x[i])          # 1次モーメント
  m2 <- mean((x[i] - m1)^2) # 平均値まわりの 2次モーメント
  m3 <- mean((x[i] - m1)^3) # 平均値まわりの 3次モーメント
```

```
6    return(m3 / m2^(3 / 2))
7   }
8   # ブートストラップ法の実行
9   wt9 <- BGSgirls$WT9
10  set.seed(224)                      # 乱数の初期値の設定
11  bkurt <- boot(data=wt9, statistic=function(x,i){kurt(x[i])}, R=1000)
12  2 * bkurt$t0 - mean(bkurt$t) # バイアスを修正した推定値
13  bkurt$t0                           # 元の推定値（標本の歪度）
```

本節の冒頭で述べた通り，boot 関数の引数 statistic に指定する関数には (1) 第 1 引数にデータを指定するための引数，(2) 第 2 引数に標本の一部を指定するための引数が必要であることに注意しよう．コード 10.4 の 2 行目では，前者を x，後者を i としている．

10.2.2 信頼区間

推定値 $\hat{\theta}$ の変動は，$\hat{\theta}^{(1)}, \ldots, \hat{\theta}^{(B)}$ のふるまいから推測できる．コード 10.3 の結果を図示してみよう．

```
> hist(bcor$t, main="Correlation of bootstrap samples")
> abline(v=bcor$t0, lwd=2, col=2, lty=2) # 標本の相関係数
```

1 行目は，ブートストラップ標本の相関係数に対するヒストグラムを描くための入力である．図 10.2 から，$\hat{\theta}^{(b)}$ は標本の相関係数（すなわち $\hat{\theta}$）を中心にばらついていることがわかる．このことから，式

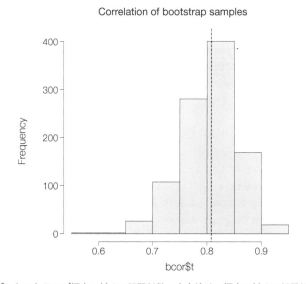

図 10.2 ブートストラップ標本に対する相関係数．赤点線は，標本に対する相関係数を示す．

(10.3) を用いて変動の 95% が収まる範囲を 95% 信頼区間とする．この方法を**パーセンタイル法**（percentile method）といい，パーセンタイル法に基づく信頼区間を**パーセンタイル信頼区間**（percentile confidence interval）という．

```
> level <- 0.95 # 95%信頼区間の場合
> alpha <- 1 - level
> quantile(bcor$t, probs=c(alpha/2, 1-alpha/2)) # 分位点の計算
      2.5%      97.5%
 0.6933345 0.8976380
```

ブートストラップ法による信頼区間は，boot.ci 関数を用いて求めることもできる．

```
boot.ci(boot.out, conf, type)
```

引数 boot.out には，boot 関数の出力を指定する．引数 conf には，信頼水準を指定する（デフォルトは conf=0.95）．引数 type には，信頼区間を求める方法を指定する．具体的には，つぎの 5 通りが可能である．

1. type="norm"：$\theta - \hat{\theta}$ の分布を，正規分布によって近似する方法．
2. type="basic"：$\theta - \hat{\theta}$ の分布を，$\hat{\theta} - \hat{\theta}^{(b)}$ の分布によって近似する方法．
3. type="stud"：$\hat{\theta}$ の分散を考慮した方法（ブートストラップ t 法，スチューデント化法）．
4. type="perc"：$\hat{\theta}^{(b)}$ の分位点から信頼区間を求める方法（パーセンタイル法）．
5. type="bca"：パーセンタイル法を改良した方法（BC_a 法）[8]．

複数の方法を，つぎのように同時に指定することも可能である．

```
> boot.ci(boot.out=bcor, type=c("perc","basic")) # 文字列のベクトル形式で複数の方法を指定する
BOOTSTRAP CONFIDENCE INTERVAL CALCULATIONS
Based on 1000 bootstrap replicates

CALL :
boot.ci(boot.out = bcor, type = c("perc", "basic"))

Intervals :
      Basic              Percentile
95%   ( 0.7180,  0.9231 )   ( 0.6925,  0.8976 )
Calculations and Intervals on Original Scale
```

パーセンタイル法の結果が quantile 関数を用いた場合と若干異なるのは，分位点の計算方法が異な

---

[8] bias-corrected and accelerated method の略である．a だけ下付き文字なのは誤植ではない．

るためである．また，`type="all"`と指定すると，複数の信頼区間を一度に出力することができる．ただしブートストラップt法による信頼区間は計算されず，つぎのような警告が出力されるのみである．

```
警告メッセージ:
boot.ci(bcor, type = c("all")) で:
  bootstrap variances needed for studentized intervals
```

これは，ブートストラップt法の計算に$\hat{\theta}$の分散（$\widehat{\mathrm{var}}_\theta$ではない）が必要なためである[*9]．$\mathrm{BC}_a$法についても，つぎのような警告が出力される場合がある．

```
Some BCa intervals may be unstable
```

これは，リサンプリング回数が少ないことなどによる，結果の不安定性を示唆する出力である．このような場合には，リサンプリング回数B（boot 関数の引数 R）を大きくすることにより問題を回避することが考えられる．一般に，分布の端（確率が0または1に近い部分）の推定には，$B = 10000$程度が必要といわれている．パーセンタイル法は quantile 関数を用いて容易に計算できるという長所があり，ブートストラップt法とBC_a法は精度の高い方法であることが理論的にわかっている．

　実際には，相関係数の信頼区間はブートストラップ法よりも cor.test 関数を用いて求めるのが一般的である．cor.test 関数は，cor 関数と同様に引数 x と y にそれぞれ変数のベクトルを指定する．

```
> cor.test(x=BGSgirls$HT9, y=BGSgirls$HT18)

        Pearson's product-moment correlation

data:  BGSgirls$HT9 and BGSgirls$HT18
t = 11.301, df = 68, p-value < 2.2e-16
alternative hypothesis: true correlation is not equal to 0
95 percent confidence interval:
 0.7070404 0.8764247
sample estimates:
      cor
0.8078083
```

出力の `95 percent confidence interval` には，フィッシャーのz変換[*10]を用いた95%信頼区間が示されている．ブートストラップ法に基づく場合もフィッシャーのz変換に基づく場合も，変数 HT9 と HT18 の相関係数に対する95%信頼区間はおおむね$(0.70, 0.90)$程度となり，真値が0である

[*9] boot.ci 関数には，これらを指定する引数として var.t0 と var.t が用意されているが，本書では説明を省略する．

[*10] 相関係数r_{xy}に対する変換$z = \dfrac{1}{2}\log\left(\dfrac{1 + r_{xy}}{1 - r_{xy}}\right)$を，フィッシャーの$z$変換という．cor.test 関数は，この$z$が近似的に正規分布に従うことを利用して信頼区間や$p$値を出力する．詳細は宿久ら（2009）を参照してほしい．

と考えるのは適当ではない．`cor.test` 関数の出力の「`p-value < 2.2e-16`」は，「相関係数の真値は 0 である」という帰無仮説に対する仮説検定の p 値（対立仮説は「相関係数の真値は 0 でない」）である．p 値が 2.2×10^{-16} と非常に小さいことから帰無仮説は棄却され，変数 HT9 と HT18 の間に線形関係があると結論できる．

10.2.3　仮説検定

10.2.2 節の最後で見たように，パラメータ θ に対する帰無仮説「θ の真値は θ_0 である」を有意水準 α で棄却することは，θ の $100(1-\alpha)\%$ 信頼区間が θ_0 を含まないことと同値である（このことは 4.1.3 節でも少しふれた）．このように，仮説検定は信頼区間をもとに行うことが可能である．

本節では，信頼区間を経由せず，直接に帰無仮説の p 値を計算して仮説検定を行う方法を紹介する．例として，2 つの平均（期待値）の差の仮説検定を考える[*11]．オブジェクト BGSboys（男性）と BGSgirls（女性）の 9 歳時の身長（変数 HT9）をデータとし，帰無仮説を

$$H_0: \text{9 歳時の男性の平均身長と女性の平均身長は同じである．}$$

とする．標本平均の差は

```
> mean(BGSboys$HT9) - mean(BGSgirls$HT9)
[1] 0.7693939
```

であり，男性の標本平均のほうが大きいことから対立仮説として

$$H_1: \text{9 歳時の男性の平均身長は，女性の平均身長より高い．}$$

を考えよう．

2 つの標本 $\{x_1,\ldots,x_m\}$ と $\{y_1,\ldots,y_n\}$ に対して，標本平均をそれぞれ $\bar{x}$ と $\bar{y}$ とする．今回の例では，前者を男性，後者を女性の 9 歳時の身長とする．帰無仮説が真であるときの標本分布を再現するために，観測値を

$$\tilde{x}_i = x_i - \bar{x} + \bar{z}, \quad i = 1,\ldots,m, \tag{10.7}$$

$$\tilde{y}_j = y_j - \bar{y} + \bar{z}, \quad j = 1,\ldots,n \tag{10.8}$$

と変換する．ここで，$\bar{z} = \dfrac{m\bar{x} + n\bar{y}}{m+n}$ であり，これは $\{x_1,\ldots,x_m,y_1,\ldots,y_n\}$ を 1 つの標本とみなしたときの標本平均である．$\{\tilde{x}_1,\ldots,\tilde{x}_m\}$ と $\{\tilde{y}_1,\ldots,\tilde{y}_n\}$ の標本平均の差は 0 であり，これらを帰無仮説 H_0 を仮定したときの 2 標本として，ブートストラップ法による仮説検定を実行する．有意水準を α としたときの仮説検定の具体的な手順は，つぎの通りである．

(BT1) $\{x_1,\ldots,x_m\}$ と $\{y_1,\ldots,y_n\}$ から，式 (10.7) と (10.8) により変換した 2 標本 $\{\tilde{x}_1,\ldots,\tilde{x}_m\}$

[*11] 他の例については汪・桜井（2011）を参照してほしい．

と $\{\tilde{y}_1, \ldots, \tilde{y}_n\}$ を構成する.

(BT2) $b = 1, \ldots, B$ について, つぎの手順を行う.

- 標本 $\{\tilde{x}_1, \ldots, \tilde{x}_m\}$ から, サイズ m のブートストラップ標本 $\mathcal{D}_{m,x}^{(b)}$ を生成する. $\mathcal{D}_{m,x}^{(b)}$ の標本平均と不偏分散を, それぞれ $\bar{\tilde{x}}$ と $\tilde{u}_{xx}$ とする.
- 標本 $\{\tilde{y}_1, \ldots, \tilde{y}_n\}$ から, サイズ n のブートストラップ標本 $\mathcal{D}_{n,y}^{(b)}$ を生成する. $\mathcal{D}_{n,y}^{(b)}$ の標本平均と不偏分散を, それぞれ $\bar{\tilde{y}}$ と $\tilde{u}_{yy}$ とする.
- 検定統計量 $\tilde{t}^{(b)} = \dfrac{\bar{\tilde{x}} - \bar{\tilde{y}}}{\sqrt{\tilde{u}_{xx}/m + \tilde{u}_{yy}/n}}$ を計算する.

(BT3) 元の標本 $\{x_1, \ldots, x_m\}$ と $\{y_1, \ldots, y_n\}$ の不偏分散をそれぞれ u_{xx} と u_{yy} とし, 検定統計量

$$t = \frac{\bar{x} - \bar{y}}{\sqrt{u_{xx}/m + u_{yy}/n}} \tag{10.9}$$

を求め, p 値としてつぎの $\hat{p}$ を計算する.

$$\hat{p} = \frac{1}{B} \sum_{b=1}^{B} \mathbb{I}\left\{\tilde{t}^{(b)} \geq t\right\}. \tag{10.10}$$

(BT4) $\hat{p} \leq \alpha$ のとき帰無仮説を棄却し, $\hat{p} > \alpha$ のとき帰無仮説を棄却しないという結論を与える.

このブートストラップ法の手順 (BT2) と (BT3) で計算している $\tilde{t}^{(b)}$ と式 (10.9) は, t 統計量とよばれる. t 統計量は, 平均に関する仮説検定で用いられる統計量であり, 11.2.5 節でも利用される. また, p 値の計算方法は対立仮説によって変わる[*12]. 対立仮説 H_1 の大小関係が逆の場合には, 式 (10.10) の指示関数内の不等号も逆になることに注意してほしい. BGSboys と BGSgirls の 9 歳時の身長 HT9 に対して手順 (BT1)〜(BT4) を実行するのが, コード 10.5 である.

◀ コード 10.5　ブートストラップ法による仮説検定（2 つの平均の差）▶

```
x <- BGSboys$HT9; y <- BGSgirls$HT9      # 男性, 女性の 9 歳時身長
m <- length(x);   n <- length(y)         # 男性, 女性の標本サイズ
z.mean <- mean(c(x, y))                  # x と y を 1 つの標本とみなしたときの標本平均
x.new <- x - mean(x) + z.mean            # 観測値x の変換
y.new <- y - mean(y) + z.mean            # 観測値y の変換
gender <- rep(c(1,2), c(m,n))            # 性別の変数gender の作成（男性 1, 女性 2）
X <- data.frame(height=c(x.new,y.new), gender) # 1列目に身長, 2列目に変数のデータフレーム
# 関数を作る
```

[*12] パラメータ θ に対して, $H_1 : \theta > 0$ または $H_1 : \theta < 0$ という形式の仮説を**片側仮説** (one-sided hypothesis) という. 本節での θ は, 9 歳時の男性の平均身長と女性の平均身長の差であり, $\theta_0 = 0$ である. また, $H_1 : \theta \neq 0$ という形式の仮説を**両側仮説** (two-sided hypothesis) という. 片側仮説に基づく検定を**片側検定** (one-tailed test または one-sided test), 両側仮説に基づく検定を**両側検定** (two-tailed test または two-sided test) ということもある.

```
 9   twosample.t <- function(X,i){
10    bheight <- X$height[i]; bgender <- X$gender[i]
11    x.boot   <- bheight[bgender==1]                 # 男性のブートストラップ標本
12    y.boot   <- bheight[bgender==2]                 # 女性のブートストラップ標本
13    bunsi <- mean(x.boot) - mean(y.boot)            # t 統計量の分子
14    bunbo <- sqrt(var(x.boot) / m + var(y.boot) / n) # t 統計量の分母
15    t.boot <- bunsi / bunbo
16    return(t.boot)
17   }
18   set.seed(1) # 乱数の初期値の設定
19   # ブートストラップ法の実行
20   b2sample.test <- boot(data=X, statistic=twosample.t, strata=X$gender, R=10000)
21   # p 値の計算
22   bunsi.t <- mean(x) - mean(y)                        # 変換前の標本に対するt 統計量の分子
23   bunbo.t <- sqrt(var(x) / m + var(y) / n)            # 変換前の標本に対するt 統計量の分母
24   p.val <- mean(b2sample.test$t >= bunsi.t / bunbo.t) # p 値の計算
```

24 行目では，ブートストラップ法による p 値を計算している．

```
> p.val
[1] 0.2117
```

この値は，ブートストラップ標本から求めた t 統計量が，帰無仮説のもとで標本に基づく t 統計量より極端な値となった割合を示す．p 値が 0.2117 であることから，有意水準を 5%とする場合は帰無仮説を棄却しない，つまり 9 歳時の男性の平均身長は女性の平均身長より高いとはいえないと結論される．

➤ 10.3　ブートストラップ法の実行：応用編

本節では，より複雑な問題にブートストラップ法を適用することを考える．問題によって手順は異なるが，根本的な発想である「リサンプリングによる標本の反復生成」は変わらない．

◉ 10.3.1　線形回帰モデルの偏回帰係数

線形回帰モデル $y_i = \boldsymbol{x}_i^{\top} \boldsymbol{\beta} + \varepsilon_i$ $(i = 1, \dots, n)$ を考える．パラメータ $\boldsymbol{\beta}$（回帰係数ベクトル）の推定値のふるまいをブートストラップ法で評価するには，つぎの手順を行う．

(BR1) 標本から $\boldsymbol{\beta}$ の推定値 $\hat{\boldsymbol{\beta}}$ を求め，予測値 $\hat{y}_i$ と残差 $r_i = y_i - \hat{y}_i$ $(i = 1, \dots, n)$ を求める[*13]．
(BR2) $b = 1, \dots, B$ について，つぎの手順を行う．

[*13] 理論的には，残差 r_i の代わりに修正済み残差とよばれる量を用いるほうが妥当であるが，手順の単純さを優先してここでは省略した．詳細は汪・桜井（2011）を参照してほしい．

- 残差 $r_1, \ldots, r_n$ から，サイズ n のブートストラップ標本 $r_1^{(b)}, \ldots, r_n^{(b)}$ を生成する．
- $r_i^{(b)}$ を，$r_i^{(b)} - \bar{r}^{(b)}$ で置き換える．ここで，$\bar{r}^{(b)} = \dfrac{1}{n} \displaystyle\sum_{i=1}^{n} r_i^{(b)}$ である．
- $y_i^{(b)} = \hat{y}_i + r_i^{(b)}$ を計算する．
- $(\boldsymbol{x}_1, y_1^{(b)}), \ldots, (\boldsymbol{x}_n, y_n^{(b)})$ を標本として $\boldsymbol{\beta}$ の推定値 $\hat{\boldsymbol{\beta}}^{(b)}$ を求める．

(BR3) $\hat{\boldsymbol{\beta}}$ のふるまいを $\hat{\boldsymbol{\beta}}^{(1)}, \ldots, \hat{\boldsymbol{\beta}}^{(B)}$ から推測する．

線形回帰モデルでは，個体の観測値そのものではなく，各個体に対する残差をリサンプリングすることが特徴である．BGSgirls データを例に，この方法を実行してみよう．3 章と同様に，被説明変数を WT18，説明変数を HT18 と WT9 とした重回帰モデルを考える（コード 10.6）.

◀ コード 10.6　線形回帰モデルの偏回帰係数に対するブートストラップ法 ▶

```
1  BGSg  <- subset(BGSgirls, select=c(WT18,HT18,WT9))
2  mreg2 <- lm(WT18 ~ HT18 + WT9, data=BGSg)        # 重回帰モデルのあてはめ
3  r     <- resid(mreg2)                            # 残差
4  yhat  <- fitted(mreg2)                           # 予測値
5  bdata <- data.frame(BGSg, resid=r, yhat=yhat)    # 残差と予測値を加えたデータフレームを生成
6  # 関数を作る
7  lm.beta <- function(X,i){
8   y.boot  <- X$yhat + X[i,]$r
9   lm.boot <- lm(y.boot ~ HT18 + WT9, data=X) # ブートストラップ標本への重回帰モデルのあてはめ
10   return(lm.boot$coef)
11  }
12  set.seed(811) # 乱数の初期値の設定
13  # ブートストラップ法の実行
14  blm <- boot(data=bdata, statistic=function(X,i){lm.beta(X,i)}, R=1000)
15  # 結果の表示
16  2 * blm$t0 - apply(blm$t, MARGIN=2, FUN=mean) # バイアスを修正した推定値
17  boot.ci(blm, conf=0.95, type="bca", index=1)$bca[4:5]
18  boot.ci(blm, conf=0.95, type="bca", index=2)$bca[4:5]
19  boot.ci(blm, conf=0.95, type="bca", index=3)$bca[4:5]
```

バイアス修正した推定値は，つぎのようになった（16 行目の出力）.

```
> 2 * blm$t0 - apply(blm$t, MARGIN=2, FUN=mean) # バイアスを修正した推定値
(Intercept)        HT18         WT9
-26.5232258   0.3531891   0.8701921
```

パラメータが複数個ある場合の信頼区間は，boot.ci 関数の引数 index を用いて成分の番号を指定することによって出力できる．例えば，HT18 に対する偏回帰係数の信頼区間はつぎの通りである．

```
> boot.ci(blm, conf=0.95, type="bca", index=2) # HT18 に対する偏回帰係数は第 2 成分
BOOTSTRAP CONFIDENCE INTERVAL CALCULATIONS
Based on 1000 bootstrap replicates

CALL :
boot.ci(boot.out = blm, conf = 0.95, type = "bca", index = 2)

Intervals :
Level       BCa
95%    ( 0.0685,  0.6178 )
Calculations and Intervals on Original Scale
```

正規線形回帰モデルに基づく HT18 に対する 95%信頼区間は $[0.0901, 0.6176]$ であるから（4.1.2 節参照），ブートストラップ法においてはやや広い 95%信頼区間が得られていることがわかる．

10.3.2　ランダムフォレスト

7.1.2 節で述べたように，決定木に基づくモデルはデータの少しの変動に対して敏感に反応するという欠点があった（コード 7.8）．**ランダムフォレスト**（random forest）は，ブートストラップ標本から大量に木を作り，予測を安定させる方法である．木を大量に生成することから，この名がついた[14]．ランダムフォレストは，個体のリサンプリングだけでなく，変数もランダムに抽出する点に特徴がある（図 10.3）．ただし，抽出する変数の数は元の数より少なくする．これにより，より多様な木を構成することができ，予測を安定させることができる．説明変数が p 次元ベクトルであるような標本 $\mathcal{D}_n = \{(\boldsymbol{x}_1, y_1), \ldots, (\boldsymbol{x}_n, y_n)\}$ に対するランダムフォレストは，つぎの手順によって実行される（$y_i \in \{0, 1\}$ の場合）．

(RF1) $b = 1, \ldots, B$ について，つぎの手順を行う．

- 標本から，サイズ n のブートストラップ標本 $\mathcal{D}_n^{(b)} = \{(\boldsymbol{x}_1^{(b)}, y_1^{(b)}), (\boldsymbol{x}_2^{(b)}, y_2^{(b)}), \ldots, (\boldsymbol{x}_n^{(b)}, y_n^{(b)})\}$ を生成する．
- $\mathcal{D}_n^{(b)}$ に対し，p 個の変数から $d\,(<p)$ 個の変数をランダムに選ぶ．選ばれた説明変数からなる d 次元ベクトルを $\tilde{\boldsymbol{x}}_i^{(b)}$ とする．
- $\widetilde{\mathcal{D}}_n^{(b)} = \{(\tilde{\boldsymbol{x}}_1^{(b)}, y_1^{(b)}), \ldots, (\tilde{\boldsymbol{x}}_n^{(b)}, y_n^{(b)})\}$ を標本として木 $\mathrm{T}^{(b)}$ を構成する．

---

[14] フォレスト（forest）は，一般に「森」と訳されることが多いが，この場合は「林」のほうが適切かもしれない．辞書によると，林は「同じ種類のものが多く集まっている状態」も意味するからである．森は「神社を囲んで木が茂っている状態」の意もあるが，ランダムフォレストを実行してもそこに神は宿らない．

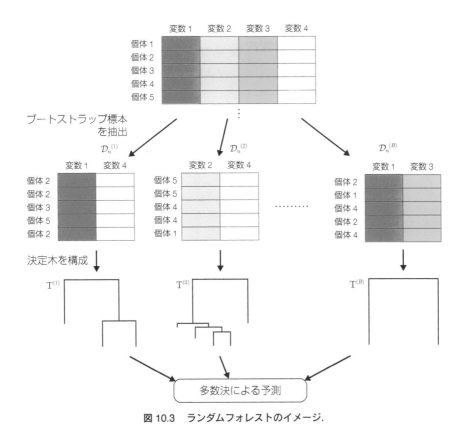

図 10.3　ランダムフォレストのイメージ.

(RF2) 木 $T^{(b)}$ による個体の予測値を $\hat{y}^{(b)}$ とし, $\hat{y} = \mathbb{I}\left\{\dfrac{1}{B}\displaystyle\sum_{b=1}^{B}\hat{y}^{(b)} > \dfrac{1}{2}\right\}$ と予測する.

手順 (RF2) の $\hat{y}$ は, B 個の木による予測値の「多数決」を意味する. このような, 個々では貧弱な予測しかできないものを統合して判別性能を高める方法を, 総称して**アンサンブル学習**（ensemble learning）という.

　ランダムフォレストは, randomForest パッケージの randomForest 関数によって実行できる.

```
randomForest(formula, ntree, mtry)
```

引数 formula は, lda 関数や glm 関数と同様に,「被説明変数 ~ 説明変数」の形で指定する. 引数 ntree には, 木の数（リサンプリング回数）B を指定する（デフォルトは ntree=500）. 引数 mtry には, ランダムに選ぶ変数の数を指定する（デフォルトは mtry=$\sqrt{p}$）.

　5〜7 章で扱った乳がんデータを用いて, ランダムフォレストを実行してみよう（コード 10.7）.

◀ コード 10.7　ランダムフォレストの実行 ▶

```
library(mclust); library(randomForest)
data(wdbc)
set.seed(1007) # 乱数の初期値の設定
# ランダムフォレストを実行
rfpid <- randomForest(formula=Diagnosis ~ Radius_mean + Smoothness_mean, data=wdbc, mtry
    =2, ntree=1000)
```

5行目は，つぎの出力を与える．

```
> rfpid

Call:
 randomForest(formula = Diagnosis ~ Radius_mean + Smoothness_mean,
            data = wdbc, mtry = 2, ntree = 1000)
               Type of random forest: classification
                     Number of trees: 1000
No. of variables tried at each split: 2


        OOB estimate of  error rate: 11.95%
Confusion matrix:
    B   M class.error
B 328  29  0.08123249
M  39 173  0.18396226
```

OOB には誤判別率の推定値[15] と，群の予測値と真値の分割表が示されている．これだけではランダムフォレストの特徴が見えづらいが，図 10.4 のように図示すると複雑な予測を行っていることがわかる（図 7.2 と比較してほしい）．

---

[15] OOB は out of bag の略である．さらに，この bag は bootstrap aggregating の略である．二重の略で原義が見落とされがちだが，この推定値は，ブートストラップ標本に含まれなかった（out of bootstrap）個体を集めて（aggregating）推定した誤判別率を意味する．

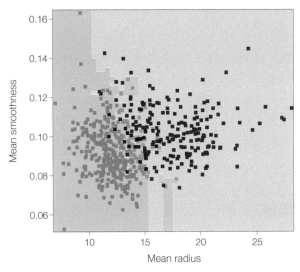

図 10.4　ランダムフォレストによる予測．黒点と赤点は，それぞれ良性例と悪性例を表す．また，灰色と薄い赤色で示された領域は，それぞれ良性，悪性と予測される領域を表す．決定木に基づくモデルと異なり，複雑な予測を行っていることがわかる．

10.3.3　クラスター分析における FW 基準

　クラスター数を決める FW 基準の概要については 9.4.2 節で述べたので，ここでは手順のみを述べる．クラスター数 C を定めたもとで，標本 $\mathcal{D}_n = \{x_1, \dots, x_n\}$ に対する FW 基準はつぎの手順によって計算される．

(BC1) $b = 1, \dots, B$ について，つぎの手順を行う．

- 標本から，サイズ n のブートストラップ標本を独立に 2 つ生成する．これらを $\mathcal{D}_{n,1}^{(b)}$, $\mathcal{D}_{n,2}^{(b)}$ とする．
- $\mathcal{D}_{n,1}^{(b)}$ に対してクラスター分析を行い，標本 $\mathcal{D}_n$ の全個体の所属クラスター $c_{1,1}^{(b)}, \dots, c_{n,1}^{(b)}$ を決定する．
- $\mathcal{D}_{n,2}^{(b)}$ に対してクラスター分析を行い，標本 $\mathcal{D}_n$ の全個体の所属クラスター $c_{1,2}^{(b)}, \dots, c_{n,2}^{(b)}$ を決定する．
- つぎの量を計算する．

$$\widehat{\mathrm{fw}}_C^{(b)} = \frac{1}{n^2} \sum_{i=1}^{n} \sum_{j=1}^{n} \left| \mathbb{I}\left\{c_{i,1}^{(b)} = c_{j,1}^{(b)}\right\} - \mathbb{I}\left\{c_{i,2}^{(b)} = c_{j,2}^{(b)}\right\} \right|. \tag{10.11}$$

(BC2) $\widehat{\mathrm{FW}}_C = \dfrac{1}{B} \sum_{b=1}^{B} \widehat{\mathrm{fw}}_C^{(b)}$ を計算する．

複数の異なる C の値について，手順 (BC1) と (BC2) を実行し，その中で最も $\widehat{\mathrm{FW}}_C$ を小さくする C の値を最適なクラスター数とする．式 (10.11) は，第 i 個体と第 j 個体の組が，2 つの異なるブートストラップ標本（$\mathcal{D}_{n,1}^{(b)}$ と $\mathcal{D}_{n,2}^{(b)}$）で同じクラスターに属さない割合を求めている．これは，FW 基準はクラスタリングの安定性を基準としてクラスタリングの「よさ」を定量化したものである．安定したクラスター分析では，ブートストラップ標本 $\mathcal{D}_{n,1}^{(b)}$ で同じクラスターに属する個体の組は $\mathcal{D}_{n,2}^{(b)}$ でも同じクラスターに所属すると考えられる．同様に，ブートストラップ標本 $\mathcal{D}_{n,1}^{(b)}$ で属するクラスターが異なる個体の組は $\mathcal{D}_{n,2}^{(b)}$ でも異なるクラスターに所属するほうが安定したクラスタリングであると考えられる．

➤ 第10章　練習問題

10.1 温度の単位を，セルシウス温度（単位：℃）から華氏温度（単位：°F）に変換したい．

(1) 引数を C とし，セルシウス温度 C に対応する華氏温度を出力する関数を作成し，その関数名を CtoF とせよ．ここで，セルシウス温度を C，華氏温度を F とすると，これらの間の関係は $F = \dfrac{9}{5}C + 32$ である．また，CtoF(C=38) を実行し，出力される値を答えよ．

(2) 引数を F とし，華氏温度 F に対応するセルシウス温度を出力する関数を作成し，その関数名を FtoC とせよ．また，FtoC(F=100) と FtoC(F=CtoF(C=25)) を実行し，出力される値をそれぞれ答えよ．

10.2 不偏分散は分散の真値（母分散という）の不偏推定量であるが，不偏分散の平方根は標準偏差の真値に対する不偏推定量ではない．2 章で用いたサンプルデータ（ExampleData.csv）の男性の身長について，ブートストラップ法を用いたバイアス修正を行いたい．

(1) サンプルデータにおける男性の身長について，sd 関数を用いて標準偏差の推定値を求めよ．

(2) boot 関数を用いて，標準偏差を統計量としたブートストラップ法を実行せよ．ただし，引数 R は R=1000 と指定せよ．

(3) (2) の結果に基づき，バイアスを修正した標準偏差の推定値を求めよ．また，この値と (1) で求めた推定値を比較せよ．

10.3 10.2.3 節で扱ったオブジェクト BGSgirls と BGSboys の 9 歳時の身長（変数 HT9）の標本平均の差について，手順 (BT2)〜(BT3) を参考に，パーセンタイル法に基づく 95％信頼区間を求めよ（仮説検定ではないので，式 (10.7) と式 (10.8) の変換は不要である．また，検定統計量ではなくブートストラップ標本の標本平均の差を繰り返し求めればよい）．

10.4 2 章で用いたサンプルデータ（ExampleData.csv）の体重（変数 weight）について，自転車通学とバス通学の学生間で平均が異なるかどうかを検討したい．

(1) サンプルデータにおける自転車通学の学生と，バス通学の学生について，体重の標本平均をそれぞれ求めよ（通学手段についての変数は commute である）.

(2) boot 関数を用いて，帰無仮説を「自転車通学の学生とバス通学の学生の平均体重は同じである」としたときの仮説検定のためのブートストラップ法のコードを作成せよ.

(3) boot 関数の引数 R を R=10000 と指定し，(2) で作成したコードを実行せよ. また，対立仮説を「自転車通学の学生と平均体重は，バス通学の学生の平均体重より大きい（重い）」としたときの検定の p 値を求めよ.

(4) (3) の p 値に基づき，(2) の帰無仮説が棄却されるかどうかを答えよ.

10.5 alr4 パッケージのオブジェクト BGSall をデータとし，被説明変数を変数 WT18，説明変数を HT18 と Sex とした重回帰モデルのあてはめを考えたい.

(1) 練習問題 3.5(4) と (5) を参考に，切片が性別ごとに異なるが HT18 に対する偏回帰係数は共通の線形回帰モデルをあてはめよ.

(2) boot 関数を用いて，（切片を含む）偏回帰係数を統計量としたブートストラップ法を実行せよ. ただし，引数 R を R=10000 と指定せよ.

(3) (2) の結果に基づき，女性と男性に対する回帰直線の切片が異なるかどうかを検討したい. これは性別 Sex の偏回帰係数が 0 でないことがいえればよい. quantile 関数を用いて，Sex の偏回帰係数に対する 95%信頼区間を求めよ（パーセンタイル法）. また，この信頼区間が 0（差がない）を含むかどうかを確認し，性別により切片の値が異なるといえるか述べよ.

10.6 回帰モデルにおいて，ブートストラップ法による予測値を平均する方法を**バギング**（bagging）という[16]. サイズ n の標本に対するバギングは，つぎの手順によって実行される.

(BG1) 標本から，サイズ n のブートストラップ標本を B 個抽出する.

(BG2) B 個のブートストラップ標本に対して，回帰モデルをあてはめる.

(BG3) 与えられた説明変数に対し，手順 (BG2) により得られた B 個のモデルに基づく被説明変数の予測値の平均値を求め，これを予測値とする.

(1) 練習問題 4.7 で扱った大気の質に関するデータ（airQ）に対し，被説明変数を Ozone，説明変数を Wind とした 5 次の多項式回帰モデルをあてはめよ（参考：4.2.1 節）.

(2) (1) で得られたモデルによる，説明変数の値がつぎの newWind の各成分であるときの Ozone の予測値を求めよ.

---

[16] bootstrap aggregating の略である. バギングの詳細については，麻生ら（2006）を参照してほしい.

```
> minW <- min(airQ$Wind)
> maxW <- max(airQ$Wind)
> newWind <- data.frame(Wind=seq(minW, maxW), length=100))
```

また，変数 Wind を横軸，Ozone を縦軸に配した散布図に，lines 関数を用いて[17] 予測値の曲線（または折れ線）を描き入れよ．

(3) コード 10.4 の関数の作り方を参考にし，つぎのことを実行する関数を作成し，名前を b.poly5 とせよ．

　　「airQ のブートストラップ標本に 5 次の多項式回帰モデルをあてはめ，説明変数の値がベクトル newWind であるときの被説明変数に対する予測値（100 次元ベクトル）を出力する.」

(4) つぎの入力に続き，描かれた散布図に (2) で得られた予測値とバギングによる予測値を色分けして描き入れよ．

```
> set.seed(811) # 乱数の初期値の設定
> reg.bag <- boot(data=airQ, statistic=function(x,i){b.poly5(x,i)}, R=1000)
> plot(x=airQ$Wind, y=airQ$Ozone, xlab="Wind", ylab="Ozone")
```

また，2 つの予測値の相違について述べよ．

---

[17] 練習問題 2.6 を参照してほしい．

{ 第 **11** 章 }

Rを用いたシミュレーション：数理統計学を「実感」する

　本章では，統計解析の方法ではなく，「統計学の数学的理論がなぜ重要なのか」を説明したい．2章の冒頭で，データのことを食材，解析手法を調理法に喩えたことを思い出してほしい．その延長線上で再び喩えると，本章の目的は調理器具の性能と限界についておおまかに理解することである．紹介する個別の事実は，すべて数学的にきちんと「証明できる」ものである．本書ではそれらの数学的な説明には踏み込まないが，Rによるシミュレーションでその意味と数学的に示すことの意義を直観的に掴んでほしい．

➤ 11.1 シミュレーションとは

　本書での**シミュレーション**（simulation）とは，**擬似乱数**（pseudo-random number）を生成し，これをデータとみなして解析することを指す．擬似乱数とは，計算機で生成する，ある法則に基づいた「でたらめ」な値のことである．説明に入る前に，まず具体例を示そう．コード11.1は，不偏分散と標本分散（それぞれ2.2.5節の式 (2.3) と式 (2.2)）を比較するシミュレーションの例である．

◀ コード 11.1　シミュレーション１：不偏分散と標本分散の比較 ▶

```
1    uvar <- rep(0, 10000)                  # 10000個の不偏分散を格納するためのベクトル
2    svar <- rep(0, 10000)                  # 10000個の標本分散を格納するためのベクトル
3    set.seed(1)                            # 乱数の初期値の設定
4    for(k in 1:10000){
5      x <- rnorm(n=20, mean=0, sd=sqrt(10)) # 平均 0，分散 10の正規分布に従う擬似乱数
6      uvar[k] <- var(x)                    # x の不偏分散
7      svar[k] <- (19 / 20) * uvar[k]       # x の標本分散
8    }
9    mean(uvar)                             # 10000個の不偏分散の平均値
10   mean(svar)                             # 10000個の標本分散の平均値
```

これは，つぎの手順を行うための入力例である．

- (V1) 平均 0，分散 10 の正規分布に従う擬似乱数を 20 個生成する（5 行目）．
- (V2) 手順 (V1) で生成した乱数をデータとみなし，不偏分散と標本分散をそれぞれ計算し，結果を格納する（6〜7 行目）．
- (V3) 手順 (V2) と (V3) を 10000 回反復し，10000 個の不偏分散と標本分散の平均値をそれぞれ求める（4〜10 行目）．

手順 (V1) は，母集団から標本を抽出することに対応する（4.1.1 節）．母集団の平均（期待値）と分散[1] はそれぞれ 0, 10 である．手順 (V3) のような，同じ作業を反復するには for 文が便利である（詳しくは 11.1.2 節で解説する）．コード 11.1 の 9, 10 行目の入力を実行すると，つぎのような出力が得られる．

```
> mean(uvar)                    # 10000 個の不偏分散の平均値
[1] 10.05916
> mean(svar)                    # 10000 個の不偏分散の平均値
[1] 9.556202
```

10000 個の平均値を比べると，不偏分散のほうが標本分散よりも母分散の 10 に近い値である．「なぜそうなるのか」という数理的な根拠にはたどり着かないが，不偏分散のほうがより母分散 10 に近い（偏りが少ない）量であることは理解できるだろう．

　これが，シミュレーションでできることの基本である．これまでは，誰かが実際に採取したデータを解析してきた．擬似的に生成された「ニセモノ」のデータを解析する意義は何だろうか．その答えは，つぎの 2 点に集約される．

- (1) 母集団を規定するパラメータの「真値」がわかる．
- (2) 異なるデータを何度も作り出すことができる．

　(1) は，母集団の情報を R 上で決められるということである．4.1.1 節で述べたように，統計的推測の目的は「標本から母集団の構造を推測すること」である．母集団の構造は，確率分布のパラメータの値によって規定されると考えるのが基本である．そして，そのパラメータの値をデータから推し量る行為が統計的推測である．シミュレーションでは，擬似乱数の構造を規定するパラメータの値が母集団の情報である．母集団を規定するパラメータの値が真値であり，計算機上では我々がこれらを指定できる．俗っぽい表現をすると，我々がデータの挙動を支配する「かみさま」になるということである．真値がわかっているうえで，あえて標本から統計的推測を行うことにより，推定値の真値との離れ具合やふるまいが評価できる．また，2 つの競合する解析手法 A と B がある場合に，どちらがどの程度母集団を「うまく」推測できるかという良し悪しを比較できる．母集団がある構造のときには

---

[1] それぞれ **母平均**（population mean），**母分散**（population variance）とよぶ．

解析法 A のほうがよいが，別の場合には解析法 B のほうがよい，などと母集団の性質や条件を変えながら細かく検討を行うこともできる．また，読者が解析法 C を開発したなら，既存の方法（A や B など）と比較していかに優れた手法なのかを検証することも可能である．

　(2) は，データ採取のコストが非常に低いという長所である．ある集団に対する標本は，通常（標本サイズの大小はあっても）1 つしか得られていない．5〜7 章で用いた乳がんデータに類似した別のデータを採取しようと思っても，そのための経済的・時間的コストは（多く場合）支払うことが難しい．擬似乱数によるデータは，計算機と電力さえあれば，部屋から一歩も外に出なくても得られる．また，同じ母集団（真値）からの異なる標本をいくつも得られるため，統計学が依拠する「多数の標本を観察したときの，統計量の確率的な挙動」を調べることができる．これにより，信頼区間や仮説検定の意味合いが，数式上で展開するよりも直観的に理解しやすくなる場合がある．

　以上がシミュレーションの主な長所であるが，もちろん短所も存在する．まず，複雑な確率的現象を再現することは難しい．これから紹介する擬似乱数は，正規分布などの「取り扱いやすい」確率分布に従うものである．しかし，現実に得られるデータが完全に正規分布に従っていることは多くない．特に，人間の行動や医学的現象など不確実性が高くメカニズムも複雑と思われる研究対象は，数個のパラメータで完全に記述できるものでないことのほうが圧倒的に多い．したがって，シミュレーションで扱うことのできるデータは「簡略化された確率的現象」である．また，シミュレーションで得られた結果の傾向・法則は数学的に証明された事実より弱い結論である．これが，シミュレーションの最大の短所である．数学的に証明されたものは永遠に正しいことが保証されるが，シミュレーションの結果はその限りではない．ここに，数学の「論理としての強さ」がある．したがって，数学的に証明された事実はシミュレーションにおいても成り立つ．しかし，その逆は一般に成立しない．どんなに多くの状況についてシミュレーションで調べても，調べた範囲のことしか主張できない．設定を少し変えた場合に，ある主張が成り立たなくなるのかどうかについて，シミュレーションは完全な答えを与えない．有限個の事実から，存在しうる無限個の結果は保証できないのである．

▶ 11.1.1　擬似乱数

　擬似乱数は，r ＋分布名という法則によって関数名が定められている．正規分布は normal distribution なので，rnorm 関数が正規分布に従う乱数を生成する関数となる．

```
rnorm(n, mean, sd)
```

引数 n には，生成する乱数の個数を指定する．引数 mean と sd には，それぞれ正規分布の平均と標準偏差を指定する．

　表 11.1 に，代表的な確率分布に従う擬似乱数を発生させるための関数を示す．それぞれの確率分布に固有のパラメータがあり，その個数やとりうる値の範囲が異なるので注意してほしい．ちなみに，擬似乱数生成関数の先頭の「r」を変えて，確率分布に関する関数を出力することができる．X をある確率分布に従う確率変数とするとき，つぎのような関数が用意されている．

表 11.1　擬似乱数を生成する主な関数．パラメータの欄は，主な引数である．

関数名	rnorm	runif	rcauchy	rexp	rweibull	rgammma	rbeta
確率分布	正規分布	一様分布	コーシー分布	指数分布	ワイブル分布	ガンマ分布	ベータ分布
パラメータ	mean,sd	min,max	location,scale	rate	shape,scale	shape,rate	shape1,shape2
関数	rbinom	rhyper	rpois	rmultinom	rt	chisq	rf
確率分布	二項分布	超幾何分布	ポアソン分布	多項分布	t 分布	カイ二乗分布	F 分布
パラメータ	size,prob	nn,m,k	lambda	size,prob	df	df	df1,df2

- p ＋ 分布名：累積分布関数 $F(x) = \mathrm{P}[X \leq x]$ を出力．x は任意の実数．
- d ＋ 分布名：確率密度関数 $f(x) = \dfrac{d}{dx}F(x)$ を出力（連続型確率変数のとき）[*2]，または確率関数（離散型確率変数のとき）$\mathrm{P}[X = x]$ を出力．x は任意の実数．
- q ＋ 分布名：分位点関数 $q(p) = \inf\{x|F(x) \geq p\}$ を出力．p は $[0,1]$ 上の任意の実数．

上から順に，probability, density, quantile の頭文字をとったものと覚えると混乱せずに済むだろう．これらの関数と確率分布の対応関係は，図 11.1 の通りである．

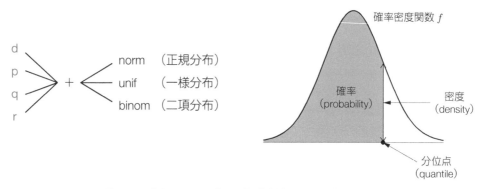

図 11.1　分布に関する関数名の規則（左）と，その意味（右）．

11.1.2　for 文による反復

11.1.1 節で述べた通り，コード 11.1 の 4〜8 行目は for 文による反復計算を行っている．for 文の使い方は，つぎの通りである．

```
for(反復に用いる変数 in ベクトル){ 処理 }
```

コード 11.1 では，反復に用いる変数を k としたが，i でも x でも hensu でも何でも構わない．in の

[*2] より正確には，確率密度関数とは累積分布関数 F に対し，任意の $x \in \mathbb{R}$ について $F(x) = \int_{-\infty}^{x} f(t)dt$ となる非負関数 f が存在するときの f をいう．文章中の表現は，f の存在を仮定したときの帰結にすぎない．

後に指定するベクトルも，等差数列でなくても構わない．for 文を利用して，$S(N) = \sum_{n=1}^{N} \dfrac{1}{n^2}$ が N の増大にともなって $\dfrac{\pi^2}{6}$ に近づくことを確認してみよう（コード 11.2）[*3].

◀ コード 11.2　for 文の例 1：$\displaystyle\sum_{n=1}^{N} \dfrac{1}{n^2}$ の値 ▶

```
1   S <- rep(0, 50) # S(N)の値を格納するベクトル
2   S[1] <- 1 / 1^2 # S(1)の値
3   for(N in 2:50){
4    S[N] <- S[N-1] + 1 / N^2
5   }
6   plot(1:N, S, ylim=c(1,2), xlab="N", ylab="S(N)")
7   abline(h=pi^2/6, lty=2) # 確認のための補助線
```

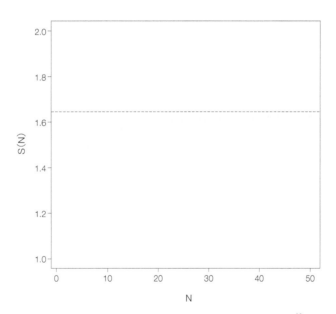

図 11.2　コード 11.2 の 6〜7 行目の出力．横軸は N，縦軸は $S(N) = \displaystyle\sum_{n=1}^{N} \dfrac{1}{n^2}$ を表す．

1, 2 行目のように，for 文の中で用いるオブジェクトは前もって定義しておく必要があることに注意し

[*3] $\zeta(s) = \displaystyle\sum_{n=1}^{\infty} \dfrac{1}{n^s}$ のことを，リーマンのゼータ関数という（ζ はゼータと読む）．$\zeta(2) = \dfrac{\pi^2}{6}$，$\zeta(4) = \dfrac{\pi^4}{90}$ などが成り立つことが証明されている．

よう．また，for 文の中に for 文を入れた二重の反復も可能である．このとき，各 for 文の反復に用いる変数の記号には，違うものを利用すべきことに注意しよう．例として，行列の積を計算する for 文をコード 11.3 で確認しよう[*4]．

◀ コード 11.3　for 文の例 2：二重の for 文（行列の積）▶

```
set.seed(1) # 乱数の初期値を指定
A <- matrix(rpois(n=12,lambda=6),  nrow=2, ncol=6) # 2行 6列の行列
B <- matrix(rpois(n=30,lambda=10), nrow=6, ncol=5) # 6行 5列の行列
C <- matrix(0, nrow=2, ncol=5)                     # すべての成分が 0の行列（for 文内で使う）
for(i in 1:2){                      # 1つ目のfor 文（開始）
 for(j in 1:5){                     # 2つ目のfor 文（開始）
   C[i,j] <- sum(A[i,] * B[,j])     # (i,j)成分の計算
 }                                  # 2つ目のfor 文（終了）
}                                   # 1つ目のfor 文（終了）
C         # 結果の出力
A %*% B # 行列の積の演算子により，計算結果を比較
```

2, 3 行目は，ポアソン分布に従う乱数に基づいて行列を生成している．10, 11 行目の出力が一致することは，自分で確認してほしい．ここまでの例のように，各 for がどこから始まりどこで終えるかが視覚的に判断できるように適切にインデント（文字の位置揃え）を整理するとよい．また，for 文を何重にも重ねると，計算に非常に多くの時間がかかる場合があるので注意してほしい．for 文は便利な処理であるが，いたずらな多用を避け，行列やベクトル計算による処理で済ませられる場合はそうしたほうが効率的な場合が多い．

　for 文による反復の中で，条件によって実行する内容を変えたい場合は，if 文と else 文を用いる．

```
if(論理判定){ 真の場合の処理 }else{ 偽の場合の処理 }
```

コード 11.4 は，等差数列 1, 2, 3, 4,... について，3 の倍数のみ (-10) 倍するための for 文である．

◀ コード 11.4　for 文の例 3：if 文による条件分岐 ▶

```
x <- 1:1000           # 初項 1, 項差 1の数列
for(i in x){          # for 文の開始
```

[*4] $p \times q$ 行列 $\boldsymbol{A} = (a_{ij})$ と $q \times r$ の行列 $\boldsymbol{B} = (b_{ij})$ の積を $\boldsymbol{C}$ とすると，$\boldsymbol{C}$ は $p \times r$ 行列で，その (k, ℓ) 成分 $c_{k\ell}$ は

$$c_{k\ell} = \sum_{m=1}^{q} a_{km}b_{m\ell}, \quad k = 1,\ldots,p; \; \ell = 1,\ldots,r$$

と表すことができる．

```
3   if(i %% 3 == 0){        # if 文の開始：i を 3 で割ったときの余りが 0 かどうかを判定
4    x[i] <- -10 * x[i]     # 真（余りが 0）ならば，3の倍数なので-10倍する
5   }                       # if 文の終了
6   else{                   # else 文の開始
7    x[i] <- x[i]             # 偽（余りが 0でない）ならば，そのまま
8   }                       # else 文の終了
9  }                        # if 文の終了
10 x                         # 結果の確認（自分で確認してみよう）
```

後のコード 11.10 のように，else 文は必ずしも必要ではない.

➤ 11.2 シミュレーションの例

擬似乱数の生成方法と for 文が理解できれば，シミュレーションの準備が整ったことになる. 本節では，統計学的に重要ないくつかの数学的事実を，シミュレーションを通じて感覚的に掴んでほしい.

◉ 11.2.1 大数の弱法則

最も基本的かつ重要な確率論の定理の 1 つとして，**大数の弱法則**（weak law of large numbers; WLLN）[5] がある. これは，大雑把にいうと「標本平均（平均値）は，標本サイズが大きくなるほど真の値に近い確率が高くなる」というものであり，数学的な命題として，つぎのように記述できる.

定理 11.1　大数の弱法則

同じ確率分布 F に従う，互いに独立な確率変数 $X_1, X_2, \ldots, X_n$ を考える. また，X_i の期待値 $\mu = \mathrm{E}[X_i]$ が存在すると仮定する（$i = 1, \ldots, n$）. このとき，標本平均 $\bar{X}_n = \dfrac{1}{n}\displaystyle\sum_{i=1}^{n} X_i$ について，つぎが成立する. 任意の $\varepsilon > 0$ に対し

$$\lim_{n \to \infty} \mathrm{P}\left[\left|\bar{X}_n - \mu\right| > \varepsilon\right] = 0. \tag{11.1}$$

これは，n が大きくなれば標本平均と母平均の差が ε より大きくなる確率が 0 に近づくことを意味する（確率収束という[6]）. 大数の弱法則は，推定量の一致性という性質と密接な関連がある. 一致性とは，大雑把にいうと「推定量 $\hat{\theta}$ の値は，標本サイズが大きくなるほど θ の真値 θ_0 に近い確率が高くなる」という性質である.

このことを，つぎの手順で確認してみよう.

---

[5] 単に**大数の法則**（law of large numbers; LLN）とよぶこともある.
[6] 確率収束を概収束という収束に置き換えた命題を，**大数の強法則**（strong law of large numbers）という. 詳細は清水（2019）を参照してほしい.

(LLN1) 平均 5, 分散 10 の正規分布に従う擬似乱数を 1000 個生成し, これ (の一部) を標本とする.

(LLN2) 標本サイズが n の場合の標本平均を求める.

(LLN3) 手順 (LLN2) を $n = 1, \ldots, 1000$ の場合についてすべて計算し, 横軸に n, 縦軸に標本平均を配した散布図を描く.

コード 11.5 は, $\theta_0 = 5$ (母平均) に対する標本平均 $\hat{\theta}$ について手順 (LLN1)〜(LLN3) を実現するための入力である.

コード 11.5 　大数の弱法則のシミュレーション (1)

```
set.seed(811)          # 乱数の初期値の設定
X <- rnorm(n=1000, mean=5, sd=sqrt(10))
means <- rep(0, 1000)  # 標本平均を格納するベクトル
for(n in 1:1000){      # for 文の開始
 x <- X[1:n]            # x をサイズ n の標本とみなす
 means[n] <- mean(x)    # 標本平均を求める
}                       # for 文の終了
plot(1:1000, means, type="l", xlab="n", ylab="Sample mean")
abline(h=5, lty=2)     # 母平均を確認するための補助線
```

図 11.3 (左) は, 8, 9 行目により得られる図である. この軌跡を見ると, 標本平均が n の増大に従って母平均 5 に近づいていることがわかる. しかし, これは「たまたま」そうなったのかもしれない. この疑いを払うために, 標本を複数個生成し, それぞれに対して軌跡を描いてみよう. コード 11.6 は, for 文を二重にして標本平均の軌跡を 30 個描くための入力である.

コード 11.6 　大数の弱法則のシミュレーション (2)

```
set.seed(811)          # 乱数の初期値の設定
plot(NULL, xlab="n", ylab="Sample mean", xlim=c(1,1000), ylim=c(2,8))
for(s in 1:30){        # 1つ目のfor 文 (開始)
 X <- rnorm(n=1000, mean=5, sd=sqrt(10))
 means <- rep(0, 1000) # 標本平均を格納するベクトル
 for(n in 1:1000){     # 2つ目のfor 文 (開始)
  x <- X[1:n]           # x をサイズ n の標本とみなす
  means[n] <- mean(x)   # 標本平均を求める
 }                      # 2つ目のfor 文 (終了)
 points(x=1:1000, y=means, type="l")
}                       # 1つ目のfor 文 (終了)
abline(h=5, lty=2)     # 母平均を確認するための補助線
```

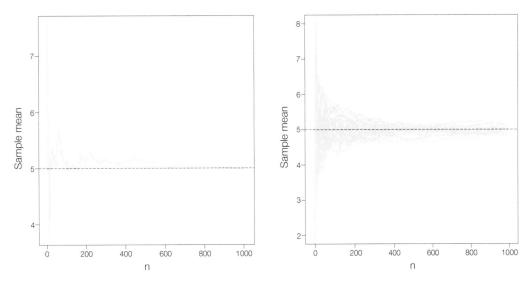

図 11.3　大数の弱法則のシミュレーション結果．左がコード 11.5 の結果，右がコード 11.6 の結果である．

図 11.3（右）から，データの変動によって近づき方に差はあるものの，おおむね標本平均 $\hat{\theta}$ は n の増大にともない母平均 $\theta^*(=5)$ に近づいていることがわかる．このように「たまたま」の結果なのかどうかを，大量の反復を通じて傾向を見い出せるのがシミュレーションの魅力である．繰り返しになるが，シミュレーションの結果からは数学的な証明のように絶対的な保証は得られないことには注意してほしい．

　また，定理にはその「仮定」が重要であることも理解してほしい．大数の弱法則の前提の 1 つに，確率変数 X_i の期待値 $\mathrm{E}[X_i]$ が存在するということがあった．正規分布は，期待値が存在する確率分布である．これを，期待値の存在しない確率分布に変更したら何が起こるだろうか．コード 11.7 は，手順 (LLN1) において，正規分布をコーシー分布に置き換えたシミュレーションの例である．コーシー分布は，期待値の存在しない（発散する）代表的な確率分布である[*7]．

コード 11.7　大数の弱法則のシミュレーション (3)：仮定をみたさない場合

```
set.seed(224)           # 乱数の初期値の設定
plot(NULL, xlab="n", ylab="Sample mean", xlim=c(1,1000), ylim=c(-20,20))
for(s in 1:30){         # 1つ目のfor文（開始）
 X <- rcauchy(n=1000, location=0, scale=1) # 標準コーシー分布に従う擬似乱数
 means <- rep(0, 1000)  # 標本平均を格納するベクトル
 for(n in 1:1000){      # 2つ目のfor文（開始）
  x <- X[1:n]           # x をサイズ n の標本とみなす
  means[n] <- mean(x)   # 標本平均を求める
```

[*7] コーシー分布の定義については宿久ら（2009）を参照してほしい．

```
 9       }                      # 2つ目のfor 文（終了）
10     points(x=1:1000, y=means, type="l")
11     }                        # 1つ目のfor 文（終了）
```

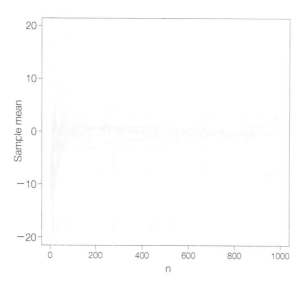

図 11.4　大数の弱法則のシミュレーション結果（コード 11.7 の出力）．コーシー分布の場合，標本平均は確率収束しない．

図 11.4 から，どの軌跡も途中で絶対値が跳ね上がり，n が増大しても特定の値に収束する様子が見えないことがわかるだろう．なんとなく 0 に収束しているように見えるかもしれないが，コード 11.7 の数値 1000 をすべて 10000 に置き換えより大きい標本サイズで確認してみるとよい．この場合でも図 11.4 に似た挙動になり，標本平均の収束が見られないことが理解できる．このように，数学的命題の前提となる仮定は重要である．仮定を正確に把握しておかないと，「いいたいこと」が成り立つ状況なのかどうかが判断できなくなるので，注意してほしい．

11.2.2　中心極限定理

中心極限定理（central limit theorem; CLT）も，大数の弱法則と同様に統計学で重要な役割を果たす定理である．中心極限定理は，最尤推定量が正規分布に近似的に従うこと（漸近正規性という）を保証するのに用いられる．この事実は，最尤推定量の信頼区間の構成や仮説検定に用いられており，頻度論に基づく統計学の根幹ということもできる．中心極限定理は，数学的な命題としてつぎのように記述できる．

定理 11.2　中心極限定理

同じ確率分布 F に従う，互いに独立な確率変数 $X_1, X_2, \ldots, X_n$ を考える．また，X_i の期待値 $\mu = \mathrm{E}[X_i]$ と分散 $\sigma^2 = \mathrm{V}[X_i]$ が存在すると仮定する（$i = 1, \ldots, n$）．このとき，標本平均 $\bar{X}_n = \dfrac{1}{n} \displaystyle\sum_{i=1}^{n} X_i$ について，つぎが成立する．任意の $x \in \mathbb{R}$ に対し

$$\lim_{n \to \infty} \mathrm{P}\left[\frac{\sqrt{n}(\bar{X}_n - \mu)}{\sigma} \leq x \right] = \int_{-\infty}^{x} \frac{1}{\sqrt{2\pi}} \exp\left(-\frac{t^2}{2} \right) dt. \tag{11.2}$$

式 (11.2) の右辺は，標準正規分布 $N(0, 1)$ の確率分布関数である．

これは，標本サイズ n が大きくなれば標本平均を $\sqrt{n}$ 倍した量が正規分布に従う確率変数のふるまいに似てくることを意味する（これも一種の収束であり，弱収束[*8] という）．このことを，分布 F を指数分布としたシミュレーションにより確認してみよう．具体的な手順は，つぎの通りである．

(CLT1)　平均 5 の指数分布に従う擬似乱数を n 個生成し，これを標本とする．
(CLT2)　標本サイズが $n = 10, 20, 100, 500$ の場合の標本平均 $\bar{X}_n$ を，それぞれ 10000 個ずつ求める．
(CLT3)　手順 (CLT2) のすべての場合について $\dfrac{\sqrt{n}(\bar{X}_n - \mu)}{\sigma}$ のヒストグラムを描く．

平均 5 の指数分布は，引数 rate を rate=1/5 と指定することにより実現できる．このとき，指数分布の性質から分散は 平均^2 = 25 となる[*9]．コード 11.8 は，真値 $\theta_0 = 5$（母平均）に対する標本平均 $\hat{\theta}$ について手順 (CLT1)〜(CLT3) を実現するための入力である．

◆ コード 11.8　中心極限定理のシミュレーション ▶

```
set.seed(1007)                                    # 乱数の初期値の設定
means.mat <- matrix(0, nrow=10000, ncol=4)        # 標本平均を格納する行列
n.vec <- c(10, 20, 50, 100)                       # 標本サイズのベクトル
for(n in 1:4){                                    # 1つ目のfor文（開始）
 for(i in 1:10000){                               # 2つ目のfor文（開始）
  X <- rexp(n=n.vec[n], rate=1/5)                 # 指数分布に従う擬似乱数
  means.mat[i,n] <- mean(X)                       # 標本平均を求める
 }                                                # 2つ目のfor文（終了）
}                                                 # 1つ目のfor文（終了）
# 標準化された標本平均を計算
std.mean010 <- sqrt(10)  * (means.mat[,1] - 5) / sqrt(25)
std.mean020 <- sqrt(20)  * (means.mat[,2] - 5) / sqrt(25)
std.mean050 <- sqrt(50)  * (means.mat[,3] - 5) / sqrt(25)
```

[*8] 弱収束の詳細は清水（2019）を参照してほしい．また，弱収束を分布収束や法則収束とよぶこともある．
[*9] 指数分布の定義と性質は宿久ら（2009）を参照してほしい．

```
14  std.mean100 <- sqrt(100) * (means.mat[,4] - 5) / sqrt(25)
15  # ヒストグラムの描画
16  par(mfrow=c(2, 2))                              # 描画領域の分割
17  hist(std.mean010)
18  hist(std.mean020)
19  hist(std.mean050)
20  hist(std.mean100)
21  par(mfrow=c(1, 1))
```

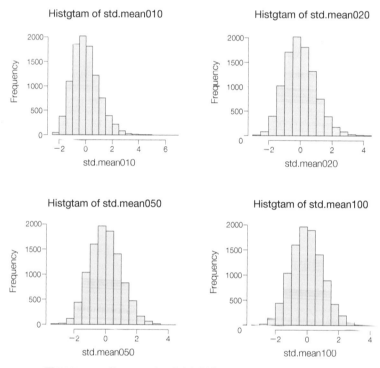

図 11.5　コード 11.8 による中心極限定理のシミュレーション結果.

図 11.5 は，17〜20 行目により得られるヒストグラムである．標本サイズが大きくなるにしたがって，$\dfrac{\sqrt{n}(\bar{X}_n - \mu)}{\sigma}$ のヒストグラムが対称になっていくことがわかる．これが，中心極限定理によって $\dfrac{\sqrt{n}(\bar{X}_n - \mu)}{\sigma}$ が標準正規分布に近づいていることを示唆する．実際，つぎのように e1071 パッケージの skewness 関数と kurtosis 関数を用いて歪度と尖度（2.4.2 節）も 0 に近づいていくことが確認できる（正規分布の歪度・尖度は，ともに 0 である）．

```
> c(skewness(std.mean010), kurtosis(std.mean010)) # 歪度と尖度（n=10 のとき）
[1] 0.7044618 0.9195105
> c(skewness(std.mean020), kurtosis(std.mean020)) # 歪度と尖度（n=20 のとき）
[1] 0.4573976 0.3062801
> c(skewness(std.mean050), kurtosis(std.mean050)) # 歪度と尖度（n=50 のとき）
[1] 0.25729464 0.06175774
> c(skewness(std.mean100), kurtosis(std.mean100)) # 歪度と尖度（n=100 のとき）
[1] 0.21244386 0.05470875
```

11.2.3　区間推定：偏回帰係数の信頼区間

　本節と次節で，4.1.1 節で述べた正規線形回帰モデルの偏回帰係数に対する推測について取り上げよう．まずは，区間推定である．目標は，偏回帰係数の 95% 信頼区間の意味について理解することである．正規線形回帰モデル (4.1) に従う乱数を生成するには，パラメータの値を決め，モデル式の右辺の説明変数 x_i と誤差項 ε_i を生成する必要がある．これにより，被説明変数 y_i を生成できる．本節では，説明変数の数を 2 個（$p=2$）とし，パラメータの真値を $(\beta_0, \beta_1, \beta_2, \sigma^2) = (1, 2, -0.5, 5)$ と設定してデータを生成してみよう．

```
> set.seed(1)
> n   <- 100
> beta <- c(1, 2, -0.5)                    # 偏回帰係数ベクトル
> x1 <- runif(n=n, min=-3, max=3)          # 説明変数 1
> x2 <- runif(n=n, min=-3, max=3)          # 説明変数 2
> error <- rnorm(n=n, sd=sqrt(5))          # 正規分布に従う誤差項
> y <-  beta[1] + beta[2] * x1 + beta[3] * x2 + error # 被説明変数
> pairs(data.frame(y, x1, x2))             # 散布図行列による図示
```

（正規）線形回帰モデルでは，説明変数は確率変数ではなく定数として取り扱う．したがって，シミュレーションにおいて説明変数をどのように定めるかはモデルから決めることができない．逆にいうと，どんな確率分布から説明変数を発生させても問題ない．したがって，今回は説明変数を $[-3, 3]$ 上の一様分布を runif 関数により生成した[*10]．このとき，β_1（上の入力では beta[2]）に対する推定値の 95% 信頼区間はつぎのように得られる．

```
> confint(lm(y ~ x1 + x2))[2,] # x1 の偏回帰係数に対する信頼区間
   2.5 %    97.5 %
1.705358 2.243016
```

[*10] 一様分布の定義については宿久ら（2009）を参照してほしい．

大前提として，この信頼区間 $[1.705, 2.243]$ は「真値が 95％の確率で含まれる区間」ではないことに注意をしよう．

それでは，95％信頼区間は一体何を意味するのだろうか．この問いに答えるために，つぎの手順によって M 個の信頼区間を構成してみよう．

(CI1) 説明変数と誤差項を 100 セット生成する．

(CI2) 偏回帰係数の真値と手順 (CI1) で生成した説明変数と誤差項から，被説明変数を生成する．

(CI3) 手順 (CI1) と (CI2) を合わせて標本サイズが 100 のデータとし，重回帰モデルのあてはめを行う．

(CI4) 偏回帰係数 β_1 の 95％信頼区間を求める．

(CI5) 手順 (CI1)〜(CI4) を繰り返して得られた M 個の信頼区間のうち，真値 $\beta_1 = 2$ を含む信頼区間の割合を求める．

コード 11.9 は，$M = 100$ として手順 (CI1)〜(CI5) を実現する入力である．

◀ コード 11.9　偏回帰係数 β_1 の信頼区間のシミュレーション ▶

```r
M    <- 100
n    <- 100
beta <- c(1, 2, -0.5)           # 真の偏回帰係数
ci.lower <- ci.upper <- rep(0, M)
plot(NULL, xlab="m", ylab="Confidence interval", xlim=c(1,M), ylim=c(1,3))
set.seed(1)                     # 乱数の初期値の設定
for(m in 1:M){                  # for 文の開始
 x1 <- runif(n=n, min=-3, max=3)                              # 説明変数 1
 x2 <- runif(n=n, min= 3, max=3)                              # 説明変数 2
 y  <-  beta[1] + beta[2] * x1 + beta[3] * x2 + rnorm(n=n, sd=sqrt(5)) # 被説明変数
 reg <- lm(y ~ x1 + x2)
 ci.beta1 <- confint(reg)[2,]          # 95%信頼区間
 ci.lower[m] <- ci.beta1[1]            # 信頼下限
 ci.upper[m] <- ci.beta1[2]            # 信頼上限
 if(ci.lower[m]>2 | ci.upper[m]<2){ # if 文の開始：信頼区間が真値を含まないかどうかを判定
  points(x=c(m,m), y=ci.beta1, pch=15, cex=0.5, col=2)
  segments(x0=m, y0=ci.lower[m], x1=m, y1=ci.upper[m], col=2)
 }                               # if 文の終了
 else{                           # else 文の開始
  points(x=c(m,m), y=ci.beta1, pch=15, cex=0.5, col=1)
  segments(x0=m, y0=ci.lower[m], x1=m, y1=ci.upper[m], col=1)
 }                               # else 文の終了
}                               # for 文の終了
```

```
24    abline(h=2,lty=2)              # 真値を確認するための補助線
```

図 11.6 は，コード 11.9 により得られる．図中では，真値 $\beta_1 = 2$ が信頼区間に含まれない信頼区間を赤色で表示している．100 個中 97 個，すなわち 95% に近い割合で信頼区間が真値を含んでいるように思われる．このことをより精密に確認するため，$M = 10000$ と回数を増やしてみよう．コード 11.10 は，図示はせずに信頼区間が真値を含む回数を数え上げるための for 文である．

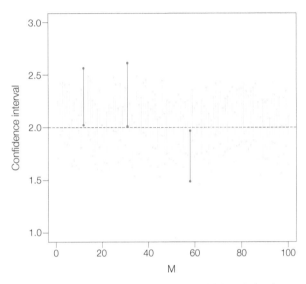

図 11.6　β_1 に対する信頼区間のシミュレーション結果（コード 11.9 の出力）．真値を含まない信頼区間は赤色で示した．

◀ コード 11.10　偏回帰係数 β_1 の信頼区間のシミュレーション（真値を含む割合）▶

```
1    M    <- 10000
2    n    <- 100
3    beta <- c(1, 2, -0.5)          # 真の偏回帰係数
4    hantei <- ci.lower <- ci.upper <- rep(0, M)
5    set.seed(2020)                 # 乱数の初期値の設定
6    for(m in 1:M){                 # for 文の開始
7      x1 <- runif(n=n, min=-3, max=3)                        # 説明変数 1
8      x2 <- runif(n=n, min=-3, max=3)                        # 説明変数 2
9      y  <- beta[1] + beta[2] * x1 + beta[3] * x2 + rnorm(n=n, sd=sqrt(5)) # 被説明変数
10     reg <- lm(y ~ x1 + x2)
11     ci.beta1 <- confint(reg)[2,]    # 95%信頼区間
12     ci.lower[m] <- ci.beta1[1]      # 信頼下限
13     ci.upper[m] <- ci.beta1[2]      # 信頼上限
```

```
14    if(ci.lower[m]<2 & ci.upper[m]>2){ # if 文の開始：信頼区間が真値を含まないかどうかを判定
15      hantei[m] <- 1
16    }                                    # if 文の終了（else 文はなし）
17  }                                      # for 文の終了
```

4行目では，3つのオブジェクト（ベクトル）を同時に生成している．コード11.10のベクトルhantei は，信頼区間が真値を含むかどうかを判定する10000次元のベクトルである（含まれていれば1，含まれていなければ0）．また，この割合はつぎのようにして出力できる．

```
> mean(hantei)
[1] 0.9557
```

やはり，95%に近い割合で信頼区間が真値を含むことがわかった．このように，信頼区間の信頼水準（この場合は95%）はただ1つの信頼区間に関するものではなく，「（同じ母集団からの）異なる標本が多数ある場合に，それらの95%が真値を含む」ことを意味する．

11.2.4　仮説検定：偏回帰係数に対する仮説検定

続いて，11.2.3節と同じ線形回帰モデルに対して，β_1 に対する仮説検定を考えてみよう．ここでは，つぎの2つの仮説を設定する．

H_0（帰無仮説）：$\beta_1 = 0$.
H_1（対立仮説）：$\beta_1 \neq 0$（H_0 の否定）．

仮説検定では，帰無仮説が真であるという仮定のもとで推論するので，パラメータの真値ベクトルを

$$(\beta_0, \beta_1, \beta_2, \sigma^2) = (1, 0, -0.5, 5)$$

と（β_1 の値のみ）設定し直してデータを生成する．このとき，有意水準5%でこの仮説検定を10000回繰り返してみよう．手順は，つぎの通りである．

(HT1)　前節の手順（CI1）と（CI2）と同じように，説明変数と被説明変数を生成しデータとする．
(HT2)　重回帰モデルのあてはめを行い，β_1 の推定値に関する p 値を調べる．
(HT3)　手順(HT1)と(HT2)を10000回繰り返し，p 値が0.05を下回れば帰無仮説を棄却し（reject），そうでなければ棄却しない（not reject）という結論を与える．
(HT4)　M 個の p 値のうち，帰無仮説を棄却した割合を求める．

いま，$\beta_1 = 0$ を真値として与えている．すなわち，帰無仮説 H_0 を棄却するということは「真実とは異なる，誤った結論を下す」ということである．コード11.11を入力し，誤った結論を下す割合を求めてみよう．

◀ **コード 11.11　偏回帰係数 β_1 に対する仮説検定のシミュレーション（帰無仮説： $\beta_1 = 0$）** ▶

```
set.seed(1)                        # 乱数の初期値の設定
n     <- 100
beta <- c(1, 0, -0.5)              # x1 の偏回帰係数の真値が 0（帰無仮説が真）
M     <- 10000
pvalue <- rep(0, M)
for(m in 1:M){                     # for 文の開始
 x1 <- runif(n=n, min=-3, max=3)                           # 説明変数 1
 x2 <- runif(n=n, min=-3, max=3)                           # 説明変数 2
 y  <-  beta[1] + beta[2] * x1 + beta[3] * x2 + rnorm(n=n, sd=sqrt(5)) # 被説明変数
 reg <- lm(y ~ x1 + x2)
 pvalue[m] <- summary(reg)$coef[2,4]    # p 値をベクトル pvalue に格納
 }                                 # for 文の終了
test.kekka <- ifelse(pvalue<0.05, "reject", "not.reject")
```

13 行目では，ベクトル pvalue の各成分に対し，格納された p 値が 0.05 未満（帰無仮説を棄却）ならば reject，0.05 以上ならば not.reject となるような文字列ベクトル test.kekka を生成している．この結果をまとめると，つぎのようになる．

```
> prop.table(table(test.kekka))
test.kekka
not.reject    reject
    0.9482    0.0518
```

すなわち，有意水準 5% とは「（同じ母集団からの）異なる標本が多数あり，かつ帰無仮説が真である場合に，誤った結論を下してしまう確率が 5% である」ことを意味する．帰無仮説が真の場合に，これを誤って棄却してしまう確率を**第 1 種の過誤確率**（type I error rate）という．仮説検定は，第 1 種の過誤確率を有意水準の値（今回は 5%）に維持するように計算された推論規則である．統計学の出発点は，標本（データ）からより多くの（ある意味で無限の）情報をもつ母集団に対する推測を行うことであった．それゆえ，結論を誤らないような推論規則を作ることは不可能である．したがって，誤った結論を導く可能性は許容せざるを得ない．その代わりに，誤る確率を大きくない値に制御したい．これを可能にする仕組みが，仮説検定である．

つぎに，2 つの説明変数の偏回帰係数がともに 0 である

$$(\beta_0, \beta_1, \beta_2, \sigma^2) = (1, 0, 0, 4)$$

という状況を考えてみよう．そして，このときの帰無仮説として

H'_0 （帰無仮説）：$\beta_1 = \beta_2 = 0$（$\beta_1 = 0$ かつ $\beta_2 = 0$）.

H'_1 （対立仮説）：$\beta_1 \neq 0$ または $\beta_2 \neq 0$（H'_0 の否定）.

を考えてみよう．このときのシミュレーションは，コード 11.12 のようになる．

◀ コード 11.12　偏回帰係数に対する仮説検定のシミュレーション（帰無仮説：$\beta_1 = \beta_2 = 0$）▶

```
set.seed(811)                        # 乱数の初期値の設定
n    <- 100
beta <- c(1, 0, 0)                   # x1 と x2 の偏回帰係数の真値が 0 （帰無仮説が真）
M    <- 10000
pvalue1 <- pvalue2 <- rep(0, M)
for(m in 1:M){                       # for 文の開始
 x1 <- runif(n=n, min=-3, max=3)                                 # 説明変数 1
 x2 <- runif(n=n, min=-3, max=3)                                 # 説明変数 2
 y  <- beta[1] + beta[2] * x1 + beta[3] * x2 + rnorm(n=n, sd=sqrt(5)) # 被説明変数
 reg <- lm(y ~ x1 + x2)
 pvalue1[m] <- summary(reg)$coef[2,4]   # x1 の偏回帰係数に対する p 値
 pvalue2[m] <- summary(reg)$coef[3,4]   # x2 の偏回帰係数に対する p 値
}                                    # for 文の終了
```

シミュレーションの結果を出力すると，つぎのようになる．

```
> test.kekka1 <- ifelse(pvalue1<0.05, "reject", "not reject")
> prop.table(table(test.kekka1))
test.kekka1
not reject     reject
    0.9496     0.0504
> test.kekka2 <- ifelse(pvalue2<0.05, "reject", "not reject")
> prop.table(table(test.kekka2))
test.kekka2
not reject     reject
    0.9525     0.0475
```

β_1 に対する検定と，β_2 に対する検定はそれぞれ正しく有意水準 5% で機能している．

一方，今回考える対立仮説 H'_1 は「β_1 は 0 でない，または β_2 は 0 でない」である．したがって，$\beta_1 = 0$ と $\beta_2 = 0$ のいずれか片方が棄却されるときは帰無仮説 $\beta_1 = \beta_2 = 0$ を棄却していることになる．すなわち，帰無仮説 H'_0 が棄却された割合はつぎのように計算することになる．

```
> test.kekka <- ifelse(pvalue1<0.05 | pvalue2<0.05, "reject", "not reject")
> prop.table(table(test.kekka)) # 帰無仮説を棄却したかどうかの割合を出力
test.kekka
not reject     reject
    0.9052     0.0948
```

帰無仮説が真であるときに誤った結論を下す割合が，10%近くになってしまった．もともとは，誤る確率が5%になるよう設計しているのであるから，これは間違えすぎである．このように，複数のこと（今回の場合は，β_1 と β_2 について）にかかわる仮説の検定を，個別の仮説検定の繰り返しで行うことは第 1 種の過誤確率を増大させてしまうという問題がある．この問題を検定の**多重性**（multiplicity）といい，現在でも研究が盛んな分野である[*11]．

11.2.5　標本サイズの決定：2 つの平均の差に対する仮説検定を例として

2 つの異なる母集団に差があるかどうかを調べたい．例えば，ある学校 A と B における学生の平均身長の差などである．データはまだないため，標本を採取する必要がある．しかし，標本サイズをどのように定めればよいだろうか．標本サイズが小さすぎると，標本平均の差が偶然の変動によるものなのか，本当に差があるから差が出たのかの区別がつきづらい．とはいえ，標本サイズを大きくしすぎると，データ採取のコストが莫大になる．

このような標本サイズを決定する問題は，さまざまな場面で生じる．例えば，医薬品の**臨床試験**（clinical trials）を実施する場合である．臨床試験は，新薬とその比較対象（既存薬，標準治療またはプラセボなど）の改善度や奏効率[*12] を比較し，統計学的に十分な差があるかどうかを検討するための「ヒトを対象とした実験的研究」である．

この問題を数理的な問題に落とし込むには，仮説検定の枠組みが有効である．標本を通じて，新薬を投与する集団（試験群）の母平均と，比較対象を投与する集団（対照群）の母平均に差があるかどうかを調べればよい．試験群の母平均を μ_X，対照群の母平均を μ_Y とすると，帰無仮説はつぎのようになる．

$$\mathrm{H}_0 \text{（帰無仮説）}: \mu_X = \mu_Y.$$
$$\mathrm{H}_1 \text{（対立仮説）}: \mu_X \neq \mu_Y.$$

仮説検定を考える以上，結論を誤る可能性がある．統計学的にできることは，その確率の制御である．ただし，つぎの 2 つの確率を考慮しなければならないことに注意しよう．

(1) 帰無仮説が真であるのに，誤って帰無仮説を棄却する確率 α（第 1 種の過誤確率）．
(2) 対立仮説が真であるのに，誤って帰無仮説を棄却しない確率 β（第 2 種の過誤確率）．

[*11] 検定の多重性を回避する方法については，本書の範囲を超えるので述べない．詳細は永田・吉田（1997）や坂巻ら（2019）を参照してほしい．

[*12] 薬品や治療の効果があったと判断された割合．

我々は帰無仮説と対立仮説のどちらが真実であるのかを，事前に知ることができない．知っていたら，そもそも仮説検定は必要ない．それゆえ，両方の場合について備えておきたい．しかし，一方の過誤確率をより小さくするように判断基準を定めると，他方の過誤確率が増大するというトレードオフの問題がある[*13]．これを解決するための方法は，標本サイズを大きくすることである．

　仮説検定に基づく標本サイズは，つぎの方針に基づいて決定する．

> あらかじめ定めた第1種の過誤確率 α のもとで，第2種の過誤確率 β が目標値を下回るのに必要な最小の標本サイズを求めること．

　第1種の過誤確率 α をある値（例えば5%）に固定することは，仮説検定の枠組みで実現できる．α を固定したまま標本サイズを増やし，第2種の過誤確率 β を目標値（通常20%や10%）を下回るように標本サイズを定める．標本サイズが大きくなるほど第2種の過誤確率は小さくなるので，条件をみたす標本サイズの中で一番小さいものが効率的で望ましいという考え方である．

　具体的な問題設定を考えよう．2群の観測値が，それぞれつぎのような正規分布から得られていると仮定する．

$$\text{試験群：} X_1, X_2, \ldots, X_n \overset{\text{i.i.d.}}{\sim} N(\mu_X, \sigma^2),$$
$$\text{対照群：} Y_1, Y_2, \ldots, Y_m \overset{\text{i.i.d.}}{\sim} N(\mu_Y, \sigma^2).$$

また，X_i と Y_j は互いに独立であり（$i=1,\ldots,n; j=1,\ldots,m$）かつ $\mu_X - \mu_Y \neq 0$ を仮定する（対立仮説が真である状況）．両群で，従う正規分布の分散 σ^2 が等しいことにも注意しよう．さらに $n=m$ である場合，各群の標本サイズはつぎのように得られることがわかっている[*14]．

$$\frac{2(z_{\alpha/2} + z_\beta)^2 \sigma^2}{(\mu_X - \mu_Y)^2} + \frac{z_{\alpha/2}^2}{4} \quad \text{より大きい最小の整数．} \tag{11.3}$$

ここで，$z_{\alpha/2}$ と z_β はそれぞれ標準正規分布の $(1-\alpha/2)$ 分位点と $(1-\beta)$ 分位点である．
　例として，つぎのような状況 ($\star$) を想定しよう．

- 試験群の母平均 $\mu_X = 170$，対照群の母平均 $\mu_Y = 168$.
- 母分散（両群で共通）$\sigma^2 = 18$.
- 対立仮説は両側仮説（$\mu_X \neq \mu_Y$）である．
- 第1種の過誤確率を5%，第2種の過誤確率を20%に設定する．

このときの標本サイズは，コード11.13のように求められる．

[*13] 詳細は永田（2003）を参照してほしい．
[*14] 詳細は永田（2003）を参照してほしい．

◀ コード 11.13　標本サイズの計算（シミュレーションではない）▶

```
1   muX      <- 170
2   muY      <- 168
3   sigma    <- sqrt(18)
4   z.alpha  <- qnorm(1 - 0.05 / 2) # 標準正規分布の分位点
5   z.beta   <- qnorm(1 - 0.20)     # 標準正規分布の分位点
6   bunsi    <- 2 * (z.alpha + z.beta)^2 * sigma^2
7   bunbo    <- (muX - muY)^2
8   bunsi / bunbo + z.alpha^2 / 4   # 各群の標本サイズ
```

8 行目が式 (11.3) に相当する.

```
> bunsi / bunbo + z.alpha^2 / 4   # 各群の標本サイズ
[1] 71.60028
```

71.60 を上回る最小の整数は 72 であるから，各群の $n = m = 72$ が最適な標本サイズとなる．では，式 (11.3) が正しく 2 つの過誤確率を制御できているのか，シミュレーションによって検証してみよう．検討する合計標本サイズの候補を $n_1 < n_2 < \cdots < n_L$ とし，$\ell = 1, \ldots, L$ についてつぎの手順を繰り返す.

(SS1) 正規分布に従う擬似乱数を，各群についてそれぞれ n_ℓ 個生成し標本とする.
(SS2) 手順 (SS1) で生成した 2 標本について **t 検定**（t-test）を実行し，p 値を求める.
(SS3) 手順 (SS1)，(SS2) を 10000 回繰り返し，p 値が 0.05 を下回った（帰無仮説を棄却した）割合を記録する.

手順 (SS3) で求めた割合が，標本サイズ n_ℓ における第 2 種の過誤確率の推定値である．t 検定は，正規分布に従う 2 つの集団の母平均に関する検定の名称である[15]．R では，t.test 関数を用いて簡単に t 検定を実行できる.

```
t.test(x, y, alternative)
```

引数 x と y には，各群の観測値ベクトルを指定する．引数 alternative には，対立仮説の形式を指定する．指定可能なのは，"two.sided"（両側仮説），"greater"（片側仮説 $\mu_X > \mu_Y$），"less"（片側仮説 $\mu_X < \mu_Y$）のいずれかである．また，デフォルトは alternative="two.sided" である．コード 11.14 は，t.test 関数を用いて手順 (SS1)～(SS3) を実現する入力である.

---

[15] 詳細は松井・小泉（2019）を参照してほしい.

コード 11.14　標本サイズと第 2 種の過誤確率の関係のシミュレーション

```
 1  n.vec <- seq(from=63, to=83, by=1)        # 63から 83までの，項差 1のベクトル
 2  L     <- length(n.vec)                     # n.vec の長さ
 3  M     <- 10000
 4  muX   <- 170
 5  muY   <- 168
 6  sigma <- sqrt(18)
 7  pvalue.mat <- matrix(0, nrow=M, ncol=L)    # 検定結果を格納する行列
 8  set.seed(811) # 乱数の初期値の設定
 9  for(s in 1:L){                             # 1つ目のfor 文（開始）
10    for(t in 1:M){                           # 2つ目のfor 文（開始）
11     X <- rnorm(n=n.vec[s], mean=muX, sd=sigma)    # 試験群の標本
12     Y <- rnorm(n=n.vec[s], mean=muY, sd=sigma)    # 対照群の標本
13     pvalue.mat[t,s] <- t.test(x=X, y=Y, alternative="two.sided")$p.value
14    }                                        # 2つ目のfor 文（終了）
15  }                                          # 1つ目のfor 文（終了）
16  not.rejectH0 <- ifelse(pvalue.mat>=0.05, 1, 0)  # H0 を棄却しなかったら 1
17  prop.rejectH0 <- colMeans(not.rejectH0)    # H0 を棄却しなかった割合
18  plot(n.vec, prop.rejectH0, type="b", xlab="Sample size", ylab="Type II error")
19  abline(h=0.20, lty=2)                      # 第 2種の過誤確率の目標値を描画
```

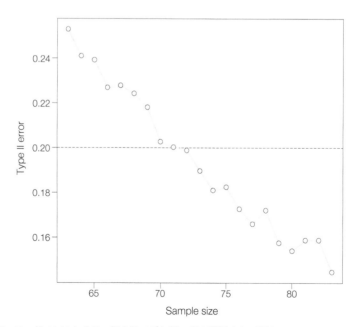

図 11.7　コード 11.14 による，標本サイズと第 2 種の過誤確率の関係のシミュレーション結果.

図 11.7 は，18, 19 行目により得られる．標本サイズを 63 から大きくしていくと，72 のとき初めて第 2 種の過誤が目標値の 20% を下回った．これにより，式 (11.3) の妥当性が確認できた．

　今回の例は，理論的な結果が先にあり，シミュレーションで正しく機能していることを確認するものであった．しかし，扱う現象や研究のデザインが複雑になる（正規分布に従わない，仮説検定を複数回行う場合など）と理論的に標本サイズを与えるのが難しい場合も多い．したがって，現代的な臨床試験のデザインにおいてはシミュレーションに基づいて標本サイズを検討することもある．

11.2.6　ブートストラップ法

　最後に，ブートストラップ法のシミュレーションを考えよう．式 (10.5) のバイアスを修正した推定値について，パラメータ θ を母分散 σ^2 として考えたい．すなわち，つぎの通りである．

$$\tilde{\sigma}^2 = 2\hat{\sigma}^2 - \frac{1}{B}\sum_{b=1}^{B}(\hat{\sigma}^2)^{(b)} \tag{11.4}$$

ここで，$\hat{\sigma}^2$ を（不偏分散ではなく）標本分散，$(\hat{\sigma}^2)^{(b)}$ を第 b ブートストラップ標本の標本分散とする．コード 11.1 で確認した通り，不偏分散を用いれば，当然「偏りのない（バイアス修正の必要がない）」推定が可能である．しかし，ここではあくまで実験として不偏分散を知らず，標本分散しか知らないという前提でシミュレーションを実行してみよう．母分散（真値）を $\sigma^2 = 100$ とするとき，手順はつぎの通りである．

(BV1) 平均 0，分散 100 の正規分布に従う擬似乱数を 50 個生成し，これらの標本分散を求める．

(BV2) 手順 (BV1) の標本からブートストラップ標本を B 個生成し，それぞれの標本分散を求める．また，バイアスを修正したブートストラップ推定値（式 (11.4)）を求める．

(BV3) 手順 (BV1)〜(BV2) を M 回繰り返し，標本分散とブートストラップ推定値を比較する．

上の手順では，平均の真値（母平均）を 0 としているが，別の値を指定しても問題はない．ブートストラップ標本を生成するには，sample 関数が便利である．sample 関数は，指定したベクトルのランダムな抽出を行う関数である．

```
sample(x, size, replace)
```

引数 x には，変数のベクトルを指定する．引数 size には，引数 x から抽出する成分の個数を指定する（デフォルト値は x の長さ）．引数 replace には，復元抽出を行うか非復元抽出を行うかを，それぞれ TRUE/FALSE によって指定する．ブートストラップ標本は，標本からの復元無作為抽出により生成するものなので replace=TRUE と指定する．

　コード 11.15 を入力し，実行してみよう．これは $MB = 10^6$ 回の計算を反復するので，終了までにやや時間がかかることに注意しよう．

◀ **コード 11.15　ブートストラップ法のシミュレーション：標本分散のバイアス修正** ▶

```
M <- 1000
B <- 1000
svar <- var.corrected <- rep(0, M)
set.seed(224)                           # 乱数の初期値の設定
for(s in 1:M){                          # 1つ目のfor 文（開始）
 X <- rnorm(50, sd=10)                    # 標本の生成
 svar[s] <- mean((X - mean(X))^2)         # 標本分散の計算
 svar.boot <- rep(0, B)
 for(t in 1:B){                         # 2つ目のfor 文（開始）
  boot.id <- sample(x=1:50, replace=TRUE)   # 復元無作為抽出した個体の番号
  Xb <- X[boot.id]                        # ブートストラップ標本
  svar.boot[t] <- mean((Xb - mean(Xb))^2)  # ブートストラップ標本の標本分散
 }                                      # 2つ目のfor 文（終了）
 var.corrected[s] <- 2 * svar[s] - mean(svar.boot)
}                                       # 1つ目のfor 文（終了）
mean(svar)                              # 標本分散の平均値
mean(var.corrected)                     # バイアスを修正した推定値の平均値
```

　標本分散とバイアスを修正した（分散の）ブートストラップ推定値を比較すると，後者が真値の100に近いことがわかる．

```
> mean(svar)                           # 標本分散の平均値
[1] 98.79476
> mean(var.corrected)                  # バイアスを修正した推定値の平均値
[1] 100.7557
```

このように，ブートストラップ法が推定値のバイアスを容易に修正できることが，シミュレーションにより確認できた．これは，ブートストラップ法に基づく信頼区間や仮説検定でも同様である．ただし，ブートストラップ法のシミュレーションは，標本の生成回数 M とブートストラップ標本の生成回数 B の両方を大きくすると計算回数が膨大になるので注意しよう．例えば，コード 11.15 の M と B の値を 10 倍にしてみるとよい．変更前に比べ，計算時間が約 100 倍になるだろう．

➤ 第 11 章　練習問題

11.1 フィボナッチ数列 $a_{n+2} = a_{n+1} + a_n$（$n > 1,\ a_1 = a_2 = 1$）について，$n > 2$ の自然数について a_n を計算する関数を作成せよ．また，その関数を用いて a_{20} の値を求めよ．

11.2 $X_1, \ldots, X_n$ は，互いに独立な確率変数で，$X_i = 1$ となる確率が p，$X_i = 0$ となる確率が $1 - p$ であるとする[*16]（$p \in (0, 1),\ i = 1, \ldots, n$）．このとき，和 $\sum_{i=1}^n X_n$ は二項分布とよばれる確率分布に従うが，中心極限定理を利用して正規分布で近似することもできる[*17]．$p = 0.5$ とし，このことをシミュレーションにより確認したい．

(1) $n = 10$ のとき，$X_1, \ldots, X_n$ に相当する擬似乱数は，rbinom 関数を用いてつぎのように生成できる．

```
> rbinom(n=10, size=1, prob=0.5) # n=10, p=0.5 の場合
```

for 文を用いて，10 個のベルヌーイ分布に従う擬似乱数の和（$S_n = \sum_{i=1}^n X_i$ に相当する）を 10000 個生成せよ．

(2) (1) で生成した 10000 個の和 S_n について，$m = 5 \left(= \dfrac{1}{2} n \right)$ として「和が m 以下となる個数の割合」を求めよ．

(3) (2) で求めた割合が，パラメータ $(n, p) = (10, 0.5)$ をもつ二項分布の確率分布関数 $F_{\text{bin}}(m)$ に近いことを確認せよ．二項分布の確率関数は pbinom 関数であり，つぎのように求められる[*18]．

```
 > pbinom(q=5, size=10, prob=0.5) # 引数 q と size には，それぞれ m と n の値を指定する
[1] 0.6230469
```

(4) 中心極限定理より，$\dfrac{\sqrt{n}(S_n/n - 0.5)}{\sqrt{0.5^2}}$ は近似的に標準正規分布 $N(0, 1)$ に従うことがわかっている．式を変形させると，S_n は近似的に正規分布 $N(0.5n, 0.5^2 n)$ に従うことがわかる．このことを利用して，正規分布に基づいて「$S_n \leq m$ となる確率」を求めると

```
> pnorm(q=5, mean=0.5 * 10, sd=sqrt(0.5^2 * 10))  # 引数 q には m の値を指定する
[1] 0.5
```

となり，(2) で求めた割合と乖離（かいり）があることがわかる．しかし，この乖離は標本サイズ n が

[*16] このような確率分布を，パラメータ p のベルヌーイ分布という．

[*17] 二項分布の正規近似という．

[*18] 確率変数 Y がパラメータ (n, p) の二項分布に従うとき，Y の確率関数は $\mathrm{P}[Y = y] = {}_n C_p p^y (1-p)^{n-y}$ と表すことができる（$y = 0, 1, 2, \ldots, n$）．すなわち，確率分布関数は $F_{\text{bin}}(m) = \sum_{y=0}^m \mathrm{P}[Y = y]$ である．

大きくなることによって解消されていく. $n = 100$, $m = 50 \left(= \frac{1}{2} n \right)$ として, このことを (2) と同様の割合と pnorm 関数による確率の値を比較することにより確認せよ.

11.3 $X_1, \ldots, X_n$ が互いに独立に平均 0, 分散 σ^2 の正規分布に従う確率変数であるとする. 練習問題 10.2 で述べたように, 不偏分散 (2.2.5 節) は σ^2 の不偏推定量であるが, 標準偏差は σ の不偏推定量ではない. この違いを, 小標本 ($n = 10$) のシミュレーションによって確認したい.

(1) $n = 10$, $\sigma = 7$ とし, rnorm 関数を用いて生成した擬似乱数を標本とする. for 文を用いて, このような標本を 10000 個生成し, それぞれの標本に対する不偏分散を求めよ.

(2) (1) の結果から, 10000 個の不偏分散の平均値を求め, 真値 ($\sigma^2 = 49$) との絶対誤差と相対誤差を求めよ. また, 不偏分散の平方根と σ についても同様の計算を行い, 標準偏差の場合と結果を比較せよ.

(3) 不偏分散を u^2 とすると, σ に対する不偏推定量 $\tilde{\sigma}$ はつぎの式で与えられる.

$$\tilde{\sigma} = \sqrt{\frac{n-1}{2}} \frac{\Gamma(\frac{n-1}{2})}{\Gamma(\frac{n}{2})} u.$$

ここで, Γ はガンマ関数であり, R では gamma 関数により求めることができる[19]. (1) の結果を利用して $\tilde{\sigma}$ を 10000 個求め, これらの平均値を (1) の絶対誤差・相対誤差と比較せよ.

(4) 引き続き $n = 10$, $\sigma = 7$ とし, 10.2.6 節を参考にブートストラップ法を用いた u に対するバイアス修正のシミュレーションを実行せよ. シミュレーションには boot 関数を用いてもよいし, boot 関数を用いずに for 文と sample 関数を用いてもよい.

(5) $\tilde{\sigma}$ の右辺は標本サイズ n に依存し, u^2 にかかる項は n の増大につれて 1 に近づく. すなわち, 標本サイズが十分大きいときには, u も不偏推定量に近づく[20]. $n - 100$ として (1) と (2) と同様のことを行い, $n = 10$ の場合と比べて 10000 個の標準偏差の平均値がどのように変化したか述べよ.

11.4 $(X_1, Y_1), \ldots, (X_n, Y_n)$ が互いに独立に平均ベクトル $\begin{pmatrix} 0 \\ 0 \end{pmatrix}$, 分散共分散行列 $\begin{pmatrix} 1 & \rho \\ \rho & 1 \end{pmatrix}$ の 2 変量正規分布に従う確率変数であるとする. このとき, 相関係数 r_{xy} は ρ の不偏推定量ではない.

(1) $n = 10$, $\rho = 0.1$ とし, 2 変量正規分布に従う擬似乱数を生成し, これを標本とする. この標本を 10000 個生成し, それぞれの標本について相関係数を 10000 個計算せよ. 多変量正規分布に従う擬似乱数は, mvtnorm パッケージの rmvnorm 関数を用いてつぎのように生成できる.

---

[19] ガンマ関数 Γ は, 任意の正の数 m ついて $\Gamma(m) = \int_0^\infty x^m e^{-x} dx$ と定義される関数である. なお, Γ は γ (ガンマ) の大文字である.

[20] このような性質をもつ推定量を漸近不偏推定量という.

```
> library(mvtnorm)
> rho <- 0.1                                    # 相関係数の真値
> cor.matrix <- matrix(c(1,rho,rho,1), nrow=2, ncol=2) # 相関係数行列
> X <- rmvnorm(n=10, mean=c(0,0), sigma=cor.matrix)    # 分散がすべて 1 の 2 変量正規分
布に従う擬似乱数の生成
> plot(X)               # 散布図の描画．plot(x=X[,1], y=X[,2]) と同じ
> cor(X[,1], X[,2]) # 標本 X の相関係数
```

(2) (1) の結果から，10000 個の相関係数の平均値を求め，真値（$\rho = 0.1$）との絶対誤差と相対誤差を求めよ．

(3) 相関係数を r_{xy} とすると，正規分布に従う標本の相関係数に対する不偏推定量 $\tilde{r}_{xy}$ はつぎの式で与えられる（正確には，不偏推定量の近似である）．

$$\tilde{r}_{xy} = r_{xy}\left(1 + \frac{1 - r_{xy}^2}{2(n-3)}\right).$$

(1) の結果を利用して，$\tilde{r}_{xy}$ を 10000 個計算し，これらの平均値と (2) で求めた相関係数の平均値と比較せよ．

(4) 引き続き $n = 10, \rho = 0.1$ とし，10.2.1 節を参考にブートストラップ法を用いた r_{xy} に対するバイアス修正のシミュレーションを実行せよ．シミュレーションには boot 関数を用いてもよいし，boot 関数を用いずに for 文と sample 関数を用いてもよい．

(5) $\tilde{r}_{xy}$ の右辺括弧内は標本サイズ n と r_{xy} に依存し，r_{xy} の絶対値が 1 に近づくにつれて 0 に近づく．$\rho = 0.9$ として (1) と (3) と同様の計算を行い，$\rho = 0.1$ の場合と比べて 10000 個の r_{xy} と $\tilde{r}_{xy}$ の平均値がそれぞれどのように変化したか述べよ．

11.5 11.2.5 節における 2 つの平均の差に対する仮説検定を考えたい．ただし，状況 ($\star$) における対立仮説を片側仮説 $\mu_X > \mu_Y$ に変更する．$n = m$ であるとき，各群の標本サイズはつぎのように得られることがわかっている[21]．

$$\frac{2(z_\alpha + z_\beta)^2 \sigma^2}{(\mu_X - \mu_Y)^2} + \frac{z_\alpha^2}{4} \quad \text{より大きい最小の整数}.$$

この式が妥当なものであることを確認するシミュレーションを，コード 11.3 と 11.14 を参考にして実行せよ．

---

[21] 詳細は永田（2003）を参照してほしい．

参考文献

麻生英樹・津田宏治・村田昇 (2003), パターン認識と学習の統計学, 岩波書店.

足立浩平 (2017), 統計教育大学間連携ネットワーク (監修), 現代統計学, 日本評論社.

阿部貴行・佐藤裕史・岩崎学 (2013), 医学論文のための統計手法の選び方・使い方, 東京図書.

川野秀一・松井秀俊・廣瀬慧 (2018), スパース推定法による統計モデリング, 共立出版.

寒野善博 (2019), 最適化手法入門, 講談社.

小西貞則 (2010), 多変量解析入門, 岩波書店.

小西貞則・北川源四郎 (2004), 情報量規準, 朝倉書店.

坂巻顕太郎・寒水孝司・濱﨑俊光 (2019), 多重比較法, 朝倉書店.

椎名洋・姫野哲人・保科架風 (2019), データサイエンスのための数学, 講談社.

清水泰隆 (2019), 統計学への確率論, その先へ, 内田老鶴圃.

髙橋倫也・志村隆彰 (2016), 極値統計学, 近代科学社.

辻真吾 (2019), Python で学ぶアルゴリズムとデータ構造, 講談社.

永田靖 (2003), サンプルサイズの決め方, 朝倉書店.

永田靖・吉田道弘 (1997), 統計的多重比較法の基礎, サイエンティスト社.

濵田悦生 (2019), データサイエンスの基礎, 講談社.

間瀬茂 (2016), ベイズ法の基礎と応用, 日本評論社.

松井秀俊・小泉和之 (2019), 統計モデルと推測, 講談社.

三輪哲久 (2015), 実験計画法と分散分析, 朝倉書店.

宿久洋・村上亨・原恭彦 (2009), 確率と統計の基礎 I, ミネルヴァ書房.

宿久洋・村上亨・原恭彦 (2009), 確率と統計の基礎 II, ミネルヴァ書房.

柳井晴夫・竹内啓 (2018), 射影行列・一般逆行列・特異値分解 [新装版], 東京大学出版会.

吉田朋広 (2006), 数理統計学, 朝倉書店.

汪金芳・桜井裕仁 (2011), ブートストラップ入門, 共立出版.

索 引

著者紹介

林 賢一　博士（工学）
2011 年　大阪大学大学院基礎工学研究科システム創成専攻博士後期課程修了
現　在　慶應義塾大学理工学部数理科学科 准教授

編者紹介

下平英寿　博士（工学）
1995 年　東京大学大学院工学系研究科計数工学専攻博士後期課程修了
現　在　京都大学大学院情報学研究科システム科学専攻 教授

NDC007　350p　21cm

データサイエンス入門シリーズ
R で学ぶ統計的データ解析

2020 年 11 月 26 日　　第 1 刷発行
2022 年 7 月 28 日　　第 4 刷発行

著　者　林　賢一
編　者　下平英寿
発行者　髙橋明男
発行所　株式会社　講談社
　　　　〒 112-8001　東京都文京区音羽 2-12-21
　　　　　販売　(03)5395-4415
　　　　　業務　(03)5395-3615

KODANSHA

編　集　株式会社　講談社サイエンティフィク
　　　　代表　堀越俊一
　　　　〒 162-0825　東京都新宿区神楽坂 2-14　ノービィビル
　　　　　編集　(03)3235-3701

本文データ制作　藤原印刷株式会社
印刷・製本　株式会社ＫＰＳプロダクツ

ISBN 978-4-06-518619-0

講談社の自然科学書

※表示価格には消費税（10%）が加算されています。　　　　「2021年6月現在」

講談社サイエンティフィク https://www.kspub.co.jp/